Springer-Lehrbuch

springeronline.com

Springer-Verlag Berlin Heidelberg GmbH

Wolfram Schiffmann · Robert Schmitz

Technische Informatik 1

Grundlagen der digitalen Elektronik

5., neu bearbeitete und ergänzte Auflage

Mit 238 Abbildungen und 39 Tabellen

Springer

Univ.-Prof. Dr. Wolfram Schiffmann
FernUniversität Hagen
Technische Informatik I, Rechnerarchitektur
Universitätsstr. 1
58097 Hagen
Wolfram.Schiffmann@FernUni-Hagen.de

Dipl.-Phys. Robert Schmitz
Universität Koblenz-Landau
Institut für Physik
Universitätsstr. 1
56070 Koblenz
schmitz@uni-koblenz.de

ISBN 978-3-540-40418-7   ISBN 978-3-642-18894-7 (eBook)
DOI 10.1007/978-3-642-18894-7

Bibliografische Information der Deutschen Bibliothek
Die Deutsche Bibliothek verzeichnet diese Publikation in der Deutschen Nationalbibliografie;
detaillierte bibliografische Daten sind im Internet über http://dnb.ddb.de abrufbar.

http://www.springer.de

© Springer-Verlag Berlin Heidelberg 1992, 1993, 1996, 2001 and 2004
Ursprünglich erschienen bei Springer-Verlag Berlin Heidelberg New York 2004

Umschlaggestaltung: design & production, Heidelberg
Satz: Digitale Druckvorlage der Autoren

Gedruckt auf säurefreiem Papier   07/3020/M - 5 4 3 2 1 0

Vorwort zur 5. Auflage

Der vorliegende Band 1 des Buches *Technische Informatik* entstand aus Skripten zu Vorlesungen, die wir an der Universität Koblenz für Informatikstudenten gehalten haben. Es ist unser Anliegen zu zeigen, wie man elektronische Bauelemente nutzt, um Rechnersysteme zu realisieren. Mit dem dargebotenen Stoff soll der Leser in die Lage versetzt werden, die technischen Möglichkeiten und Grenzen solcher Systeme zu erkennen. Dieses Wissen hilft ihm einerseits, die Leistungsmerkmale heutiger Rechnersysteme zu beurteilen und andererseits künftige Entwicklungen richtig einzuordnen.

Jeder, der heute Computer einsetzt, muss aus einem breiten Angebot von Rechnerkomponenten eine Konfiguration auswählen, die seine persönlichen Anforderungen erfüllt und gleichzeitig kostengünstig ist. Die richtige Auswahl anhand der Kenngrößen von Computern und Peripheriegeräten setzt ein solides Grundwissen über deren technische Realisierung voraus. Dieses Grundwissen wird hier vermittelt. Der Stoff ist vom Konzept her auf das Informatikstudium ausgerichtet – aber auch für alle diejenigen geeignet, die Computer einsetzen und sich intensiver mit der Hardware auseinandersetzen möchten. Wir beschränken uns sowohl in den beiden Lehrbüchern als auch in dem zugehörigen Übungsband auf die *Grundlagen* der Technischen Informatik und schließen dabei auch die Grundlagen der Elektronik ein, obwohl diese strenggenommen nicht zur Technischen Informatik gehören. Somit können z.B. auch Elektrotechniker oder Maschinenbauer von dem vorliegenden Text profitieren.

Für die Lektüre genügen Grundkenntnisse in Physik und Mathematik. Die Darstellung des Stoffes erfolgt bottom up, d.h. wir beginnen mit den grundlegenden physikalischen Gesetzen und beschreiben schließlich alle wesentlichen Funktionseinheiten, die man in einem Rechnersystem vorfindet.

Der Stoff wurde auf drei Bände aufgeteilt: Der vorliegende Band 1 *Grundlagen der digitalen Elektronik* führt zunächst in die für die Elektronik wesentlichen Gesetze der Physik und Elektrotechnik ein. Im zweiten Band werden die *Grundlagen der Computertechnik* behandelt. Im *Übungsband* findet man schließlich Aufgaben und Musterlösungen zu dem in den Lehrbüchern dargebotenen Stoff. Im folgenden wird ein Überblick über den Inhalt des vorliegenden ersten Bandes gegeben:

Im ersten Kapitel *Grundlagen der Elektrotechnik* werden Begriffe zur Beschreibung elektrischer und magnetischer Vorgänge eingeführt und durch Experimente veranschaulicht. Diese Begriffe sind notwendig für das Verständnis der Gesetze der Elektrotechnik, der Funktionsprinzipien von Halbleiterbauelementen und Datenträgern auf *ferromagnetischer* und *magneto-optischer* Basis. Auch physikalische Einflüsse bei der Datenübertragung werden mit diesen Begriffen erläutert; z.B. Reflexionserscheinungen auf *langen Leitungen* und *Moden*–Ausbildung bei Lichtwellenleitern. *Halbleiterbauelemente* bilden die technische Voraussetzung für den Bau von Computern. In diesem Kapitel werden Aufbau und Funktion der gebräuchlichsten Bauelemente beschrieben: Bipolar– und Unipolartransistoren (MOS–FETs) und optoelektronische Halbleiterbauelemente.

Die Grundverknüpfungen der Schaltalgebra werden mit *Verknüpfungsgliedern* realisiert. Es werden die elektronischen Konzepte zur Realisierung der Verknüpfungsglieder beschrieben, die zu den verschiedenen Schaltkreisfamilien führten: TTL, ECL, NMOS, PMOS und CMOS.

Mit Verknüpfungsgliedern werden *Schaltnetze* realisiert. Theoretische Grundlage dafür ist die Schaltalgebra. Das Kapitel beginnt mit einer Einführung der Begriffe der Schaltalgebra. Dann werden Funktionseinheiten von Rechenwerken – Codierer, Addierer, Multiplexer – in Analyse und Synthese beschrieben. Verschiedene Realisierungsformen von Schaltnetzen ROM, PROM, EPROM und PAL–Bausteine werden vorgestellt. Zum Schluß wird die Entstehung von Hazards erläutert.

Speicherglieder sind Voraussetzung für den Aufbau von Schaltwerken. In diesem Kapitel wird das Funktionsprinzip von Speichergliedern beschrieben. Nach Wirkung der Eingangsvariablen auf die Ausgangsvariablen und Wirkungsweise des Taktsignals gibt es unterschiedliche Arten von Flipflops, deren Eigenschaften erläutert werden.

Im letzten Kapitel werden einfache *Schaltwerke* behandelt. In Analyse und Synthese werden die Komponenten und die Funktion von Schaltwerken exemplarisch an Beispielen dargestellt. Jedes Schaltwerk ist ein Datenverarbeitungssystem. Auf der Grundlage einfacher Schaltwerke hat sich die Rechnerarchitektur entwickelt.

Bei der Einführung von Begriffen, der Beschreibung der Bauelemente und der Bauglieder wird die Bedeutung und der Einfluß auf die Eigenschaften der Rechnerkomponenten aufgezeigt. Begriffe und Definitionen wurden möglichst nach DIN verwendet; z.B. Verknüpfungsglieder statt Gatter.

Der Band 2 *Grundlagen der Computertechnik* schließt mit den komplexen Schaltwerken an Band 1 an. Ausgehend vom Operationsprinzip des von–Neumann–Rechners werden sowohl CISC– als auch RISC–Architekturen, Kommunikationskanäle, Speicherorganisation und Peripheriegeräte behandelt.

Wir haben uns bemüht, zu den einzelnen Themen nur die grundlegenden Prinzipien auszuwählen und durch einige Beispiele zu belegen. Wir hoffen, dass es uns gelungen ist, den Stoff klar und verständlich darzustellen. Trotzdem möchten wir die Leser auffordern, uns ihre Ergänzungs– und Verbesserungsvorschläge oder Anmerkungen mitzuteilen. Für die zahlreichen Hinweise zu den ersten vier Auflagen möchten wir uns bei unseren Lesern herzlich bedanken. Wir werden uns auch weiterhin bemühen, ihre Anregungen in nachfolgende Auflagen aufzunehmen.

In der vorliegenden Neuauflage ist der Abschnitt *Vom Addierer zum Prozessor* im Kapitel Schaltwerke neu konzipiert worden. Die Schaltungen in diesem Kapitel können mit HADES (Hamburg Design System) simuliert werden. Beispielentwürfe sind unter der Webadresse zu den Lehrbüchern *Technische Informatik*:

Technische-Informatik-Online.de

zu finden. In den Simulationen werden die Eigenschaften und Fähigkeiten der realen Bauelemente nachgebildet. So wäre es möglich, die Schaltungen, die dort simuliert werden, später in Hardware zu realisieren. Die Simulation ist deshalb ein Bindeglied zwischen der graphischen Darstellung einer Funktionseinheit (z.B. RALU) und ihrer technischen Realisierung.

Unter der angegebenen Webadresse sind weitere Schaltungen zu Schaltnetzen, Speichergliedern und Schaltwerken zu finden. Sie enthält außerdem Links auf weitere nützliche Materialien und Simulationsprogramme zur Digitalelektronik und Computertechnik.

Im Text werden immer dann englischsprachige Begriffe benutzt, wenn uns eine Übersetzung ins Deutsche nicht sinnvoll erschien. Wir denken, dass diese Lösung für den Leser hilfreich ist, da die Literatur über Computertechnik überwiegend in Englisch abgefaßt ist.

Bei der mühevollen Arbeit, das Manuskript mit dem LaTeX-Formatiersystem zu setzen, zu korrigieren und Bilder zu zeichnen, wurden wir von Frau Sabine Döring, Frau Christa Paul, Herrn Jürgen Weiland und Herrn Dirk Beerbohm unterstützt. Frau Hestermann-Beyerle und Herrn Dr. Merkle vom Springer–Verlag sei für die gute und freundliche Zusammenarbeit gedankt. Unsere Kollegen Prof. Dr. Alois Schütte und Prof. Dr. Dieter Zöbel ermunterten uns zum Schreiben dieses Textes und gaben uns wertvolle Hinweise und Anregungen. Prof. Dr. Herbert Druxes, Leiter des Instituts für Physik, förderte unser Vorhaben. Herr Dr. Norman Hendrich von der Universität Hamburg unterstützte uns bei der Arbeit mit dem von ihm entwickelten HADES–Simulator. Für ihre Mitarbeit und Unterstützung möchten wir allen herzlich danken.

Auch unseren Familien sei an dieser Stelle für Ihre Geduld und Ihr Verständnis für unsere Arbeit gedankt.

Hagen und Koblenz, im Sommer 2003

Wolfram Schiffmann   Robert Schmitz

Inhaltsverzeichnis

Auszug des Inhalts der vierten Auflage von Band 2

1. Komplexe Schaltwerke
2. von NEUMANN–Rechner
3. Hardware–Parallelität
4. Prozessorarchitektur
5. CISC–Prozessoren
6. RISC–Prozessoren
7. Aktuelle Computersysteme
8. Kommunikation
9. Speicher
10. Ein–/Ausgabe und Peripheriegeräte

1. Grundlagen der Elektrotechnik

Gebraucht man das Wort Technik ($\eta\ \tau\varepsilon\chi\nu\eta$) in seiner ursprünglichen Bedeutung als *Kunst* oder *Kunstfertigkeit*, so sind die Computer unserer Tage in ihrer Anwendung und Konstruktion wahre Kunstwerke der Elektrotechnik. Es war ein weiter Weg von der ersten Beobachtung (Griechenland im 6. Jh. v. Chr) des eigenartigen Verhaltens von Bernstein, das zum Begriff Elektron ($\tau o\ \eta\lambda\varepsilon\kappa\tau\rho o\nu$ = Bernstein) und Elektrizität führte, bis zur Anwendung in der Elektrotechnik. Aber diese Beobachtung war der Anstoß für einen neuen Zweig der Naturwissenschaft, die Elektrizitätslehre. Im Laufe der Geschichte wurden weitere elektrische und magnetische Grundphänomene der Natur beobachtet. Aus diesen beobachteten Grundphänomenen wurden die zur Beschreibung der Elektrizität benutzten Grundbegriffe wie elektrische Ladung, elektrisches Feld, Spannung, Stromstärke u.a. hergeleitet. Mit diesen Begriffen werden die Grundlagen der Elektrotechnik und damit die physikalischen Grundlagen der elektronischen Rechenanlagen beschrieben, die in diesem Kapitel behandelt werden.

1.1 Historischer Überblick

In einer Übersicht, die den historischen Weg beschreibt, werden Entdeckungen und Entdeckernamen von elektrischen und magnetischen Grundphänomenen der Natur genannt.

Griechenland 6. Jh. v. Chr.
    Mit Seidentuch geriebener Bernstein zieht Staubteilchen, Wollfäden u.a. Körper an. Name : Elektron = Bernstein.
    Magneteisenstein zieht Eisen an.

Gilbert William 1540–1603
    führt den Begriff *Elektrizität* ein.

Coulomb Charles 1736–1806
    Coulombsches Gesetz.

Galvani Luigi 1737–1798
    Galvanische Elemente: Stromquellen deren Energie durch chemische Vorgänge frei wird.

Volta Alessandro 1745–1827
führt die Arbeit Galvani's fort. Konstruiert die Voltaische Säule, die erste brauchbare Elektrizitätsquelle. Von ihm stammt der Begriff des stationären elektrischen Stromes.

Oerstedt Hans Christian 1777–1851
entdeckt 1820 die Ablenkung der Magnetnadel durch elektrischen Strom (Elektromagnetismus).

Ampere Andre Marie 1775–1836
entdeckt die mechanische Wirkung stromdurchflossener Leiter aufeinander (Elektrodynamisches Gesetz). Nach ihm wurde die Einheit der Basisgröße Stromstärke benannt.

Faraday Michael 1791–1867
Elektromagnetische Induktion.

Ohm Georg Simon 1787–1854
Ohmsches Gesetz.

Siemens Werner 1816–1892
Elektrische Maschinen (dynamoelektrisches Prinzip).

Kirchhoff Gustav Robert 1824–1887
entdeckt die Gesetze der Stromverzweigung.

Maxwell James Clerk 1831–1879
Maxwellsche Gleichungen: Beschreiben alle Erscheinungen, bei denen Elektrizität und Magnetismus miteinander verknüpft sind.

Hertz Heinrich 1857–1894
entdeckt experimentell die elektromagnetischen Wellen.

Edison Thomas Alva 1847–1931
Erfinder verschiedener Elektrogeräte: Telegraph, Kohlemikrophon, Glühlampe, u.a. Baut 1882 das erste Elektrizitätswerk.

1886 Lochkarte
Herman Hollerith (1860–1929) benutzt die Lochkartentechnik zur Datenverarbeitung. Es handelt sich dabei um ein elektromechanisches Verfahren.

1941 Z 3
Konrad Zuse baut die erste funktionsfähige Datenverarbeitungsanlage mit Programmsteuerung in Relaistechnik.

1946 Eniac
Die erste Computergeneration basiert auf der Röhrentechnik.
Die Erfinder sind J. Presper Eckert und J. William Mauchly und die logische Konzeption stammt von J. von Neuman.

1955 Die zweite Computergeneration
Shockley, Bardeen und Brattain entdecken 1948 die Transistorwirkung und legen damit den Grundstein für die Mikroelektronik.

1960 Integrierte Schaltkreise (IC)
 Die Funktionen von Transistoren, Widerständen und Dioden werden in
 Planartechnik auf ein Halbleiter–Plättchen aufgebracht.

1.2 Elektrische Ladungen und elektrisches Feld

Elektrische Ladungen sind Ursache der elektrischen Kräfte. Sie ändern den
Zustand eines sie umgebenden Raumes derart, dass auf eine andere Ladung
eine Kraft ausgeübt wird. Der Raumzustand wird durch das elektrische Feld
beschrieben. In diesem Abschnitt werden Eigenschaften elektrischer Ladungen beschrieben und folgende Begriffe zur Beschreibung des elektrischen Feldes eingeführt: Coulombsches Gesetz, Potential, Spannung und die elektrische
Flussdichte.

1.2.1 Elektrische Ladungen

Ausgehend von dem historischen *Bernstein*–Versuch soll mit folgender Anordnung experimentiert werden (Abb. 1.1). Ein Hartgummistab sei auf einer
Nadel leicht drehbar gelagert. Ein zweiter Hartgummistab wird mit der Hand
in seine Nähe gebracht, entweder an das Ende der einen oder anderen Hälfte.

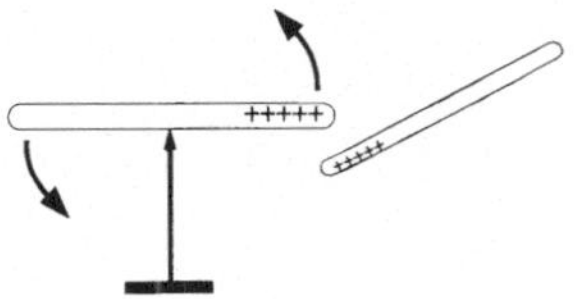

Abb.   1.1.
Versuchsanordnung zur De-
monstration der elektrischen
Kraftwirkung

Versuch – Beobachtung

1. Keiner der beiden Hartgummistäbe ist behandelt (mit einem Seidentuch
   gerieben)

     – es ist keine Reaktion zu beobachten.

2. *Ein* Hartgummistab ist mit dem Seidentuch gerieben

     – eine anziehende Wirkung ist beobachtbar.

3. Beide Hartgummistäbe sind mit dem Seidentuch gerieben

     – eine abstoßende Wirkung ist beobachtbar.

4. Ein Hartgummistab wird durch einen Glasstab ersetzt.

5. Durchführung der Versuche mit zwei Glasstäben

   – anziehende und abstoßende Wirkungen werden beobachtet.

Folgerungen aus den Versuchen:

1. Neben der Gravitationskraft gibt es in der Natur eine andere Kraft, die *elektrische* Kraft genannt wird.

2. Die elektrische Kraftwirkung ist anziehend oder abstoßend.

3. Definition: Ursache der elektrischen Kraftwirkung sind Ladungen.

4. Es gibt zwei Arten von Ladungen, sie werden *positiv* und *negativ* genannt.

5. Gleichnamige Ladungen stoßen sich ab, ungleichnamige ziehen sich an.

6. Durch Reibung erzeugt man engen Kontakt, so dass positive und negative Ladungen getrennt werden.

Diese Eigenschaften und Wirkungen der elektrischen Ladungen können auch aus Versuchen mit einer geriebenen Schallplatte und einem Glimmröhrchen gezeigt werden. Die Wirkungen der elektrischen Ladungen äußern sich dabei in Leuchterscheinungen.

Ein Nachweisinstrument für Ladungen ist das Elektroskop (Abb. 1.2). Es besteht aus einem festen Metallstab St mit Teller T und einem drehbar gelagerten Zeiger Z. Beide sind leitend (metallisch) miteinander verbunden und befinden sich mit einer Skala in einem Gehäuse.

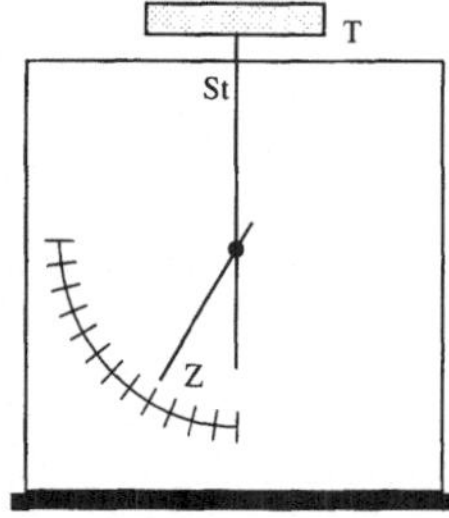

Abb. 1.2. Elektroskop

Streift man von dem geriebenen Hartgummistab Ladungen am Teller ab, dann verteilen sich diese auf den Metallstab St und den Zeiger Z. Der Zeiger wird von dem gleichnamig geladenen Stab abgestoßen. Die abstoßende Kraft, d.h. der Zeigerausschlag, ist ein Maß für die Ladung. Wiederholtes Reiben und Abstreifen zeigt, dass sich die Ladungen *portionsweise* transportieren lassen. Daraus folgt: Ladungen haben *Mengencharakter*. *Denknotwendig* führt der Mengencharakter zu der Aussage: es gibt eine kleinste unteilbare elektrische Ladungsmenge, sie wird *Elementarladung* genannt.

Da elektrische Ladungen immer an einen materiellen Träger gebunden sind, muss es *naturnotwendig* Teilchen geben mit der Elementarladung e_0, es sind dies z.B. das Elektron, das Positron und das Proton.

Experimentell kann man *eine* Elementarladung nicht isolieren und die Kraftwirkung auf eine zweite Elementarladung nicht untersuchen. Deshalb wurde die Elementarladung auch nicht als Ladungseinheit gewählt.

Die Einheit der Ladung ist Coulomb oder Amperesekunde

$$1C = 1As$$

Mit der Einheit Coulomb gilt für die Elementarladung e_0

$$\mid e_0 \mid = 1,602 \cdot 10^{-19}C$$

Jede Ladungsmenge Q entspricht einem ganzzahligen Vielfachen n der Elementarladung e_0

$$Q = n \cdot e_0$$

Die Versuche mit dem Elektroskop zeigen: Ladungen haben Mengencharakter und sind übertragbar. Durch Abstreifen des Hartgummistabes am Teller des Elektroskops werden Ladungen übertragen. Muß der Hartgummistab den Teller dabei berühren?
Ein Versuch zeigt: wird der präparierte Hartgummistab in die Nähe des Tellers gebracht, dann schlägt der Zeiger aus. Das bedeutet: auf dem Zeiger des Elektroskops wurden gleichnamige Ladungen wirksam. Wird der Hartgummistab vom Teller entfernt, geht der Zeigerausschlag zurück. Dieser Vorgang wird **Influenz** genannt.

> **Influenz:** Bringt man elektrische Ladungen in die Nähe eines metallischen Leiters, dann werden im Metall, das vorher nicht geladen war, Ladungen räumlich voneinander getrennt.

Eine Seite des Leiters ist dann positiv, die andere negativ geladen. Kann eine der beiden Ladungen abfliessen (z.B. durch Glimmentladung), so wird der Leiter durch Influenz aufgeladen.

1.2.2 Das Coulombsche Gesetz

Versuche mit dem Elektroskop zeigen, dass die Kraftwirkung mit der Ladungsmenge zunimmt. Dazu machte Charles Coulomb die ersten quantitativen Messungen. Mit der nach ihm benannten Coulombschen Drehwaage untersuchte er (1784) die Kraftwirkung zwischen Ladungen in Abhängigkeit von der Ladungsmenge und dem Abstand der Ladungen. Betrachtet man punktförmige Ladungsverteilungen(Abb. 1.3), dann gilt für die Kraft das Coulombsche Gesetz.

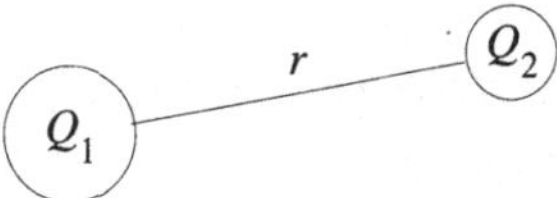

Abb. 1.3. Zum Coulombschen Gesetz

1. Die wirkende Kraft zwischen den Ladungen Q_1 und Q_2 ist proportional dem Produkt der Ladungen:

$$F \sim Q_1 \cdot Q_2$$

2. Die wirkende Kraft ist umgekehrt proportional dem Quadrat des Abstandes r:

$$F \sim \frac{1}{r^2}$$

Diese beiden Beziehungen können wie folgt zusammengefaßt werden:

$$F \sim \frac{Q_1 \cdot Q_2}{r^2}$$

Da die Kraft eine vektorielle Größe ist, können wir folgende Gleichung angeben[1]:

$$\boldsymbol{F} = f \cdot \frac{Q_1 \cdot Q_2}{r^2} \cdot \boldsymbol{r_0}$$

Hierbei bezeichnet $\boldsymbol{r_0}$ einen Einheitsvektor, der die Richtung der Kraft von Q_1 nach Q_2 angibt. f entspricht einem Proportionalitätsfaktor zur Festlegung und Umrechung der physikalischen Einheiten. Im internationalen Einheitensystem ist

$$f = \frac{1}{4\pi\varepsilon_0}$$

---

[1] Der Vektorcharakter einer Größe wird durch Fettdruck, nicht durch einen Vektorpfeil, gekennzeichnet

ε_0 wird *elektrische Feldkonstante* oder *Influenzkonstante* des Vakuums genannt. Der Wert ist

$$\varepsilon_0 = 8,859 \cdot 10^{-12} \frac{C^2}{N \cdot m^2}$$

Damit nimmt das Coulombsche Gesetz die Form

$$\boldsymbol{F} = \frac{1}{4\pi\varepsilon_0} \cdot \frac{Q_1 \cdot Q_2}{r^2} \cdot \boldsymbol{r}_0$$

an. Die Kraft F wird in Newton N, der Abstand r in Meter m und die Ladung Q in Coulomb C gemessen.

Siehe Übungsband
Aufgabe 1:
Punktladungen

1.2.3 Das elektrische Feld und der elektrische Fluss

Mit dem Coulombschen Gesetz kann man die Kraft, die eine Ladung Q_1 auf eine Ladung Q_2 über eine Entfernung r ausübt, berechnen. Aber wie kann eine Ladung auf eine andere über große Entfernungen einwirken? Diese Frage wurde im 18. und 19. Jahrhundert in der *Äthertheorie* und *Fernwirkungstheorie* diskutiert. Faraday beschreibt die Kraftwirkung zwischen Ladungen mit einem neuen Begriff, dem *elektrischen Feld*. Mit diesem Begriff wird eine *Eigenschaft* des Raumes beschrieben. Durch das Hineinbringen von Ladungen wird der Raum so verändert, dass auf ein elektrisch geladenes Teilchen eine Kraft ausgeübt wird. Jedem Punkt des Raumes um eine vorgegebene Ladung wird eine vektorielle Größe zugeordnet, die *elektrische Feldstärke* $\boldsymbol{E}$ genannt wird. Mit jeder Ladung ist ein elektrisches Feld verbunden, das den Raum kontinuierlich erfüllt. In diesem Raum wirkt das elektrische Feld als *Nahkraft* auf eine Probeladung q.

Betrachtet man die Ladungsverteilung nach Abb. 1.4, dann wird die Ladung Q als ortsfest betrachtet, q als bewegliche Probeladung.

Die Ladung Q erfüllt den Raum mit einem elektrischen Feld, das am Ort der Probeladung auf q einwirkt (die Probeladung q sei so klein, dass das von ihr ausgehende elektrische Feld vernachlässigt werden kann). Richtung und Betrag der Kraftwirkung folgt aus dem Coulombschen–Gesetz.

$$\boldsymbol{F} = \frac{1}{4\pi\varepsilon_0} \cdot \frac{Q \cdot q}{r^2} \cdot \boldsymbol{r}_0 \tag{1.1}$$

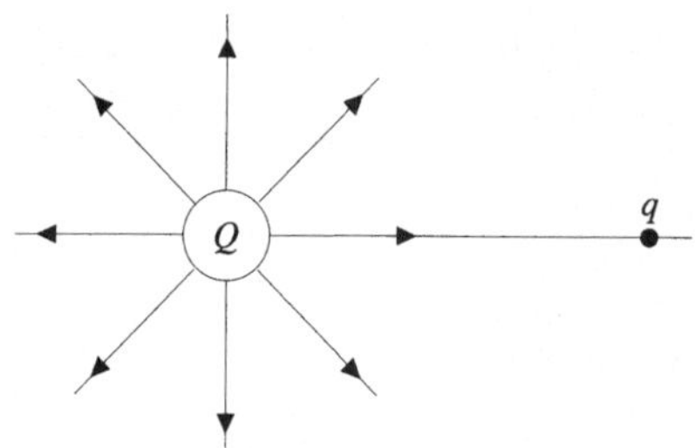

Abb. 1.4. Ortsfeste Ladung Q und Probeladung q

(1.1) beschreibt ein Kraftfeld mit dem Kraftvektor $\boldsymbol{F}$ als Funktion des Ortes. Geht man davon aus, dass das elektrische Kraftfeld von der Ladung Q verursacht wird und im Abstand r auf q wirkt, dann kann die Gleichung umgeschrieben werden:

$$\boldsymbol{F} = \boldsymbol{E} \cdot q \tag{1.2}$$

$$\text{mit} \quad \boldsymbol{E} = \frac{1}{4\pi\varepsilon_0} \cdot \frac{Q}{r^2} \cdot \boldsymbol{r_0} \tag{1.3}$$

$\boldsymbol{E}$ ist die elektrische Feldstärke der Ladung Q am Ort der Probeladung q. Dabei beschreibt q die Eigenschaft einer Ladung auf die eine Kraft wirkt. Die elektrische Feldstärke ist die Kraftwirkung, die eine Probeladung erfährt:

$$\boldsymbol{E} = \frac{\boldsymbol{F}}{q} \tag{1.4}$$

(1.2) und (1.4) enthalten nicht mehr die felderzeugende Größe Q.

Damit soll ausgedrückt werden: Nicht die Ladungen, sondern das elektrische Feld, das den Raum erfüllt, ist Träger der elektrischen Kräfte und wirkt nach $\boldsymbol{F} = q \cdot \boldsymbol{E}$ auf die Probeladung q.

**Siehe Übungsband
Aufgabe 2:
Elektronenstrahlröhre**

Ein Hilfsmittel zur Beschreibung des elektrischen Feldes sind Feldlinien. Es muss betont werden, dass Feldlinien zur Veranschaulichung dienen und keine physikalische Realität sind. Für die Darstellung der Feldlinien gilt:

– sie zeigen immer in Richtung der wirkenden Kraft (Richtung der Feldstärke)

– sie erfüllen den Raum kontinuierlich

– sie beginnen in einer positiven Ladung und enden in einer negativen Ladung

– sie sind nicht geschlossen

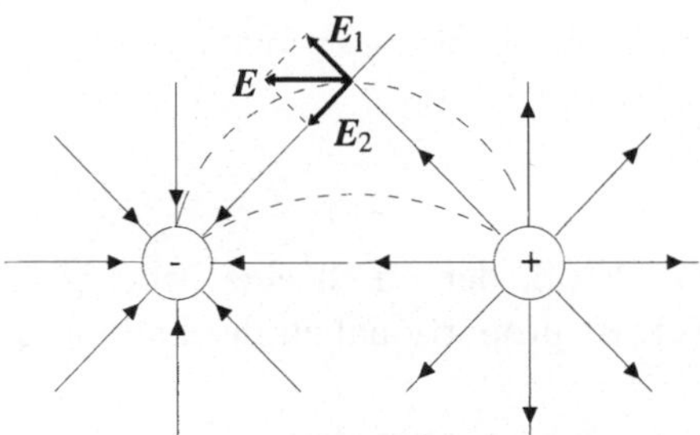

Abb. 1.5. Feldlinienbild von zwei ungleichnamigen Ladungen (Superposition der Feldstärken)

– sie können in Versuchen veranschaulicht werden, z.B. durch Grießkörner in Öl oder Papierfähnchen

Das Kraftfeld *einer* Punktladung hat nach (1.1) eine radiale Struktur. Existieren mehrere Ladungen Q_1 bis Q_n, so wirkt am Ort von q aus jeder dieser Ladungen eine Feldstärke $\boldsymbol{E}_1$ bis $\boldsymbol{E}_n$. Die resultierende Feldstärke $\boldsymbol{E}$ am Ort von q ergibt sich durch Überlagerung (Superposition) der Einzelfeldstärken durch vektorielle Addition (Abb. 1.5).

$$\boldsymbol{E} = \boldsymbol{E}_1 + \boldsymbol{E}_2 + \cdots + \boldsymbol{E}_n$$

Jede Ladungsverteilung ist mit einem elektrischen Feld verbunden, das in den Raum hinein wirkt. Wenn wir den Vorgang **in den Raum hineinwirken** mit der Vorstellung **Fluß** bezeichnen, dann verstehen wir unter dem **elektrischem Fluß** Ψ ein elektrisches Feld, (Anzahl der Feldlinien) das durch eine Fläche A hindurch wirkt. Es gilt

$$\Psi = \boldsymbol{E} \cdot \boldsymbol{A} \tag{1.5}$$

dabei ist $\boldsymbol{E}$ konstant und steht senkrecht auf der Fläche A.

Allgemein gilt

$$\Psi = \iint\limits_A \boldsymbol{E} \cdot d\boldsymbol{A} = \iint\limits_A \boldsymbol{E} \cdot \boldsymbol{n} \cdot dA \tag{1.6}$$

Ersetzen wir in (1.5) $\boldsymbol{E}$ durch das elektrische Feld einer Punktladung

$$E = \frac{1}{4\pi\varepsilon_0} \frac{Q}{r^2}$$

und integrieren über eine Kugelfläche so folgt:

$$\Psi = \frac{Q}{\varepsilon_0} \tag{1.7}$$

d.h. **der elektrische Fluß**, der durch eine beliebige in sich geschlossene Fläche hindurch wirkt, ist proportional zu der Ladung Q, die sich innerhalb der Fläche befindet.

Die Gleichung $\boldsymbol{F} = q \cdot \boldsymbol{E}$ beschreibt die Kraftwirkung des elektrischen Feldes $\boldsymbol{E}$ auf die Ladung q am Ort, an dem sich q befindet. $\boldsymbol{E}$ ist abhängig von den Eigenschaften des Mediums in dem sich q und $\boldsymbol{E}$ befinden, $\boldsymbol{E}$ ist abhängig von den Materialeigenschaften des Feldraumes. Deshalb wurde zur Beschreibung eine elektrische Feldgröße eingeführt, die unabhängig ist von den Materialeigenschaften des Feldraumes: Die **elektrische Flußdichte D** (Frühere Bezeichnungen: dielektrische Verschiebung oder dielektrische Erregung)

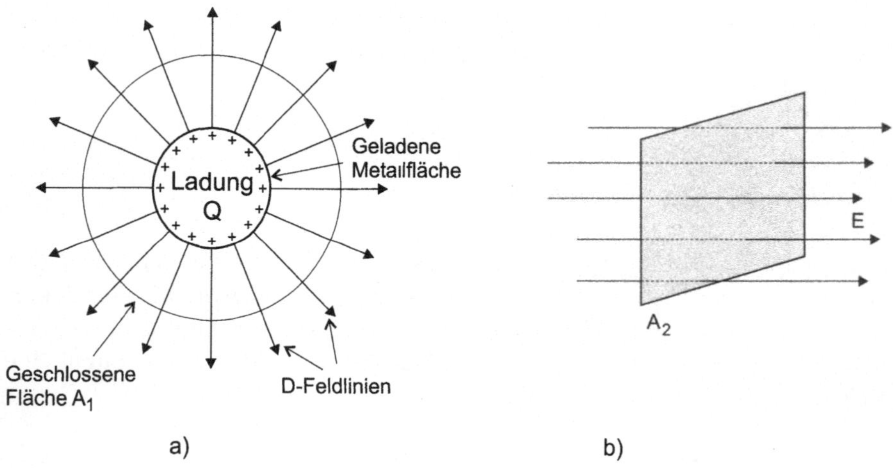

Abb. 1.6. Veranschaulichung von E– und D–Feld

Die elektrische Flußdichte $\boldsymbol{D}$ ist wie die elektrische Feldstärke $\boldsymbol{E}$ ein Vektor und es gilt der Zusammenhang

$$\boldsymbol{D} = \varepsilon\, \boldsymbol{E} \tag{1.8}$$

ε ist die Dielektrizitätskonstante und ist aus zwei Faktoren zusammengesetzt. $\varepsilon = \varepsilon_0\,\varepsilon_r$, ε_0 ist die Influenzkonstante, ε_r eine Materialkonstante mit reinem Zahlenwert.

Die Ladungen Q sind die Ursache des elektrostatischen Feldes. Die elektrische
Flußdichte D beschreibt das elektrische Feld unabhängig von den Materialeigenschaften des Feldraumes. Die Linien des D-Feldes beginnen und enden
in den Ladungen.
Bei homogener Ladungsverteilung (z.B. geladene Metallplatte) ist die elektrische Flußdichte

$$D = \frac{Q}{A} \qquad \left(\frac{\text{Ladung}}{\text{Fläche}} \right) \tag{1.9}$$

Für inhomogene Ladungsverteilung gilt

$$Q = \iint_A D \cdot dA \tag{1.10}$$

Wird über eine geschlossene Fläche integriert, folgt

$$Q = \oint_A D \cdot dA \tag{1.11}$$

d.h. auf einer beliebigen geschlossenen Fläche ist die elektrische Flußdichte
gleich dem Gesamtwert der Ladungen innerhalb dieser Fläche.

Zusammenfassung: Die elektrische Flussdichte D ist mit der felderzeugenden Ladung Q verbunden. Die elektrische Feldstärke E ist die Kraftwirkung,
die eine Probeladung q erfährt. Elektrische Flußdichte (Ursache) und elektrische Feldstärke (Wirkung) sind einander proportional.

1.2.4 Elektrische Spannung und Potential

Die elektrische Spannung und das elektrische Potential sind eng verbunden
mit dem Begriff der physikalischen Arbeit oder Energie. In einem homogenen
elektrischen Feld nach Abb. 1.7 wirkt auf eine positive Ladung die Kraft
$F = qE$. Kraftwirkung und elektrisches Feld haben die gleiche Richtung.
Bewegt sich die Ladung q aufgrund der wirkenden Kraft in Richtung der
Feldlinien um das Wegstück s, dann leistet das elektrische Feld an der Ladung
die Arbeit

$$W = F \cdot s = q \cdot E \cdot s \tag{1.12}$$

Die geleistete Arbeit oder die freiwerdende Energie ist positiv, da q positiv
und E und s gleiche Richtung haben. Ist q negativ $(-q)$ oder haben E und s

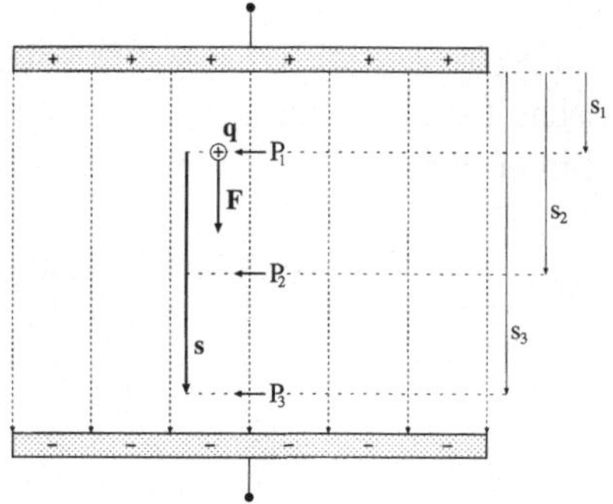

Abb. 1.7. Potential und Spannung im homogenen Feld

verschiedene Richtungen, dann ist die geleistete Arbeit negativ.

Wird das Wegstück s wie in Abb. 1.7 durch $(s_3 - s_1)$ dargestellt, dann gilt:

$$W_{13} = q \cdot \boldsymbol{E} \cdot (s_3 - s_1) \tag{1.13}$$

Berechnen wir die Arbeit pro Ladung, dann folgt

$$\frac{W_{13}}{q} = \boldsymbol{E} \cdot (\boldsymbol{s}_3 - \boldsymbol{s}_1) = U_{13} \tag{1.14}$$

$W_{13} = q \cdot U_{13}$ ist die Energie, die die Ladung q aufnimmt, wenn sie um das Wegstück $(s_3 - s_1)$ verschoben wird.

Das Produkt $\boldsymbol{E} \cdot (s_3 - s_1)$ wird elektrische Spannung genannt.

$$\text{Spannung} = \frac{\text{Energie}}{\text{Ladung}} \quad , \quad U = \frac{W}{Q}$$

Das Symbol für Spannung ist U, die Einheit Volt (V)

$$1V = 1\frac{N \cdot m}{C}$$

Ist das elektrische Feld, in dem sich die Ladung q bewegt nicht homogen, sondern inhomogen z.B. $\boldsymbol{E} = \boldsymbol{E}(r)$ wie im Feld einer Punktladung, dann gilt die Verallgemeinerung

$$W_{12} = \int_{P_1}^{P_2} dW = q \int_{P_1}^{P_2} \boldsymbol{E} \cdot dr \tag{1.15}$$

$$\frac{W_{12}}{q} = \int_{P_1}^{P_2} \boldsymbol{E} \cdot dr = U_{P_1 P_2} \tag{1.16}$$

Die Probeladung $(+q)$ hat am Ort P_1 Abb. 1.7 eine bestimmte potentielle Energie $W_{Pot(P_1)}$; sie wird elektrisches Potential genannt. Gleiches gilt für Punkt P_3.

In Formeln

$$\varphi_{P_1} = \frac{W_{Pot(1)}}{q} \; ; \; \varphi_{P_3} = \frac{W_{Pot(3)}}{q} \tag{1.17}$$

$$\text{oder} \quad \varphi_1 = \frac{W_1}{q} \; ; \; \varphi_3 = \frac{W_3}{q} \tag{1.18}$$

Bilden wir die Differenz so folgt mit (1.14)

$$\varphi_1 - \varphi_3 = \triangle \varphi = \frac{W_1}{q} - \frac{W_3}{q} = \frac{W_{13}}{q} \tag{1.19}$$

$$\varphi_1 - \varphi_3 = \triangle \varphi = \frac{W_{13}}{q} = \boldsymbol{E} \cdot (\boldsymbol{s}_3 - \boldsymbol{s}_1) = U_{13} \tag{1.20}$$

d.h. *Spannung ist immer eine Potentialdifferenz zwischen zwei Punkten.* Ohne den Zusatz *zwischen* hat das Wort Spannung keinen Sinn.

Aus Gleichung (1.20) folgt:

$$\boldsymbol{E} = \frac{U_{13}}{(\boldsymbol{s}_3 - \boldsymbol{s}_1)} = \frac{\varphi_1 - \varphi_3}{\boldsymbol{s}_3 - \boldsymbol{s}_1} = -\frac{\varphi_3 - \varphi_1}{\boldsymbol{s}_3 - \boldsymbol{s}_1} = -\frac{\triangle \varphi}{\triangle \boldsymbol{s}} \tag{1.21}$$

$$\tag{1.22}$$

$$-\triangle \varphi = \boldsymbol{E} \cdot \triangle \boldsymbol{s} \tag{1.23}$$

In Abbildung 1.7 nimmt das Potential von P_1 nach P_3 ab, die Potentialdifferenz $(\varphi_3 - \varphi_1)$ ist negativ, die von der Probeladung (q) zwischen P_1 und P_3 aufgenommene Energie ist positiv.
Allgemein gilt: Potentialdifferenz und Arbeit haben entgegengesetzte Vorzeichen.
Ist das elektrische Feld nicht homogen, dann geht (1.23) in die allgemeine Form über

$$U_{13} = \int_1^3 \boldsymbol{E} \cdot d\boldsymbol{s} = -\triangle \varphi \tag{1.24}$$

$$\text{oder} \quad \triangle \varphi = -\int_1^3 \boldsymbol{E} \cdot d\boldsymbol{s} \tag{1.25}$$

In den Gleichungen (1.20), (1.23) wird die Spannung U_{13} durch eine Potentialdifferenz festgelegt. Das Potential wird auf ein geeignetes Niveau als *Nullniveau normiert*; z.B. bei Batterien auf den Minuspol, bei vielen Stromkreisen auf *Erdpotential*, bei Punktladungen auf $r = \infty$

1.2.5 Der Kondensator

Zwei in geringem Abstand und parallel zueinander angeordnete Metallflächen werden Kondensator oder Plattenkondensator genannt. Ein Kondensator kann elektrische Ladungen aufnehmen und speichern. Diese Eigenschaft heisst *Kapazität* des Kondensators. Kondensatoren werden als Bauelemente in Schaltungen eingesetzt, sie können aber auch störend wirken. So zeigen z.B. parallele Leiterbahnen und *pn*–Übergänge in Dioden und Transistoren kapazitive Eigenschaften. Bringen wir auf eine Kondensatorplatte die Ladung $(+Q)$, dann wird auf der zweiten Platte die gleiche Ladungsmenge $(-Q)$ influenziert. Diese Landungen sind Anfang und Ende elektrischer D -Feldlinien. Im Medium zwischen den Platten bildet sich ein elektrisches E -Feld aus. Sind die Metallflächen, wie oben angenommen, parallel zueinander, dann ist das Feld homogen (Abb. 1.8). Es gibt für Kondensatoren als Bauelemente unterschiedliche Bau- und Kontruktionsformen. Das elektrische Feld ist dann meist nicht homogen.

Zur Bestimmung der elektrischen Feldstärke E gehen wir von (1.8) und (1.10) aus. Für Platte 1 (Abb. 1.8) mit der Fläche A (gesamte Oberfläche 2 A) gilt:

$$\int_{2A} \mathbf{D} \cdot d\mathbf{A} = +Q$$

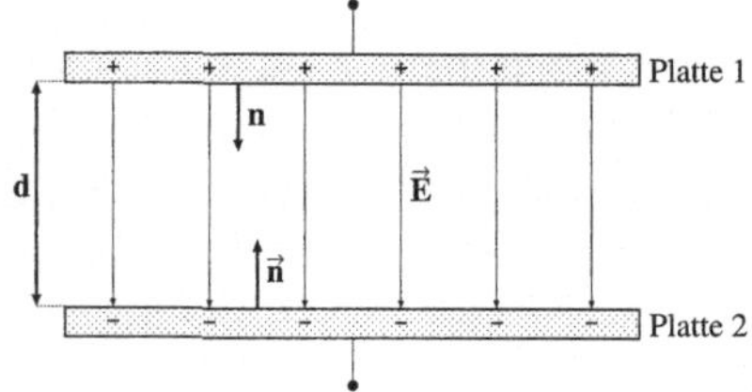

Abb. 1.8. Kondensator

Mit $D = \varepsilon E$ und n als Normalenvektor auf der Fläche A folgt:

$$\int\limits_{2A} \varepsilon \boldsymbol{E} \cdot \boldsymbol{n} \cdot dA = +Q$$

$$\varepsilon \boldsymbol{E} \cdot \boldsymbol{n} \cdot 2A = Q$$

$$\boldsymbol{E} \cdot \boldsymbol{n} \;=\; E_1 = \frac{Q}{\varepsilon \cdot 2A}$$

Für Platte 2 folgt entsprechend

$$\boldsymbol{E} \cdot (-\boldsymbol{n}) \;=\; -E_2 = \frac{-Q}{\varepsilon \cdot 2A} \qquad \text{oder}$$

$$E_2 = \frac{Q}{\varepsilon \cdot 2A}$$

Das Gesamtfeld zwischen Platte 1 und Platte 2 ergibt sich durch Überlagerung

$$E = E_1 + E_2 = \frac{1}{\varepsilon} \cdot \frac{Q}{2A} + \frac{1}{\varepsilon} \cdot \frac{Q}{2A} \;=\; \frac{1}{\varepsilon} \cdot \frac{Q}{A} \tag{1.26}$$

Die Kondensatorplatten als Äquipotentialflächen haben das Potential φ_1 und φ_2. Die Potentialdifferenz oder die Spannung zwischen den Platten wird mit (1.20) und (1.24) bestimmt. Da das Feld homogen ist, gilt:

$$U = E \cdot d \;=\; \frac{1}{\varepsilon} \cdot \frac{Q}{A} \cdot d$$

Daraus folgt:

$$Q = \frac{\varepsilon \cdot A}{d} \cdot U \tag{1.27}$$

$$\text{oder} \quad Q = C \cdot U \tag{1.28}$$

$$dQ = C \cdot dU \tag{1.29}$$

$$\text{wobei} \quad C = \frac{\varepsilon \cdot A}{d} \tag{1.30}$$

die Kapazität ist und von der Geometrie abhängt. Die Einheit der Kapazität ist Farad (F).

$$1\,\mathrm{F} = 1\frac{\mathrm{C}}{\mathrm{V}}$$

Ein Kondensator kann elektrische Ladungen aufnehmen und speichern. Diese Aussage können wir erweitern und sagen, ein Kondensator speichert Energie und das elektrische Feld ist Träger der elektrischen Energie.
Bringen wir die Ladung Q in kleinen Portionen dQ auf eine Kondensatorplatte, dann wird bei der Ladungsmenge q die Spannung $U = \frac{q}{C}$ aufgebaut. Werden zusätzliche Ladungen dq aufgebracht, dann muss Energie aufgewandt werden.

$$dW = U \cdot dq = \frac{q}{C} \cdot dq \tag{1.31}$$

Die Gesamtarbeit folgt durch Integration zu

$$W = \int_0^Q \frac{q}{C} \cdot dq = \frac{1}{2}\frac{Q^2}{C} \tag{1.32}$$

Oder mit (1.28) $W = \dfrac{1}{2}C \cdot U^2 = \dfrac{1}{2}U \cdot Q$ $\qquad$ (1.33)

Setzen wir in (1.33) $U = E \cdot d$ und $Q = D \cdot A$, dann folgt:

$$W = \frac{1}{2}E \cdot d \cdot D \cdot A \tag{1.34}$$

$A \cdot d$ ist das Volumen V, das von den Kondensatorplatten eingeschlossen wird. Setzen wir noch $D = \varepsilon \cdot E$ dann folgt:

$$W = \frac{1}{2}E \cdot \varepsilon \cdot E \cdot \mathrm{V} \tag{1.35}$$

Oder die Energiedichte w

$$\frac{W}{\mathrm{V}} = w = \frac{1}{2}\varepsilon E^2 \tag{1.36}$$

Siehe Übungsband
Aufgabe 3:
Kapazität eines Koaxialkabels

1.3 Gleichstromkreis

Bisher wurden mit den Begriffen elektrisches Feld, Potential, Spannung und
Flussdichte die Eigenschaften und Wechselwirkungen von ruhenden elektrischen Ladungen, sowie der sie umgebende Raum beschrieben. In elektrischen
Geräten sind Ladungen in Bewegung. Aufgrund einer vorhandenen Spannung
fließen elektrische Ladungen in Leitern. Ist dieser Ladungstransport in einer
Richtung und gleichmäßig, dann sprechen wir von Gleichstrom. Der quantitative Zusammenhang zwischen Ladungstransportmenge (Stromstärke), Spannung und Verbraucher (Gerät) wird durch das Ohmsche Gesetz und die
Kirchhoffschen Gesetze beschrieben.

1.3.1 Stromstärke

Zwischen den Platten eines geladenen Kondensators existiert die Potentialdifferenz $\varphi_2 - \varphi_1$, genannt Spannung U. Verbinden wir die Platten eines solchen
geladenen Kondensators mit einem Leiter, dann bewegen sich die Ladungen
durch die Kraftwirkung in Richtung des elektrischen Feldes. Diese Ladungsbewegung wird elektrischer Strom genannt. Da der Kondensator nur eine
begrenzte Ladungsmenge gespeichert hat, nimmt der Strom mit der Zeit ab.
Der Strom ist nicht stationär. Generatoren und Akkumulatoren (Batterien)
haben eine konstante Potentialdifferenz und liefern einen zeitlich konstanten
Stromfluß, einen stationären Strom oder Gleichstrom. Vom Stromfluß wird
der Begriff Stromstärke definiert:

$$\text{Stromstärke} = \frac{\text{Bewegte Ladungsmenge}}{\text{Zeit}}$$

$$I = \frac{Q}{t}$$

Die Einheit für die Stromstärke ist Ampere (A)

$$1\text{A} = 1\frac{\text{C}}{\text{s}}$$

Ist die Stromstärke von der Zeit abhängig, wie bei dem oben beschriebenen Entladevorgang des Kondensators, dann benutzen wir die differentielle Schreibweise

$$i(t) = \frac{dQ}{dt}$$

Daraus folgt $\quad dQ = i(t) \cdot dt$

oder $\quad Q = \int_{t_0}^{t_1} i(t) \cdot dt$

In Einheiten $\quad 1C = 1As$

Siehe Übungsband
Aufgabe 4:
Elektronenbeweglichkeit in Metallen

1.3.2 Das Ohmsche Gesetz

Eine Anordnung aus Stromerzeuger G (oft heißt sie Spannungsquelle) Verbraucher R und Verbindungsleitungen wie sie in Abb. 1.9 dargestellt ist, heißt Stromkreis. Im Stromerzeuger wird Energie aufgewendet $W < 0$ und im Verbraucher wird Energie freigesetzt $W > 0$.

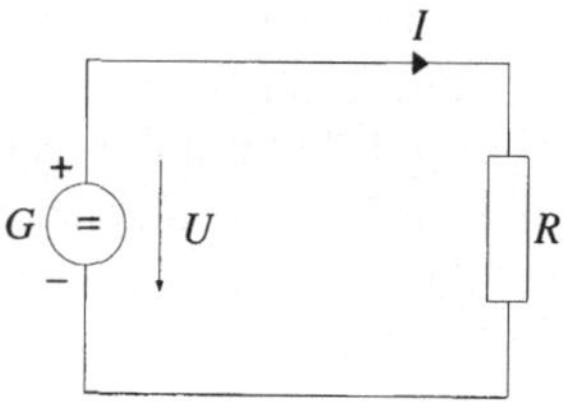

Abb. 1.9. Einfacher Stromkreis

Neben dem Stromerzeuger G und dem Verbraucher R sind in Abb. 1.9 auch die Zählpfeile für Strom und Spannung eingezeichnet. Dabei ist die technische Stromrichtung angenommen, die besagt, dass im Verbraucher der Strom von Plus(+) nach Minus(-) fließt. Die Spannung als Ursache des Stromes bewirkt also im Verbraucher einen Stromfluß von Plus nach Minus, sie wird deshalb als von Plus nach Minus wirkend eingezeichnet. Die Spannung wird im Generator erzeugt, sie ist außen an den Klemmen messbar und wird dort als *Klemmenspannung* bezeichnet. Sie wirkt von den Klemmen auf den Verbraucher und treibt den Strom in die angezeigte Richtung von Plus nach Minus. Das benutzte Zählpfeilsystem wird Verbraucher–Zählpfeilsystem (VZS) genannt. Um den zahlenmäßigen Zusammenhang zwischen Strom und Spannung in einem Gleichstromkreis zu untersuchen wird die Stromstärke I mit einem Amperemeter und die Spannung U mit einem Voltmeter gemessen (Abb. 1.10).

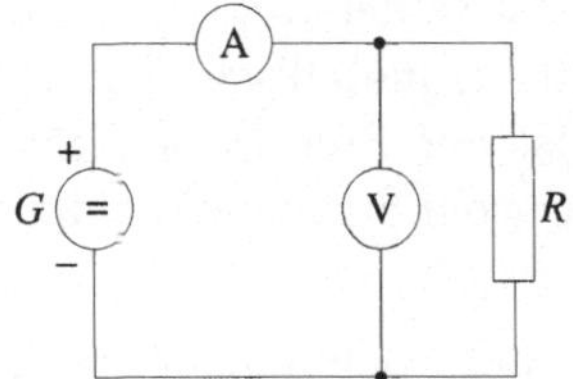

Abb. 1.10. Messung von Strom und Spannung im Stromkreis

Das Amperemeter ist so geschaltet, dass der Strom, der durch den Verbraucher fließt, auch durch das Amperemeter fließt. Das Voltmeter liegt an der gleichen Spannung, an der auch der Verbraucher liegt. Es wird parallel zum Verbraucher geschaltet.

Untersuchen wir den zahlenmäßigen Zusammenhang zwischen fließendem Strom und anliegender Spannung in einem Verbraucher im Experiment, so finden wir: Die Stromstärke ist der Spannung direkt proportional

$$I \sim U$$

oder $\qquad I = G \cdot U$ $\hfill (1.37)$

Der Proportionalitätsfaktor G wird *Leitwert* genannt. Die Einheit ist Siemens (S)

$$1S = 1\frac{A}{V}$$

In der Praxis benutzt man meist

$$R = \frac{1}{G}$$

und nennt R den Leitungswiderstand oder einfach *Widerstand.* Mit (1.37) folgt dann:

$$I = \frac{1}{R} \cdot U \hfill (1.38)$$

(1.38) wird *Ohmsches Gesetz* genannt. Verbal formuliert bedeutet das: die Ursache Spannung bewirkt im Verbraucher eine Strömung (Strom) der elektrischen Ladungen wobei die Größe der entstehenden Wirkung (Stromstärke) durch den Widerstand R beeinflußt wird.

Die Einheit für den Widerstand ist Ohm (Ω)

$$1\Omega = 1\frac{V}{A}$$

Ist der Proportionalitätsfaktor G in (1.37) eine Konstante, dann nimmt der Strom I mit der Spannung *linear* zu. Solche Widerstände werden lineare oder ohmsche Widerstände genannt. Das trifft für metallische Leiter bei konstanter Temperatur (z.B. Konstantan) zu. Ist der Proportionalitätsfaktor nicht konstant, sondern von der Spannung oder vom Strom abhängig, dann spricht man von *nichtlinearen* Widerständen.

Das Zusammenwirken von Widerstand und Spannungsquelle lässt sich anschaulich in einem Kennlinienfeld darstellen. Für jede Spannung U lässt sich der entsprechende Strom I ablesen. In Abbildung 1.11 ist die Kennlinie eines linearen Widerstandes und eines nicht linearen Widerstandes (hier eine Halbleiterdiode) dargestellt.

Für den linearen Widerstand gilt

$$\frac{U_1}{I_1} = \cdots = \frac{U_i}{I_i} = \text{const.}$$

Für den nichtlinearen Widerstand gilt: der Quotient aus Spannung und Strom hat für alle Wertepaare ein anderes Ergebnis. Bei einer Spannung U_1 fließt ein Strom I_1; der Quotient

$$\frac{U_1}{I_1} = R_1$$

wird *Gleichstromwiderstand* genannt.

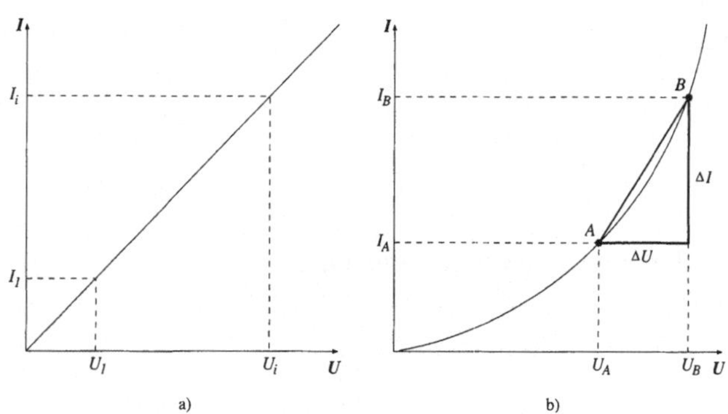

Abb. 1.11. Kennlinie eines linearen a) und eines nicht linearen b) Widerstandes

Der sich jeweils einstellende Wert R gilt nur für einen Punkt der Kennlinie, er wird Arbeitspunkt genannt. Bildet man im Kennlinienfeld des nichtlinearen

Widerstandes $\Delta U/\Delta I = r$, dann spricht man vom *differentiellen Widerstand*, er ist ein Maß für den Anstieg der Kurve.

Durch weitere experimentelle Untersuchungen an metallischen Leitern finden wir:

– der Widerstand eines Leiters ist seiner Länge proportional $(R \sim l)$

– der Widerstand eines Leiters ist seinem Querschnitt umgekehrt proportional $(R \sim 1/A)$

– der Widerstand ist vom Leitermaterial abhängig

Daraus folgt:

$$R = \rho\,\frac{l}{A}$$

ρ wird *spezifischer Widerstand* genannt. Er wird angegeben in $\Omega \cdot \frac{mm^2}{m}$. In dieser Einheit ist der spezifische Widerstand von Kupfer 0,017, von Eisen 0,10 bis 0,15 .

1.3.3 Arbeit und Leistung des elektrischen Stromes

Elektrische Arbeit wird verrichtet, wenn die Ladung Q vom Potential φ_1 zum Potenial φ_2 transportiert wird.

$$W = Q \cdot (\varphi_2 - \varphi_1) = Q \cdot U$$

Im Stromkreis nach Abb. 1.9 wird durch den Stromerzeuger G Ladung vom Potential φ_1 auf das Potential φ_2 gehoben. Dazu ist Arbeit erforderlich (Erzeugersystem). Im Verbraucher (Widerstand R) fällt die Ladung vom Potential φ_2 auf das Potential φ_1, dabei wird die im Stromerzeuger aufgewendete Arbeit als Wärmeenergie wieder abgegeben. Fließt während der Zeiteinheit t der Strom I, dann wird die Ladungsmenge $Q = I \cdot t$ transportiert, und es wird die Arbeit

$$W = I \cdot t \cdot U$$

verrichtet.

Die Einheit der elektrischen Arbeit ist Joule (J) oder Wattsekunde (Ws)

$$1J = 1Ws = 1AVs$$

Mit der Einheit $N \cdot m/C$ für Volt und C/s für Ampere gilt auch

$$1J = 1Ws = 1\frac{N \cdot m}{C} \cdot \frac{C}{s} \cdot s = 1Nm$$

Mit dem Ohmschen Gesetz erhalten wir für die in einem Widerstand R frei-werdende Wärmeenergie

$$W = I \cdot U \cdot t = I^2 \cdot R \cdot t$$

Leistung ist definiert als Arbeit pro Zeiteinheit. Für die elektrische Leistung folgt deshalb:

$$P = \frac{W}{t} = U \cdot I = I^2 \cdot R = \frac{U^2}{R}$$

Die Einheit der Leistung ist Watt (W)

$$1W = 1VA$$

1.3.4 Kirchhoffsche Sätze

Nur selten wird an einen Stromerzeuger nur ein Widerstand angeschlossen. In Geräten sind oft viele – in einem Computer viele tausend – Bauelemente an einen Stromerzeuger angeschlossen. Eine Anordnung von Spannungsquellen und Widerständen wird Netz genannt (Abb. 1.12).

Ein Netz ist aus *Zweigen* zusammengesetzt, die in den Verzweigungspunkten oder *Knoten* miteinander verbunden sind. In einem Zweig sind ohmsche Wi-derstände und/oder Spannungsquellen enthalten. Innerhalb des Netzes sind verschiedene geschlossene Strompfade (Stromkreise) möglich. Jeder geschlos-sene Strompfad im Netz – bei dem kein Zweig oder Knoten mehrmals durch-laufen wird – bildet eine *Masche*.

Durch die Spannungsquellen wird ein Stromfluß verursacht. Zur Berechnung der Stromstärken in den einzelnen Zweigen und der Spannungen über den Widerständen gehen wir von den Kirchhoffschen Sätzen aus.

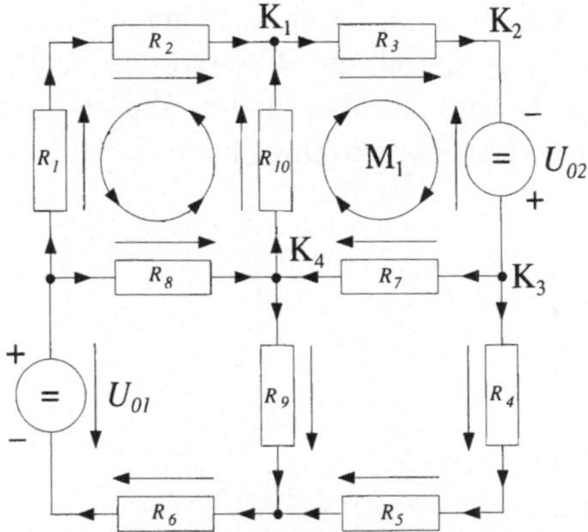

Abb. 1.12. Netz aus Spannungsquellen und ohmschen Widerständen

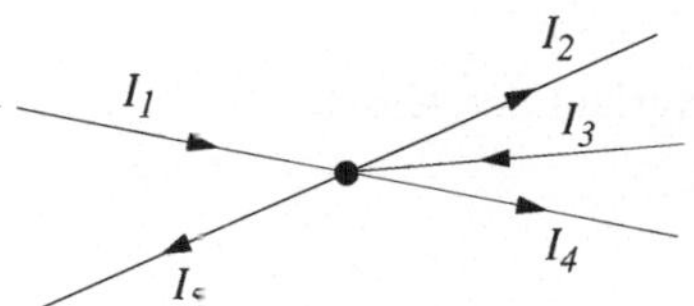

Abb. 1.13. Darstellung eines Knotenpunktes

Knotenregel. An keiner Stelle eines Netzes werden Ladungen angehäuft. Anders formuliert: in jedem gedachten Schnitt im Leitersystem fließt die gleiche Ladungsmenge ab, die auch in derselben Zeiteinheit zufließt (Kontinuitätsbedingung).

Besondere Bedeutung hat diese Aussage für die Knotenpunkte; d.h. die in einem Knoten zufließenden Ströme müssen auch wieder wegfließen. Zufließende und wegfließende Ströme werden durch Pfeile gekennzeichnet.

Für die mathematische Formulierung dieser Aussage werden auf den Knoten zufließende Ströme positiv und vom Knoten wegfließende Ströme negativ gekennzeichnet. Dann gilt für die Ströme in Abb. 1.13:

$$I_1 - I_2 + I_3 - I_4 - I_5 = 0$$
$$\text{oder} \quad I_1 + I_3 = I_2 + I_4 + I_5$$

Daraus folgt durch Verallgemeinerung

$$\sum_{i=0}^{n} I_i = 0$$

Das ist die Aussage der Knotenregel (1. Kirchhoffscher Satz): *In einem Knotenpunkt ist die Summe aller Ströme Null.*

Maschenregel. In dem Netz nach Abb. 1.12 erzeugen die Spannungsquellen die Spannung U_{01} und U_{02}. Durch die Widerstände fließt deshalb ein Strom. Nach dem Ohmschen Gesetz ist über diesen Widerständen eine Spannung $U = R \cdot I$ messbar. In jedem Knotenpunkt kann deshalb ein unterschiedliches Potential existieren.

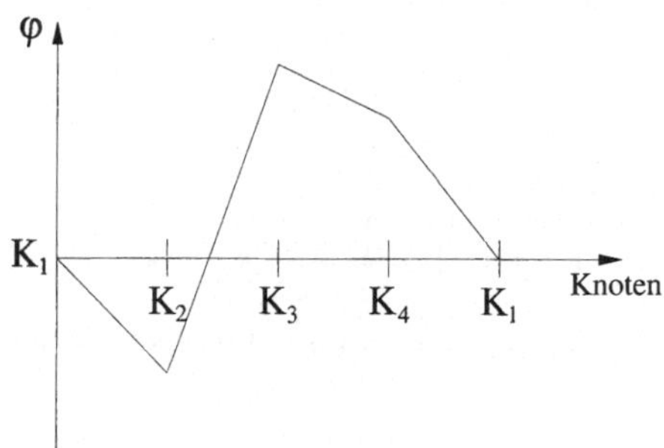

Abb. 1.14. (Angenommener) Potentialverlauf der Masche M_1

Betrachten wir nach Abb. 1.12 die Masche M_1, einen geschlossenen Strompfad, mit dem Umlaufsinn, der durch die Pfeile angegeben ist. Wir beginnen den Umlauf im Knotenpunkt K_1 und ordnen diesem Punkt (willkürlich) das Potential φ_1 zu. Fließt zwischen K_1 und K_2 ein Strom, dann soll Punkt K_2 das Potential φ_2 haben. Entsprechend habe K_3 das Potential φ_3 und K_4 das Potential φ_4. Endpunkt des Umlaufs ist Punkt K_1 mit dem Potential φ_1, graphisch dargestellt in Abb. 1.14. Daraus folgt: *Bei einem geschlossenen Umlauf in einer Masche hat der Ausgangspunkt und der Endpunkt das gleiche Potential.* Bezieht man in diese Betrachtung mit ein, dass einer Potentialdifferenz eine Spannung entspricht, dann ist

$$\varphi_2 - \varphi_1 = U_{K_{12}}$$
$$\varphi_3 - \varphi_2 = U_{K_{23}} \quad = U_{02}$$
$$\varphi_4 - \varphi_3 = U_{K_{34}}$$
$$\varphi_1 - \varphi_4 = U_{K_{14}}$$

Werden die Potentialdifferenzen oder Spannungen addiert, so folgt:

$$(\varphi_2 - \varphi_1) + (\varphi_3 - \varphi_2) + (\varphi_4 - \varphi_3) + (\varphi_1 - \varphi_4)$$
$$= 0 = U_{K_{12}} + U_{K_{23}} + U_{K_{34}} + U_{K_{14}}$$

Das ist die Aussage der Maschenregel (2. Kirchhoffscher Satz): *Bei einem ge-schlossenen Umlauf in einer Masche ist die Summe aller Spannungen (Um-laufspannung) Null.*

**Siehe Übungsband
Aufgabe 7:
Maschenregel**

Liegen die Knotenpunkte eines Netzes auf unterschiedlichem Potential, so dass zwischen den Punkten eine Spannung besteht, so ist doch nicht ohne weiteres ersichtlich in welche Richtung der Strom fließt. Die Spannungsrichtung (Spannungszählpfeile) der Quellen ist festgelegt. Um die Maschenregel in eine mathematische Form zu bringen, werden zunächst die Stromzählpfeile in den Zweigen der Masche *willkürlich* festgelegt. Dann wird die Umlaufrichtung in der Masche gewählt. Alle Spannungsabfälle an den Widerständen (Spannungszählpfeile) und die vorgegebenen Spannungsrichtungen der Quellen, die in die Umlaufrichtung zeigen, werden positiv gezählt; Spannungszählpfeile, die der Umlaufrichtung entgegengesetzt sind, werden negativ gezählt. Mit dieser Vereinbarung und der *Maschenregel* folgt für die Masche M_1 in Abb. 1.12

$$+U_{K_{12}} - U_{02} + U_{K_{34}} + U_{K_{41}} = 0$$
$$\text{oder} \qquad U_{02} = U_{K_{12}} + U_{K_{34}} + U_{K_{41}}$$

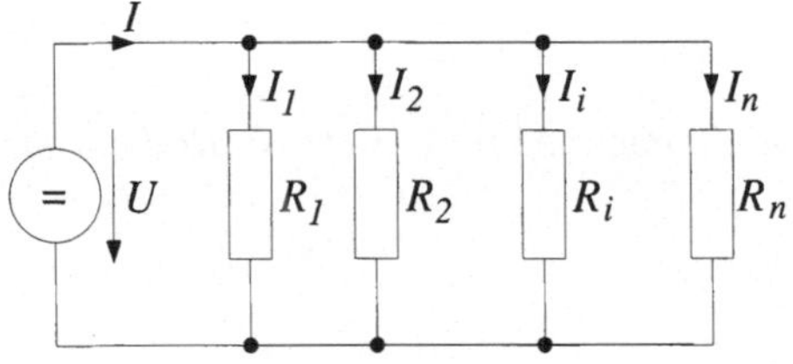

Abb.   1.15.
Parallelschaltung   von
Widerständen

Anwendung auf Parallel– und Reihenschaltung. Eine Anordung von Widerständen nach Abb. 1.15 wird *Parallelschaltung* genannt. Alle Widerstände liegen parallel zur Spannungsquelle, deshalb liegt an jedem Widerstand die Spannung U. Der Gesamtstrom I verzweigt sich in die Teilströme $I_1, I_2, \cdots, I_n$, die durch die zugehörigen Widerstände $R_1, R_2, \cdots, R_n$ fließen. Die Teilströme werden nach dem Ohmschen Gesetz berechnet:

$$I_1 = \frac{U}{R_1} \quad I_2 = \frac{U}{R_2} \quad \cdots \quad I_n = \frac{U}{R_n}$$

Nach der *Knotenregel* ist der Gesamtstrom

$$
\begin{aligned}
I &= I_1 + I_2 + \cdots + I_n \\
&= \frac{U}{R_1} + \frac{U}{R_2} + \cdots + \frac{U}{R_n} \\
&= U \cdot \left(\frac{1}{R_1} + \frac{1}{R_2} + \cdots + \frac{1}{R_n} \right)
\end{aligned}
$$

Der Quotient aus dem Gesamtstrom und der Spannung U ist der Kehrwert des Gesamtwiderstandes der Parallelschaltung

$$
\frac{I}{U} = \frac{1}{R_g} = \frac{1}{R_1} + \frac{1}{R_2} + \cdots + \frac{1}{R_n}
$$

Hat die Parallelschaltung nur zwei Widerstände R_1 und R_2, dann ist

$$
R_g = \frac{R_1 \cdot R_2}{R_1 + R_2}
$$

und für das Verhältnis der Ströme gilt:

$$
\frac{I_1}{I_2} = \frac{R_2}{R_1} \tag{1.39}
$$

Eine Anordnung von Widerständen nach Abb. 1.16 wird *Reihenschaltung* genannt.

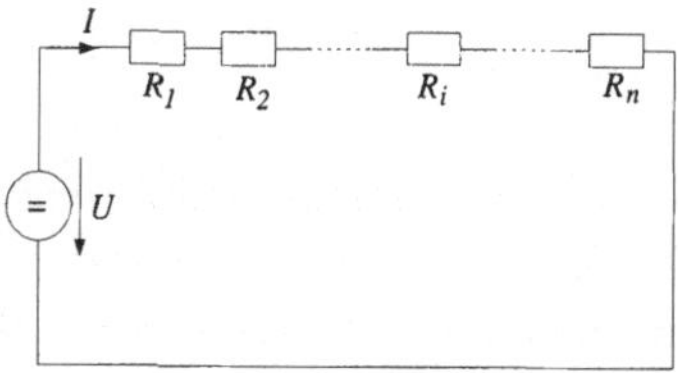

Abb. 1.16. Reihenschaltung von Widerständen

Der Strom I hat in jedem Stück Leiterquerschnitt und in jedem Widerstand den gleichen Wert. Nach dem Ohmschen Gesetz fällt über jedem Widerstand eine Spannung ab, die von I und den Widerstandswerten für $R_1, R_2, \cdots, R_n$ abhängt. Es ist

$$U_1 = I \cdot R_1 \; ; \; U_2 = I \cdot R_2 \; ; \; \cdots \; ; \; U_n = I \cdot R_n$$

Nach der Maschenregel gilt:

$$
\begin{aligned}
U &= U_1 + U_2 + \cdots + U_n \\
  &= I \cdot R_1 + I \cdot R_2 + \cdots + I \cdot R_n \\
  &= I \cdot (R_1 + R_2 + \cdots + R_n) \\
U &= I \cdot R_g
\end{aligned}
$$

Daraus folgt

$$R_g = R_1 + R_2 + \cdots R_n$$

Hat eine Reihenschaltung nur zwei Widerstände, dann folgt für das Verhältnis der Spannungen

$$\frac{U_1}{U_2} = \frac{R_1}{R_2} \tag{1.40}$$

Siehe Übungsband
Aufgabe 5:
Widerstandsnetzwerk 1

Mit (1.40) oder dem Ohmschen Gesetz kann der Spannungsabfall über den Widerständen R_1 und R_2 berechnet werden, wenn die Spannung U und die Widerstandswerte von R_1 und R_2 gegeben sind. Man kann die Spannungsabfälle über R_1 und R_2 auch *graphisch* ermitteln. Sind die Kennlinien der Widerstände nichtlinear, wie es bei Dioden und Transistoren der Fall ist, dann benutzt man nur das graphische Lösungsverfahren. Der *Lösungsweg* soll deshalb an dieser Stelle erläutert werden. Wir gehen von Abb. 1.17 aus und fragen: welche Spannung stellt sich im Punkt A (bezogen auf den Minuspunkt) ein.

Zur Lösung tragen wir zuerst die Kennlinie des Widerstandes R_2 in ein Strom–Spannungs–Diagramm nach Abb. 1.17 ein. In dasselbe Diagramm tragen wir die Kennlinie des Widerstandes R_1 ein. Dazu sind zwei Punkte erforderlich. Nach dem ohmschen Gesetz ist

$$I = \frac{U_1}{R_1}$$

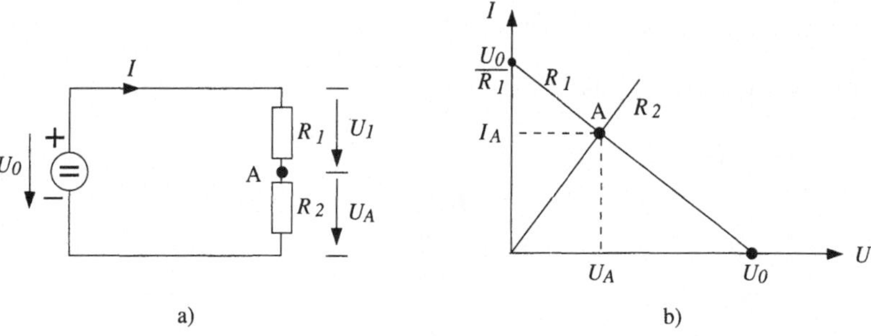

Abb. 1.17. Graphische Bestimmung des Arbeitspunktes A: a) Schaltung b) Graphische Lösung

Mit der Maschenregel folgt:

$$I = \frac{U_1}{R_1} = \frac{U_0 - U_A}{R_1}$$

In dieser Gleichung kann U_A zwei Extremwerte annehmen:

1. $U_A = 0$ wenn der Widerstandswert von R_2 Null ist.

$\Rightarrow \quad I = \dfrac{U_0}{R_1}$ 1. Punkt für die Kennlinie von R_1

2. $U_A = U_0$ d.h. $R_2 = \infty$

$\Rightarrow \quad I = 0$ 2. Punkt für die Kennlinie von R_1

Der Schnittpunkt A der Kennlinie von R_1 mit der Kennlinie von R_2 heißt Arbeitspunkt. Die Projektion des Arbeitspunktes auf die $U-$ und $I-$Achse ergibt den zugehörigen Spannungswert U_A und Stromwert I_A.

Spannungsteilerschaltung. Aus der Reihenschaltung folgt eine wichtige praktische Anwendung: die *Spannungsteilerschaltung*. Ist die Spannung stetig einstellbar, dann wird ein solches Gerät *Potentiometer* genannt. Wird an das Potentiometer eine feste Klemmspannung U angelegt, dann können stetig alle Spannungswerte zwischen 0V und U abgegriffen werden (Abb. 1.18).

Durch den einstellbaren Abgriff wird der Gesamtwiderstand R in die Teilwiderstände R_1 und R_2 geteilt. Über dem Widerstand R_1 fällt die Spannung U_1 und über R_2 die Spannung U_2 ab.

Ist die Potentiometerschaltung nicht belastet (ohne R_L), dann gilt nach (1.40)

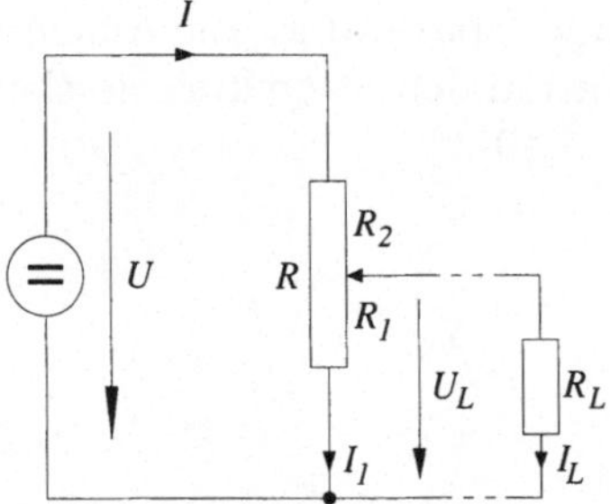

Abb. 1.18. Potentiometerschaltung

$$\frac{U_2}{U_1} = \frac{R_2}{R_1}$$

Mit der Maschenregel folgt:

$$\frac{U - U_1}{U_1} = \frac{R - R_1}{R_1}$$

oder $$\frac{U}{U_1} = \frac{R}{R_1}$$

$$U_1 = R_1 \cdot \frac{U}{R}$$

Wird die Potentiometerschaltung durch einen Lastwiderstand R_L belastet, dann fließt durch R_L der Laststrom I_L. Der Lastrom I_L und die Spannung U_L werden nach der Knotenregel und Maschenregel berechnet. Es gilt:

$$I = I_1 + I_L$$
$$U = I \cdot R_2 + I_1 \cdot R_1$$
$$I_L \cdot R_L = I_1 \; R_1$$

Damit folgt:

$$I_L = U \cdot \frac{R_1}{R_1 \; R_2 + R_2 \cdot R_L + R_1 \cdot R_L}$$
$$U_L = U \cdot \frac{R_1}{R_1 + R_2} - \frac{R_1 \cdot R_2}{R_1 + R_2} \cdot I_L$$

Messung von Strom und Spannung. Ein Amperemeter, mit dem wir den Strom messen wollen, wird in den Stromkreis geschaltet, damit der gesamte Strom erfaßt wird (Abb. 1.19).

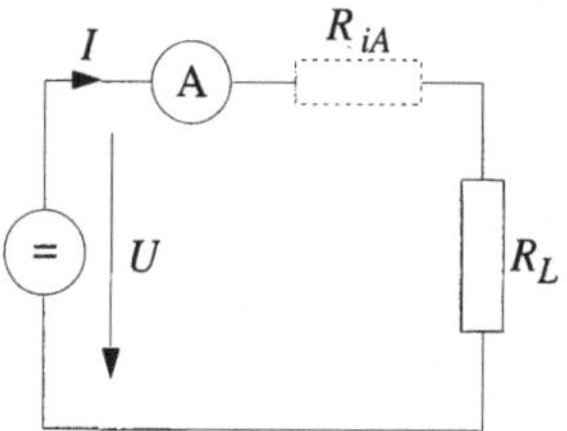

Abb. 1.19. Stromkreis mit Amperemeter

Weil das Amperemeter einen Innenwiderstand (R_{iA}) hat, wird der Strom, der im Stromkreis fließt, durch das Messgerät verringert. Es gilt

$$I = \frac{U}{R_{iA} + R_L}$$

Aus der Geichung ist ersichtlich, dass die Strommessung umso genauer wird je kleiner der Innenwiderstand des Amperemeters wird. Für $R_{iA} << R_L$ ist $I = U/R_L$.

Ein Voltmeter, mit dem die Spannung über einen Widerstand R_L gemessen werden soll, liegt parallel zu dem Widerstand R_L an der gleichen Spannung wie der Widerstand selbst (Abb. 1.20).

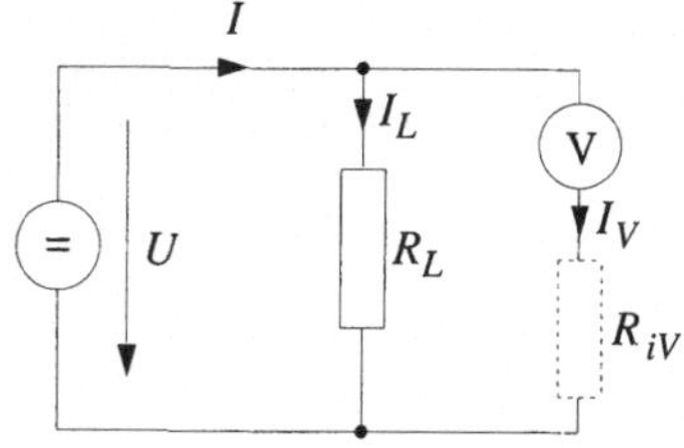

Abb. 1.20. Stromkreis mit Voltmeter

Weil das Voltmeter ebenso wie das Amperemeter einen Innenwiderstand R_{iV} hat, wird der Strom I durch das Messgerät vergrößert. Nach (1.39) ist

$$\frac{I_V}{I} = \frac{R_L}{R_{iV} + R_L}$$

Für $R_L << R_{iV}$ folgt

$$\frac{I_V}{I} = \frac{R_L}{R_{iV}}$$

$$\text{oder} \quad I_V \cdot R_{iV} = I \cdot R_L$$

$$U_V = U$$

d.h. hat das Voltmeter einen großen Innenwiderstand, dann ist die gemessene Spannung U_V gleich dem Produkt aus Gesamtstrom I und dem Lastwiderstand R_L.

Siehe Übungsband
Aufgabe 10:
Messbereichserweiterung

Wenn wir durch eine gleichzeitige Strom– und Spannungsmessung einen unbekannten Widerstand R_x bestimmen wollen, dann ist immer eine Messgröße (Strom oder Spannung) mit einem Fehler behaftet. Als Messschaltung gibt es zwei Möglichkeiten: die *Stromfehlerschaltung* und die *Spannungsfehlerschaltung* (Abb. 1.21).

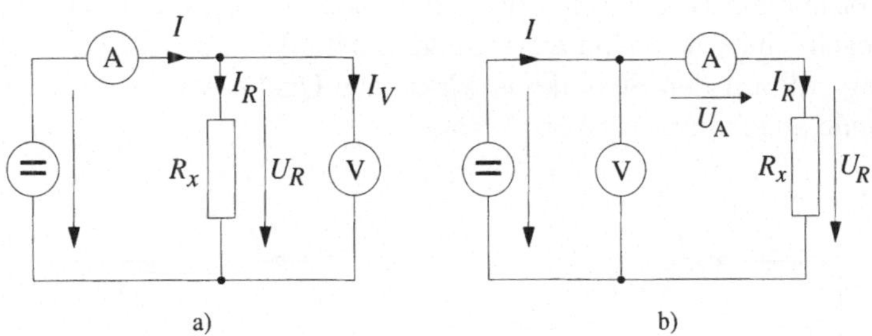

Abb. 1.21. Messschaltungen für Strom und Spannung: a) Stromfehlerschaltung b) Spannungsfehlerschaltung

Im Falle der Stromfehlerschaltung wird mit dem Voltmeter die tatsächlich über R_x abfallende Spannung U_R gemessen, während das Amperemeter einen größeren Strom anzeigt als durch R_x verursacht wird, nämlich $I = I_R + I_V$. Der angezeigte Strom ist also um den Strom, der durch das Voltmeter fließt größer. Ist der Innenwiderstand des Voltmeters (R_{iV}) sehr groß gegenüber dem Widerstand R_x, dann ist nach (1.39) der Strom I_V sehr klein gegenüber I_R, und damit wird auch der Messfehler sehr klein. Ein unbekannter Widerstand R_x wird mit einer Stromfehlerschaltung bestimmt, wenn R_x sehr klein ist gegenüber dem Innenwiderstand des Voltmeters (z.B. Aufnahme einer Dioden–Kennlinie in Durchlaßrichtung).

Im Falle der Spannungsfehlerschaltung wird mit dem Amperemeter der tatsächlich durch R_x verursachte Strom I_R gemessen, während das Voltmeter eine größere Spannung anzeigt als über R_x abfällt, nämlich $U = U_R + U_A$. Die angezeigte Spannung ist also um den Spannungsabfall über dem Amperemeter größer. Ist der Innenwiderstand des Amperemeter R_{iA} sehr klein gegenüber dem Widerstand R_x, dann ist nach (1.40) der Spannungsabfall U_A sehr klein, und damit ist auch der Messfehler sehr klein.

Ein unbekannter Widerstand R_x wird mit einer Spannungsfehlerschaltung bestimmt, wenn R_x sehr groß gegenüber dem Innenwiderstand des Amperemeters ist (z.B. Aufnahme einer Dioden–Kennlinie in Sperrichtung). Man wählt also je nach der Größe der zu messenden Widerstände diejenige Schaltung aus, bei der sich die Instrumentenwiderstände am wenigsten auswirken.

Siehe Übungsband
Aufgabe 9:
Strom– und Spannungsfehlerschaltung

1.3.5 Quellenspannung und Klemmenspannung

Bei der bisherigen Betrachtung des Ohmschen Gesetzes und der Kirschhoffschen Regeln sind wir davon ausgegangen, dass die von der Quelle gelieferte Spannung voll auf den Stromkreis wirkt. Die Quelle wurde als *ideale* Spannungsquelle angenommen (Abb. 1.22a).

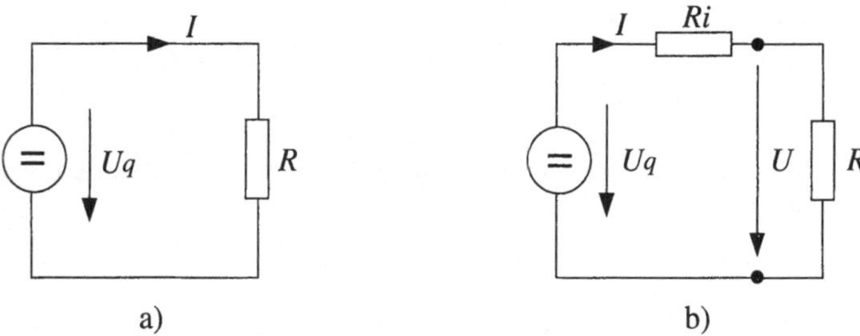

Abb. 1.22. Stromkreis: a) mit idealer und b) realer Spannungsquelle

Unter dieser Annahme folgt aus dem Ohmschen Gesetz $I = U_q/R$. Für $U_q =$ konstant und $R \to 0$ folgt $I \to \infty$. Dies widerspricht dem realen Experiment. Das Verhalten einer realen Spannungsquelle kann durch Hinzufügen eines Innenwiderstandes R_i modelliert werden.

$$I = \frac{U_q}{R + R_i}$$

Die an den Anschlüssen der Quelle abgreifbare Spannung U wird *Klemmenspannung* genannt und beträgt nach der Maschenregel

$$U = U_q - I \cdot R_i$$

Für den Fall des Leerlaufs gilt $U = U_q$ d.h. wenn $R = \infty$ fließt kein Strom.

Für den Kurzschlußfall gilt: $U = 0$ weil $R = 0$ ist, damit folgt $U_q = I_K \cdot R_i$ oder $I_K = U_q/R_i$. In diesem Fall wird nach $P = I_K^2 \cdot R_i$ eine große Verlustleistung umgesetzt, was zur Zerstörung der Quelle führen kann.

Einfache Netzgeräte haben einen Innenwiderstand von etwa 1Ω, Akkumulatoren von etwa $0{,}5\Omega$. Geregelte Netzgeräte verhalten sich wie ideale Spannungsquellen, wenn der Strom einen einstellbaren Wert nicht überschreitet.

Bei Anwendungen kann es erforderlich sein, dass der Lastwiderstand von der Quelle eine maximale Leistung aufnimmt (z.B. Abschluß einer Doppelleitung durch den Wellenwiderstand. Man spricht dann von *Leistungsanpassung*. Mit den Bezeichnungen nach Abb. 1.22 folgt für die im Widerstand R umgesetzte Leistung $P = U \cdot I$:

– ist $R = 0$ folgt $U = 0$ damit ist $P = 0$

– ist $R = \infty$ folgt $I = 0$ damit ist $P = 0$

d.h. damit die Leistung maximal wird, muss R einen Wert zwischen 0 und ∞ annehmen. Für die zu berechnende Leistung gilt:

$$P = U \cdot I = I^2 \cdot R$$
$$\text{mit} \quad I = \frac{U_q}{R_i + R}$$
$$\text{folgt} \quad P = \frac{U_q^2 \cdot R}{(R_i + R)^2}$$

Die Leistung wird maximal, wenn gilt $dP/dR = 0$. Damit folgt

$$0 = \frac{U_q^2 \cdot (R_i + R)^2 - 2 \cdot (R_i + R) \cdot U_q^2 \cdot R}{(R_i + R)^4}$$

Das ist erfüllt, wenn

$$(R_i + R)^2 = 2(R_i + R) \cdot R \quad \text{oder wenn}$$
$$R_i = R$$

Für die dann umgesetzte verfügbare Leistung folgt:

$$P = \frac{1}{4} \frac{U_q^2}{R}$$

1.4 Elektromagnetisches Feld

Wie die elektrische Wirkung des geriebenen Bernsteins war im Altertum auch die Wirkung des Magneteisensteins bekannt. Der historisch bedeutende Versuch von *Oersted* im Wintersemester 1819/20 zeigte, dass auch ein elektrischer Strom magnetische Wirkungen verursacht. Das bedeutet: Elektrische Ströme erzeugen ein Magnetfeld, das Magnetfeld wiederum wirkt auf bewegte elektrische Ladungen. In diesem Abschnitt werden die Begriffe magnetische Feldstärke und magnetische Induktion (magnetische Flussdichte) eingeführt. Sie sind notwendig für die Beschreibung von Datenträgern, die auf magnetischer Basis beruhen. Deshalb werden in diesem Abschnitt die physikalischen Grundlagen von ferromagnetischen und magneto–optischen Datenträgern beschrieben.

1.4.1 Magnetisches Feld elektrischer Ströme

Fast zufällig entdeckte Oersted durch einen Versuch, dass in der Nähe eines stromführenden Leiters eine Magnetnadel ausgelenkt wird. Daraus folgt:

- ein stromdurchflossener Leiter ist von einem Magnetfeld umgeben, und

- ein elektrischer Strom verursacht ein magnetisches Feld, es wird mit H bezeichnet.

Stellen wir um einen vertikal aufgebauten stromführenden Leiter eine Anzahl von Magnetnadeln, so richten sich die Magnetnadeln kreisförmig aus wobei die Pfeilspitzen (Nordpole) den gleichen Drehsinn haben (Abb. 1.23). Eine Variante dieses Versuches können wir mit Eisenfeilspänen durchführen .

Das magnetische Feld wird, wie das elektrische Feld, anschaulich mit Hilfe von Feldlinien beschrieben. Die Richtung der Magnetnadeln im magnetischen Feld des stromführenden Leiters ist die Richtung der Kraft und damit Richtung der Feldlinien und der magnetischen Feldstärke H. Aus dem Versuch können wir folgern:

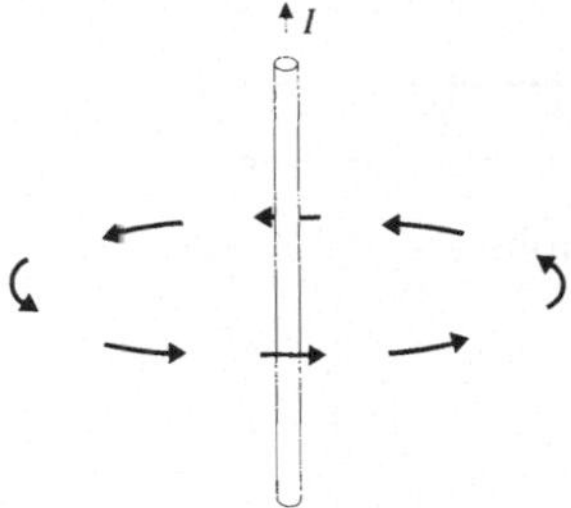

Abb. 1.23. Ausrichtung von Magnetnadeln um einen stromführenden Leiter

- Die magnetischen Feldlinien umschließen den stromführenden Leiter ringförmig.

- Die Feldlinien sind konzentrisch um den Leiter angeordnet.

- Für die Richtung der Feldlinien gilt die Regel: Zeigt der Daumen in Richtung des Stromes im Leiter, so zeigen die Finger, die den Leiter umfassen, in Richtung der Feldlinien (Rechte–Hand–Regel).

Betrachten wir im "Oersted–Versuch" den Grad der Auslenkung als Maß für die wirkende Kraft und damit als Maß für die magnetische Feldstärke, so zeigen quantitative Versuche:

- Die magnetische Feldstärke H eines stromdurchflossenen Leiters ist proportional zu I.

- Die magnetische Feldstärke H ist umgekehrt proportional zum Abstand vom Leiter.

$$H \sim I$$
$$H \sim \frac{1}{r}$$
$$\text{oder} \qquad H = \text{const.} \cdot \frac{I}{r}$$

wobei die Konstante gleich 1 gesetzt wird.

Bei der Verschiebung einer Probeladung im elektrischen Feld wird Energie umgesetzt. Daraus wurde der Begriff Potential und elektrische Spannung abgeleitet. Analog dazu wird der Begriff der magnetischen Spannung hergeleitet. Verschiebt man in einem Magnetfeld einen Probemagneten entlang der Feldlinien, so wird ebenfalls Energie umgesetzt (Abb. 1.24).

Das Produkt aus magnetischer Feldstärke H und Wegelement Δs wird magnetische Spannung genannt. Die Einheit ist Ampere.

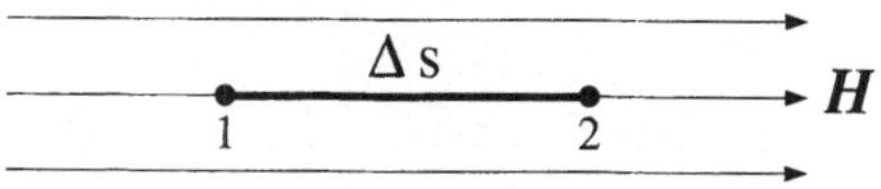

Abb. 1.24. Zum Begriff *Magnetische Spannung*

$$V_{12} = \int\limits_1^2 \boldsymbol{H} \cdot \mathrm{d}\boldsymbol{s} = I$$

Aus dieser Gleichung ist die Definition für die magnetische Feldstärke abgeleitet:

$$\text{Magnetische Feldstärke} = \frac{\text{Stromstärke}}{\text{Länge}}$$

$$H = \frac{I}{s}$$

Die Einheit ist: Ampere durch Meter ($\frac{\mathrm{A}}{\mathrm{m}}$)

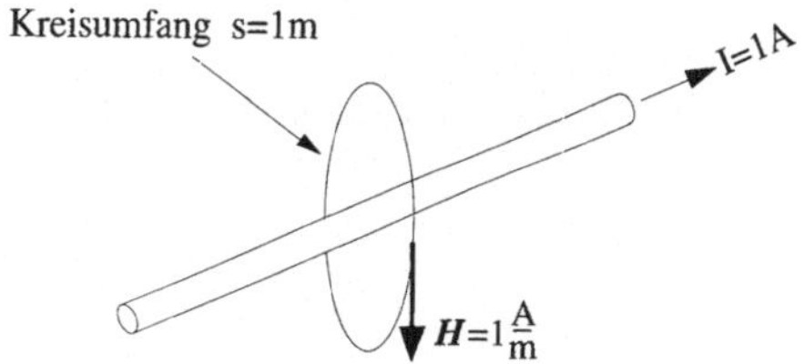

Abb. 1.25. Zur Defininition der magnetischen Feldstärke

Die Formulierung der SI–Norm lautet:

> 1 Ampere durch Meter ist gleich der magnetischen Feldstärke, die ein durch einen unendlich langen, geraden Leiter von kreisförmigem Querschnitt fließender elektrischer Strom der Stärke 1A im Vakuum außerhalb des Leiters auf dem Rand einer zum Leiterquerschnitt konzentrischen Kreisfläche vom Umfang 1m hervorrufen würde (Abb. 1.25).

1.4.2 Das Durchflutungsgesetz

Das Durchflutungsgesetz gibt den Zusammenhang zwischen dem magnetischen Feld und dem verursachenden elektrischen Strom an.

Elektrischer Strom verursacht geschlossene magnetische Feldlinien (Magnetfeld)

Die Umkehrung dieser Aussage bedeutet:

Geschlossene magnetische Feldlinien werden von einem Strom durchflossen (durchflutet).

Maxwell hat diesen Zusammenhang zwischen Stromstärke und magnetischer Feldstärke allgemein gültig formuliert. Das nach ihm benannte Durchflutungsgesetz, auch *1. Maxwellsche Gleichung* genannt, lautet:

$$\oint \boldsymbol{H} \cdot \mathrm{d}\boldsymbol{s} = \int_A \boldsymbol{j} \cdot \mathrm{d}\boldsymbol{A} \tag{1.41}$$

In Worten: Das Linienintegral der magnetischen Feldstärke über eine in sich geschlossene Kurve ist proportional dem Flächenintegral der Stromdichte über die von der Kurve umschlossene Fläche (die Stromdichte $\boldsymbol{j}$ ist ein Vektor, der die Richtung des Ladungstransportes angibt). Das Durchflutungsgesetz findet Anwendung bei der Berechnung magnetischer Felder, die durch Ströme in Leitern (besonders Spulen) verursacht werden.

Wählen wir z.B. einen geraden Leiter, der vom Strom I durchflossen wird, und als Integrationsweg einen Kreis, der senkrecht zum Leiter und um den Leiter verläuft, dann folgt aus (1.41)

$$\oint \boldsymbol{H} \cdot \mathrm{d}\boldsymbol{s} = \int_A \boldsymbol{j} \cdot \mathrm{d}\boldsymbol{A} = I$$

$$\text{mit} \qquad ds = r \cdot \mathrm{d}\varphi$$

$$\Rightarrow \int_0^{2\pi} \boldsymbol{H} \cdot \boldsymbol{r} \cdot \mathrm{d}\varphi = I$$

$$\text{oder} \qquad \boldsymbol{H} \cdot 2\pi\boldsymbol{r} = I$$

$$|H| = \frac{I}{2\pi r} \tag{1.42}$$

Mit der Methode nach Gleichung (1.42) ist es möglich die magnetische Feldstärke einfacher stromführender Leiter zu bestimmen; z.B. langer gerader Draht oder einer langen Spule. Weiterführende Verfahren nutzen das Gesetz von Biot-Savart (vgl. Fachliteratur der Elektrotechnik).

1.4.3 Kraftwirkung magnetischer Felder auf stromdurchflossene Leiter

Ein stromdurchflossener Leiter ist von einem Magnetfeld umgeben. Bringen wir einen solchen stromdurchflossenen Leiter in ein zweites Magnetfeld, z.B. in das Feld eines Hufeisenmagneten, dann wechselwirken die Magnetfelder miteinander (Abb. 1.26). Das Magnetfeld des Hufeisenmagneten übt eine Kraftwirkung auf den stromdurchflossenen Leiter aus, es wird mit B bezeichnet.

Durch das Drahtstück mit der Länge l und dem Querschnitt A fließe ein Strom I. Der Drahtlänge l wird ein Richtungssinn zugeordnet, so dass der Strom I positiv zählt, wenn er in l–Richtung fließt. In der Zeichnung ist die technische Stromrichtung angenommen.

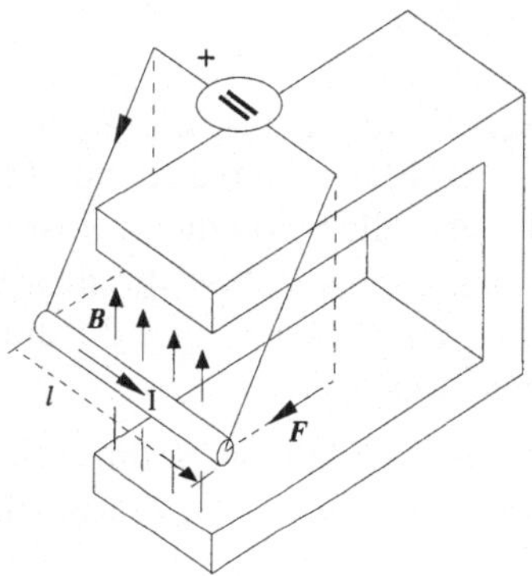

Abb. 1.26. Kraftwirkung auf einen stromdurchflossenen Leiter im Magnetfeld

Hat das Magnetfeld B die angegebene Richtung, dann wirkt auf den stromdurchflossenen Leiter eine Kraft F, die senkrecht auf B und senkrecht auf l steht (l habe die Stromzählpfeilrichtung). Die quantitative Untersuchung des Versuches zeigt in betragsmäßiger Darstellung:

$$F \sim I$$
$$F \sim l$$
$$F \sim B$$
$$F = \mu \cdot I \cdot l \cdot B$$

Dabei ist μ eine Proportionalitätskonstante.

Die ablenkende Kraftwirkung, die der stromdurchflossene Leiter erfährt, kann durch ein Vektorprodukt von $I \cdot l$ mit dem Vektor B dargestellt werden:

$$F = \mu \cdot I \cdot l \times B \tag{1.43}$$

Von der Kraftwirkung magnetischer Felder auf stromdurchflossene Leiter wird eine neue Größe abgeleitet: *die magnetische Induktion B* oder *magnetische Flussdichte* (Abb. 1.27). Die Einheit ist Tesla (T).

Die magnetische Induktion B beträgt 1T, wenn ein 1m langer Draht, durch den ein Strom von 1A fließt, eine Kraft von 1N erfährt und der Draht senkrecht zur Feldrichtung steht.

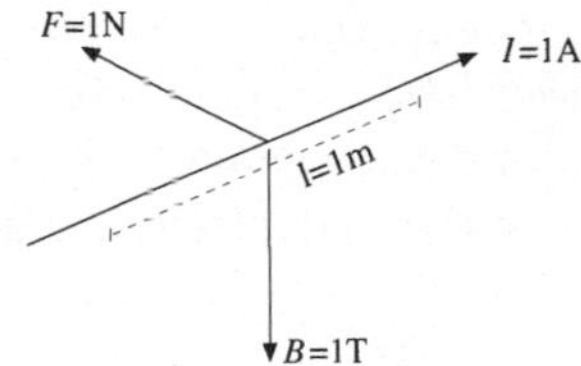

Abb. 1.27. Zur Definition der magnetischen Induktion

Aus (1.43) folgt deshalb

$$F = I \cdot l \cdot B$$
$$\text{In Einheiten} \quad 1N = 1A \cdot 1m \cdot 1T$$
$$\text{oder} \quad 1T = 1\frac{N}{A \cdot m}$$

Durch Umformung folgt:

$$[B] = \frac{N}{A \cdot m} \cdot \frac{m}{m} = \frac{J}{A \cdot m^2} = \frac{V \cdot A \cdot s}{A \cdot m^2} = \frac{V \cdot s}{m^2}$$

$$\text{oder} \quad 1T = 1\frac{V \cdot s}{m^2}$$

Grenzen wir die beiden Begriffe zur Beschreibung der magnetischen Feldwirkung gegeneinander ab, so können wir sagen:

– Der Vektor H – die magnetische Feldstärke – beschreibt unabhängig von Materialeigenschaften des umgebenden Raumes die *Ursache* des magnetischen Feldes. Es wird verursacht durch einen Strom.

– Der Vektor B – die magnetische Induktion – beschreibt die *Wirkung* des magnetischen Feldes, z.B. Kraft auf Eisenteile oder einen stromdurchflossenen Leiter.

(Auch zur Beschreibung der *elektrischen Feldwirkung* wurden zwei Größen eingeführt – die *elektrische Feldstärke* $\boldsymbol{E}$ (Wirkung) und die *elektrische Flussdichte* $\boldsymbol{D}$ (Ursache).

Die beiden Feldgrößen $\boldsymbol{B}$ und $\boldsymbol{H}$ sind miteinander gekoppelt durch die Gleichung

$$\boldsymbol{B} = \mu_r \cdot \mu_0 \cdot \boldsymbol{H} \tag{1.44}$$

darin ist μ_r die *relative Permeabilität* oder *Permeabilitätszahl*, μ_0 die *magnetische Feldkonstante* oder *Induktionskonstante*. Die *magnetische Feldkonstante* μ_0 ist eine Naturkonstante, während die relative Permeabilität als ein reiner Zahlenfaktor den Unterschied des magnetischen Verhaltens eines Materials zum Vakuum angibt (z.B. für Eisen ist $\mu_r = 400$–8000). μ_0 hat den Wert: $1,25 \cdot 10^{-6}$ Vs/Am. Faßt man μ_r und μ_0 zusammen $\mu = \mu_r \cdot \mu_0$, so spricht man von der Permeabilität und μ ist dann identisch mit dem Proportionalitätsfaktor in (1.43).

Die Kraftwirkung, die ein stromdurchflossener Leiter im Magnetfeld erfährt, ist das Messprinzip von Drehspul–Messgeräten (Ampere– und Voltmeter). Der Strom fließt dabei durch eine Spule, die zwischen den Polen eines Hufeisenmagneten drehbar gelagert ist. Die Spule vergrößert die im Magnetfeld befindliche Länge des Drahtes, so dass geringe Ströme gemessen werden können. Auch die Spannungsmessung mit Drehspul–Messgeräten beruht auf diesem Messprinzip. Die am Innenwiderstand R_i des Messwerkes abfallende Spannung U ist dem Strom I proportional. Über verschieden geeichte Skalen kann so ein Messwerk zur Strom– und Spannungsmessung dienen. Durch Neben– und Vorschaltwiderstände kann der Messbereich auf verschiedene Strom– und Spannungsbereiche erweitert werden. Ein solches Messgerät heißt Vielfach–Drehspul–Messgerät.

Ein stromdurchflossener Leiter erfährt nicht nur im magnetischen Feld eines Hufeisenmagneten eine Kraftwirkung, sondern auch im magnetischen Feld eines zweiten stromdurchflossenen Leiters.

Der Versuch nach Abb. 1.28 zeigt: Parallele Ströme ziehen sich an, antiparallele Ströme stoßen sich ab.

Für die Berechnung der Kraftwirkung benutzen wir (1.42) (1.43) und (1.44). Auf den Leiter 2, der vom Strom I_2 durchflossen wird, wirkt nach (1.43) die Kraft

$$\boldsymbol{F} = I_2 \cdot l \times \boldsymbol{B}$$

$$\text{mit} \quad \boldsymbol{B} = \mu_0 \cdot \boldsymbol{H}$$

$$\text{und} \quad H = \frac{I_1}{2\pi r}$$

folgt $\quad F = \dfrac{\mu_0}{2\pi r} \cdot I_1 \cdot I_2 \cdot l$ $\qquad\qquad$ (1.45)

Mit (1.45) wird die *Basiseinheit* der *elektrischen Stromstärke* nach den *SI*–Einheiten definiert:

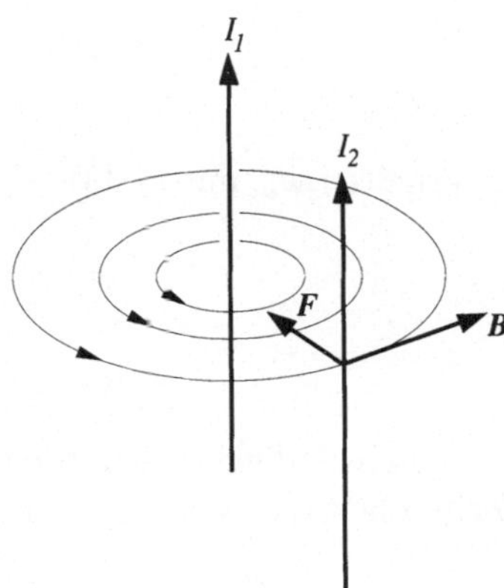

Abb. 1.28. Kraftwirkung zwischen zwei stromdurchflossenen Leitern

Die Basiseinheit 1 Ampere ist die Stromstärke eines zeitlich unveränderlichen elektrischen Stromes, der durch zwei im Vakuum parallel im Abstand 1 Meter voneinander angeordnete, geradlinige unendlich lange Leiter von vernachlässigbar kleinen, kreisförmigen Querschnitten fließend, zwischen diesen Leitern je 1 Meter Leiterlänge elektrodynamisch die Kraft $1/5\,000\,000$ kg m/s^2 (Newton) hervorrufen würde.

1.4.4 Lorentzkraft und Halleffekt

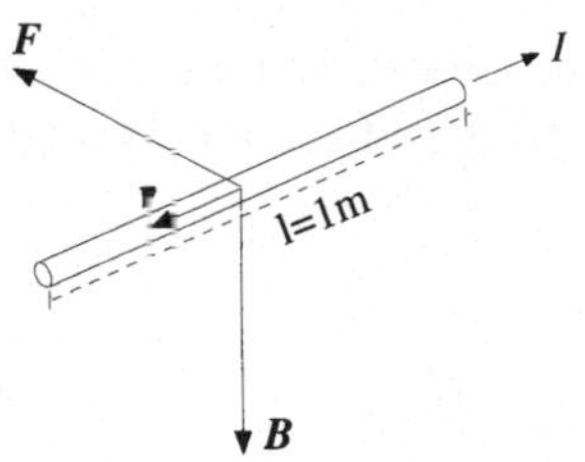

Abb. 1.29. Zur Herleitung der Lorentzkraft

Die Kraft, die auf einen stromdurchflossenen Leiter im Magnetfeld wirkt, greift an den bewegten Ladungen, den Leitungselektronen an.

Zur Berechnung der Kraftwirkung auf eine Ladung betrachten wir Abb. 1.29. Ein Leiter mit der Länge l befindet sich in einem Magnetfeld mit der Flussdichte $\boldsymbol{B}$, d.h. die Stromdichte hat den Betrag $j = I/A$. Die Elektronen mit der Ladung $q = -e_0$ und der Dichtezahl n bewegen sich mit einer mittleren Geschwindigkeit $\boldsymbol{v}$ durch den Leiter, so dass

$$\boldsymbol{j} = -e_0 \cdot n \cdot \boldsymbol{v}$$
$$\text{und} \quad I = -e_0 \cdot n \cdot v \cdot A \tag{1.46}$$

Für die Gesamtkraft $\boldsymbol{F_L}$ auf den Leiter erhalten wir mit (1.43)

$$\boldsymbol{F_L} = -e_0 \cdot n \cdot v \cdot A \cdot \boldsymbol{l} \times \boldsymbol{B}$$

Mit der Annahme, dass die Elektronengeschwindigkeit den Richtungssinn von $\boldsymbol{l}$ hat und die Elektronen in einer Zeiteinheit die Weglänge l zurücklegen, können wir schreiben

$$\boldsymbol{F_L} = -e_0 \cdot n \cdot l \cdot A \cdot \boldsymbol{v} \times \boldsymbol{B}$$

Die Gesamtkraft auf den Leiter ist die Summe der Einzelkräfte auf jedes der bewegten Elektronen. Die Gesamtzahl der Elektronen im Leiterstück beträgt $N = n \cdot l \cdot A$. Mit dem Wert für N und $q = -e_0$ als Elektronenladung erhalten wir für die Kraft auf eine *positive* Ladung q

$$\frac{\boldsymbol{F_L}}{N} = \boldsymbol{F} \;=\; q \cdot \boldsymbol{v} \times \boldsymbol{B} \tag{1.47}$$

$\boldsymbol{F}$ wird Lorentzkraft genannt. Der Richtungssinn von $\boldsymbol{F}$ folgt aus der Definition des Vektorprodukts: Rechte–Hand–Regel, Daumen $\boldsymbol{v}$, Zeigefinger $\boldsymbol{B}$, Mittelfinger $\boldsymbol{F}$; oder Rechtsschraubenregel, $\boldsymbol{v}$ gedreht auf $\boldsymbol{B}$ zeigt in Richtung $\boldsymbol{F}$.

Siehe Übungsband
Aufgabe 13:
Lorentzkraft

Mit der Lorentzkraft können wir den *Halleffekt* erklären. Zur Erläuterung des Halleffektes betrachten wir Abb. 1.30.

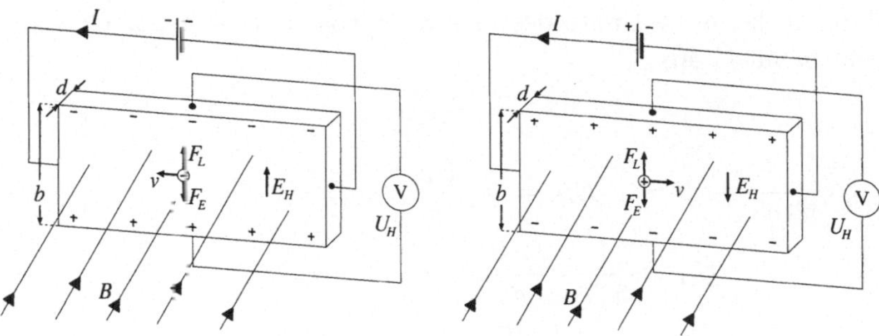

Abb. 1.30. Halleffekt

Ein Leiter (Hall–Plättchen) wird in Längsrichtung von einem Strom I durchflossen. Bringen wir den Leiter in ein Magnetfeld mit der Flussdichte B, dann ist senkrecht zum Strom zwischen gegenüberliegenden Punkten eine Gleichspannung U_H messbar. Diese Spannung, *Hallspannung* genannt, ist von der Stromstärke I durch den Leiter, von der Flussdichte B und der Dicke d des Leiters abhängig

$$U_H \sim \frac{I \cdot B}{d}$$

In dem schmalen Leiterstreifen nach Abb. 1.30 wirkt auf die Ladungsträger die Lorentzkraft. Dadurch werden die Ladungsträger aus ihrer ursprünglichen Richtung parallel zur Leiterkante abgelenkt und es kommt zu einer Ladungstrennung im Leiterstreifen. An der einen Schmalseite kommt es zu einer Ansammlung von negativen strömenden Ladungen, auf der anderen Schmalseite herrscht dann Ladungsmangel. Aus dieser ungleichen Ladungsverteilung, dem *Halleffekt*, resultiert eine elektrische Feldstärke E_H. Auf ein Ladungsteilchen q wirkt deshalb die Lorentzkraft F_L und die Kraft des elektrischen Feldes F_e. Es stellt sich ein Kräftegleichgewicht ein, so dass gilt:

$$F_L \; = \; q \cdot v \times B = q \cdot E_H \tag{1.48}$$

Für negative Ladungsträger gilt:

$$F_L \; = \; (-q)\,(-v) \times B \; = \; q \cdot E_H$$

Das Magnetfeld übt sowohl auf positive Ladungsträger Abb. 1.30, die sich von links nach rechts bewgen, als auch auf negative Ladungsträger, die sich von rechts nach links bewegen, eine nach oben gerichtete Kraft F_L aus.

Ist d die Dicke, b die Breite des Leiterstreifens, $d \cdot b = A$ der Querschnitt, dann folgt mit (1.46)

$$q \cdot \frac{I}{n \cdot q \cdot A} \cdot B = q \cdot E_H = q \cdot \frac{U_H}{b}$$

$$U_H = \frac{1}{n \cdot q} \cdot \frac{I \cdot B}{d}$$

$$U_H = R_H \cdot \frac{I \cdot B}{d}$$

$R_H = 1/q \cdot n$ heißt Hall–Koeffizient des Materials. In Metallen ist die Driftgeschwindigkeit der Ladungsträger kleiner als in Halbleitern, deshalb ist eine technische Anwendung des Halleffektes nur mit Halbleitermaterial möglich. Die Hallspannung von Halbleitern nimmt Werte bis zu 1 V an.

1.4.5 Elektromagnetische Induktion

Induktionsversuche. Michael Farady hat den Begriff *Elektromagnetische Induktion* eingeführt und seine Bedeutung durch einfache Versuche erklärt. Ein elektrischer Leiter wird zu einer Schleife gewunden und die beiden Enden werden mit einem Voltmeter verbunden (Abb. 1.31).

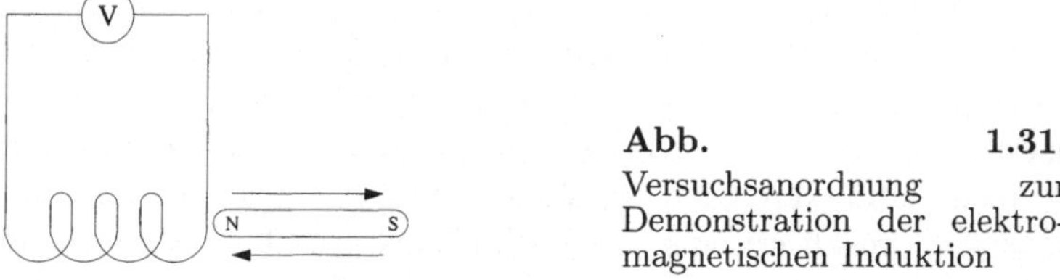

Abb. 1.31. Versuchsanordnung zur Demonstration der elektromagnetischen Induktion

Wir bewegen nun einen Stabmagneten in die Leiterschleife und beobachten während der ganzen Zeit der Bewegung einen Zeigerauschlag des Voltmeters. Ziehen wir den Stabmagneten wieder heraus, so beobachten wir einen Ausschlag in entgegengesetzte Richtung. Wir sagen: *In der Leiterschleife ist eine Spannung U_i induziert worden.* Wir machen die gleiche Beobachtung, wenn wir den Stabmagneten durch eine stromdurchflossenen Spule ersetzen und den Spulenstrom ein– und ausschalten. Oder wenn wir die stromdurchflossene Spule vor der Leiterschleife hin– und herbewegen. Als Ergebnis aus diesen Versuchen erhalten wir:

$$U_i \sim \frac{1}{\Delta t} \qquad \text{Abhängigkeit vom Zeitintervall,}$$

$$U_i \sim B \qquad \text{vom Magnetfeld und von der}$$

$$U_i \sim A \qquad \text{Fläche der Leiterschleife, die senkrecht zu } B \text{ steht}$$

$$U_i \sim \frac{B \cdot A}{\Delta t}$$

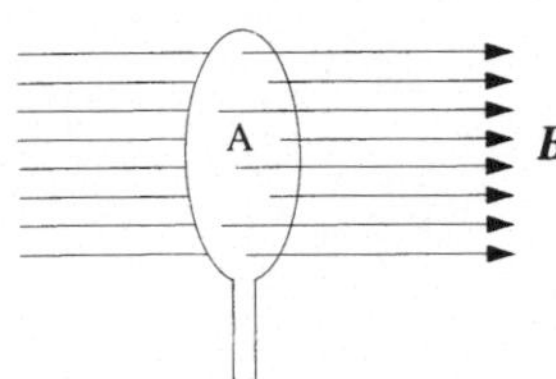

Abb. 1.32. Zur Definition des magnetischen Flusses ϕ

Um die Versuchsergebnisse quantitativ beschreiben zu können, wird ein neuer Begriff, der *magnetische Fluss* ϕ, eingeführt. Mit der Modellvorstellung von *magnetischen* Feldlinien ist der magnetische Fluss proportional zur Anzahl der Feldlinien, die eine Leiterschleife (Spule) durchsetzen (Abb. 1.32). Für ein homogenes Magnetfeld B ist der magnetische Fluss ϕ durch eine senkrecht zu den Feldlinien stehende Fläche A

$$\phi = B \cdot A \tag{1.49}$$

Allgemein gilt:

$$\phi = \int_A B_\perp \cdot \mathrm{d}A \tag{1.50}$$

wobei $B_\perp$ die zu A senkrechte Komponente von B ist. Mit (1.49) folgt für die *magnetische Flussdichte*

$$B = \frac{\phi}{A}$$

In allen oben beschriebenen Versuchen ändern wir zeitlich den Fluss ϕ durch die Leiterschleife (Spule), wodurch in ihr eine Spannung U_i induziert wird.

Diese Aussage wird *Faradaysches Gesetz* genannt und kann in folgender Form geschrieben werden:

$$U_i = -\frac{\mathrm{d}\phi}{\mathrm{d}t}$$

Das Minuszeichen gibt die Richtung der induzierten Spannung an (Lenzsche Regel). Ein Versuch soll die Begründung dazu liefern (Abb. 1.33). Um einen Eisenkern ist eine Spule gelegt und darüber befindet sich ein freibeweglicher Aluminiumring.

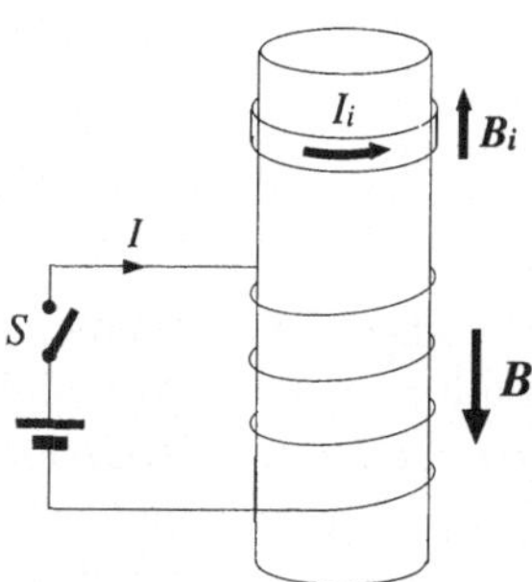

Abb.   1.33.
Demonstrationsversuch
zur Lenzschen Regel

Wird der Schalter des Spulenstromkreises geschlossen, so dass ein Strom fließen kann, dann beobachten wir, dass der bewegliche Aluminiumring abgestoßen wird. Wir folgern: *es wirken entgegengerichtete Kräfte.* Die Begründung liefert: Der Spulenstrom I erzeugt das Magnetfeld $\boldsymbol{B}$ mit der angegebenen Richtung. In dem Metallring wird eine Spannung induziert, die den Strom I_i fließen lässt. Dieser wiederum erzeugt ein Magnetfeld $\boldsymbol{B_i}$, das mit dem Magnetfeld $\boldsymbol{B}$ der Spule wechselwirkt. Daraus wird die Lenzsche Regel formuliert:

Die induzierte Spannung erzeugt einen Induktionsstrom, der so gerichtet ist, dass sein magnetisches Feld der Flussänderung, die den Induktionsstrom erzeugt hat, entgegenwirkt.

Von den beschriebenen Versuchen zur Induktion kann noch eine Aussage gewonnen werden. Die Leiterschleife (Spule) und der Metallring, in denen eine Spannung induziert wird und ein Induktionsstrom fließt, sind je ein geschlossener Leiterkreis. Die induzierte Spannung umschließt den sich ändernden magnetischen Fluss. Berücksichtigt man, dass gilt $U = \int \boldsymbol{E} \cdot \mathrm{d}\boldsymbol{s}$ wobei über die Länge der Leiterschleife, die den Fluss umschließt, integriert wird, dann kann man sagen:

Ein sich zeitlich ändernder magnetischer Fluss induziert ein elektrisches Wirbelfeld (2. Maxwellsche–Gleichung).

$$U_i = \oint \boldsymbol{E_i} \cdot \mathrm{d}\boldsymbol{s} = - \frac{\mathrm{d}\phi}{\mathrm{d}t}$$

Das geschlossene Linienintegral $\oint \boldsymbol{E_i} \cdot \mathrm{d}\boldsymbol{s}$ wird Umlaufspannung genannt.

Selbstinduktion. Die Induktionsversuche nach Faraday zeigen, dass in einer Spule eine Spannung induziert wird, wenn der magnetische Fluss durch diese Spule sich ändert. Dabei wird der magnetische Fluss von einer 2. Spule oder einem Permanentmagneten verursacht. Träger der Ursache und Träger der Wirkung sind getrennt.

- Träger der Ursache ist eine Spule oder ein Permanentmagnet, die/der ein $\frac{\mathrm{d}\phi}{\mathrm{d}t}$ erzeugt.
- Träger der Wirkung ist eine 2. Spule in der eine Spannung U_i induziert wird.

Ändert sich in einer Spule der Stromfluss, dann ist damit auch eine magnetische Flussänderung verbunden. Diese Flussänderung induziert in derselben Spule wiederum eine Spannung. Dieser Effekt wird *Selbstinduktion* genannt. Ursache und Wirkung sind nicht mehr getrennt, sondern wirken in derselben Spule. In einem Versuch nach Abb. 1.34 wird die Wirkung der Selbstinduktion sichtbar.

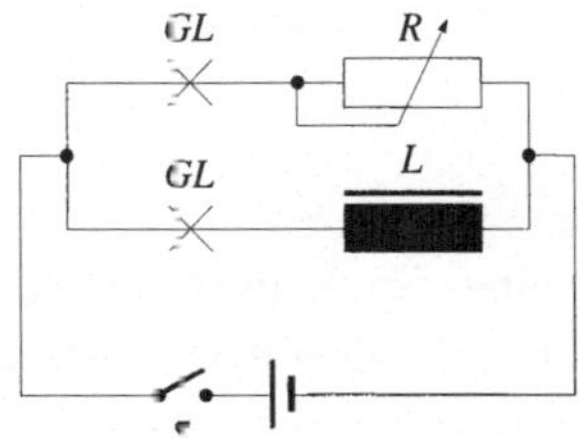

Abb. **1.34.**
Demonstrationsversuch
zur Selbstinduktion

Zwei Glühlampen sind parallel an eine Gleichspannungsquelle angeschlossen. In einem Kreis liegt die Lampe mit einem ohmschen Widerstand, in dem anderen mit einer Spule mit Eisenkern in Reihe. Bei geschlossenem Schalter wird mit dem einstellbaren ohmschen Widerstand gleiche Helligkeit der Lampen eingestellt. Dann wird der Schalter geöffnet. Wird der Schalter wieder geschlossen, erreicht die Lampe, die mit der Spule in Reihe liegt, merklich später als die andere ihre volle Helligkeit. Grund dafür ist die Selbstinduktion in der Spule. Wird der Schalter S geschlossen, dann beginnt ein Strom I zu fließen. Dieser Strom baut in der Spule ein Magnetfeld auf. Damit gekoppelt ist ein magnetischer Fluss, der eine Spannung induziert. Die induzierte Spannung verursacht einen induzierten Strom, der dem Strom aus der Stromquelle (Verursacherstrom) entgegengerichtet ist. Dieser induzierte Strom verschwindet erst dann, wenn der Verursacherstrom seinen konstanten Endwert erreicht hat, d.h. wenn der magnetische Fluss in der Spule sich nicht mehr ändert. Auch beim Abschalten wird eine Spannung induziert, der Strom fällt mit der Zeit auf Null ab bis das Magnetfeld abgebaut ist.

Die mathematische Beschreibung dieses Versuchs wird beim Thema Schaltverhalten an einer Induktivität behandelt.

Die Wirkkette der elektromagnetischen Größen kann folgendermaßen dargestellt werden:

$$I \rightarrow H \rightarrow B \rightarrow \phi \rightarrow U_i$$

Oder wenn man die Zeitabhängigkeit mit zum Ausdruck bringt:

$$\frac{\mathrm{d}}{\mathrm{d}t}I \rightarrow \frac{\mathrm{d}}{\mathrm{d}t}H \rightarrow \frac{\mathrm{d}}{\mathrm{d}t}B \rightarrow \frac{\mathrm{d}}{\mathrm{d}t}\phi \rightarrow U_i$$

Daraus folgt:

$$U_i \sim \frac{\mathrm{d}I}{\mathrm{d}t}$$

$$\text{oder} \quad U_i = -L \cdot \frac{\mathrm{d}I}{\mathrm{d}t}$$

Die Gleichung sagt aus:

Die Änderung des Stromflusses I in einer Spule induziert eine Spannung U_i, die der anliegenden Spannung entgegengerichtet ist. L ist die *Induktivität* der Spule, sie ist abhängig von der Windungszahl N, der Spulenlänge l, der Fläche A und der Permeabilität μ_r.

$$L = \mu_r \cdot \mu_0 \cdot \frac{N^2 \cdot A}{l}$$

Die Einheit der Induktivität ist Henry (H):

$$1\mathrm{H} = 1\frac{\mathrm{V} \cdot \mathrm{s}}{\mathrm{A}}$$

Eine Spule hat die Induktivität 1 H, wenn durch die Änderung der Stromstärke von 1 A pro sec eine Spannung von 1 V induziert wird.

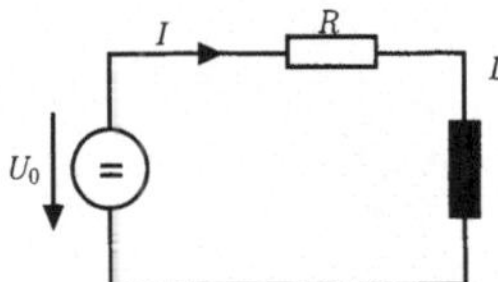

Abb. 1.35. Schaltung zur Energiebetrachtung in einer Spule

**Siehe Übungsband
Aufgabe 16:
Induktion**

Wie im elektrischen Feld eines Kondensators, so ist im magnetischen Feld einer Spule Energie gespeichert. Dazu betrachten wir die Schaltung nach Abb. 1.35

Mit der Maschenregel gilt:

$$U_0 = I \cdot R + L \frac{dI}{dt}$$

und für die Leistung

$$U_0 \cdot I = I^2 \cdot R + L \cdot I \cdot \frac{dI}{dt}$$

Die Energie, die in der Spule umgesetzt wird ist

$$dW = L \cdot I \cdot \frac{dI}{dt} \cdot dt$$

$$\text{oder} \quad W = L \int_0^{I_0} I \cdot dI = \frac{1}{2} L I_0^2$$

Mit den Gleichungen $B = \mu H$; $\quad H = \frac{\mu \cdot I}{l}$; $\quad I = \frac{B \cdot l}{\mu \cdot n}$; $\quad L = \mu \cdot N^2 \frac{A}{l}$ folgt für die Energie in der Spule

$$W = \frac{1}{2} \frac{\mu \cdot N^2 \cdot A}{l} \cdot \frac{B^2 \cdot l^2}{\mu^2 N^2}$$

$$W = \frac{1}{2} \frac{B^2}{\mu} A \cdot l$$

Mit $A \cdot l$ für das Volumen (in dem das Magnetfeld herrscht) folgt

$$\frac{W}{V} = \text{Energiedichte} = \frac{1}{2}\frac{B^2}{\mu}$$

1.4.6 Materie im Magnetfeld

Die magnetische Feldstärke H beschreibt die Ursache, die magnetische Induktion B die Wirkung eines magnetischen Feldes. Durch (1.44) sind beide Feldgrößen miteinander verbunden. Die relative Permeabilitätszahl μ_r ist darin gleichsam ein Maß für die Wirkung, wenn unterschiedliche Materialien im Magnetfeld sind. Nach der Permeabilität werden die Stoffe eingeteilt in solche mit

$\mu_r < 1$ diamagnetisch

$\mu_r > 1$ paramagnetisch

$\mu_r \gg 1$ ferromagnetisch

Stoffe, deren $\mu_r \gg 1$ (Größenordnung $10^2 - 10^3$) haben eine sehr große verstärkende Wirkung auf das resultierende Magnetfeld.

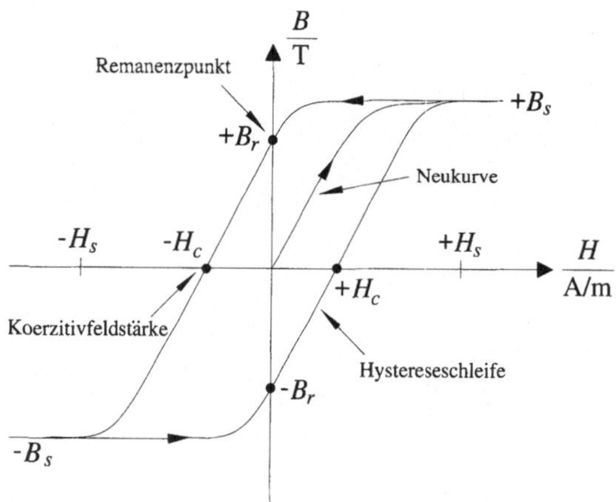

Abb. 1.36. Magnetisierungskurve eines ferromagnetischen Stoffes (Hysteresekurve)

Die Permeabilitätszahl μ_r ferromagnetischer Stoffe ist nicht konstant, sie ist abhängig von der Feldstärke H, von der Eisensorte und von der Vorgeschichte des betrachteten Materials, d.h. dem Magnetisierungszustand, der zuletzt vorherrschte. Daraus folgt, dass die Flussdichte B nicht in eindeutiger Beziehung zur Feldstärke H steht. Im Gegensatz zu (1.44) herrscht eine nichtlineare Beziehung. Der Zusammenhang zwischen Flussdichte B und Feldstärke H wird durch eine Kennlinie (*Hysteresekurve*) dargestellt (Abb. 1.36).

Wie in einem Experiment wollen wir den Kurvenverlauf betrachten. War das Material vor dem Experiment unmagnetisch, dann beginnt die Hystereseschleife mit der Neukurve im Nullpunkt; für $H = 0$ ist auch $B = 0$. Dann nimmt die Flussdichte B etwa proportional mit der Feldstärke zu und geht bei größeren Feldstärkewerten $+H_s$ in eine Sättigung über $+B_s$. Wird die Feldstärke von H_s aus wieder verringert, dann bleibt die Magnetisierung oberhalb der Neukurve. Selbst wenn die Feldstärke Null wird, bleibt im ferromagnetischen Stoff eine Magnetisierung $+B_r$, die Remanenz, zurück. Erst bei einer entgegengerichteten Feldstärke $-H_c$, der Koerzitivfeldstärke, geht die Magnetisierung auf Null. Nimmt die entgegengerichtete Feldstärke weiter zu, dann nimmt die Flussdichte wieder einen Sättigungswert, $-B_s$ ein. Wird die Feldstärke von $-H_s$ aus wieder Null, so bleibt nun im Material eine entgegengesetzte Magnetisierung $-B_r$, die erst durch die Koerzitivfeldstärke $+H_c$ aufgehoben wird. Eine Zunahme der Feldstärke über $+H_c$ hinaus, führt wieder zum Sättigungswert $+B_s$, damit ist die Magnetisierungskurve geschlossen. In dieser geschlossenen Magnetisierungskurve gibt es also für den Feldstärkenwert Null zwei mögliche Magnetisierungszustände oder Remanenzwerte $+B_r$ und $-B_r$. Mit diesen beiden Magnetisierungszuständen können binäre Signale *permanent* gespeichert werden, selbst wenn die Ursache der Magnetisierungsstrom und damit die magnetische Feldstärke nicht mehr vorhanden sind. Dieses Verhalten ferromagnetischer Stoffe kommt auch im Begriff Hysterese zum Ausdruck: die Wirkung dauert noch an auch wenn die Ursache aufhört. Die Form der Hystereseschleife ist von der magnetischen Feldstärke und von der Eisensorte abhängig. Stoffe mit schmaler Hystereseschleife, kleiner H_c–Wert, werden *magnetisch weich* genannt. Stoffe mit breiter Hystereseschleife, großer H_c–Wert, werden *magnetisch hart* genannt und eignen sich besonders als Speichermedium. Für Materialien, die als Speichermedium Verwendung finden, wird außerdem eine hohe Remanenz gefordert.

Das ferromagnetische Verhalten von Eisen, Kobald und Nickel findet seine Erklärung in der Spinorientierung der Elektronen im Atom.

Jeder Elektronenspin hat ein magnetisches Moment. Gepaarte Elektronen haben antiparallele Spinorientierung und die magnetischen Momente neutralisieren sich. Das Eisenatom hat in der 3d–Schale vier ungepaarte Elektronen, und damit ein starkes nach außen wirkendes magnetisches Moment.

In einem Eisenkristall richten sich die magnetischen Momente von $100 - 10000$ Atomen aufgrund spontaner Magnetisierung in *Weißschen Bezirken* (Domänen) aus. Die Spins benachbarter Bezirke jedoch sind nicht parallel angeordnet, sondern haben unterschiedliche Richtung und wirken deshalb nach außen unmagnetisch.

Wirkt von außen ein Magnetfeld auf den Eisenkristall ein, dann wird die Spinrichtung der Bezirke in Richtung des äußeren Feldes gedreht, oder die Bezirke, die in Richtung des äußeren Feldes orientiert sind, werden auf Kosten der Nachbarbezirke größer. Dadurch wird der anfängliche Anstieg und der Sättigungsbereich der Hystereseschleife erklärt. Nimmt die äußere Feldstärke bis auf Null wieder ab, dann klappt die Spinrichtung einzelner Bezirke wieder in die Ausgangslage zurück, während andere Bezirke die geänderte Richtung beibehalten, wodurch die Remanenz bewirkt wird.

1.4.7 Datenspeicher auf magnetischer Basis

Das besondere Verhalten ferromagnetischer Stoffe in einem äusseren Magnetfeld, besonders die Beibehaltung zweier Magnetisierungszustände (Remanenz) ohne äusseres Magnetfeld machen diese Stoffe geeignet als Speichermedien für binäre Signale. Sie finden Anwendung in Plattenspeichern, Floppy-Disk-Speichern und anderen Externspeichern digitaler Rechensysteme.

Datenspeicher auf ferromagnetischer Basis. Die physikalischen Grundlagen von Datenspeichern auf magnetischer Basis sind die Magnetisierung ferromagnetischer Stoffe und die Induktion. Der eigentliche Datenträger, die magnetisierbare Schicht, ist auf einem Trägermaterial aufgebracht, z.B. Festplatte auf Aluminium, biegsame Kunststoffscheibe (Floppy-Disk), flexibles Plastikband. Die Übertragung der Daten in die magnetisierbare Schicht und die Rückgewinnung geschieht durch einen Elektromagnet, Schreib/Lesekopf genannt. Dieser Elektromagnet besteht aus einer kleinen Spule auf einem ringförmigen Eisenkern, der an einer Stelle durch einen äusserst schmalen Luftspalt unterbrochen ist. Dadurch kann das aus dem Eisenkern austretende magnetische Streufeld nur einen eng begrenzten Bereich der magnetisierbaren Schicht erfassen.

Zum Schreiben fliesst durch die Spule des Schreibkopfes ein Schreibstrom $i(t)$, der in der Spule die magnetische Feldstärke $H(t)$ erzeugt. Damit verknüpft ist die magnetische Induktion $B(t)$ und im Eisenkern der Spule entsteht der magnetische Fluss $\Phi(t)$, der sich, abgesehen von Streuverlusten, in (fast) gleicher Stärke durch den Luftspalt fortsetzt. Weil der magnetische Fluss Φ im Eisenkern der Spule und im Luftspalt gleich ist, ist auch die Flussdichte B gleich, wenn die Querschnittsfläche gleich ist. Damit folgt mit den Indizes F_e für Eisenkern und L für Luftspalt:

$$B_{Fe} = \mu_{rFe} \cdot \mu_0 \cdot H_{Fe} = B_L = \mu_{rL} \cdot \mu_0 \cdot H_L \qquad (1.51)$$

mit $\mu_{rL} \approx 1$ folgt

$$H_L = \mu_{rFe} \cdot H_{Fe}$$

d.h. für $\mu_{rFe} = 1000$ ist die magnetische Feldstärke in Luft 1000 mal grösser als in Eisen.

Aufgrund der hohen magnetischen Feldstärke im Luftspalt bildet sich ein Streufeld aus, das in die magnetisierbare Schicht hineinwirkt und diese bis in den Sättigungsbereich der Hysteresekurve magnetisiert.

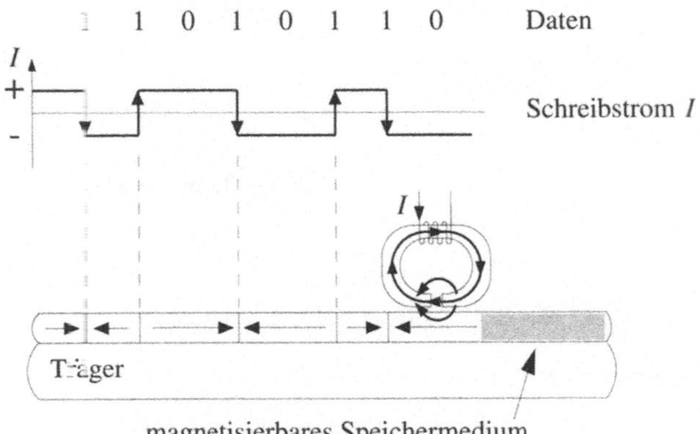

Abb. 1.37. Schreibvorgang auf magnetische Datenträger

Abhängig von der Richtung des Spulenstromes wird in den Bereich $+B_s$ und $-B_s$ magnetisiert und es bleiben die Remanenzwerte $+B_r$ und $-B_r$. Der Bereich oder das Spurelement entlang dem die Schicht bis zu einer Flussdichte $+B_r$ oder $-B_r$ magnetisiert wird, ist vom Zeitintervall $\triangle t$, in dem der Schreibstrom fließt und von der Geschwindigkeit v des sich bewegenden Trägermaterials abhängig. Das Spurelement hat die Länge $v \cdot \triangle t$. Der Zustand der magnetisierten Spurelemente mit der Flussdichte $+B_r$ und $-B_r$ bleibt erhalten oder gespeichert und es können die Binärwerte 0 und 1 zugeordnet werden. Der Schreibvorgang ist in Abb. 1.37 dargestellt. (Der Pfeil im Schreibstrom I soll die Richtungsänderung andeuten)

Die Rückgewinnung oder das Lesen der Binärwerte beruht auf dem Induktionsgesetz; $U_i = -\frac{d\phi}{dt}$. Aus diesem Grunde ist es zweckmäßiger, die Binärwerte 0 und 1 nicht den Zuständen $+B_r$ und $-B_r$ zuzuordnen, sondern den Bereichs–oder Bitgrenzen, d.h. dort wo ein Bit anfängt und wo es aufhört. An diesen Grenzbereichen findet ein Magnetisierungswechsel und mit der Gleichung $\frac{d\phi}{dt} = \frac{d}{dt}(B \cdot A)$ ein Flusswechsel statt. Ein Flusswechsel von $-B_r$ nach $+B_r$ oder von $+B_r$ nach $-B_r$ liefert nach dem Induktionsgesetz einen Spannungsimpuls und entspricht im Binärwort einem Übergang von 1 nach 0 oder von 0 nach 1. Der Lesevorgang ist in Abb. 1.38 dargestellt. In einer Folge von mehreren Einsen oder Nullen in einem Binärwort findet kein Flusswechsel statt. Es entsteht daher auch kein Spannungsimpuls, der die Bitgrenzen anzeigt. Schwankungen in den Bitgrenzen erfordern zur eindeutigen Erkennung einen zusätzlichen Taktflusswechsel. In den Anfängen

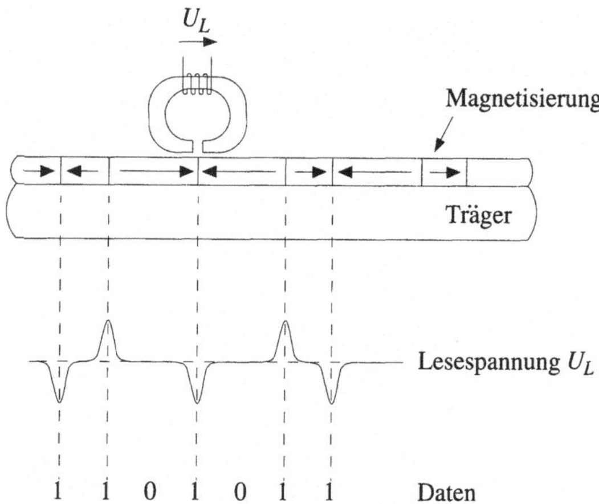

Abb. 1.38. Lesevorgang von magnetischen Datenträgern

der elektronischen Rechenanlagen wurden deshalb auf mindestens einer Spur Taktflusswechsel aufgezeichnet, die beim Lesen einen Spannungsimpuls als Referenzimpuls für Spuren mit Bitflusswechsel lieferten. Heute werden zur optimalen Ausnutzung der Speicherfläche die notwendigen Taktflusswechsel mit den Bitflusswechsel verknüpft oder *codiert*. Die verschiedenen Codierungen werden Aufzeichnungsverfahren genannt. Die drei bekanntesten Verfahren sind:

- Frequenzmodulation – FM

- Modifizierte Frequenzmodulation – MFM

- Lauflängenbegrenzungf (Run Length Limted – RLL

Eine ausführliche Beschreibung der Aufzeichnungsverfahren findet sich in Band 2 und [Bähring, 1994].

Datenspeicher auf magneto-optischer Basis. Das Verhalten von ferromagnetischen Stoffen im Magnetfeld in Verbindung mit besonderen Eigenschaften des Laserlichtes führte zur Entwicklung der *magneto–optischen Speichermedien*. Diese magneto–optischen Speichermedien können vom Benutzer beschrieben, gelöscht und wieder beschrieben werden. Sie sind also zu unterscheiden von CD–ROMs und WORMs (write once, read many), die nur optische Eigenschaften des Speichermediums nutzen. In Abb. 1.39 ist der Aufbau eines magneto–optischen Speichersystems dargestellt.

Drei Reaktionsfähigkeiten werden bei magneto–optischen Speichermedien genutzt:

1. eine thermomagnetische für den Schreibvorgang

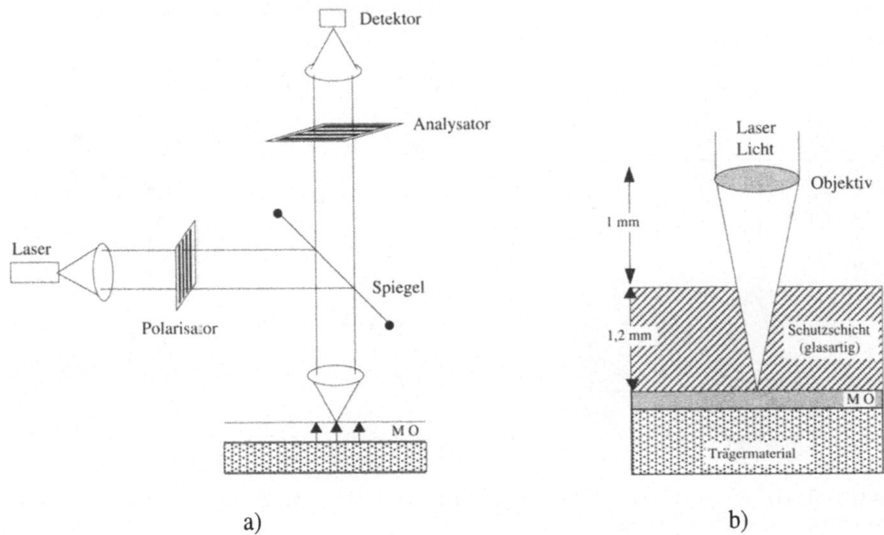

Abb. 1.39. Magneto–optisches Speichersystem: a) Systemdarstellung b)Aufbau der Speicherschicht

2. eine magnetische für die permanente Speicherung

3. eine magneto–optische für den Lesevorgang

Der Vorgang ist in Abb. 1.40 dargestellt [Schmidt, 1990].

Thermomagnetisches Schreiben. Die Magnetisierung eines ferromagnetischen Materials ist abhängig von der Temperatur. Mit zunehmender Temperatur nimmt die Magnetisierung ab. Oberhalb einer bestimmten Temperatur, *Curietemperatur* genannt, wird die Magnetisierung Null. Wird magnetisches Material bis zur Curietemperatur erhitzt, dann verliert es seine Magnetisierung. Kühlt das Material anschließend wieder ab, so kann es eine Magnetisierung annehmen, die ihm ein außen vorhandenes Magnetfeld aufprägt. In magneto–optischen Speichermedien werden die binären Daten wie bei ferromagnetischen Speichermedien durch ein Magnetisierungsmuster dargestellt. Beim Schreibvorgang werden winzige Bereiche des magneto–optischen Materials durch einen scharf fokussierten Laserstrahl (Focusbreite 0,5 μm) bis an die Curietemperatur erhitzt, was zum lokalen Verlust der Magnetisierung führt. Beim Abkühlen nimmt das Material eine Magnetisierung an, die ihm ein außen vorhandenes Magnetfeld aufprägt. Die Magnetisierungsrichtung liegt senkrecht zur Plattenoberfläche.

Das Schreiben eines Sektors läuft in zwei Schritten ab:

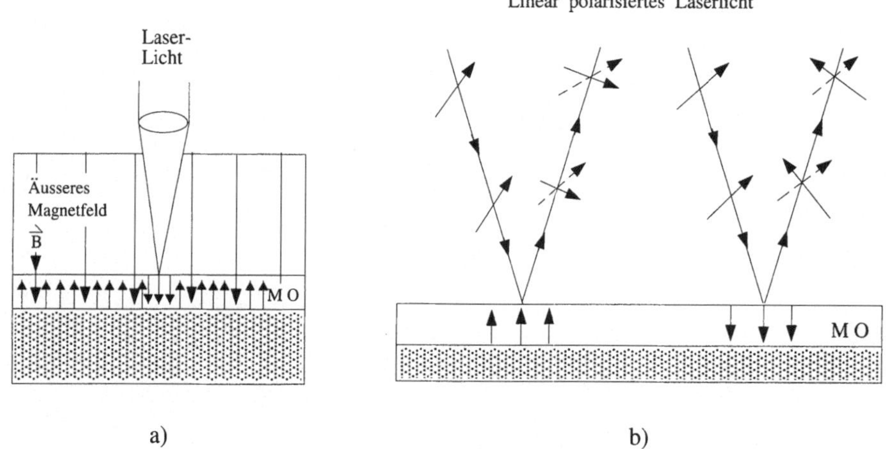

Abb. 1.40. Magneto–optisches Speichern: a) Thermomagnetisches Schreiben b) Magneto–optisches Lesen

1. Das äußere Magnetfeld ist zunächst so gerichtet, dass die Bitzellen durch Erhitzung des Laserstrahles und die anschließende Abkühlung zurückgesetzt werden. Der gesamte Sektor wird auf diese Weise gelöscht.

2. Die Feldrichtung des äußeren Magnetfeldes wird umgekehrt, und die 1–Signale werden durch lokales Erhitzen mit dem Laser und nachfolgendes Abkühlen eingeschrieben. Bei 0–Signal im Datenstrom wird der Laser abgeschaltet.

Permanente magnetische Speicherung. Das eingeschriebene Magnetisierungsmuster bleibt aufgrund der magnetischen Remanenzeigenschaft des Materials erhalten.

Magneto–optisches Lesen. Das physikalische Prinzip des Lesevorgangs ist nicht die elektromagnetische Induktion wie bei rein ferromagnetischen Speichermedien, sondern ein optischer Effekt, der *magneto–optische Kerr–Effekt* oder *Faraday–Effekt* auch *Magnetorotation* genannt. Dieser Effekt beschreibt die Tatsache, dass ein linear polarisierter Lichtstrahl bei der Reflexion an der Oberfläche eines magnetisierten Materials seine Polarisationsebene dreht, je nach Richtung des Magnetfeldes. Zeigt der magnetische Nordpol der magneto–optischen Schicht nach oben (unten), dann wird die Polarisationsebene des reflektierten Lichtstrahles im (gegen den) Uhrzeigersinn gedreht.

Der Begriff Lichtreflexion und die durch das Magnetfeld verursachte Drehung der Polarisationsebene soll im Elektronenmodell erläutert werden:

Das linear polarisierte Laser–Licht wird von den Elektronen an der Oberfläche des magnetisierten Materials absorbiert und wieder emittiert. Der elektrische Feldvektor des Laserlichtes regt die Elektronen der Oberfläche zu einer Dipolstrahlung an. Die Dipolachse hat die Richtung des Feldvektors. Durch die magnetische Feldwirkung des magnetisierten Materials wirkt auf die Elektronen als Dipolstrahler die *Lorentzkraft*. Die Richtung der Dipolachse wird gedreht und damit die Richtung des elektrischen Feldvektors des emittierten Lichtes. Im Bild wird die Richtung des elektrischen Feldvektors durch den Pfeil senkrecht zur Ausbreitungsrichtung dargestellt. Im reflektierten Strahl gibt der gestrichelte Pfeil die ursprüngliche Richtung, der durchgezogene die Richtung des gedrehten Feldvektors an.

Licht ist eine elektromagnetische Welle, bei der eine Verformung durch das elektro–magnetische Feld läuft. Ursache der Verformung ist die Beschleunigung der felderzeugenden Ladungen. Die elektrischen und magnetischen Feldstärken werden durch Feldstärkevektoren dargestellt, sie sind immer senkrecht zueinander und senkrecht zur Ausbreitungsrichtung, deshalb spricht man von einer transversalen Welle. Bei linear polarisiertem Licht schwingen der elektrische und magnetische Feldvektor immer je in einer Ebene. Die Schwingungsebene des magnetischen Feldvektors wird Polarisationsebene genannt. Bei nichtpolarisiertem Licht gibt es keine bevorzugte Schwingungsebene der Feldvektoren. Die Polarisierung von Laserlicht wird durch besondere Spiegel (Resonatoren) erreicht.

Als Speichermedium verwendet man Legierungen von seltenen Erd–Elementen (wie Gadolinium und Terbium) und Metalle (wie Eisen und Kobalt). Bei Zimmertemperatur soll die Koerzitivität hoch sein, die Curietemperatur soll niedrig sein ($150^\circ C$ - $200^\circ C$). Für den Schreib– und Lesevorgang wird *ein* Lasersystem benutzt. Beim Lesevorgang wird allerdings die Laserleistung stark verringert.

Der Laserstrahl kann bis auf einen winzigen Punkt von $0,5\,\mu$m fokussiert werden, dadurch sind extrem schmale Datenspuren mit einem Abstand von $1,5\,\mu$m möglich. Die Linse zum Fokussieren des Laserstrahls kann einige Millimeter vom Material entfernt angebracht werden. Dadurch wird verhindert, dass Kopf und Platte kollidieren (kein *head crash* möglich wie bei konventionellen Platten). Die Speicherdichte von magneto–optischen Medien liegt bei 50 - $100\,$MBit/cm^2, die Kapazität einer doppelseitigen 3,5 Zoll Platte beträgt bis zu 10 GByte.

1.5 Wechselstromkreis

Es gibt zwei Stromarten: Gleichstrom, der in einem Stromkreis stets in gleicher Richtung fließt und Wechselstrom mit wechselnder Stromrichtung.

Allgemein bezeichnet man als Wechselgrößen zeitabhängige Größen, deren linearer Mittelwert *Null* ist. Wird der Wechselgröße ein Gleichanteil überlagert, dann ist der lineare Mittelwert nicht Null. Die Größe Wechselstrom kann

Abb. 1.41. Zeitlicher Verlauf von Stromarten

sinusförmig sein, *rechteckförmig* oder einen anderen periodischen Verlauf haben. In Abb. 1.41 ist der zeitliche Verlauf eines konstanten Gleichstromes, eines sinusförmigen und rechteckförmigen Wechselstromes dargestellt.

In der technischen Anwendung hat der sinusförmige Wechselstrom große Bedeutung. Binäre Signalfolgen, wie sie in Computern vorkommen, lassen sich wie rechteckförmige Wechselgrößen beschreiben.

1.5.1 Wechselspannung und Wechselstrom

Die Erzeugung von Wechselspannung und Wechselstrom ist eine Anwendung des Induktionsgesetzes. Dazu betrachten wir Abb. 1.42. In einem homogenen Magnetfeld dreht sich eine Leiterschleife (Spule) mit konstanter Winkelgeschwindigkeit ω.

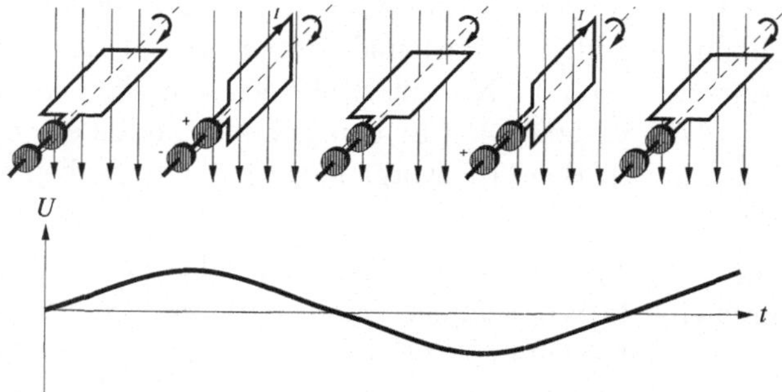

Abb. 1.42. Modellversuch zur Erzeugung sinusförmiger Wechselspannung

Der magnetische Fluss durch die Fläche A der Leiterschleife ist

$$\phi = B \cdot A \cdot \cos \alpha$$

Dabei ist α der Winkel zwischen den magnetischen Feldlinien $\boldsymbol{B}$ und der Flächennormalen der Leiterschleife. Weil sich die Leiterschleife mit konstanter Winkelgeschwindigkeit

$$\omega = \frac{\alpha}{t}$$

dreht, ändert sich der Fluss durch die Leiterschleife periodisch und induziert
eine Spannung

$$U_i = -\frac{d\phi}{dt} = -\frac{d}{dt}(B \cdot A \cdot \cos \omega t)$$
$$U_i = B \cdot A \cdot \omega \cdot \sin \omega t$$

$$\text{oder} \quad u(t) = u = \hat{u} \cdot \sin \omega t$$

Dabei ist u der Zeitwert und $\hat{u}$ der Scheitelwert. Die induzierte Spannung
ist eine sinusförmige Wechselspannung. Wird an diese Wechselspannung ein
Widerstand angeschlossen, dann fließt ein Strom, dessen Stärke nach dem
Ohmschen Gesetz

$$i = \frac{u}{R}$$
$$i = \frac{\hat{u}}{R} \cdot \sin \omega t = \hat{i} \cdot \sin \omega t$$

beträgt. i ist der Zeitwert und $\hat{i}$ der Scheitelwert des Wechselstromes. Dieser
Wechselstrom zeigt wie die induzierte Spannung einen sinusförmigen Verlauf.
Sie stimmen in ihrer Phase überein.

1.5.2 Kennwerte von Wechselgrößen

Eine Wechselgröße ändert ihren Zeitwert ständig zwischen Null und dem positiven und dem negativen Scheitelwert. Zur Beschreibung von Wechselgrößen
werden Kenngrößen benutzt, die die mittlere Wirkung, unabhängig von ihrer
Kurvenform wiedergeben. Es sind:

Linearer Mittelwert.

$$\text{Definition} \quad \overline{y} = \frac{\int y(x)\, dx}{\int dx}$$

$\overline{y}$ ist der Mittelwert der Größe, die von der Variablen x abhängt.

Der lineare Mittelwert eines Wechselstromes, der von der Zeit abhängt und
die Periode T hat, ist

$$\overline{i} = \frac{1}{T} \int\limits_0^T i(t) \cdot \ \mathrm{d}t$$

Für einen reinen Wechselstrom, also auch für einen sinusförmigen Wechselstrom $i = \hat{i} \cdot \sin \omega t$, liefert die Integration über eine Periode den Wert Null.

Gleichrichtwert. Anschaulich erhält man den Gleichrichtwert dadurch, dass man die negative Halbperiode der Wechselgröße in den positiven Bereich klappt und dann den Mittelwert bildet (Abb. 1.43).

Das Integral über die Absolutwerte des Stromes $|i|$ wird Gleichrichtwert genannt

$$\overline{|i|} = \frac{1}{T} \int\limits_0^T |i| \mathrm{d}t$$

Für einen sinusförmigen Wechselstrom $(i = \hat{i} \cdot \ sin \ \omega t)$ ist der Gleichrichtwert

$$\overline{|i|} = \frac{1}{T} \int\limits_0^T |\hat{i} \cdot \ sin \ \omega t| \mathrm{d}t$$

$$\overline{|i|} = \frac{\hat{i} \cdot 2}{\pi} = 0,64 \cdot \hat{i}$$

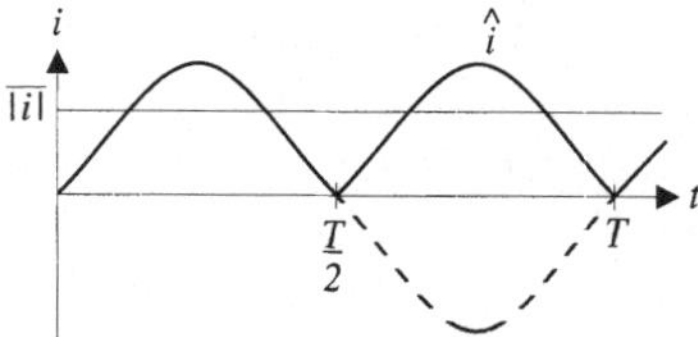

Abb. 1.43. Zur Veranschaulichung des Gleichrichtwertes

Effektivwert. Die elektrische Arbeit eines Gleichstromes, die in einem Verbraucher umgesetzt wird, ist $W = U \cdot I \cdot t$ und die Leistung $P = U \cdot I = I^2 \cdot R$. Fordert man, dass an diesem Widerstand R durch einen Wechselstrom die gleiche Arbeit verrichtet wird wie im Fall des Gleichstromes, dann folgt für die mittlere Leistung dieses Wechselstromes[2]

$$P_- = I^2 \cdot R \mathrel{\widehat{=}} \overline{P}_\sim = \frac{R}{T} \int_0^T i(t)^2 \cdot \mathrm{d}t$$

$$\text{oder} \quad I^2 = \frac{1}{T} \int_0^T i(t)^2 \cdot \mathrm{d}t \; .$$

Der Wert

$$I_{eff} := \sqrt{\frac{1}{T} \int_0^T i(t)^2 \cdot \mathrm{d}t}$$

wird Effektivwert des Wechselstromes $i(t)$ genannt und mit einem großen Buchstaben gekennzeichnet.

Der Effektivwert eines sinusförmigen Wechselstromes ist nach dieser Gleichung

$$I_{eff} = \sqrt{\frac{1}{T} \int_0^T \hat{i}^2 \cdot sin^2(\omega t) \cdot \mathrm{d}t} = \frac{\hat{i}}{\sqrt{2}}$$

Entsprechend gilt für den Effektivwert der Spannung

$$U_{eff} = \frac{\hat{u}}{\sqrt{2}}$$

Formfaktor. Als Formfaktor einer Wechselgröße ist das Verhältnis von Effektivwert zu Gleichrichtwert definiert:

$$k = \frac{\text{Effektivwert}}{\text{Gleichrichtwert}}$$

---

[2] P_- ist die Leistung des Gleichstromes, $\overline{P}_\sim$ die mittlere Leistung des Wechselstromes

Der Formfaktor wird angewandt bei der Skalierung von Ampere– und Voltmetern. Mit einer Gleichrichterschaltung wird der Gleichrichtwert von Wechselstrom und Wechselspannung gemessen. Entsprechend dem Formfaktor ist die Skala so geeicht, dass der Effektivwert angezeigt wird.

Siehe Übungsband
Aufgabe 14:
Effektivwert

1.6 Schaltvorgänge

Wird eine Gleichspannungsquelle ein– und später ausgeschaltet, dann hat der Spannungsverlauf im Spannungs–Zeit–Diagramm eine Rechteckform. Man nennt dieses Signal einen Rechteckimpuls. Auf der physikalischen Ebene besteht die Verarbeitung von Informationen in einem Computer in der Verarbeitung von Rechteckimpulsen oder Rechtecksignalen. Bauelemente in einem Computer wie Transistoren, Dioden, Leitungen und Widerstände, die die Rechtecksignale verarbeiten, haben nicht zu vernachlässigende kapazitive Eigenschaften. Bei der Übertragung auf Leitungen spielen auch induktive Einflüsse eine Rolle.

Wie verhält sich ein idealer Rechteckimpuls, wenn er auf einen Widerstand R eine Kapazität C oder Induktivität L aufgeschaltet wird? Das soll im Folgenden Abschnitt untersucht werden.

1.6.1 Schaltverhalten an einem Widerstand

Wir betrachten nach Abb. 1.44 einen Stromkreis mit *reinem* Widerstand, auf den ein idealer Rechteckimpuls aufgeschaltet wird.

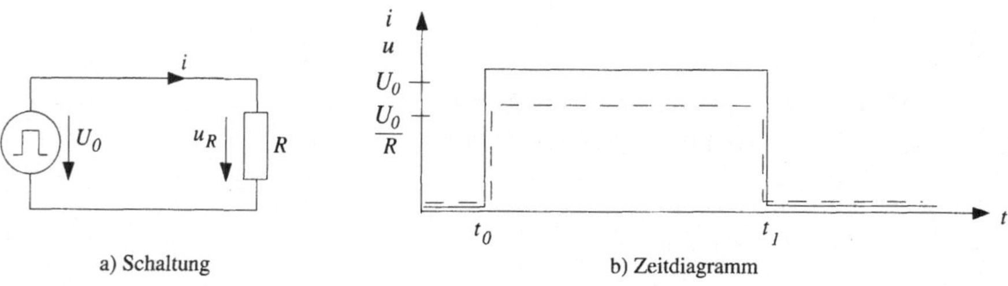

Abb. 1.44. Schaltverhalten an einem Widerstand: a) Schaltung b) Zeitdiagramm

Nach der Maschenregel gilt $U_0 = i \cdot R$. Damit folgt für den Strom

$$i = \frac{U_0}{R}$$

Der Strom ändert sich sprunghaft, wenn die Spannung sprunghaft den Wert U_0 annimmt (Einschaltvorgang). Wird die Spannung abgeschaltet $U_0 = 0$, dann ist zum gleichen Zeitpunkt $i = 0$ (Abb. 1.44).

1.6.2 Schaltverhalten an einer Kapazität

In einem Stromkreis nach Abb. 1.45 ist eine Kapazität C (Kondensator) mit einem Widerstand R in Reihe geschaltet.

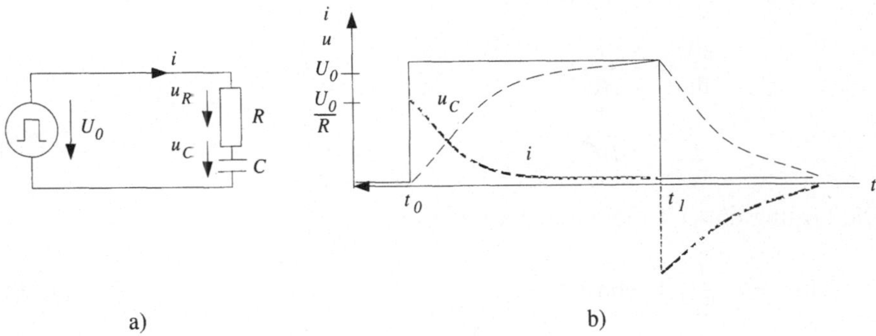

Abb. 1.45. Schaltverhalten an einer Kapazität: a)Schaltung b) Zeitdiagramm

Im Zeitpunkt t_0 steigt die Spannung der Quelle sprunghaft auf den Wert U_0. Es wird angenommen, dass der Kondensator zu diesem Zeitpunkt ungeladen ist, d.h. die Spannung über dem Kondensator ist Null. Nach der Maschenregel gilt

$$U_0 = u_R + u_C = i \cdot R + u_C \tag{1.52}$$

Der Ladestrom im Zeitpunkt t_0 ist dann $i = U_0/R$. Dieser Strom transportiert in der Zeiteinheit Δt die Ladungsmenge $\Delta Q = i \cdot \Delta t$. Hiermit wird die Kapazität auf die Spannung Δu_C aufgeladen

$$\Delta u_C = \frac{1}{C} \cdot \Delta Q = \frac{1}{C} \cdot i \cdot \Delta t$$

Damit wird u_C in (1.52) ungleich Null. Für den neuen Ladestrom folgt $i = (U_0 - u_C)/R$.

Betrachtet man den Ladevorgang in Zeitintervallen $\Delta t_1, \Delta t_2, \ldots, \Delta t_n$ dann fließt im Intervall Δt_1 der Ladestrom $i_1 = U_0/R$, dabei wird der Kondensator auf u_{C1} aufgeladen. Im Intervall Δt_2 fließt der Ladestrom $i_2 = (U_0 - u_{C1})/R$ und der Kondensator wird auf die Spannung u_{C2} aufgeladen. Wird $u_{Cn} = U_0$, dann wird der Ladestrom $i_n = 0$, d.h. der Kondensator ist voll aufgeladen.

Aus dieser Überlegung folgt: der Ladestrom i ist immer von der Differenz $(U_0 - u_C)$ abhängig. Mit (1.52) und der Maschenregel folgt:

$$U_0 = i \cdot R + \frac{1}{C} \cdot i \cdot \Delta t$$

$$\text{oder} \qquad i = \frac{U_0}{R} - \frac{1}{RC} \cdot i \cdot \Delta t \tag{1.53}$$

Lässt man das Zeitintervall Δt gegen Null gehen, d.h. wir differenzieren die Gleichung, dann folgt aus (1.53)

$$\frac{\mathrm{d}i}{\mathrm{d}t} = -\frac{1}{RC} \cdot i$$

$$\text{oder} \qquad \frac{\mathrm{d}i}{i} = -\frac{1}{RC} \cdot \mathrm{d}t \tag{1.54}$$

Die Lösung dieser Differentialgleichung ist:

$$\ln i = -\frac{t}{RC} + \text{ const.} \tag{1.55}$$

Die Konstante in (1.55) wird durch die Anfangsbedingungen bestimmt. Im Einschaltzeitpunkt $t = 0$ fließt der Strom $i = i_0 = U_0/R$. Damit geht (1.55) über in:

$$\ln i = -\frac{t}{RC} + \ln i_0$$

$$\text{oder} \qquad i = i_0 \cdot \mathrm{e}^{-\frac{t}{RC}} = \frac{U_0}{R} \cdot \mathrm{e}^{-\frac{t}{RC}} \tag{1.56}$$

Der zeitliche Verlauf des Ladestromes ist eine Exponentialfunktion. $R \cdot C$ hat die Dimmension der Zeit und wird Zeitkonstante τ genannt

$$\tau = R \cdot C$$

Sie gibt die Zeit an, in der sich der Ladestrom auf den Wert i_0/e reduziert. Dies folgt aus (1.56) für $t = \tau$.

Für den Spannungsverlauf am Kondensator liefert die Maschenregel

$$\begin{aligned}
u_C &= U_0 - i \cdot R \\
&= U_0 - i_0 \cdot \mathrm{e}^{-\frac{t}{RC}} \cdot R \\
&= U_0 - \frac{U_0}{R} \cdot \mathrm{e}^{-\frac{t}{RC}} \cdot R \\
u_C &= U_0 \cdot (1 - \mathrm{e}^{-\frac{t}{RC}})
\end{aligned}$$

Der Verlauf des Ladestromes und der Spannung am Kondensator (Ladevorgang) sind in Abb. 1.45 dargestellt.

Wie verhält sich die Spannung am Kondensator, wenn die äußere Spannungsquelle nicht mehr wirkt, d.h. wenn im Zeitpunkt $U_0(t_1) = 0$ wird. Nach der Maschenregel gilt dann

$$0 = i \cdot R + u_C$$

$$\text{Mit} \qquad i = \frac{\mathrm{d}Q}{\mathrm{d}t} = C \cdot \frac{\mathrm{d}u_C}{\mathrm{d}t}$$

$$\Rightarrow \qquad 0 = C \cdot \frac{\mathrm{d}u_C}{\mathrm{d}t} \cdot R + u_C$$

$$\text{oder} \qquad \frac{\mathrm{d}u_C}{u_C} = -\frac{1}{RC} \cdot \mathrm{d}t$$

Die Lösung dieser Gleichung ist

$$u_C = U_0 \cdot \mathrm{e}^{-\frac{t}{RC}} \tag{1.57}$$

Für den Stromverlauf folgt mit (1.57)

$$0 = i \cdot R + U_0 \cdot \mathrm{e}^{-\frac{t}{RC}}$$
$$\text{oder} \qquad i = -\frac{U_0}{R} \cdot \mathrm{e}^{-\frac{t}{RC}}$$
$$i = -i_0 \cdot \mathrm{e}^{-\frac{t}{RC}} \tag{1.58}$$

Das Minuszeichen in (1.58) sagt aus, dass der Strom entgegen der Zählpfeilrichtung nach Abb. 1.45 fließt. Er verursacht eine Abnahme der positiven Spannung am Kondensator und wird Entladestrom genannt. Der Verlauf des Entladestromes und der Spannung ist in Abb. 1.45 dargestellt.

Siehe Übungsband
Aufgabe 29:
Signalübergangszeiten eines CMOS–NICHT–Gliedes

1.6.3 Schaltverhalten an einer Induktivität

Nach Abbildung 1.46 werden eine Induktivität (Spule) und ein Widerstand in einem Stromkreis in Reihe geschaltet. Der ohmsche Widerstand der Spule wird vernachlässigt.

Im Zeitpunkt t_0 steigt die Spannung der Quelle sprunghaft auf den Wert U_0. Nach der Maschenregel gilt dann

$$U_0 = u_R + u_L = i \cdot R + u_L \tag{1.59}$$

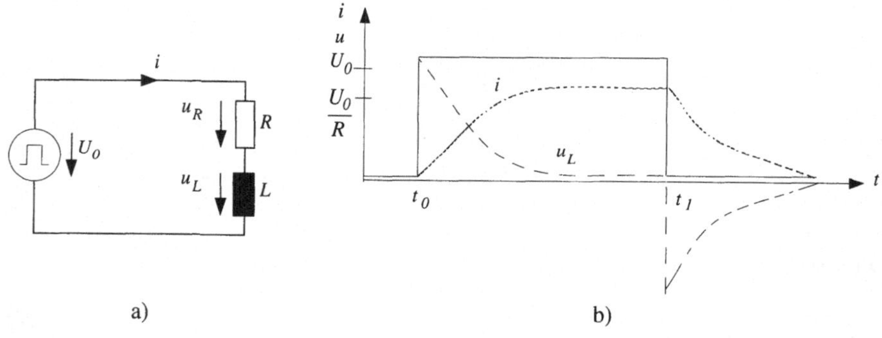

Abb. 1.46. Schaltverhalten an einer Induktivität: a) Schaltung b) Zeitdiagramm

Die Quelle verursacht einen beginnenden Stromfluss $\mathrm{d}i/\mathrm{d}t$, der in der Spule die Spannung $u_i = -L \cdot \mathrm{d}i/\mathrm{d}t$ induziert. Diese induzierte Spannung wirkt der Spannung u_L entgegen. Da der ohmsche Widerstand der Spule vernachlässigbar klein ist, wird u_L durch u_i kompensiert und es gilt $u_i = -u_L$.

Damit folgt:

$$u_L = L \cdot \frac{\mathrm{d}i}{\mathrm{d}t}$$

$$\text{oder} \quad i = \frac{1}{L} \int u_L \cdot \mathrm{d}t$$

In (1.59) eingesetzt folgt:

$$u_L = U_0 - \frac{R}{L} \int u_L \cdot dt \qquad (1.60)$$

Betrachten wir die Spannung u_L über der Spule in Abhängigkeit von der Zeit, indem wir (1.60) differenzieren, so folgt:

$$\frac{du_L}{dt} = -\frac{R}{L} \cdot u_L$$

$$\text{oder} \qquad \frac{du_L}{u_L} = -\frac{R}{L} \cdot dt$$

Der Lösungsweg dieser Gleichung ist analog zu (1.54) und führt zu dem Ergebnis

$$u_L = U_0 \cdot \epsilon^{-\frac{R}{L} \cdot t}$$

L/R hat die Dimension der Zeit und wird Zeitkonstante τ genannt. Für $t \gg \tau$ geht u_L gegen Null, d.h. über der Spule fällt dann keine Spannung mehr ab. Für den Stromverlauf folgt mit (1.59)

$$i = \frac{U_0}{R} - \frac{U_0}{R} \cdot e^{-\frac{R}{L} \cdot t}$$

$$i = i_0 \cdot \left(1 - e^{-\frac{R}{L} \cdot t}\right)$$

Strom– und Spannungsverlauf sind in Abb. 1.46 dargestellt.

Wie verhält sich der StromFluss, wenn ab dem Zeitpunkt t_1, dem Abschaltzeitpunkt, die Generatorspannung U_0 nicht mehr wirkt, d.h. $U_0(t_1) = 0$ ist. Nach (1.59) gilt dann

$$0 = u_R + u_L = i \cdot R + u_L$$

$$u_L = -i \cdot R \qquad (1.61)$$

$$\text{mit} \qquad u_L = L \cdot \frac{di}{dt}$$

$$\Rightarrow \qquad L \cdot \frac{di}{dt} = -i \cdot R$$

$$\text{oder} \qquad \frac{di}{i} = -\frac{R}{L} \cdot dt$$

die Lösung dieser Gleichung ergibt:

$$i = i_0 \cdot e^{-\frac{R}{L} \cdot t} \, .$$

Für den Spannungsverlauf im Abschaltzeitpunkt folgt mit (1.61):

$$u_L = -i_0 \cdot e^{-\frac{R}{L} \cdot t} \cdot R$$
$$u_L = -U_0 \cdot e^{-\frac{R}{L} \cdot t}$$

Das Minuszeichen in dieser Gleichung besagt, dass beim Abschaltvorgang u_L entgegen der Zählpfeilrichtung wirkt. u_L hat jetzt die Wirkrichtung wie u_i. Der Strom nimmt vom Maximalwert mit einer Exponentialfunktion ab, behält aber seine Richtung bei (Abb. 1.46).

Fassen wir das Ergebnis von Abschnitt 1.6 zusammen, dann können wir sagen: Die idealen Rechteckformen der binären Signale werden durch kapazitive und induktive Eigenschaften der Bauelemente verformt und die Schaltzeiten werden vergrößert. Dadurch werden die Signallaufzeiten durch die Bauelemente bestimmt.

1.7 Datenübertragung

In der Informatik werden Daten auf der physikalischen Ebene durch Binärsignale dargestellt. Dabei bedeutet der Begriff *Signal*: die physikalische Darstellung von Nachrichten oder Daten (DIN 44300/2); d.h. ein Signal ist an eine physikalische Größe (elektrische Spannung, Lichtstärke) als Träger gebunden. Die Daten selbst werden durch *Signalparameter* codiert, die nach DIN, wie folgt definiert sind: diejenige Kenngröße des Signales, deren Wert oder Werteverlauf die Daten darstellt. Ist das Signal eine amplitudenmodulierte Wechselspannung, dann entspricht der Signalparameter der Amplitude (DIN 44500/24). *Datenübertragung* bedeutet also auf der physikalischen Ebene *Signalübertragung*. Weil das Signal an eine physikalische Größe als Träger gebunden ist, die physikalische Größe aber durch Bauelemente und Leitungen (Übertragungsmedien) verändert wird, können bei der Signalübertragung auch die Daten verändert d.h. verfälscht werden. In diesem Abschnitt werden die physikalischen Größen als Signalträger und die Verformung dieser Größen durch die Übertragungsmedien beschrieben.

1.7.1 Physikalische Darstellung

Im Computer werden die Daten durch eine amplitudenmodulierte Wechselspannung (Rechteckspannung) dargestellt. Dabei ist die Amplitude der Signalparameter, der die Binärwerte H–Pegel und L–Pegel annehmen kann. Ein Binärwort, das mit den Binärzeichen 0 und 1 dargestellt ist, wird durch ein Signal mit den binären Spannungswerten H und L dargestellt Abb. 1.47.

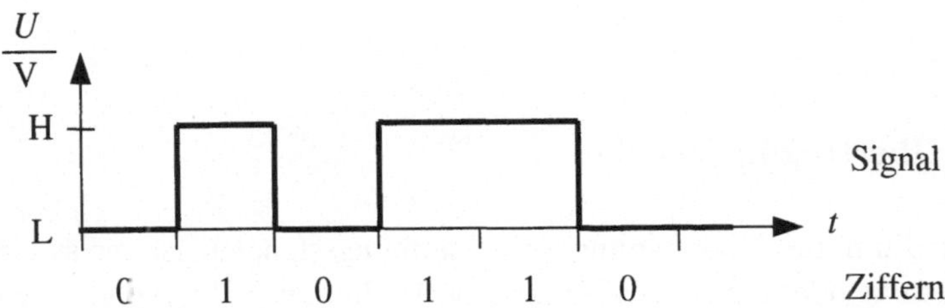

Abb. 1.47. Binärwort in Signal– und Zifferndarstellung

Werden Computer auf kurze Entfernungen mit Zweidrahtleitungen oder Koaxialkabeln *vernetzt*, so werden die Daten ebenfalls durch eine Rechteckspannung dargestellt.

Werden Daten im Telefonnetz übertragen, dann erfolgt die Datencodierung durch eine frequenzmodulierte Wechselspannung. Dabei ist die Wechselspannung der Signalträger und die Frequenz der Signalparameter. Das Verfahren wird *Frequenzsprungmodulation* (FSK: frequency shift keying) genannt (vgl. Band 2). Der Signalparameter springt zwischen zwei Frequenzen, die der 0 und der 1 zugeordnet sind, z.B.

$$f_1 = 1200\,\text{Hz} \stackrel{\wedge}{=} 1$$
$$f_2 = 2400\,\text{Hz} \stackrel{\wedge}{=} 0$$

Ein Gerät das die Verbindung vom Computer zum Telefonnetz herstellt, wird Modem genannt, abgeleitet von *Modulation und Demodulation*.

Seit einigen Jahren gewinnen *Lichtwellenleiter* für die Datenübertragung immer mehr an Bedeutung, weil damit eine hohe Übertragungskapazität möglich ist. Lichtwellenleiter sind Glas– oder Kunststoffasern für die *optische* Datenübertragung. Die Fasern dienen gleichsam als *Leitung* für Lichtimpulse als Träger der Daten. Das Signal oder die physikalische Trägergröße ist die *Strahlungsleistung* ϕ oder Intensität, gemessen in W/m^2. Der Signalparameter besteht in der Amplitudenmodulation oder Frequenzmodulation der

Intensität. Für die Datenübertragung wäre ein idealer Rechteckverlauf der
Intensität günstig. Aber die Dispersion des Lichtes in der Glasfaser führt zu
einem Signalverlauf nach Abb. 1.48.

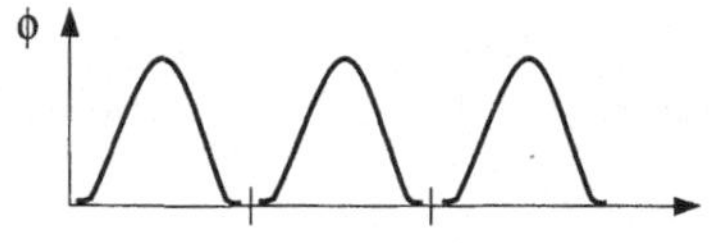

Abb. 1.48. Zeitlicher Verlauf der Lichtimpulse

1.7.2 Übertragungsmedien

Das Medium zur Übertragung von Spannungssignalen ist meist eine Zweidrahtleitung oder ein Koaxialkabel. Das Medium zur Übertragung von Licht-
signalen sind Lichtwellenleiter. Wie diese Medien die Signalparameter und
damit die Daten beeinflussen soll nun untersucht werden.

Zweidrahtleitungen. Innerhalb eines Computers werden die Daten als
Spannungsimpulse von einer Schaltung (IC) zur anderen weitergeleitet. Die
Leitungen bestehen meist aus Leiterbahnen auf Isolierplatten (Platinen) oder
aus Flachbandkabeln von Längen, die im cm–Bereich liegen. Bei diesen
Längen wirkt sich nur der ohmsche Widerstand der Leitung auf die Amplitude
der Impulse aus. Der Widerstand bewirkt eine Verminderung der Amplitude,
sie wird *Dämpfung* genannt. Da aber die Toleranzen der Schaltungen weit
größer ausgelegt sind, kann dieser Einfluss vernachlässigt werden.

Sind die Impulszeiten kleiner als eine Mikrosekunde und die Verbindungsleitungen länger als einige Meter, wie das bei Computernetzen der Fall ist, dann
werden die Rechteckimpulse durch die Eigenschaften der Leitungen selbst
beeinflusst. Der Einfluss der Leitungen ist um so stärker, je kürzer die zu
übertragenden Impulse und je länger die verbindenden Leitungen sind. Die
Leitungseigenschaften werden durch die Kenngrößen *Wellenwiderstand, Dispersion* und *Dämpfung* beschrieben. Ausgehend von einem Experiment soll
die Problematik der Übertragung von Rechteckimpulsen mit *langen* Leitungen zwischen Datenverarbeitungssystemen erläutert werden.

Als Sender– und Empfängerschaltung dienen integrierte NAND–Verknüpf-
ungsglieder(Kapitel 3), als Verbindungsleitung ein Experimentierkabel von
etwa 2 m Länge. Die Senderschaltung wird von einem Rechteckimpulsgene-
rator (100KHz – 1MHz) gespeist. Abb. 1.49 zeigt das Oszillogramm am Ausgang der Senderschaltung und am Eingang der Empfängerschaltung. Liefert
die Senderschaltung fast ideale Rechteckimpulse, so zeigt das Oszillogramm
am Eingang der Empfängerschaltung Impulse mit überlagerten *Schwingungen* in beiden Amplitudenwerten. Diese überlagerten Schwingungen werden

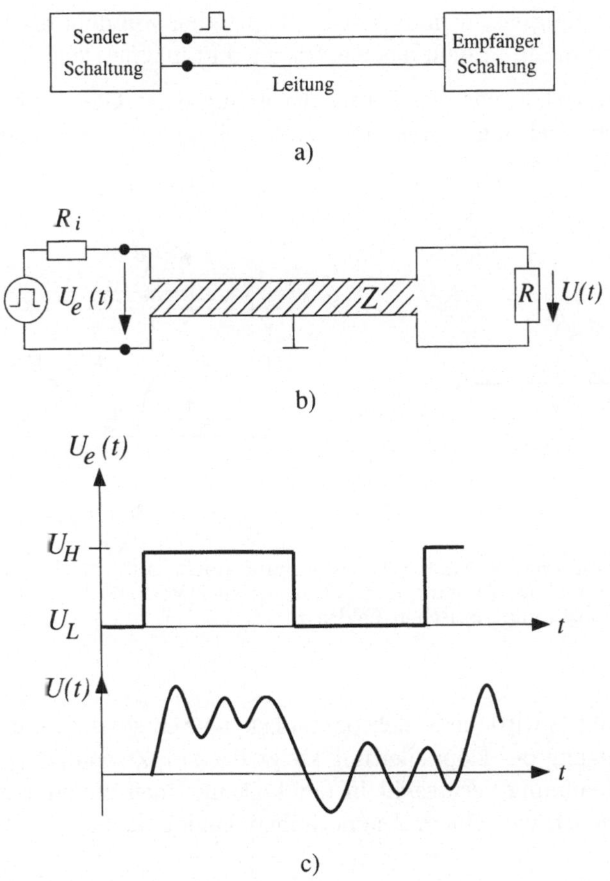

Abb. 1.49. Übertragung von Rechteckimpulsen mit langen Leitungen: a) Gerätemäßige Darstellung b) Ersatzschaltbild c) Oszillogramm der Senderspannung und der Spannung am Ende der langen Leitung

durch die *lange Leitung* verursacht. Die Form der überlagerten Schwingungen ist von der Impulsfrequenz, der Flankensteilheit der Impulse und den Eigenschaften der Leitung abhängig. Die Entstehung solcher überlagerten Schwingungen wird im Folgenden Abschnitt erläutert.

Ursache für die Entstehung elektrischer Wellen auf langen Leitungen ist die *endliche Ausbreitungsgeschwindigkeit* von elektrischen und magnetischen Feldern, und die Abweichung eines *realen* Rechteckimpulses vom *idealen* Rechteckimpuls. In Abb. 1.49 wird dem Verbraucher eine Spannung des Generators aufgeprägt. Die Spannung U_e, die der Generator über die Leitung zur Verfügung stellt, erreicht den Verbraucher R nicht unmittelbar. Sie wird durch Z beeinflusst, pflanzt sich mit endlicher Geschwindigkeit der Leitung entlang fort, bis sie etwas später den Verbraucher erreicht.

Die Fortpflanzungsgeschwindigkeit v hängt dabei von dem die Leiter umgebenden Medium ab, in dem das elektrische und magnetische Feld existieren.

Modellmäßig wollen wir den Einschaltvorgang einer Gleichspannungsquelle auf eine Doppelleitung – was einer Rechteckimpulsflanke entspricht – betrachten (Abb. 1.50).

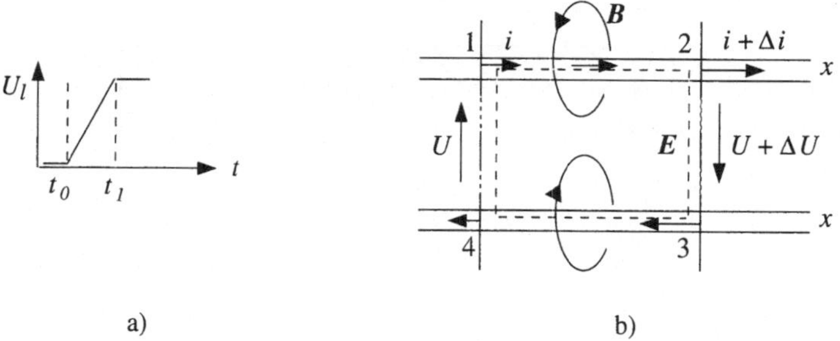

Abb. 1.50. Einschalten einer Gleichspannungsquelle auf eine Doppelleitung: a) Spannungs verlauf am Eingang der Leitung (realer Verlauf) b) Aufbau und Ausbreitung des elektromagnetischen Feldes

Zum Zeitpunkt t_0 wird die Gleichspannungsquelle eingeschaltet und die Spannung am Eingang der Doppelleitung steigt bis zum Zeitpunkt t_1 an. Die zunehmende Spannung verursacht in der Leitung einen zunehmenden Strom. Dieser Strom ist von einem magnetischen Feld umgeben (1. Maxwellsche Gleichung).

Der Aufbau des magnetischen Feldes (Änderung) induziert ein elektrisches Wirbelfeld (2. Maxwellsche Gleichung). Diese geschlossenen elektrischen Feldlinien umschließen die magnetischen Feldlinien, sie erfüllen den Raum zwischen den Leitungen und setzen sich in den Leitungen fort. In den Leitungen bricht das elektrische Feld zusammen und verursacht eine Verschiebung von Ladungen. Diese Ladungsverschiebung verursacht wieder ein magnetisches Feld. Der Vorgang – Ladungsverschiebung, Aufbau eines Magnetfeldes und Induktion eines elektrischen Wirbelfeldes, elektromagnetische Welle genannt – wandert über die gesamte Leitungslänge. Auch der Abschaltvorgang der Gleichspannungsquelle (fallende Flanke des Rechteckimpulses) verursacht eine elektromagnetische Welle, die über die Leitungslänge wandert. Ist die Leitung nicht unendlich lang, wie es in der Praxis immer der Fall ist, oder wird die Leitung an einer Stelle inhomogen, z.B. Anschluß an den Eingangswiderstand der Empfängerschaltung, dann wird die elektromagnetische Welle reflektiert und pflanzt sich in umgekehrter Richtung über die Leitung fort. Am Anfang der Leitung trifft die reflektierte Welle auf den Ausgangswiderstand der Senderschaltung, der ebenfalls eine Inhomogenität der Leitung darstellt. Die auf das Leitungsende hinlaufende und die reflektierte Welle überlagern sich zu einer stehenden Welle. Für die Grundschwingung gilt

$$\frac{\lambda}{2} = l$$
$$\lambda = 2\,l \tag{1.62}$$

dabei ist l die Leiterlänge und λ die Wellenlänge. Benutzen wir den Zusammenhang zwischen Ausbreitungsgeschwindigkeit v, Wellenlänge λ und Frequenz $\nu(= 1/T)$ einer Welle

$$v = \lambda \cdot \nu$$

so folgt mit (1.62)

$$T = \frac{\lambda}{v} = \frac{2\,l}{v} \tag{1.63}$$

Ist die Zeit (T) für den Hin– und Rücklauf der Welle auf der Leitung größer als die Impulsflankenanstieg(-abfall)zeit Δt, dann können sich stehende Wellen ausbilden (unter dem Begriff *stehende Welle* ist hier keine sinusförmige Welle gemeint, sondern Rechteckimpulse, die am Ende (Abschluss) der Leitung und am Anfang (Sender) der Leitung reflektiert werden). Aus (1.63) folgt dann

$$\Delta t < T = \frac{2\,l}{v}$$

Ist $l > \frac{\Delta t}{2} \cdot v$, dann spricht man von der *kritischen* Leiterlänge oder einer *langen* Leitung.

Bei TTL–Verknüpfungsgliedern beträgt die Impulsflankenanstiegszeit etwa 10 ns. Die Wellengeschwindigkeit einer Doppelleitung im Vakuum ist $3 \cdot 10^8$ m/s. Damit folgt

$$l_{krit} \approx 5 \cdot 10^{-9}\text{s} \cdot 3 \cdot 10^8 \, \frac{\text{m}}{\text{s}} \approx 1,5\text{m}$$

Bei Einzelimpulsen oder niedrigen Frequenzen ($< 100\text{KHz}$) klingen die Wellen aufgrund des ohmschen Widerstandes der Leitung schnell ab. Bei hohen Frequenzen und *langen* Leitungen bilden sich stehende Wellen aus, die die Impulsform empfindlich stören.

Siehe Übungsband
Aufgabe 19:
Impulse auf Leitungen

Im Folgenden soll die Enstehung elektromagnetischer Wellen auf langen Leitungen mit den Kirchhoffschen Sätzen beschrieben werden. Abb. 1.51 zeigt ein Stück einer homogenen Leitung.

Es bedeuten:

$$
\begin{array}{lll}
R' & (\text{in } \Omega/\text{m}) & \text{der Widerstandsbelag} \\
L' & (\text{in } H/\text{m}) & \text{Induktionsbelag} \\
C' & (\text{in } F/\text{m}) & \text{Kapazitätsbelag} \\
G' & (\text{in } S/\text{m}) & \text{Leitwertsbelag}
\end{array}
$$

pro Längenelement Δx der Leitung.

Am Anfang des Längenelements liegt zwischen der Doppelleitung die Spannung u und es fließt der Strom i. Am Ende des Längenelementes herrscht die Spannung $u + \Delta u$ und es fließt der Strom $i + \Delta i$. Die Spannungsänderung Δu wird durch den ohmschen und induktiven Widerstand der Leitung verursacht, die Stromänderung Δi wird durch den kapazitiven Widerstand der Leitung und durch die Leitfähigkeit der Isolation verursacht.

$$
\begin{aligned}
\text{Es gilt}\quad & (u + \Delta u) - u - \Delta u = 0 \\
& i + \Delta i - (i + \Delta i) = 0 \\
\text{und}\quad & -\Delta u = R' \cdot i \cdot \Delta x + L' \cdot \frac{di}{dt} \cdot \Delta x = \left(R' \cdot i + L' \cdot \frac{di}{dt}\right) \cdot \Delta x \\
& -\Delta i = G' \cdot u \cdot \Delta x + C' \cdot \frac{du}{dt} \cdot \Delta x = \left(G' \cdot u + C' \cdot \frac{du}{dt}\right) \cdot \Delta x
\end{aligned}
$$

Geht man von der Differenz Δ zum Differentialoperator ∂ über, dann folgt:

$$
-\frac{\partial u}{\partial x} = R' \cdot i + L' \cdot \frac{\partial i}{\partial t} \tag{1.64}
$$

$$
-\frac{\partial i}{\partial x} = G' \cdot u + C' \cdot \frac{\partial u}{\partial t} \tag{1.65}
$$

Mit der Annahme, dass $R' = G' = 0$ ist, differenzieren wir (1.64) nach x und (1.65) nach t. Es folgt:

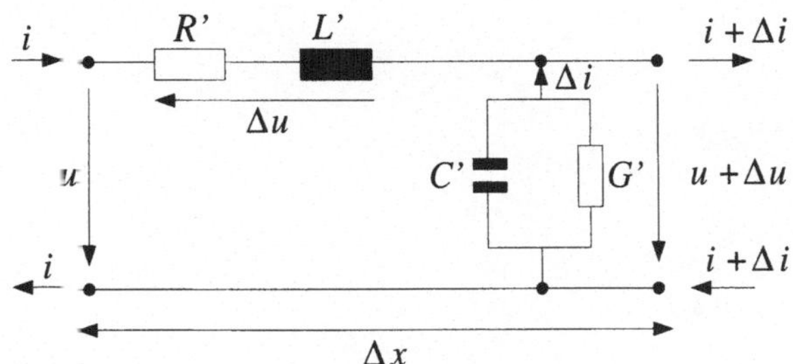

Abb. 1.51. Ersatzschaltbild einer homogenen Doppelleitung

$$-\frac{\partial^2 u}{\partial x^2} = L' \cdot \frac{\partial^2 i}{\partial t \partial x} \tag{1.66}$$

$$-\frac{\partial^2 i}{\partial x \partial t} = C' \cdot \frac{\partial^2 u}{\partial t^2} \tag{1.67}$$

(1.67) in (1.66) eingesetzt liefert

$$\frac{\partial^2 u}{\partial x^2} = L' \cdot C' \cdot \frac{\partial^2 u}{\partial t^2} \cdot \tag{1.68}$$

Analog $\qquad \dfrac{\partial^2 i}{\partial x^2} = L' \cdot C' \cdot \dfrac{\partial^2 i}{\partial t^2} \cdot$ $\hfill$ (1.69)

(1.68) und (1.69) beschreiben den Spannungs– und Stromverlauf auf der Doppelleitung in Abhängigkeit von x und t, sie werden als *Telegraphen–* oder *Wellengleichung* für elektromagnetische Vorgänge bezeichnet.

Eine Lösung dieser Gleichung ist die harmonische Welle mit

$$u = u_0 \, \sin \, \omega\left(t - \frac{x}{v}\right) + u_0 \, \sin \, \omega\left(t + \frac{x}{v}\right) \tag{1.70}$$

$$i = i_0 \, \sin \, \omega\left(t - \frac{x}{v}\right) + i_0 \, \sin \, \omega\left(t + \frac{x}{v}\right) \tag{1.71}$$

Entlang der Doppelleitung wandert eine Spannungs– und Stromwelle wie es in Abb. 1.52 dargestellt ist. Dabei dient die Doppelleitung nur als Führung der Welle, die gesamte Energie der Welle steckt in dem die Leitungen umgebenden Feldraum.

In (1.70) und (1.71) ist v die Ausbreitungsgeschwindigkeit der Welle. Setzt man (1.71) in (1.69) ein, so folgt:

$$v = \frac{1}{\sqrt{L' \cdot C'}} \tag{1.72}$$

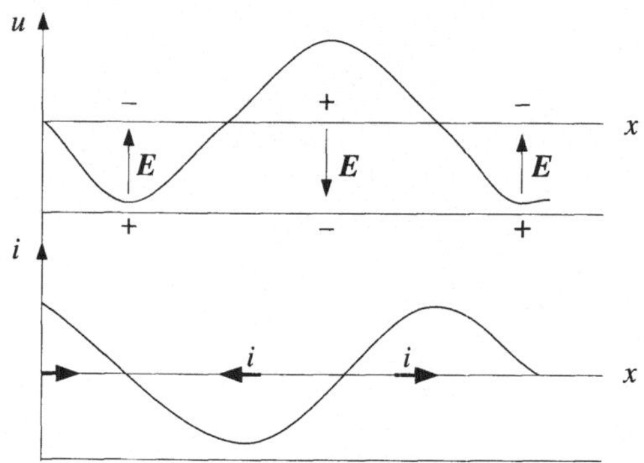

Abb. 1.52. Spannungs– und Stromverteilung einer stehenden Welle längs eines Drahtes einer Doppelleitung

Mit der Definition von L' und C' und den Einheiten für L und C folgt

$$L' \cdot C' = \frac{L}{m} \cdot \frac{C}{m} = \epsilon_0 \epsilon_r \cdot \mu_0 \mu_r$$

Befindet sich die Doppelleitung im Vakuum, dann ist $\epsilon_r = \mu_r = 1$ und es folgt mit den Zahlenwerten $\epsilon_0 = 8,85 \cdot 10^{-12} \text{A} \cdot \text{s/V} \cdot \text{m}$, $\mu_0 = 1,25 \cdot 10^{-6} \text{V} \cdot \text{s/A} \cdot \text{m}$

$$v = \frac{1}{\sqrt{\epsilon_0 \mu_0}} = 3 \cdot 10^8 \frac{\text{m}}{\text{sec}}$$

Im Vakuum breitet sich eine Welle mit $v = c = $ Lichtgeschwindigkeit entlang einer Doppelleitung aus.

Bei Leiterplatten oder Koaxialkabeln, die in der Datenverarbeitung eingesetzt werden, ist $\mu_r \approx 1$ und $\epsilon_r \approx 2,5$ (Polyäthylen, Teflon, Polystyrom), dann wird $v \approx 1,9 \cdot 10^8$ m/sec.

Setzen wir (1.70), (1.71) und (1.72) in (1.64) ein, dann folgt mit $R' = 0$

$$u_0 = i_0 \cdot \sqrt{\frac{L'}{C'}}$$

$$\frac{u_0}{i_0} = Z = \sqrt{\frac{L'}{C'}} \tag{1.73}$$

wobei Z *Wellenwiderstand* genannt wird. Der Wellenwiderstand gibt das Verhältnis von Spannung an einer Stelle und Stromstärke an der gleichen Stelle der Doppelleitung an. Mit dem Wellenwiderstand, dem Ohmschen Gesetz und den Kirchhoffschen Regeln können wir die Reflexionserscheinung auf einer Doppelleitung beschreiben.

Nach (1.70) setzt sich die Spannung u auf der Leitung aus zwei Anteilen zusammen, einem hinlaufenden u_h und einem reflektierten Anteil u_r. Gleiches gilt für den Strom (1.71). Es ist

$$u = u_h + u_r \tag{1.74}$$
$$i = i_h + i_r$$

Für jeden Punkt einer Doppelleitung mit dem Wellenwiderstand Z gilt die Wellengleichung nach (1.73); sowohl für die hinlaufende als auch für die reflektierte Welle. Deshalb ist

$$u_h = i_h \cdot Z \tag{1.75}$$
$$u_r = i_r \cdot Z \tag{1.76}$$
$$u = i_h \cdot Z + i_r \cdot Z \tag{1.77}$$
$$u = Z \cdot (i_h + i_r)$$
$$u = Z \cdot i$$

$$\tag{1.78}$$

Ebenso gilt für jeden Punkt der Doppelleitung das Ohmsche Gesetz – was durch (1.75), (1.76) und (1.77) bestätigt wird. Ändert sich der Wellenwiderstand Z oder wird die Doppelleitung mit einem Widerstand R abgeschlossen (wobei R kein ohmscher Widerstand sein muss, z.B. eine nachfolgende Schaltung), dann wird das Ohmsche Gesetz nicht mehr durch (1.77) erfüllt. In jedem Punkt der Doppelleitung gilt jedoch (1.74). Diese Spannungsüberlagerung im Leitungsteil mit reinem Wellenwiderstand Z und dem Abschlußwiderstand R ist in Abb. 1.53 dargestellt.

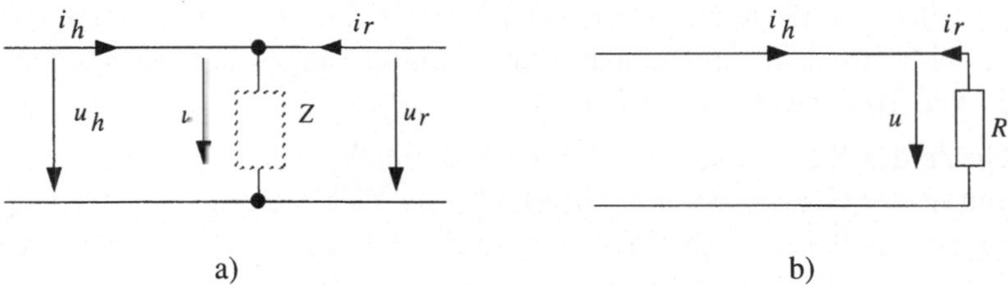

Abb. 1.53. Überlagerung von Strom und Spannung der hinlaufenden und reflektierten Welle: a) am Wellenwiderstand Z b) am Abschlußwiderstand R

Für den Leitungsteil mit dem Wellenwiderstand Z gelten (1.75), (1.76) und (1.77). Für die Spannungsüberlagerung an R gilt

$$u = u_h + u_r$$
$$u = R \cdot (i_h - i_r) \tag{1.79}$$

Damit das Ohmsche Gesetz für jeden Punkt der Doppelleitung gültig ist, muss vom Abschlußwiderstand R eine Welle reflektiert werden, die über die Leitung zum Leitungsanfang läuft.

Mit (1.77) und (1.79) folgt:

$$Z \cdot (i_h + i_r) = R \cdot (i_h - i_r) \tag{1.80}$$
$$i_r \cdot (Z + R) = i_h \cdot (R - Z)$$
$$\frac{i_r}{i_h} = r = \frac{R - Z}{R + Z} \tag{1.81}$$

analog gilt

$$\frac{u_r}{u_h} = r = \frac{R - Z}{R + Z} \tag{1.82}$$

wobei r als *Reflexionsfaktor* bezeichnet wird. Die reflektierte Welle läuft bis zum Leitungsanfang (Sender) zurück (*lange Leitung*). Ist der Innenwiderstand R_i des Senders von Z verschieden, dann tritt wieder Reflexion auf. Es kommt zu *Mehrfachreflexionen*. Der Reflexionsfaktor wird durch folgende Gleichung bestimmt.

$$r = \frac{R_i - Z}{R_i + Z} \tag{1.83}$$

Der ohmsche Widerstand R in (1.82) kann Werte zwischen *unendlich* (offene Leitung) und Null (Kurzschluß) annehmen. Damit liegt der Wert von r zwischen 1 und -1. Wird $R = Z$ dann folgt aus (1.81) oder (1.82) $r = 0$, d.h. dann wird keine Welle reflektiert. Damit keine Reflexionen auftreten, muss eine Zweidrahtleitung mit einem Widerstand R abgeschlossen werden, der gleich dem Wellenwiderstand Z ist.

Die Größe des Wellenwiderstandes einer Doppelleitung liegt je nach Art der Leitung in der Größenordnung 50–300Ω. Eine viel benutzte Art der Doppelleitung ist das Koaxialkabel. Es führt in der Mitte einen Draht als Innenleiter, der von einem Dielektrikum (Isolierung) umgeben ist, darum schließt sich koaxial angeordnet ein Drahtgeflecht als Außenleiter. Das Drahtgeflecht ist von einer isolierenden Schutzhülle umgeben. Ein besonderer Vorteil des Koaxialkabels liegt im feldfreien Außenraum. Das elektromagnetische Feld hat

eine einfache Form; die elektrischen Feldlinien verlaufen radial vom Innen–
zum Außenleiter, die magnetischen Feldlinien umschließen den Innenleiter in
konzentrischen Kreisen. Werden mehrere Datenverarbeitungssysteme durch
Koaxialkabel miteinander verbunden, wie es beim *Ethernet* der Fall ist, dann
müssen die Enden der Koaxiakabel mit dem Wellenwiderstand abgeschlossen
werden, damit keine Reflexionen auftreten, die Störungen verursachen.

Befindet sich dicht neben einer stromführenden Leitung eine zweite Leitung
(bei Leiterplatten), dann treten elektrische und magnetische Kopplungen zwischen diesen Leitungen auf. Wird auf einer Leitung ein Impuls übertragen, so
wird er durch das elektromagnetische Feld als Störimpuls in die zweite Leitung übergekoppelt. Dieser Vorgang wird *Übersprechen* genannt. Abb. 1.54
zeigt eine schematische Darstellung der Überkopplung eines Störimpulses von
einer Leitung I zu einer Leitung II.

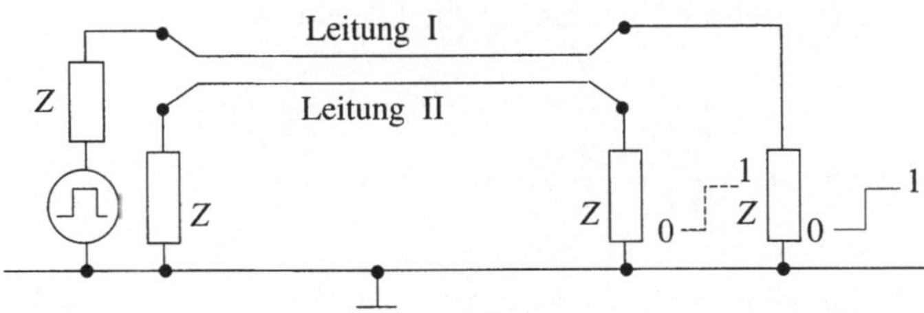

Abb. 1.54. Überkopplung eines Störimpulses

Auf den Leiter I wird von einem Sender (Ausgang eines Schaltgliedes) eine positive Impulsflanke geschaltet, dadurch entsteht auf dem benachbarten
Leiter II ein Störimpuls. Ist der Störimpuls genügend hoch und lang, dann
wird der Empfänger (Eingang eines Schaltgliedes) an Leitung II ein Fehlsi-
gnal aufnehmen. Da die Dauer des Störimpulses proportional zur Leiterlänge
ist, sind kurze Leitungsstücke weniger vom *Übersprechen* betroffen, als lange.

Siehe Übungsband
Aufgabe 20:
Datenübertragung

Lichtwellenleiter. Lichtwellenleiter (LWL) sind hochreine Quarzglasfasern,
die optische Signale weiterleiten. Sie sind eine Weiterentwicklung der *Licht-
leiter*, die das Licht durch vielfache Totalreflexion übertragen. Diese Tatsache
folgt aus dem Snelliusschen Brechungsgesetz (Abb. 1.55).

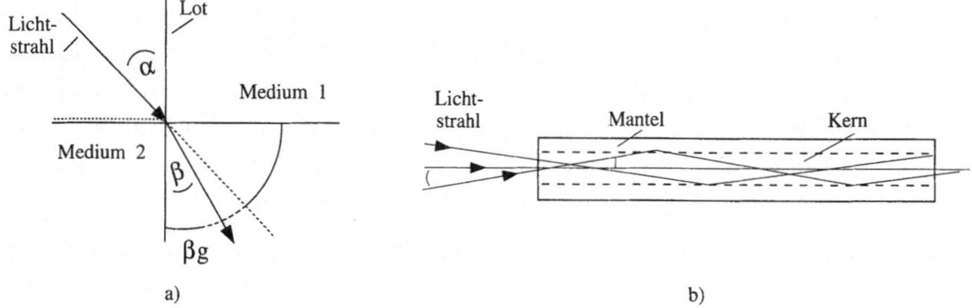

Abb. 1.55. Lichtleitung durch Totalreflexion: a) Brechungsgesetz b) Lichtleitung in einem LWL

Für Licht als Welle lautet das Gesetz: Ein Lichtstrahl, der von einem optisch dünneren Medium (Luft) in ein optisch dichteres Medium (Glas) übergeht wird zum Lot hin gebrochen[3]. Es gilt die Gleichung:

$$\frac{\sin\alpha}{\sin\beta} = \text{const.} = \frac{n_2}{n_1} = \frac{c_1}{c_2}$$

Dabei ist n_1 die Brechzahl des Mediums 1 und n_2 die Brechzahl des Mediums 2. c_1 und c_2 sind die Ausbreitungsgeschwindigkeiten im Medium 1 und 2. Der Brechungsindex (bei 20°C für $\lambda = 589\text{nm}$) für Luft ist $n = 1,000272$ und für Quarzglas $n = 1,4588$.

Kehrt man den Lichtweg um, also vom optisch dichteren zum optisch dünneren Medium, so wird der Lichtstrahl vom Lot weg gebrochen. Sobald der Winkel α den Wert $90°$ erreicht, verläuft der Strahl entlang der Grenzfläche beider Medien (in Abb. 1.55 gestrichelt dargestellt).

$$\text{aus} \quad \frac{\sin 90°}{\sin \beta g} = \frac{n_2}{n_1}$$

$$\Rightarrow \quad \sin \beta g = \frac{n_1}{n_2}$$

Der zugehörige Winkel βg heißt Grenzwinkel der Totalreflexion. Ist der Einfallswinkel größer als βg, so existiert kein reeller Brechungswinkel. Der Lichtstrahl kann nicht in das dünnere Medium übertreten. Das Licht wird an der Grenzfläche reflektiert und man nennt diesen Vorgang *Totalreflexion*.

---

[3] der einfallende Lichtrahl, das Lot und der gebrochene Lichtstrahl liegen stets in einer Ebene

Lichtstrahlen, die an der Stirnfläche in einen LWL eintreten, werden durch vielfache Totalreflexion gehindert den Leiter zu verlassen. Sie folgen allen Faserbiegungen und treten am Faserende wieder aus.

Der allgemeine Aufbau eines LWL ist in Abb. 1.56 dargestellt. Er besteht aus einem Kern mit dem Brechungsindex n_1 und einem Mantel mit dem Brechungindex n_2, wobei $n_2 < n_1$. Da der Kerndurchmeser des LWL im Bereich der Wellenlänge des Lichtes liegt, kann die Lichtausbreitung nicht mehr mit dem Modell des *Lichtstrahls* sondern nur mit dem *Wellenmodell* beschrieben werden. Wie bei hohen Frequenzen die Eigenschaften des elektrischen Leiters das Signal (Signalparameter) verändern können, so beeinflussen auch die Eigenschaften des LWL das optische Signal. Die Einflussgrößen sind *Dispersion* und Dämpfung.

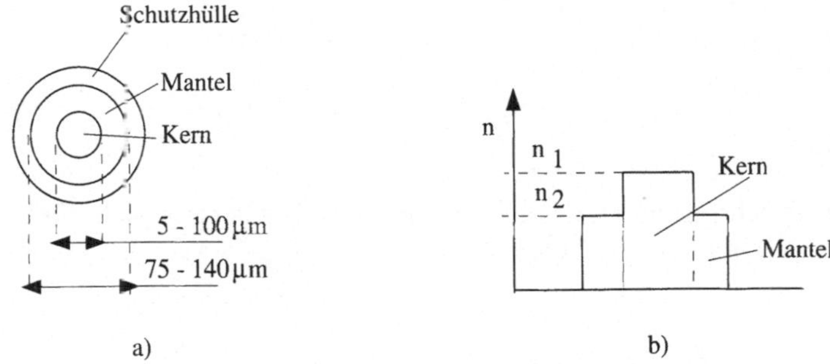

Abb. 1.56. Aufbau eines LWL: a) Querschnitt b) Brechzahlprofil

Für die Lichtausbreitung nach Abb. 1.55 folgt, dass Strahlen mit verschiedenen Winkeln zur Achse verschieden lange Wege im LWL haben. Daraus ergeben sich Laufzeitunterschiede. Im Wellenmodell (Eigenwerte der Wellengleichung) entsprechen den Strahlrichtungen mehrere Wellenformen, genannt *Moden*. Jeder Mode ist dadurch charakterisiert, dass die optische Lichtstärkeverteilung quer zur Ausbreitungsrichtung eine ganzzahlige Anzahl von Maxima und Minima aufweist (Abb. 1.57). LWL, in denen sich der Lichtimpuls in mehreren Moden ausbreitet, heißen *Multimodefaser*.

Die einzelnen Moden im LWL haben unterschiedliche Laufzeiten, die der Faserlänge proportional sind. Dies führt zur Impulsverbreiterung oder Modendispersion. Es gilt:

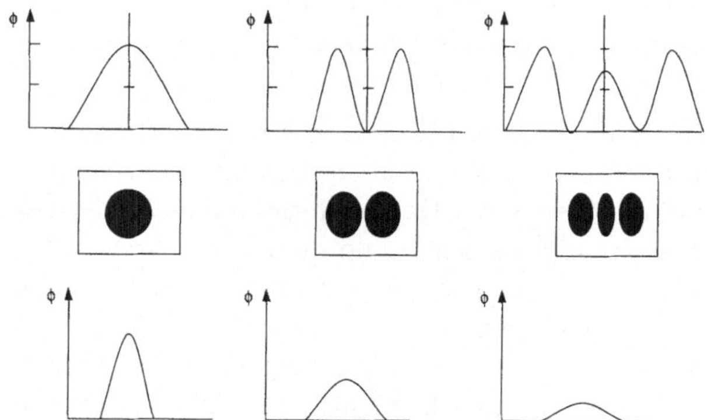

Abb. 1.57. Modenausbildung und Impulsverbreiterung

$$\frac{\Delta t}{t} = \frac{\Delta n}{n}$$

Beispiel:

Für einen Brechungsindex des Kerns von $n_2 = 1,46$ ergibt sich die Fortpflanzungsgeschwindigkeit im LWL zu

$$c_2 = \frac{n_1}{n_2}\,c_1 = \frac{c_1}{n_2} = \frac{300.000\ \text{km/s}}{1,46} = 205.480\ \text{km/s}$$

wobei c_1 die Lichtgeschwindigkeit und n_1 der Brechungsindex der Luft seien.
Mit einer Faserlänge von $1\,\text{km}$ und für $\Delta n/n = 0,01$ folgt dann für die Laufzeitdifferenz

$$\Delta t = t \cdot \frac{\Delta n}{n} = \frac{1\ \text{km}}{c_2} \cdot \frac{\Delta n}{n} = \frac{1\ \text{km}}{205.480\ \text{km/s}} \cdot 0,01 \approx 50\ \text{ns}$$

Damit ergibt sich eine maximale Bitrate von $1/50\,\text{ns} = 20\ \text{MBit/s}$.
Die Modendispersion ist vermeidbar, wenn der Faserkern so dünn gemacht wird, dass sich nur noch ein Mode ausbreitet. Die Intensität über den Faserquerschnitt hat dann nur ein Maximum. Solche Fasern heißen *Einmoden-* oder *Monomode*-LWL. Der Faserkern hat einen Durchmesser von etwa $5\,\mu\text{m}$. Andere Dispersionseffekte, die ebenfalls eine Impulsverbreiterung verursachen sind:

– *Materialdispersion*, die von der Wellenlängenabhängigkeit des Brechungs-
indexes herrührt. Meist sind die Lichtquellen (z.B. Laserdioden), die die
zu übertragenden Lichtimpulse erzeugen, nicht ideal monochromatisch.
Die Lichtimpulse enthalten vielmehr Anteile aus einem begrenzten Wel-
lenlängenbereich $(\lambda + \Delta\lambda)$, was zu Laufzeitunterschieden führt. In der Praxis wird meist Licht der Wellenlänge 1300 nm oder 1600 nm verwendet.

– *Wellenleiterdispersion*, die durch das Kernprofil verursacht wird.

Unter Dämpfung versteht man die Intensitätsverluste beim Transport im
LWL. Die Einheit ist *Dezibel* (dB). Berechnet wird die Dämpfung nach

$$dB = 10 \cdot lg\left(\frac{P_0}{P_1}\right)$$

Dabei ist P_0 die Lichtleistung am Anfang und P_1 die am Ende der Faser.
Beträgt die Dämpfung 3 dB, dann wird die Lichtleistung durch den LWL
halbiert, d.h. $P_1 = \frac{P_0}{2}$.

Die Dämpfung wird verursacht durch

– Absorption: Fotoeffekt, Comptoneffekt, Verunreinigung im Material

– Streuung: Kratzer an der Oberfläche der Faser, inhomogene Brechzahlver-
teilung

– Geometriestörung: hauptsächlich durch Biegung und Krümmung der Faser.

– Steckerverbindung

Die Herstellung von Fasern mit geringer Dämpfung ist hauptsächlich ein tech-
nisches Problem. Gute Quarzfasern haben derzeit eine Dämpfung von 0,20 dB
pro km bei $\lambda = 1550$ nm.

Der Aufbau einer LWL–Übertragungsstrecke ist in Abb. 1.58 dargestellt.

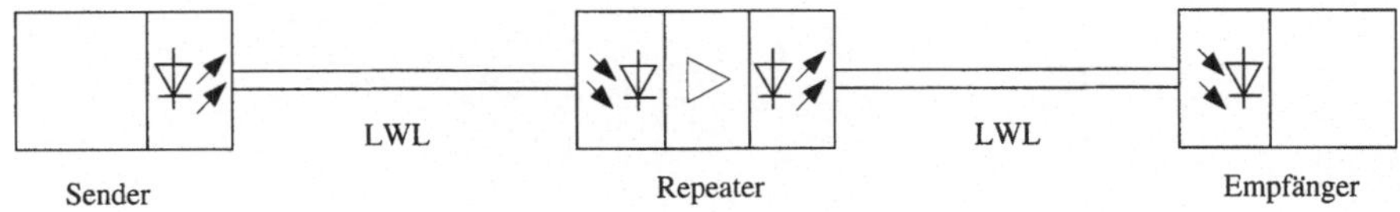

Abb. 1.58. Aufbau einer LWL–Übertragungsstrecke

Die Daten werden im Sender (digitale Schaltung) so aufbereitet, dass sie einen
elektrooptischen Wandler (Laser–Diode) modulieren können. Die Datenauf-
bereitung im Sender kann in einer Amplituden– oder Frequenzmodulation

bestehen. Der elektrooptische Wandler wandelt die elektrischen Signale in optische Signale (Intensität) um und koppelt sie in die Fasern des LWL ein. Am Ende des LWL werden die optischen Signale durch einen optoelektrischen Wandler (Fotodiode, Fototransistor) wieder in elektrische Signale gewandelt und dem Empfänger zugeführt. Ist die Übertragungsstrecke viele Kilometer lang, dann müssen die Lichtimpulse aufgrund der Dämpfung nach einigen Kilometern in einem Repeater regeneriert werden. Der Repeater enthält einen optoelektrischen Empfänger, einen Verstärker für die elektrischen Signale und einen elektrooptischen Wandler.

LWL–Übertragungsstrecken führen mehrere Quarzfasern in einem Datenkabel. Solche LWL–Kabel gibt es in Bandform oder Rundform. Die Anzahl der Fasern in einem Kabel kann einige Hundert betragen.

Zusammenfassend sollen einige Vorteile der LWL gegenüber Kupferleitungen genannt werden:

- Hochwertige Quarzfasern haben bei Signalen großer Bandbreite erheblich geringere Dämpfung.

- Es wird nur sehr wenig Signalleistung nach außen abgestrahlt. Glasfasern stören einander nicht, d.h. es gibt kein *Übersprechen*.

- Elektromagnetische Felder (Hochspannungsleitungen, Rundfunk) können LWL nicht beeinflussen.

- Es besteht vollkommene galvanische Potentialtrennung zwischen Sender und Empfänger.

- Sie sind wesentlich dünner, leichter und flexibler.

- Der Rohstoff Quarz steht praktisch unbegrenzt zur Verfügung.

2. Halbleiterbauelemente

Die Leistungsfähigkeit heutiger Datenverarbeitungsanlagen wird wesentlich bestimmt durch den Entwicklungsstand der Halbleitertechnik. Zwei wichtige Erfindungen haben der Halbleitertechnik zu ihrer revolutionären Bedeutung verholfen: die Entwicklung des Transistors durch die Physiker *John Bardeen, W.H. Brattain* und *W. Shockley* in den Jahren 1948/49 und die Planar–Diffusionstechnik zur Herstellung von Transistoren 1960, wodurch die Herstellung integrierter Schaltkreise möglich wurde.

Als Halbleiter werden Festkörper bezeichnet, die kristallin aufgebaut sind, aber nicht durch metallische Bindung zusammengehalten werden. Ihre elektrische Leitfähigkeit ist deshalb schlechter als die der Metalle. Die Leitfähigkeit von Halbleiterkristallen ist von der Temperatur abhängig. Am Temperatur-nullpunkt ($T = 0$) ist sie Null, bei höheren Temperaturen liegt die Leitfähigkeit zwischen metallischen Leitern und Nichtleitern. Besondere Bedeutung haben die beiden Elemente Germanium und Silizium. In folgender Tabelle sind die Leitfähigkeiten einiger Festkörper angegeben.

Leitfähigkeit in $(\Omega m)^{-1}$	Material	
10^{-16}	Hartgummi	
10^{-10}	Glas	Nichtleiter
10^{-3}	Galliumarsenid – rein	
10^{-2}	Silizium – rein	
$10^{-2} - 10^{1}$	Silizium – dotiert	Halbleiter
10^{0}	Germanium – rein	
$10^{0} - 10^{5}$	Germanium – dotiert	
10^{7}	Eisen	
10^{8}	Silber	Leiter

In diesem Kapitel werden die physikalischen Grundlagen der Halbleiter sowie Aufbau und Funktion einiger Halbleiterbauelemente – Halbleiterdioden, Bipolar- und Unipolartransistoren – beschrieben.

2.1 Halbleiterphysik

Um die Eigenschaften der Halbleiterbauelemente zu erklären, ist es notwendig ihre elektrische Leitfähigkeit von der *atomaren* Struktur her zu begründen. In diesem Abschnitt werden das Bändermodell, die Dotierung von Halbleitern und der *pn*-Übergang beschrieben.

2.1.1 Aufbau der Materie

Der Aufbau eines Atoms wird durch das *Bohrsche Atommodell* beschrieben. Danach besteht das Atom aus einem *Atomkern* und einer in Schalen aufgeteilten *Atomhülle*, in der sich die *Elektronen* auf Bahnen bewegen. Das einfachste Atom, das Wasserstoffatom, besteht aus einem Proton als Kern und einem Elektron in der Hülle. Elektronen sind Träger der negativen elektrischen Ladung und Protonen Träger der positiven elektrischen Ladung. Damit ein Atom nach außen elektrisch neutral wirken kann, muss die Anzahl der Protonen im Kern gleich der Anzahl der Elektronen in der Hülle sein. Aus Gründen der Stabilität befinden sich im Kern *Neutronen*. Die Summe aus Protonen und Neutronen ist die Massenzahl des Atoms. Die Elektronen können sich innerhalb der Atomhülle in verschiedenen Schalen bewegen, was gleichbedeutend mit verschiedenen *Energieniveaus* ist.

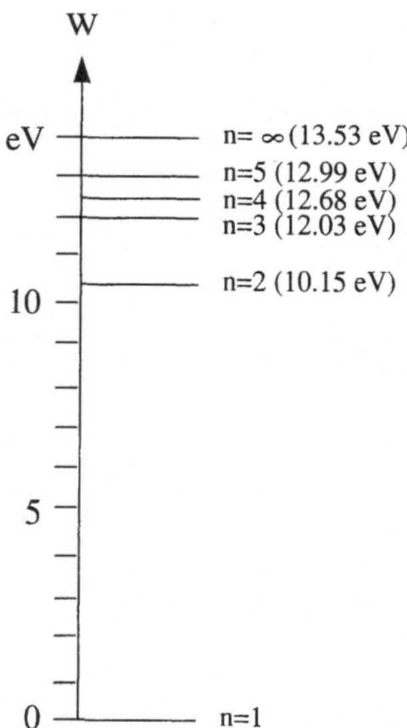

Abb. 2.1. Energieniveaus des Wasserstoffatoms

Befindet sich ein Elektron – z.B. im Wasserstoffatom – auf der 1. Schale ($n = 1$), die dem niedrigsten Energieniveau entspricht, dann sagt man das

Atom befindet sich im Grundzustand. Wird diesem Elektron Energie zugeführt, so wird es auf ein höheres Energieniveau gehoben. Die Energiedifferenz ΔW zwischen zwei Niveaus ist gequantelt; das bedeutet, das Elektron kann in der Atomhülle nur ganz bestimmte Bahnen einnehmen oder es kann sich nur auf diskreten Energieniveaus befinden. Die Energieniveaus werden üblicherweise in Elektronenvolt eV angegeben. In Abb. 2.1 sind die Energieniveaus des Elektrons in der Atomhülle des Wasserstoffatoms relativ zum Grundzustand $n = 1$ dargestellt. Eine solche Darstellung wird *Termschema* genannt. Das Energieniveau $n = \infty$ in Abb. 2.1 bedeutet: die Bahn des Elektrons ist so weit vom Atomkern entfernt, dass das Elektron nicht mehr an den Atomkern gebunden, sondern frei beweglich ist. Dem Atom fehlt dann ein Elektron und der Atomrest ist positiv geladen. Ein solcher Atomrest heißt *Ion*. Die Energie, die erforderlich ist, um das Elektron vom Atomkern zu trennen, wird *Ionisierungsenergie* genannt. Hat ein Atom zwei oder mehr Elektronen, dann besetzen die Elektronen die vorhandenen Energieniveaus nach den Regeln der Quantenphysik. Das gilt sowohl für die Besetzung im Grundzustand als auch für die höheren Energieniveaus eines *angeregten Zustandes*. Die diskreten Energieniveaus angeregter Atome können experimentell durch ein Linienspektrum leuchtender Gase dargestellt werden. Besteht das leuchtende Gas aus mehratomigen Molekülen, dann wechselwirken die Elektronen innerhalb der Moleküle und die Linien werden aufgespalten (Abb. 2.2).

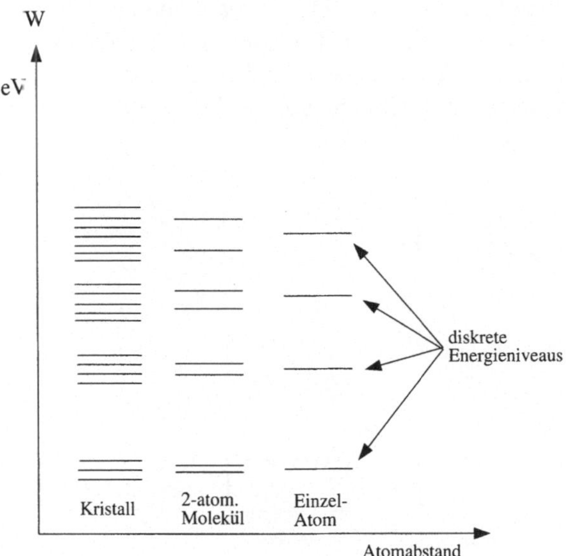

Abb. 2.2. Bändermodell der Energieniveaus

2.1.2 Energiebändermodell

Sind die Atome in einem Material sehr dicht gepackt, wie es in einem Halbleiterkristall der Fall ist, dann wechselwirken gleichsam alle Atome miteinander. Nur die innersten Elektronen bleiben fest bei den zugehörigen Atomkernen auf diskreten Energieniveaus. Mit zunehmender Schalennummer n oder Hauptquantenzahl nimmt die Wechselwirkung mit den Nachbaratomen zu. Das führt zu einer Aufspaltung in so viele Energieniveaus, wie Atome miteinander wechselwirken. Der Abstand von einem Energieniveau zum nächsten beträgt etwa 10^{-22}eV. Für praktische Anwendungen können diese Unterschiede vernachlässigt und die *Gesamtheit der einzelnen Niveaus* wie *kontinuierliche Bänder* behandelt werden. Wie bei den diskreten Energieniveaus gibt es *erlaubte* und *verbotene* Energiebereiche (Bänder).

Die Einteilung der Festkörper in Nichtleiter (Isolatoren), Halbleiter und Leiter kann mit dem Energiebändermodell erklärt werden.

Nichtleiter. Befinden sich Elektronen der Gitteratome im Grundzustand, d.h. am Temperaturnullpunkt, dann sind alle Energieniveaus der erlaubten Bänder besetzt. Im Grundzustand bewirken die Elektronen des obersten Energiebandes – die Elektronen der äußeren Schale – die Bindung im Kristall. Deshalb heißt dieses Energieband *Valenzband.* Für den Ladungstransport stehen keine Elektronen des *Grundzustandes* zur Verfügung. Das auf das Valenzband folgende erlaubte Energieband hat je nach Material einen Abstand von 5–10 eV, was einer Temperaturdifferenz von mehr als 1000 K entspricht. Für diesen Anregungszustand müßten die Elektronen einen sehr großen Energiebetrag aufnehmen, um in das erlaubte höhere Energieband das *Leitungsband* gehoben zu werden.

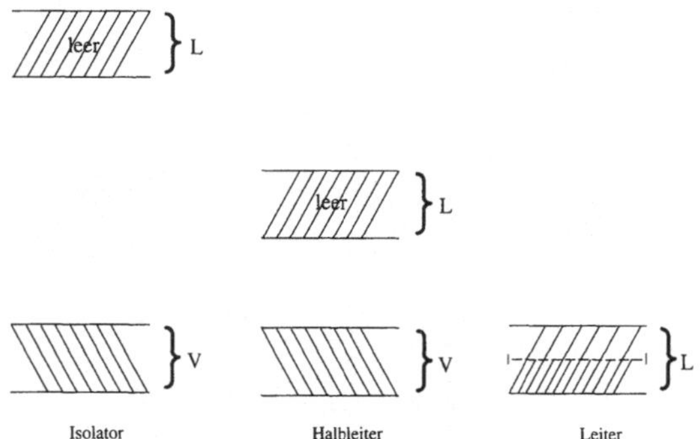

Abb. 2.3. Energiebändermodell (V: Valenzband, L: Leitungsband)

Halbleiter. Im Grundzustand, d.h. beim Temperaturnullpunkt sind die erlaubten Energiebänder, auch das Valenzband, voll besetzt und das Leitungsband des angeregten Zustandes ist leer, wie beim Nichtleiter. In diesem Zustand ist der Halbleiter ein Nichtleiter. Die Energiedifferenz zwischen Valenzband und Leitungsband beträgt allerdings nur etwa 1eV, so dass bereits bei Zimmertemperatur Elektronen aus dem Valenzband in das Leitungsband gehoben werden können und für den Ladungstransport zur Verfügung stehen.

Leiter(Metalle). Schon im Grundzustand, d.h. beim Temperaturnullpunkt, befinden sich Elektronen im Leitungsband; das bedeutet, Valenzband und Leitungsband überlappen sich.

Für die elektrische Leitfähigkeit eines Festkörpers sind also ausschließlich die Elektronen im Valenzband und im Leitungsband von Bedeutung (Abb. 2.3). In folgender Tabelle sind Energiedifferenzwerte ΔW für verschiedene Halbleiterstoffe angegeben.

Halbleiterstoff	ΔW in	eV
Selen	Se	2,20
Kupferoxidul	Cu_2O	2,06
Germanium	Ge	0,72
Silizium	Si	1,12
Tellur	Te	0,32
Indiumantimonid	InSb	0,26
Indiumarsenid	InAs	0,34
Galliumarsenid	GaAs	1,38

2.1.3 Kristallstruktur von Germanium und Silizium

Ge– und Si–Atome haben in der äußeren Schale vier Elektronen. Diese können mit den Elektronen anderer Atome eine *Kovalenz–* oder *Elektronenpaarbindung* eingehen. Die Anzahl der Bindungen, welche ein Atom eingehen kann – sie wird *Bindigkeit* oder *Bindungszahl* genannt – wird durch die Zahl seiner Außenelektronen in Verbindung mit der Oktettregel[1] festgelegt.

Wenn beim Übergang vom flüssigen in den festen Zustand mehrere Ge– oder Si–Atome aneinandergefügt werden, entsteht ein regelmäßig geordnetes Atomgefüge. Die Struktur, die dabei entsteht, heißt *Kristallstruktur*. Dabei geht jedes Valenzelektron eines Atoms mit einem Valenzelektron eines anderen Atoms eine Bindung ein. Weil jedes Atom mit vier Nachbaratomen eine Bindung eingeht, entsteht als räumliche Struktur ein *Tetraeder*. Abb. 2.4a zeigt die kristalline Tetraederstruktur und Abb. 2.4b die Darstellung in einem zweidimensionalen Modell.

---

[1] Die Oktettregel besagt, bei Bindungen besteht die Tendenz zur Edelgaskonfiguration.

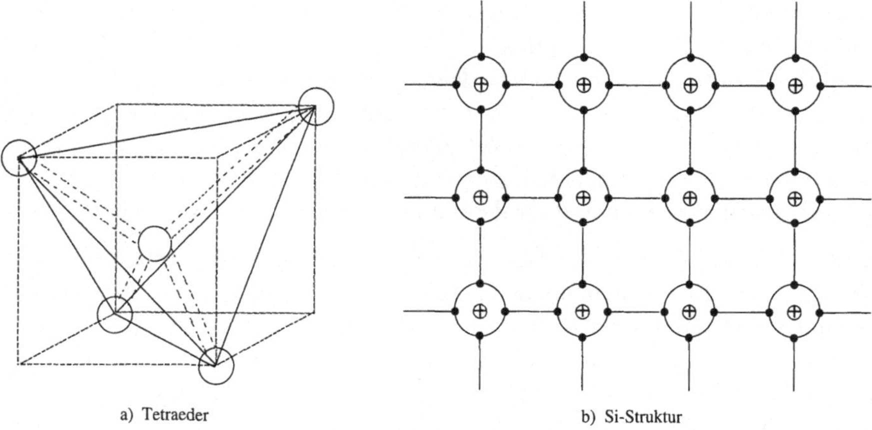

Abb. 2.4. Darstellung eines Si–Kristalls

Die besonderen Eigenschaften des Halbleitermaterials sind abhängig vom Zustand des Kristalls. Zur Beschreibung der Kristalleigenschaften sollen einige Begriffe der Kristallographie genannt werden:

- Kristallstruktur, regelmäßig geordnetes Atomgefüge eines Festkörpers, z.B. Diamant, bestehend aus Kohlenstoff.

- Amorphe Struktur, kein regelmäßig geordnetes Atomgefüge; z.B. Ruß, bestehend aus Kohlenstoff.

- Mischkristalle, bestehend aus verschiedenartigen Atomen, z.B. Galliumarsenid (GaAs).

- Polykristallstruktur, der Festkörper ist aus *mehreren* Kristallen aufgebaut.

- Einkristall– oder Monokristallstruktur, der Körper besteht aus einem einzigen ungestörten Kristall.

Für Halbleiterwerkstoffe wird Einkristallstruktur mit einem hohen Reinheitsgrad[2] gefordert. Dadurch kann eine definierte Leitfähigkeit in einem bestimmten Temperaturbereich erreicht werden.

2.1.4 Eigenleitfähigkeit

Die Energiedifferenz zwischen Valenzband und Leitungsband beträgt beim Halbleiter $\Delta W \approx 1\text{eV}$. Durch Aufnahme thermischer Energie aus der Umgebung werden Bindungen im Kristall aufgebrochen und Elektronen gelangen aus dem voll besetzten Valenzband in das leere Leitungsband. Dort stehen

---

[2] Auf 10^{10} Si–Atome 1 Fremdatom

diese freien Elektronen als Ladungsträger zur Verfügung. Beim Übergang eines Valenzelektrons in das Leitungsband bleibt im Valenzband ein positives Ion oder ein *Loch* zurück. Es ensteht ein *Ladungsträgerpaar*, im Leitungsband ein freies Elektron und im Valenzband ein ortsfestes *Loch* oder *Defektelektron*. In das feste Loch im Valenzband kann ein Valenzelektron des Nachbaratoms wandern, dabei entsteht ein neues Loch. Diese Löcherbewegung kann als Transport positiver Ladungen interpretiert werden. Wird an den Kristall eine äußere Spannung angelegt, dann bezeichnet man die Wanderung der Löcher im Valenzband und die Bewegung der freien Elektronen als Driftstrom (Abb. 2.5).

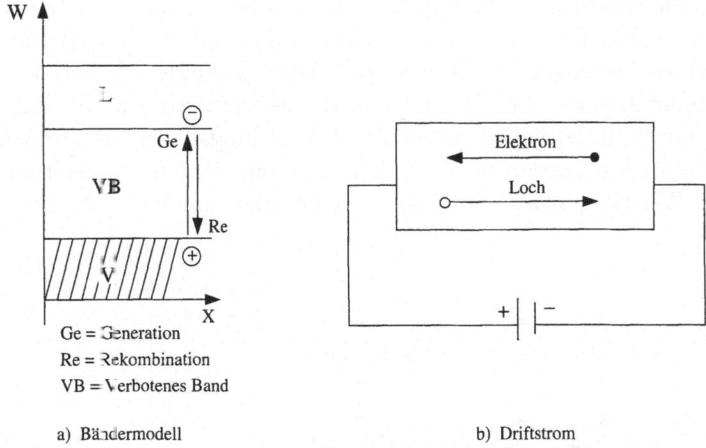

Abb. 2.5. Eigenleitfähigkeit eines Si–Kristalls

Die Leitfähigkeit, die auf dieser thermischen Ladungsträgerpaarbildung beruht, wird *Eigenleitfähigkeit* genannt. Zu der Eigenleitfähigkeit tragen auch Fremdatome (Verunreinigungen im Kristall) und nicht abgesättigte Atome der Kristalloberfläche bei. In Abb. 2.5 ist die Eigenleitfähigkeit modellmäßig dargestellt.

Die Leitfähigkeit von Germanium beträgt etwa 10^0 $(\Omega\,m)^{-1}$ und von Silizium 10^{-2} $(\Omega\,m)^{-1}$. Wegen der geringen Leitfähigkeit, die auf der Eigenleitung beruht, werden reine Halbleiter für technische Zwecke nicht benutzt. Durch Zusetzen von Fremdstoffen kann die Leitfähigkeit von Halbleitern gezielt erhöht werden.

2.1.5 Störstellenleitfähigkeit (Dotierte Halbleiter)

Ihre jetzige Bedeutung haben die Halbleiter erst bekommen, als es technisch möglich war, die Leitfähigkeit durch gezielte Zusetzung von Fremdatomen wesentlich (um einige Zehnerpotenzen) zu erhöhen. Für die Halbleiterkristalle Silizium (Si) und Germanium (Ge) mit 4 Valenzelektronen sind die Fremdatome Aluminium (Al), Bor (B) und Indium (In) mit 3 Valenzelektronen oder die Fremdatome Arsen (As), Antimon (Sb) und Phosphor (P) mit 5 Valenzelektronen geeignet. Der Einbau von Fremdatomen mit 3 oder 5 Valenzelektronen anstelle der Si/Ge Gitteratome mit 4 Valenzelektronen wird *Dotieren* genannt. Je nach Erfordernissen liegt der Dotierungsgrad zwischen 10^{13} und 10^{20} Fremdatome/cm^3.

Dotieren mit Fremdatomen, die 5 Valenzelektronen haben. Dabei werden Fremdatome mit 5 Valenzelektronen in die Kristallstruktur eingebaut. Vier Valenzelektronen des Fremdatoms oder Störstellenatoms werden von den benachbarten Atomen in der Gitterstruktur gebunden. Das 5. Valenzelektron wird nicht in die Gitterstruktur eingebunden. Es wird allein durch die positiven Ladungen im Kern an das Atom gebunden. Schon die Energie der Umgebungswärme bei Zimmertemperatur reicht aus, um das Elektron in das Leitungsband zu heben, wo es für den Ladungstransport zur Verfügung steht. Das Energieniveau des 5. Valenzelektrons liegt im Bändermodell nur wenig ($\Delta W_D \approx 0,02$ eV) unterhalb des Leitungsbandes (Abb. 2.6).

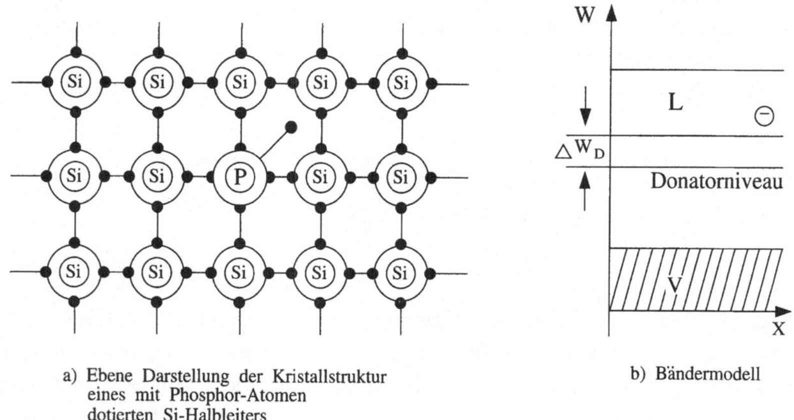

a) Ebene Darstellung der Kristallstruktur eines mit Phosphor-Atomen dotierten Si-Halbleiters

b) Bändermodell

Abb. 2.6. Störstellenleitung eines n–dotierten Halbleiters

Da das Fremdatom ein *Elektron* in das Leitungsband abgeben kann, wird es als *Donatoratom* bezeichnet. Der dotierte Halbleiter wird *n–dotiert* oder *n–Halbleiter* genannt. Die Leitungselektronen entstehen nicht wie bei der Eigenleitung durch thermische Paarbildung, deshalb wird die Konzentration der Defektelektronen nicht geändert. Die Anzahl der Elektronen im Leitungsband ist vom Grad der Dotierung abhängig. Die Elektronen im n–dotierten Halbleiter sind *Majoritäts(ladungs)träger*, die Löcher sind *Minoritäts(ladungs)träger*.

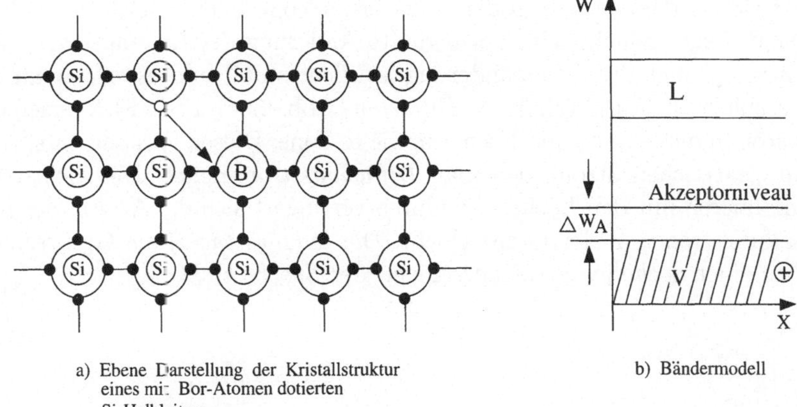

a) Ebene Darstellung der Kristallstruktur
eines mit Bor-Atomen dotierten
Si-Halbleiters

b) Bändermodell

Abb. 2.7. Störstellenleitung eines p–dotierten Halbleiters

Dotieren mit Fremdatomen, die 3 Valenzelektronen haben. Dabei
werden Fremdatome mit 3 Valenzelektronen (z.B. Bor) in die Kristallstruktur eingebaut. Dem Fremdatom fehlt ein Elektron, um mit den 4 Valenzelektronen der Nachbaratome (Si) eine optimale Kristallbindung einzugehen.
Das fehlende Elektron kann durch ein Elektron eines Nachbaratoms ersetzt
werden, wenn dort eine Bindung durch thermische Paarbildung aufgebrochen
wurde. Dort entsteht dann eine *positive* Ladung, ein *Loch* oder *Defektelektron*.
Das Fremdatom, das ein Elektron aufnimmt, wird *Akzeptoratom* genannt. Es
wird negativ geladen, bleibt aber ortsfest. Das entstandene Defektelektron
kann bei Vorhandensein eines elektrischen Feldes durch den Kristall wandern und als positiver Ladungsträger zur Verfügung stehen. Der Halbleiter
ist *p–leitend* geworden. Die Akzeptoratome binden Elektronen aus dem Valenzband und schaffen dadurch *bewegliche positive Ladungsträger* im Valenzband. In diesem Halbleiter sind die Löcher die Majoritätsträger und Elektronen sind Minoritätsträger. Der Halbleiter ist *p–dotiert* und wird *p–Halbleiter*
genannt. Im Bändermodell liegt das Akzeptorenergieniveau dicht über dem
Valenzband ($\Delta W_A \approx 0,02\,\text{eV}$ – Abb. 2.7), so dass Elektronen schon bei
Zimmertemperatur vom Valenzband in das Akzeptorniveau übergehen und
im Valenzband Löcher erzeugen können.

2.1.6 pn–Übergang

Die Funktion der meisten Halbleiterbauelemente beruht auf den Eigenschaften einer p–dotierten und n–dotierten Halbleiter–Grenzschicht oder pn–Übergang. Abb. 2.8 zeigt modellhaft einen solchen pn–Übergang. Ist der Grad der
n– und p–Dotierung gleich, dann ergibt sich eine sprunghafte Dotierungs-
dichte (Abb. 2.8b). Weil schon bei Zimmertemperatur in der n–dotierten

Zone freie Elektronen und in der p–dotierten Zone Löcher reichlich vorhanden sind, folgt zunächst eine sprunghafte Änderung der Ladungsträgerdichte. Diese sprunghafte Dichteänderung ist nicht stabil und es erfolgt an der Grenzschicht ein Ausgleich durch *Diffusion* (Abb. 2.8c). Freie Elektronen diffundieren in die p–Zone und Löcher in die n–Zone. Dieser Vorgang entspricht einem elektrischen Strom, den man *Diffusionsstrom* nennt. Die Elektronen rekombinieren mit den Löchern, dadurch verringert sich die Anzahl der freien Ladungsträger in der Grenzschicht. Die *ladungsträgerfreie* Grenzschicht wird zu einer *hochohmigen* Grenzschicht, der *Sperrschicht.*

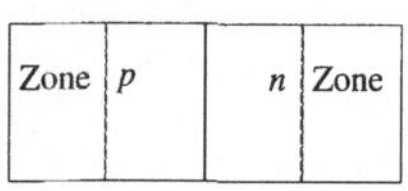

a) Grenzschicht mit n - dotierter und p - dotierter Zone

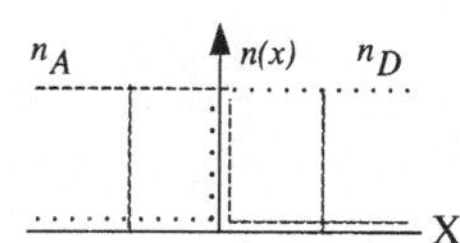

b) Konzentration der Donatoren n_D und Akzeptoren n_A ohne Ausgleich

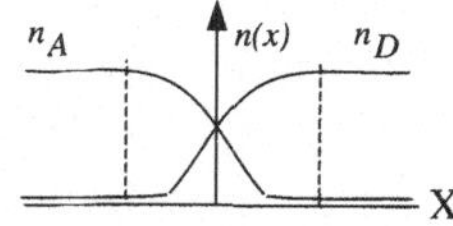

c) Konzentrationsdichte nach der Diffusion

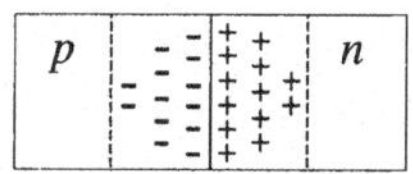

d) Raumladung

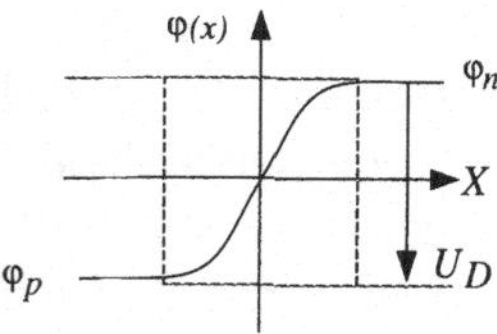

e) Potentialverlauf quer zur Grenzschicht

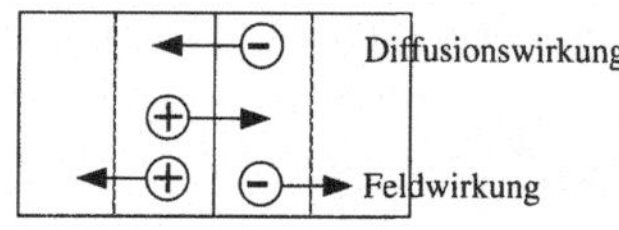

f) Kraftwirkung

Abb. 2.8. pn–Übergang

Durch die Diffusion der Elektronen aus der n–Zone bleiben ortsfeste *positive Ionen* (Raumladungen) zurück, und durch die Rekombination der Elektronen mit den Löchern entstehen in der p–Zone ortsfeste *negative Ionen* (Abb. 2.8d). Zwischen der positiven Raumladung in der n–Zone und der negativen Raumladung in der p–Zone entsteht ein elektrisches Feld. Auf freie Ladungsträger innerhalb der Raumladungszone wirkt die Diffusion und in entgegengesetzter Richtung die elektrische Feldkraft (Abb. 2.8f). Dynamisches Gleichgewicht stellt sich am pn–Übergang ein, wenn die Diffusionswirkung und die elektrische Feldwirkung auf die freien Ladungsträger gleich groß ist. Dann besteht zwischen der positiven Raumladung in der n–Zone und der negativen Raumladung in der p–Zone eine feste Spannung, die *Diffusionsspannung U_D* genannt wird (Abb. 2.8e). In Abb. 2.8 bedeutet X die Länge des Kristalls senkrecht zur pn–Kontaktfläche. Bei Zimmertemperatur ist die Diffusionsspannung eines Germanium pn–Übergangs $U_D = 0,37\,\text{V}$ und eines Silizium pn–Übergangs $U_D = 0,75\,\text{V}$. Die Diffusionsspannung kann nicht direkt gemessen werden, weil sie durch Kontaktspannungen an den Anschlußpunkten der Halbleiterschichten kompensiert wird.

2.2 Halbleiterdioden

Halbleiterdioden sind Bauelemente, die die Leitfähigkeitseigenschaften eines pn–Übergangs nutzen. Sie werden als Silizium– oder Germanium–Dioden hergestellt, Lumineszens– und Laserdioden werden meist auf Galliumarsenidbasis hergestellt. Durch einen Metall–Halbleiter–Übergang oder durch spezielle Dotierung werden Halbleiterdioden mit besonderen Eigenschaften hergestellt, z.B. Schottky–Dioden oder Zener–Dioden.

2.2.1 pn–Übergang mit äußerer Spannung

Ein pn–Übergang wird zur Halbleiterdiode, wenn von außen eine Spannung angelegt wird. Je nach Polung der äußeren Spannung ist der pn–Übergang leitend oder gesperrt, die Diode in *Durchlaßrichtung* oder in *Sperrichtung* gepolt.

Wird der Minuspol der Spannungsquelle an die p–Zone und der Pluspol an die n–Zone angeschlossen, dann steigt die Spannung über der Raumladungszone auf $U_D + U$ (Abb. 2.9a). Die Feldstärke wird größer und die ladungsträgerfreie Raumladungszone wird breiter. Diese wird zu einer hochohmigen *Sperrschicht* für die Majoritätsträger. Man sagt: die Diode ist in Sperrichtung gepolt. Die anliegende Spannung heißt *Sperrspannung U_R*.

Nur Minoritätsträger, die durch Paarbildung entstehen, können als Driftstrom oder *Sperrstrom* die Sperrschicht durchqueren. Wegen der geringen Minoritätsträgerkonzentration fließt nur ein geringer Sperrstrom (Größenordnung μA). Er ist unabhängig von der anliegenden Spannung, jedoch temperaturabhängig. Die Sperrspannung darf einen bestimmten Grenzwert nicht überschreiten. Erreicht die zur Sperrspannung proportionale elektrische Feldstärke diesen Grenzwert, dann werden Elektronen aus den Gitterbindungen herausgelöst. Die Elektronen gelangen dann von dem Valenzband in das Leitungsband. Der Vorgang wird *Zener–Effekt* genannt. Die freien Elektronen verursachen einen anwachsenden Strom, der die Sperrschicht zerstören kann. Dieser Vorgang wird *Lawinendurchbruch* oder *Avalanche–Effekt* genannt.

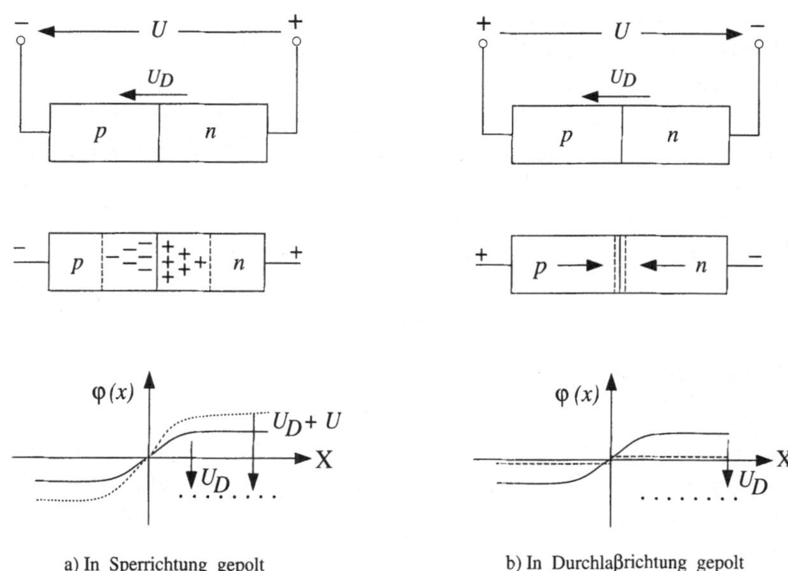

Abb. 2.9. *pn*-Übergang mit äußerer Spannung

Wird der Minuspol der Spannungsquelle an die *n*–Zone und der Pluspol an die *p*–Zone angeschlossen, dann wird die Spannung über der Raumladungszone auf $U_D - U$ verringert (Abb. 2.9b). Dadurch verringert sich auch die Feldstärke innerhalb der Raumladungszone. Die ladungsträgerfreie Zone wird abgebaut und der Diffusionsstrom begünstigt. Weil der Diffusionsstrom aus Majoritätsträgern besteht, wird die Leitfähigkeit stark erhöht. Wird die äußere Spannung soweit erhöht, dass $U > U_D$ wird, so stehen alle Majoritätsträger einer Zone als Minoritätsträger in der anderen Zone zur Verfügung und es kann ein großer Strom fließen. Der *pn*–Übergang ist leitend, die Diode ist in *Durchlaßrichtung* gepolt. Der Löcherdiffusionsstrom in die *n*–Zone und der Elektronendiffusionsstrom in die *p*–Zone ergeben den Gesamtstrom, der durch die *Kennliniengleichung* beschrieben wird

$$I = I_s \left(e^{U/U_T} - 1 \right). \qquad (2.1)$$

Dabei ist I_s der Sättigungsstrom in Sperrichtung, U_T wird Thermospannung genannt und hat bei Zimmertemperatur etwa den Wert von 25mV.

2.2.2 Kennlinie des *pn*–Übergangs

Wird die Halbleiterdiode in *Sperrichtung* gepolt, dann ist der *pn*–Übergang hochohmig. Wird sie in *Durchlaßrichtung* gepolt, dann ist der *pn*–Übergang niederohmig. Die Strom–Spannungsabhängigkeit sowohl in Sperrichtung als auch in Durchlaßrichtung wird durch eine Kennlinie dargestellt. Für die Aufnahme der Kennlinie in Durchlaß– und Sperrichtung benutzen wir die Schaltungen nach Abb. 2.10.

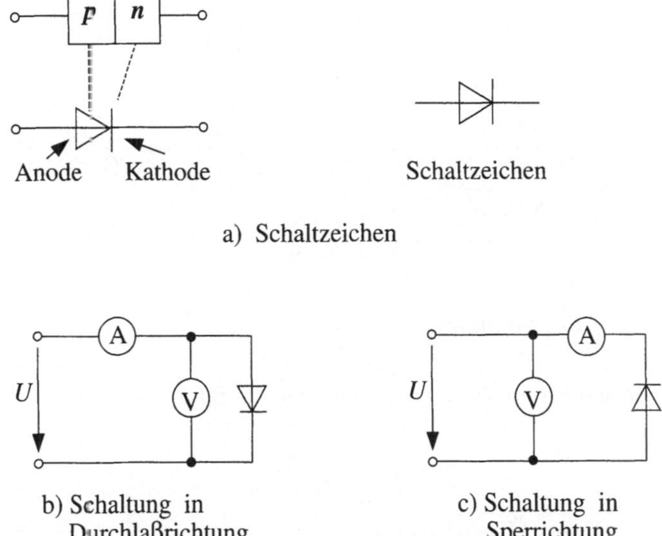

Abb. 2.10. Schaltung zur Aufnahme der Dioden–Kennlinie

Steigt die Spannung in *Durchlaßrichtung* von Null in kleinen Schritten (Zehntel Volt) an, dann fließt zunächst ein kleiner Strom im μA–Bereich. Ab einer bestimmten Spannung[3] steigt der Strom sehr stark an (Abb. 2.11). Dieser Kennlinienverlauf wird durch die Eigenschaften des pn–Überganges erklärt. Ist die äußere Spannung Null, dann verhindert die Feldstärke der Raumladungszone, die Bewegung (Strom) der Majoritätsträger durch den pn–Übergang. Durch die zunehmende äußere Spannung wird die Feldstärke der Raumladungszone abgebaut. Sobald $U \geq U_D$ wird, kann der Diffusionsstrom ungehindert den pn–Übergang durchqueren. Der pn–Übergang ist leitend. Die zugehörige Spannung U heißt *Schwellspannung*.

Steigt die Spannung in *Sperrichtung* von Null an, dann fließt nur der sehr kleine Sperrstrom. Wenn die Sperrspannung die Durchbruchspannung (Zener–Spannung) erreicht, kommt es zum Lawinendurchbruch. Falls der Strom nicht begrenzt ist, kann der Kristall durch Überhitzung zerstört werden. Wegen des sehr kleinen Sperrstromes und der hohen Durchbruchspannung ist die

---

[3] bei Si–Dioden etwa 0,7 V, bei Ge–Dioden etwa 0,35 V

Skalierung der Achsen im Sperrbereich anders als im Durchlaßbereich. Die Kennlinie nach Abb. 2.11 beschreibt einen idealen pn-Übergang.

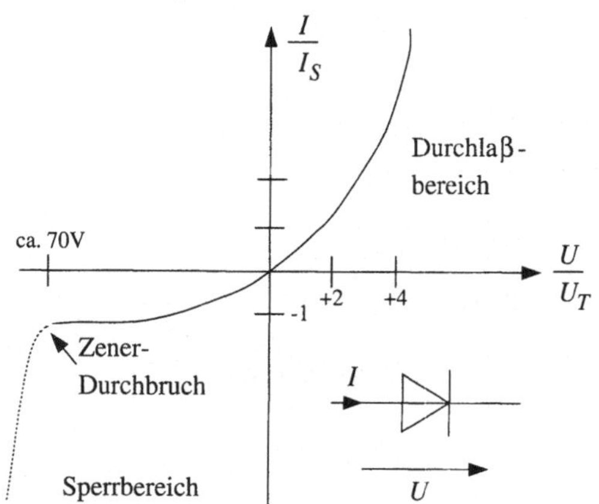

Abb. 2.11. Ideale Strom– Spannungskennlinie des pn-Übergangs

**Siehe Übungsband
Aufgabe 21:
Bändermodell**

2.2.3 Halbleiterdioden mit besonderen Eigenschaften

Schottky–Dioden. Schottky–Dioden bestehen *nicht* aus einem pn-Übergang, sondern aus einem *Metall–Halbleiter–Übergang*. Auch dieser Übergang zeigt wie der pn-Übergang unterschiedliches Verhalten in Sperr– und Durchlaßrichtung. Anhand von Abb. 2.12 soll die Funktion einer Schottky–Diode erläutert werden.

Im thermischen Gleichgewicht diffundieren Elektronen aus dem n-dotierten Halbleiter über die Metall–Halbleitergrenzschicht. Es entsteht, wie beim pn-Übergang, eine Raumladungszone mit Ladungen ungleicher Polarität. Die *positive Raumladung* in der n-Zone wird durch eine *negative Flächenladung* im Metall neutralisiert. Die Raumladung ungleicher Polarität erzeugt eine Diffusionsspannung U_D.

Durch eine äußere Spannung U kann die Höhe der Diffusionsspannung beeinflusst werden. Wird der Pluspol der äußeren Spannungsquelle an die n-Zone angeschlossen und der Minuspol an die Metallzone, dann wird die

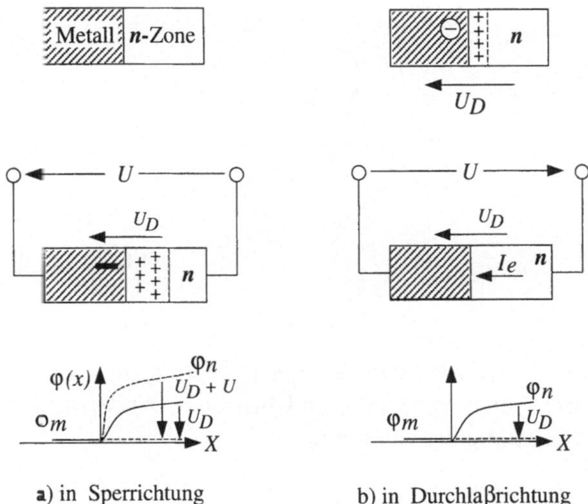

Abb. 2.12. Schottky–Diode

Potentialschwelle auf $U_D + U$ vergrößert. Die Raumladungszone wird verbreitert und dadurch die Leitfähigkeit der Grenzschicht verringert. Der Metall–Halbleiter-Übergang ist gesperrt, die Schottky–Diode in Sperrichtung gepolt (Abb. 2.12a).

Im umgekehrten Fall wird der Pluspol der Spannungsquelle an die Metallzone und der Minuspol an die n–Zone angeschlossen. Die Potentialschwelle wird auf $U_D - U$ verringert und die Raumladungszone verkleinert. Dabei nimmt die Leitfähigkeit der Grenzschicht stark zu, der Metall–Halbleiter-Übergang wird leitend und es fließt ein Elektronenstrom I_e aus dem Halbleiter in das Metall (Abb. 2.12b). Die Abhängigkeit des Stromes von der anliegenden Spannung U entspricht Gleichung (2.1).

Der Unterschied zwischen Schottky–Diode und pn–Diode besteht in der Größe der ladungsträgerfreien Raumladungszone im Sperrzustand. Da es sich um Majoritätsträger handelt, tritt beim Wechsel von Durchlaßzustand in den Sperrzustand und umgekehrt keine Ladungsträgerspeicherung (Kapazitätswirkung) auf. Der Übergang von einem Zustand in den anderen erfolgt bei einer Schottky–Diode schneller als bei einer pn–Diode (pn–Diode: *nano–Sekunden*–Bereich, Schottky–Diode: *pico–Sekunden*–Bereich).

Z–Dioden. In Z–Dioden wird der *Zener–Effekt* in Sperrichtung bewußt ausgenutzt. Bei der Zener–Spannung U_Z knickt die Kennlinie sehr stark ab, und der Strom I_Z wächst schnell an (Abb. 2.13).

Bei der Anwendung von Z–Dioden wird dafür gesorgt, dass der Strom I_Z einen Höchstwert, der durch die Verlustleistung ($P = I_{Zmax} \cdot U_Z$) festgelegt ist, nicht überschreitet. Die Wärmewirkung, die durch die Verlustleistung

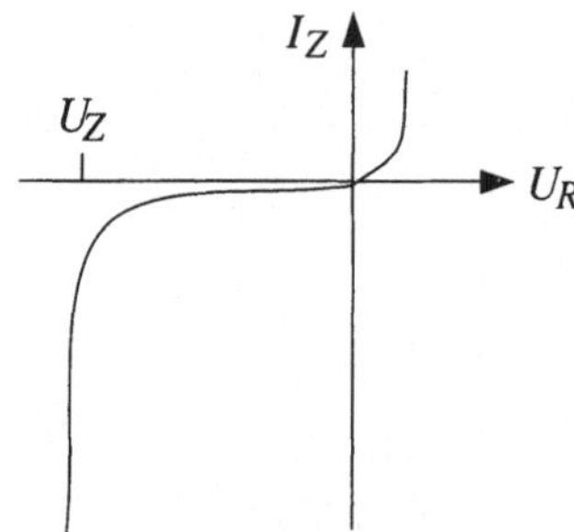

Abb. 2.13. Kennlinie einer
Z–Diode

entsteht, darf die Kristallstruktur der Sperrschicht nicht zerstören. Der Strom
I_{Zmax} wird durch einen Vorwiderstand begrenzt. Anwendung findet die Z–
Diode bei der Spannungsstabilisierung.

Siehe Übungsband
Aufgabe 25:
Zenerdiode

2.3 Optoelektronische Halbleiterbauelemente

Optoelektronische Halbleiterbauelemente wandeln als Empfänger aufgenommene Strahlungsenergie in elektrische Energie um. Als Sender wandeln sie
elektrische Energie in Strahlungsenergie (Licht) um.

Die wichtigsten optoelektronischen Halbleiterbauelemente, die als Empfänger
Strahlungsenergie in elektrische Energie umwandeln, sind:

- Fotowiderstand   LDR (Light dependend Resistor)

- Fotodiode

- Fototransistor

Die wichtigsten optoelektronischen Halbleiterbauelemente, die elektrische
Energie in Strahlungsenergie umwandeln, sind:

- Leuchtdioden

- Laserdioden

Zur Beschreibung optoelektronischer Halbleiterbauelemente sind deshalb die
elektrischen Eigenschaften dieser Bauelemente und Kenngrößen der optischen
Strahlung erforderlich.

2.3.1 Kenngrößen der optischen Strahlung

Optische Strahlung ist eine transversale elektromagnetische Welle, die sich im Vakuum mit der Lichtgeschwindigkeit $c = 3 \cdot 10^8 \frac{m}{s}$ ausbreitet. Die charakteristischen Kenngrößen der elektromagnetischen Welle sind die Wellenlänge λ und die Frequenz f. Zwischen Wellenlänge und Frequenz besteht die Beziehung

$$\lambda \cdot f = c \tag{2.2}$$

Die Wellenlängen des sichtbaren Lichtes liegen im Bereich von $\lambda = 700\,nm$ (Rot) und $\lambda = 400\,nm$ (Violett). Mit der Welleneigenschaft des Lichtes lassen sich die Erscheinungen wie Ausbreitung, Interferenz (Beugung) und Polarisation erklären. Absorption und Emission von optischer Strahlung in einem pn-Übergang, allgemein die Wechselwirkung von Strahlung mit Materie, lassen sich nur mit dem Teilchencharakter des Lichts erklären. In diesem Zusammenhang spricht man von Lichtquanten oder Photonen. Ein emittiertes Lichtquant hat die Energie

$$W_q = h \cdot f = \frac{h \cdot c}{\lambda}$$

h ist das Plancksche Wirkungsquantum und hat den Wert $h = 6,625 \cdot 10^{-34}\,J \cdot s$. Energie und Leistung von elektromagnetischer Strahlung oder von Strahlungsquellen werden im SI-System in der Energieeinheit *Joule* (J) oder in der Leistungseinheit *Watt* (W) gemessen. Dabei wird die Strahlung des gesamten Frequenzspektrums und der gesamten Fläche berücksichtigt. Man spricht dann von *radiometrischen Größen*. Das menschliche Auge und auch optoelektronische Halbleiterbauelemente als Strahlungsempfänger können nur einen kleinen Bereich aus dem großen Bereich des elektromagnetischen Spektrums aufnehmen. Die Aufnahmeempfindlichkeit ist sehr stark von der Wellenlänge des auftreffenden Lichts abhängig. Deshalb wurden *photometrische Größen* eingeführt, die die physiologische Wahrnehmungsempfindlichkeit des menschlichen Auges berücksichtigen. *Basisgröße* ist die *Lichtstärke* mit der Einheit *Candela* (cd). Sie ist definiert als der Lichtstrom pro Raumwinkeleinheit, der von $\frac{1}{60}cm^2$ eines Körpers bei 2042 K ausgeht. Die folgende Tabelle zeigt die Gegenüberstellung von radiometrischen und photometrischen Größen.

In Abbildung 2.14 sind einige fotometrische Größen veranschaulicht:

Lichtstärke I (Candela cd)
Wird ein Körper (schwarzer Strahler) auf eine Temperatur von $T = 2042\,K$ erhitzt, so leuchtet 1/60cm^2 seiner Oberfläche mit einer Lichtstärke von einem Candela (1 cd). Diese Anordnung gilt als Normlampe.

Lichtstrom Φ (Lumen lm)

Bezeichnung	Physikalisch: Elektromagnetische-Strahlung Radiometrische Größen			Physiologisch: Licht Photometrische Größen		
	Name	Symbol	Einheit	Name	Smybol	Einheit
Leistung	Strahlungs-fluss	Φ_e	Watt (W)	Lichtstrom	Φ_v	Lumen (lm)
Ausgangsleistung pro Fläche	Spezifische Ausstrahlung	M_e $\Phi_e = \int M \cdot dS$	W/m^2	spezifische Lichtaus-strahlung	M_v $\Phi_v = \int M \cdot dS$	lm/m^2
Ausgangsleistung pro Raumwinkel	Strahlstärke	I_e $\Phi_e = \int I \cdot d\Omega$	W/S_r	Lichtstärke	I_v $\Phi_v = \int I \cdot d\Omega$	candela cd = lm/sr
Eingangsleistung pro Fläche	Bestrahlungs-stärke	E_e $\Phi_e = \int E \cdot ds$	W/m^2	Beleuchtungs-stärke	E_v $\Phi_v = \int E \cdot ds$	Lux Lx = Lm/m^2

Tabelle 2.1. Radiometrische und Photometrische Größen

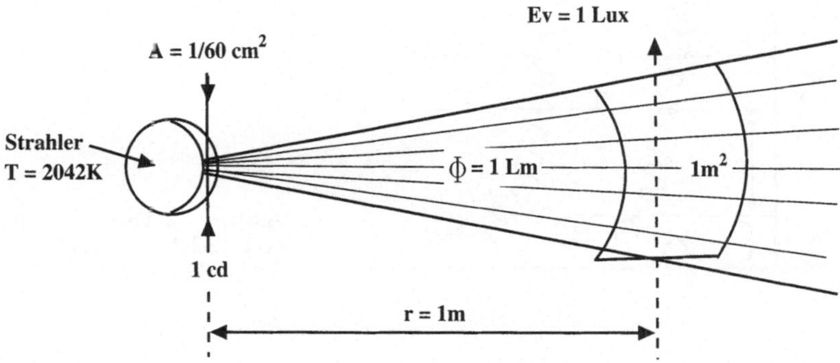

Abb. 2.14. Gegenüberstellung: fotometrische radiometrische Grössen

Eine Normlampe sendet einen Lichtstrom von 1 Lumen in die Einheit des Raumwinkels Ω [4](Steradiant)

Beleuchtungsstärke E_v (Lux lx)
Der Lichtstrom von 1 Lumen erzeugt im Abstand von 1 m auf einer Fläche von $1\,m^2$ die Beleuchtungsstärke von 1 Lux. Für die Umrechnung von radiometrischen in fotometrische Größen gilt der Zusammenhang

$$\Phi_v(\lambda) = K(\lambda, T) \cdot \Phi_e(\lambda) \tag{2.3}$$

$K(\lambda, T)$ wird fotometrisches Strahlungsäquivalent genannt.
Das Maximum der Augenempfindlichkeit liegt bei der Wellenlänge $\lambda = 555\,nm$ (grün). Einem Strahlungsfluss Φ_e von 1 W entspricht dann ein Lichtstrom Φ_v von $683\,lm$. Daraus folgt $K_{max}(\lambda) = 683\,lm/W$. Für violettes ($\lambda = 405\,nm$) oder rotes ($\lambda = 720$ nm) Licht fällt $K(\lambda)$ auf $K_{max}(\lambda)/1000$.
Eine Glühlampe 220 V, 100 W hat eine Lichtstärke $I \approx 100\,cd$. In einem Abstand von 2 m beträgt die Beleuchtungsstärke $E_v \approx 30\,Lx$.

2.3.2 Strahlungsempfänger

Fällt Licht auf ein Halbleitermaterial, so kann die Energie der Photonen im Halbleiter Elektron-Loch-Paare erzeugen. Dieser Vorgang wird *innerer Photoeffekt* genannt. Durch die absorbierte Energie werden Elektronen vom Valenzband in das Leistungsband gehoben (Abb. 2.15). Die Energie der Photonen muss größer sein als der Bandabstand $\triangle W$ von Valenzband und Leitungsband.

---

[4] Die Raumwinkeleinheit $\Omega = 1sr$ entspricht bei einem punktförmigen Ausgangspunkt eine Fläche von $1\,m^2$ in einer Entfernung von 1 m

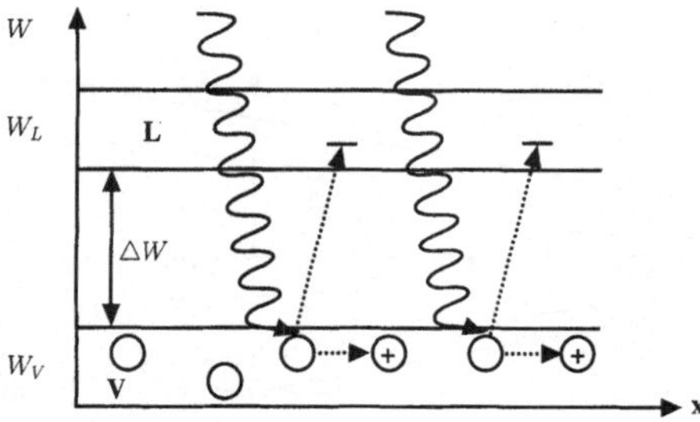

Abb. 2.15. Erzeugung von Elektron–Loch–Paaren durch Absorption

$$\triangle W = W_L - W_V = h \cdot f \tag{2.4}$$

$$\triangle W = \frac{h \cdot c}{\lambda_g}$$

$$\lambda_g = \frac{h \cdot c}{\triangle W} \tag{2.5}$$

λ_g ist die Grenzwellenlänge von Photonen, durch deren Energie Elektronen aus dem Valenzband in das Leitungsband gehoben werden können. In Tabelle 2.2 sind Bandabstand $\triangle W$, Grenzwellenlänge λg einiger optoelektronischer Halbleiterbauelemente zusammengestellt.

Halbleiter	GE	Si	CdS	GaAs	PbS	InSh
$\triangle W$ in eV	0,75	1,1	1,9	1,4	0,37	0,18
λg in *nm*	1660	1130	653	886	3360	6900

Tabelle 2.2. Bandabstand und Grenzwellenlänge optoelektonischer Halbleiterbauelemente

Die Lichtabsorption führt nicht nur in *reinen* Halbleitermaterialien zur Bildung von Elektron-Loch-Paaren, sondern auch in Halbleitermaterialien, die mit Fremdatomen dotiert sind. Bei Donatoratomen werden Elektronen vom Donatorniveau in das Leitungsband gehoben, bei Akzeptoratomen vom Valenzband in das Akzeptorniveau.

Fotowiderstand. Der Fotowiderstand ist ein Widerstand, der aus *reinem* oder *dotiertem* Halbleitermaterial besteht. Liegt Spannung an dem Widerstand, dann ist der Widerstandswert von der Beleuchtungsstärke E_v

abhängig. Ohne Lichteinfall fließt der so genannte *Dunkelstrom*. Mit Lichteinfall werden Ladungsträger generiert; es fliesst ein zusätzlicher Fotostrom und der Widerstand sinkt.

Fotodiode. Fotodioden haben wie alle Halbleiterdioden einen *pn*–Übergang. Die Halbleiterschichten sind so konstruiert, dass einfallendes Licht bis in den *pn*–Übergang gelangt (Abb. 2.16). Die Energie der Lichtquanten wird in der Raumladungszone des *pn*–Übergangs absorbiert und erzeugt dort aufgrund des *inneren Photoeffektes* Ladungsträgerpaare (Elektron–Loch–Paare).

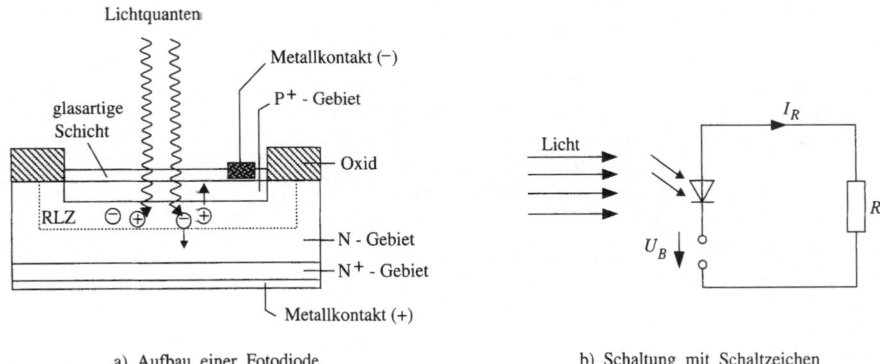

a) Aufbau einer Fotodiode   b) Schaltung mit Schaltzeichen

Abb. 2.16. Fotodiode

Eine Fotodiode wird immer in Sperrrichtung betrieben. Ohne Lichteinwirkung fließt ein geringer Sperrstrom (*Dunkelstrom*) von einigen nA. Bei Lichteinfall werden in der Raumladungszone Elektron–Loch–Paare erzeugt. Das elektrische Feld in der Raumladungszone bewirkt eine Trennung der Ladungsträgerpaare und es fließt ein Strom (*Fotostrom* I_{ph}) im äußeren Stromkreis. Der Fotostrom ist proportional der Bestrahlungsstärke und kann Werte bis $100\ \mu A$ annehmen.

Die Kennlinie der Fotodiode (Abb. 2.17) ergibt sich aus der Stromgleichung

$$I = I_{RS}(1 - e^{U}/_{UT}) + I_{ph} \tag{2.6}$$

I_{RS} ist der Sättigungssperrstrom (Dunkelstrom).

Die Verwendung verschiedener Halbleitermaterialien hat eine deutliche Wellenlängenabhängigkeit des Fotostromes zur Folge. Das Empfindlichkeitsmaximum von Si–Fotodioden liegt bei 850 nm (sichtbares Licht), von Ge–Fotodioden bei 1500 nm (nahes Infrarot), von Cd S–, PbS–Fotodioden bei 2000 nm (mittleres Infrarot).

Der wichtigste Anwendungsbereich von Fotodioden ist die optische Signalübertragung. Schaltzeiten von einigen ns ermöglichen die Übertragung von hohen Frequenzen. PIN–Fotodioden haben Schaltzeiten im ps–Bereich. Ihre spektrale Empfindlichkeit liegt im Infrarotbereich. PIN charakterisiert den Aufbau dieser Fotodiode (Sandwich Struktur). Dabei steht P für einen p–dotierten Bereich, I (intrinsic = eigenleitender Bereich) für die weite Raumladungszone und N für einen n–dotierten Bereich.

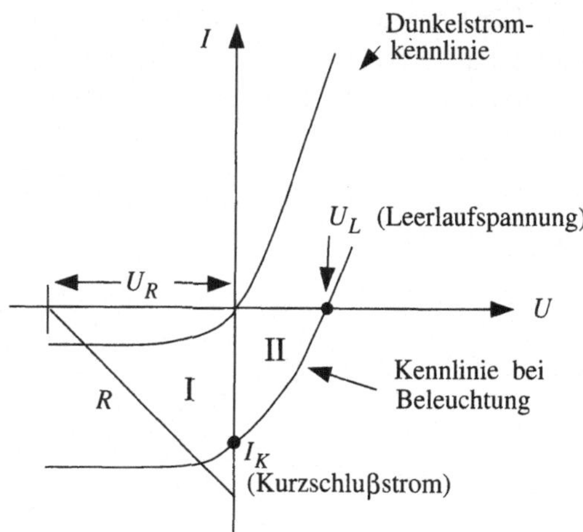

Abb. 2.17. Kennlinie einer Fotodiode

Wird eine bestrahlte Fotodiode kurzgeschlossen, dann fließt bei $U = 0$ ein Kurzschlussstrom $I_K = I_{ph}$ der durch die Bestrahlung erzeugt wird. Die bestrahlte Fotodiode wirkt als Stromquelle, die Strahlungsenergie in elektrische Energie wandelt (Abb. 2.17).

Liegt keine äußere Spannung an der Fotodiode, d.h. Leerlaufbetrieb, dann baut sich bei $I = 0$ eine Leerlaufspannung U_L auf, die von der Bestrahlungsstärke abhänigig ist. Die Fotodiode wirkt als Spannungsgenerator und wird *Fotoelement* genannt. Wirkt das Fotoelement auf einen Lastwiderstand R_L und soll möglichst viel Leistung an den Verbraucher abgegeben werden, dann muß auf Leistungsanpassung geachtet werden.

Großflächige Silizium-Fotoelemente, die das Sonnenlicht mit möglichst großem Wirkungsgrad in elektrische Energie umwandeln, sind die Solarzellen.

2.3.3 Strahlungssender

Strahlungssender sind lichtemittierende Dioden (LED Light emitting Diode): Leuchtdioden und Laserdioden. In diesen Halbleiterbauelementen wird elektrische Energie in Strahlung (Licht) gewandelt. Die Energieumwandlung erfolgt nicht aufgrund von Temperaturerhöhung, wie bei der Glühlampe, sondern durch Rekombination von Elektronen und Löchern (Abb. 2.18).

Die Elektronen im Leitungsband befinden sich in einem höheren Energieniveau als die positiven Löcher im Valenzband. Wird ein freies Elektron von einem Gitteratom, das ein positives Loch ist, eingefangen, so wird dabei die Energie ΔW frei und kann als Photon (Licht) abgestrahlt werden. Solche lichtemittierenden Rekombinationen sind an Bedingungen geknüpft, die durch die Quantenmechanik beschrieben, und hier nicht näher dargestellt werden.

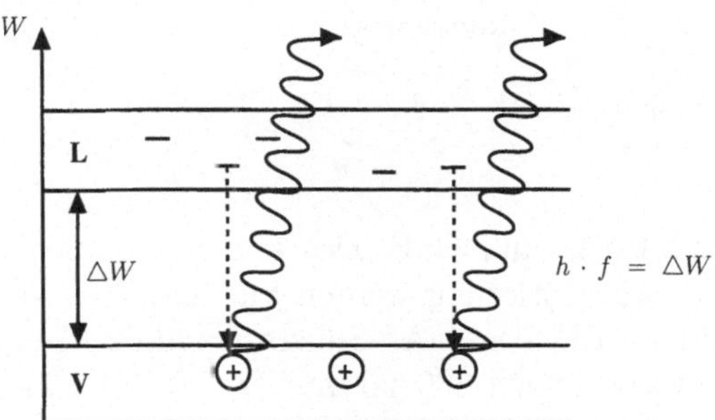

Rekombination von Elektronen und Löchern

Abb. 2.18. Rekombination von Elektronen und Löchern

Leuchtdioden. Leuchtdioden sind Halbleiterdioden, die in flussrichtung gepolt sind. Durch die angelegte Durchlaßspannung wird die Diffusionsspannung erniedrigt. Es fließt ein Durchlaßstrom, der Elektronen in das p-Gebiet und Löcher in das n-Gebiet injiziert.

Am pn-Übergang *rekombinieren* Elektronen und Löcher und geben die dabei freiwerdende Energie als Lichtquanten ab. Die freiwerdende Energie liegt im Bereich der Energielücke des Halbleitermaterials, aus dem die Diode hergestellt ist.

Nach dem Aufbau der Diode aus Substrat p- und n–Schicht unterscheidet man Homo– und Heteroübergänge. In Homoübergängen (Abb. 2.19a) wird das aktive Volumen[5] durch die Diffusionslänge der Ladungsträger begrenzt. Da die emittierte Strahlung außerhalb des aktiven Volumens wieder Elektron–Lochpaare erzeugen kann (Selbstabsorption), muss der pn–Übergang dicht unter der Oberfläche liegen. In Hetero– und Doppelheteroübergängen ist das aktive Volumen als dünne Schicht (dünner als die Diffusionslänge) eingebettet zwischen zwei dickere Schichten eines Materials mit größerem Bandabstand. Die Ladungsträger werden in das aktive Volumen injiziert und können es nicht verlassen, weil die angrenzenden Schichten als Potentialbarrieren wirken. Die strahlende Rekombination ist auf das aktive Volumen begrenzt, weil die emittierte Strahlung von den angrenzenden Schichten aufgrund des höheren Bandabstandes nicht absorbiert werden kann.

---

[5] Schicht, in der strahlende Rekombinationen auftreten

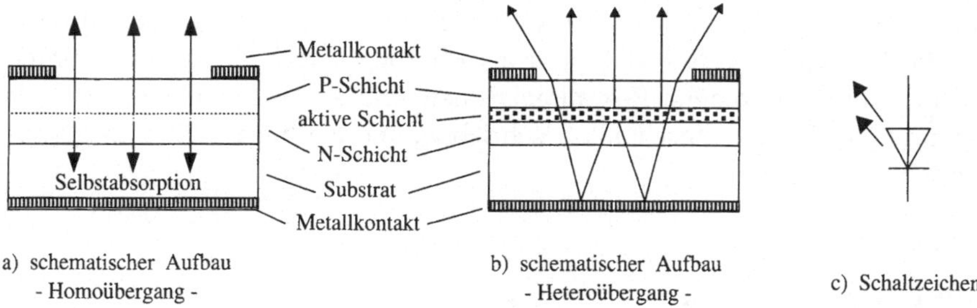

Abb. 2.19. Aufbau von Leuchtdioden

Das Basissubstrat für LEDs ist GaAs und GaP. Das aktive Volumen besteht aus GaAlAs oder GaAsP. Als Dotierung werden Silizium, Stickstoff, Sauerstoff und Zink benutzt. Eine LED aus GaAs–Substrat und GaAlAs als aktive Schicht emittiert im Infrarotbereich 800–900 nm ($E_g = 1{,}4$ eV). Je nach Aluminiumanteil in der aktiven Schicht ändert sich der Bandabstand und damit die Wellenlänge der emittierten Strahlung. Bei GaP als Substrat und n–Dotierung beträgt der Bandabstand $E_g = 2{,}3$ eV, die Wellenlänge 565 nm (grün).

Leuchtdioden finden Anwendung als Anzeige- und Kontrollampen, Optokoppler, elektrooptische Wandler und als Sender für Lichtwellenleiter.

Laserdioden. Die *Laserdiode* ist eine Leuchtdiode in Verbindung mit dem LASER–Prinzip. LASER steht für *Light Amplification by Stimulated Emission of Radiation*. Die physikalische Grundlage ist also die *erzwungene* (oder induzierte, stimulierte) *Emission* von Lichtquanten. In Leuchtdioden erfolgt der Übergang der Elektronen vom Leitungsband in das Valenzband (Rekombination) unter Emission von Lichtquanten spontan, deshalb spricht man von *spontaner Emission.*

Elektronen, die sich im Leitungsband befinden, können durch ein elektromagnetisches Strahlungsfeld zum Übergang in das Valenzband stimuliert werden, wenn die Frequenz des Strahlungsfeldes mit der Energiedifferenz ΔE zwischen Leitungsband und Valenzband übereinstimmt. Dieses stimulierende elektromagnetische Strahlungsfeld wird durch eine *stehende Lichtwelle*, die sich zwischen zwei Spiegeln bildet, realisiert. Wird das aktive Halbleitermaterial zwischen die beiden Spiegel gebracht, so wirkt diese Anordnung als Rückkopplung (optischer Resonator) und es entsteht ein *Laseroszillator*, der als Laserlichtquelle verwendet wird.

Die Bedingung für stehende Wellen ist

$$m \cdot \frac{\lambda}{2n} = L$$

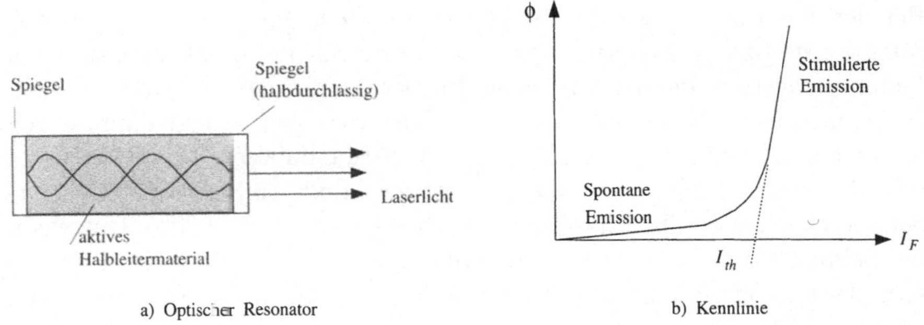

Abb. 2.20. Laserdiode

($m = 1, 2, \ldots$, $n = $ Brechungsindex, $\lambda = $ Lichtwellenlänge, $L = $ Abstand der Spiegel). Laserbetrieb ist dann bei der Wellenlänge λ möglich, wenn die optische Verstärkung größer ist als die Auskopplungs– und Absorptionsverluste. Die Wellenlänge λ ergibt sich aus der Energiedifferenz ΔE aus der Beziehung $\Delta E = h \cdot \nu$ und $\lambda \cdot \nu = c$ zu $\lambda = \frac{h \cdot c}{\Delta E}$.

Dabei gilt für das Wirkungsquantum $h = 6,6 \cdot 10^{-34}$ Js und für die Lichtgeschwindigkeit $c = 3 \cdot 10^{8}$ m/sec.

Durch spontane Emission entsteht zunächst eine Lichtwelle, die sich durch Reflexion an den Spiegeln zur stehenden Welle ausbildet. Das elektromagnetische Feld der stehenden Welle regt dann das aktive Halbleitermaterial zur erzwungenen Emission an.

Abbildung 2.20a zeigt die Anordnung zur Entstehung des Lasereffektes (optischer Resonator) und Abb. 2.20b die Kennlinie einer Laserdiode.

Lichtquanten können in einem Halbleiter durch den inneren Fotoeffekt Elektron–Loch–Paare erzeugen (Fotodiode). Sie können aber auch Elektron–Loch–Paare zu erzwungener Emission anregen. Im ersten Fall wird die Energie (Absorption) des Lichtquants auf die Teilchen übertragen, im zweiten Fall wird die Energie der Teilchen als Lichtquant abgegeben (Emission). Beide Vorgänge haben, bezogen auf ein Elektron im Leitungsband bzw. im Valenzband, gleiche Wahrscheinlichkeit.

Ob Absorption oder erzwungene Emission überwiegen, hängt von der Anzahl der Elektronen im Valenzband und Leitungsband ab. Wenn sich mehr Elektronen im Valenzband befinden, wird die Energie (Lichtquanten) aus dem Strahlungsfeld absorbiert. Sind mehr Elektronen im Leitungsband, so regt das Strahlungsfeld zu erzwungener Emission an und das Strahlungsfeld wird verstärkt. Im thermischen Gleichgewicht ist die Zahl der Elektronen im Valenzband größer als die Zahl der Elektronen im Leitungsband. Damit erzwungene Emission (Lasereffekt) stattfindet, muss eine *Inversion* der Ladungsträger bezüglich Valenz– und Leitungsband erreicht werden. Die Anzahl der Elektronen im Leitungsband muss größer sein als die im Valenzband.

Bei der Laserdiode wird die *Besetzungsinversion* durch eine hohe Dotierung des n– bzw. p–Materials (10^{18}cm^{-3}) erreicht und durch Injektion von Ladungsträgern in den pn–Übergang. Im Bereich des pn–Übergangs, in dem Elektronen und Löcher räumlich benachbart vorliegen, erfolgt dann, durch das Strahlungsfeld induziert, die strahlende Rekombination. Damit der Lasereffekt aufrecht erhalten werden kann, ist ein Mindestinjektionsstrom erforderlich. Dieser wird als Schwellstrom I_{th} bezeichnet (Abb. 2.20b). Unterhalb des Schwellstromes emittiert die Laserdiode wie eine Leuchtdiode, oberhalb setzt der Lasereffekt ein und mit einem Wirkungsgrad von ca 70% wird Strom direkt in Licht umgewandelt.

Das durch erzwungene Emission entstehende Laserlicht hat die gleiche Wellenlänge, Phase und Polarisation wie das Licht des induzierenden Strahlungsfeldes. Laserlicht ist also kohärent und monochromatisch. Die Wellenlänge des Laserlichtes hängt vom Bandabstand des Halbleitermaterials ab. Bei Halbleitermaterialien aus zwei Komponenten hat der Bandabstand einen festen Wert. GaAs hat einen Bandabstand von 1,4 eV, was einer Wellenlänge von 900 nm entspricht. Bei Halbleitermaterialien aus drei oder vier Komponenten kann der Bandabstand durch das Mischungsverhältnis variiert werden. Im Fall von GaAlAs liegt der Bandabstand je nach Mischungsverhältnis zwischen 1,4 eV und 2,0 eV, was einer Wellenlänge zwischen 700 nm und 900 nm entspricht.

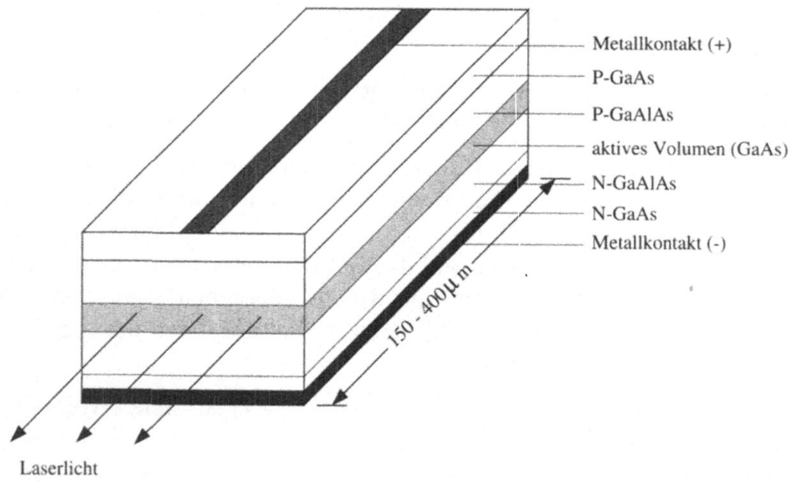

Abb. 2.21. Aufbau einer Laserdiode (Doppelheterostruktur)

In Abbildung 2.21 ist der Aufbau einer Laserdiode in Doppel–Heterostruktur dargestellt. Über die Metallkontakte werden Ladungsträger in die aktive Schicht injiziert. Die aktive Zone (0,1 – 0,5 μm) ist zwischen zwei Heterogrenzen (P– GaAlAs, N– GaAlAs) eingeschlossen, welche als Barrieren für die injizierten Ladungsträger dienen. Bei genügend hoher Ladungsträgerinjektion wird in der aktiven Zone eine *Besetzungsinversion* erreicht und der Lasereffekt setzt ein.

Typische Eigenschaften und Daten von Laserdioden sind (Angaben für einen GaAlAs–Halbleiter) [Siemens, 1990]:

- Abmessung von etwa $300\,\mu$m $\times$ $10\,\mu$m $\times$ $50\,\mu$m

- Wellenlänge 750–950 nm

- Schwellstrom 15 mA; Spannung 3 V; Leistung 30 mW; Wirkungsgrad etwa 30%

- Direkte Modulation über den Injektionsstrom mit Frequenzen von 0 bis 10 GHz

- Anwendung in magneto–optischen Datenträgern, CD–Plattenspielern, Laserdruckern (Band 2; Peripheriegeräte), optische Nachrichtensysteme.

- Direkte Integrierbarkeit mit elektronischen Komponenten und Schaltungen. Insbesondere elektrooptische Sender für Lichtwellenleiterübertragungssysteme.

Eine ausführlich Beschreibung von *optoelektronischen Halbleiterbauelementen* findet sich in [M. Reich, 1997, H. Tholl, 1978].

2.4 Bipolartransistoren

Der Bipolartransistor wurde 1947 von Shockley, Bardeen und Brattain erfunden. Die Realisierung in Planartechnik (1960) gab den Anstoß zur Entwicklung integrierter Schaltungen. Hauptanwendung findet der Bipolartransistor als Verstärker und als Schalter.
In diesem Abschnitt werden Aufbau und Funktionsprinzip, Beschreibung durch Kennlinien und Anwendung als Verstärker dargestellt.

2.4.1 Aufbau und Funktionsprinzip

Bipolartransistoren sind Halbleiterbauelemente, die aus zwei *pn*-Übergängen bestehen. Bei einer Halbleiterzonenfolge *npn* spricht man von einem *npn*-Transistor und bei einer Folge *pnp* von einem *pnp*-Transistor. Von jeder Zone führt ein Anschluß nach außen, der beschaltet werden kann. Die Zonen haben die Bezeichnung *Emitter*(E), *Basis*(B) und *Kollektor*(C) (Abb. 2.22).

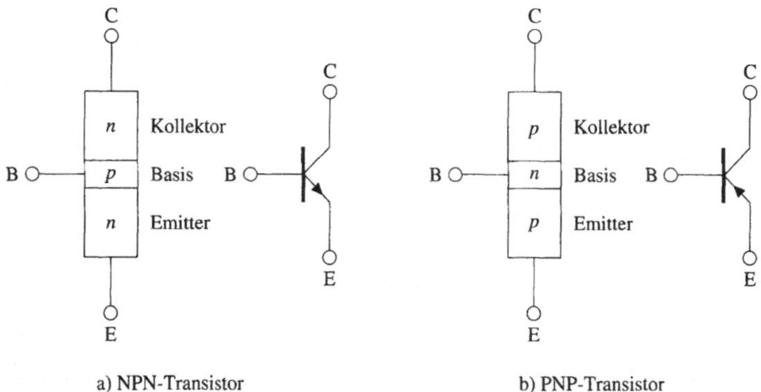

a) NPN-Transistor   b) PNP-Transistor

Abb. 2.22. Zonenfolge, Anschlußbezeichnung und Schaltzeichen bei Bipolar–Transistoren

Die *pn*-Übergänge wirken wie Halbleiterdioden. Deshalb spricht man von der Basis-Emitter(BE)-Diodenstrecke und von der Basis-Kollektor(BC)-Diodenstrecke. In *Normalbetrieb* wird der BE-*pn*-Übergang in Flussrichtung, der BC-*pn*-Übergang in Sperrichtung gepolt.

Wird ein *npn*-Transistor in Normalbetrieb beschaltet, dann werden Elektronen von der Emitterzone in die Basiszone injiziert (emittiert). Die meisten Elektronen gelangen von dort in die Sperrschicht des BC-*pn*-Übergangs. In diesem Bereich sind die Elektronen Minoritätsladungsträger, die sich durch die Feldstärke der BC-Sperrspannung zum Kollektoranschluß hinbewegen. Diese Ladungsbewegung vom Emitter zum Kollektor wird *Transferstrom* genannt. Die technische Stromflussrichtung geht vom Kollektor zum Emitter. Dieser Sachverhalt wird im Schaltzeichen des *npn*-Transistors dargestellt. Der Pfeil, der den Emitter kennzeichnet, gibt die technische Stromflussrichtung im Normalbetrieb an.

Im *pnp*-Transistor besteht der Transferstrom aus *Löcherbewegung* vom Emitter zum Kollektor. Die technische Stromflussrichtung ist deshalb die gleiche wie die Landungsträgerflussrichtung, was ebenfalls im Schaltzeichen angedeutet ist.

Die Tatsache, dass bei flussgepoltem BE-Übergang und in Sperrichtung gepolten BC-Übergang ein Transferstrom vom Emitter zum Kollektor fließt, wird *Transistoreffekt* genannt. Durch den flussgepolten BE-Übergang werden Löcher in den Emitter injiziert, die mit Elektronen rekombinieren. Dieser Löcherstrom von der Basis zum Emitter wird Basisstrom I_B genannt. Die vom Emitter über den BE-*pn*-Übergang in die Basis injizierten Elektronen rekombinieren zum Teil mit Löchern in der Basis.

Das Ziel bei der Herstellung von *npn*(*pnp*) Transistoren ist es, dass möglichst alle vom Emitter emittierten Ladungsträger über den BE-Übergang und den BC-Übergang zum Kollektoranschluß gelangen. Damit beim *npn*-Transistor nur ein kleiner Löcherstrom von der Basis in den Emitter fließt, ist der Basisbereich weniger hoch mit Akzeptoratomen dotiert als der Emitterbereich mit Donatoratomen.[6] Damit andererseits wenig Elektronen mit Löchern in der Basis rekombinieren, ist die Basisweite kleiner als die Diffussionslänge der Elektronen in der Basis. In *npn*-Transistoren fließen deshalb bei Normalbetrieb folgende Stromanteile:

- Elektronen als Emitterstrom I_E aus dem Emitterbereich in die Basis.

- Der größte Anteil des Emitterstromes $A \cdot I_E$ fließt als Transferstrom zum Kollektoranschluß und bildet den Kollektorstrom I_C.

- Löcherstrom aus dem Basisbereich in den Emitterbereich. Ein Anteil Löcherstrom als Rekombinationsstrom mit dem Emitterstrom in der Basis.

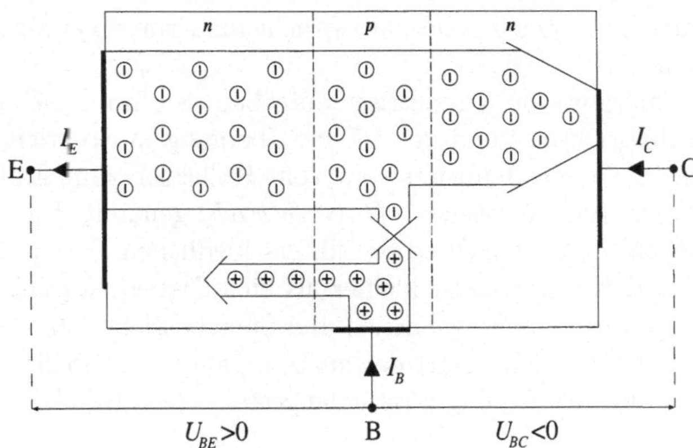

Abb. 2.23. Stromanteile im npn–Transistor

Diese Stromanteile sind in Abb. 2.23 dargestellt. Zählt man alle Stromanteile entsprechend der technischen Stromrichtung positiv, so folgt als Strombilanz

$$I_E = I_B + I_C \tag{2.7}$$

Für den Transferstrom oder Kollektorstrom

$$\text{gilt} \quad I_C = A \cdot I_E \tag{2.8}$$

$$\text{oder} \quad A = \frac{I_C}{I_E} \tag{2.9}$$

---

[6] Ein Zahlenbeispiel für die Dotierung:
$N_{D,E} = 10^{19} cm^{-3}, N_{A,B} = 10^{17} cm^{-3}, N_{D,C} = 10^{15} cm^{-3}$

A ist ein Maß für die Rekombinationsverluste des Emitterstromes mit dem Basisstrom. A liegt im Wertebereich 0,98 ... 0,995. In dem flussgepolten BE-Übergang fließt ein kleiner Löcherstrom in den Emitter und ein großer Elektronenstrom vom Emitter in die Basis und als Transferstrom weiter zum Kollektor. Ein kleiner Löcherstrom als Basisstrom I_B steuert deshalb einen großen Elektronenstrom als Transfer– oder Kollektorstrom I_C. Im Normalbetrieb wird das Verhältnis Kollektorstrom zu Basisstrom die Stromverstärkung B_N genannt.

$$B_N = \frac{I_C}{I_B} \tag{2.10}$$

Der Wert von B_N ist sehr viel größer als eins, er liegt in der Größenordnung von 100 ... 200. Der Bipolartransistor ist demnach ein *Verstärkerbauelement*, bei dem ein kleiner Strom I_B im Eingangskreis einen großen Strom I_C im Ausgangskreis steuert. Deshalb spricht man von einer stromgesteuerten Stromquelle.
Weil der Bipolartransistor symmetrisch aufgebaut ist, kann auch der BC-*pn*-Übergang in flussrichtung und der BE-*pn*-Übergang in Sperrrichtung gepolt werden. Dann fließt ein Transferstrom vom Kollektor zum Emitter. Diese Betriebsart wird *Rückwärtsbetrieb (Inversbetrieb)* genannt. Die Rückwärtsstromverstärkung B_I ist aufgrund der unterschiedlichen Dotierung von Kollektor, Basis und Emitter meist kleiner als eins. Neben Normalbetrieb und Inversbetrieb gibt es Sättigungsbetrieb und Sperrbetrieb. Alle Betriebsarten sind abhängig von der Polungsart der *pn*-Übergänge. In Tabelle 2.3 sind alle Betriebsarten und ihre Polung zusammengestellt. Der Bipolartransistor ist

Betriebsart	BE-Übergang	BC-Übergang
Normalbetrieb	$U_{BE} > 0$; flussgepolt	$U_{BC} < 0$; sperrgepolt
Inversbetrieb	$U_{BE} < 0$; sperrgepolt	$U_{BC} > 0$; flussgepolt
Sättigungsbetrieb	$U_{BE} > 0$; flussgepolt	$U_{BC} > 0$; flussgepolt
Sperrbetrieb	$U_{BE} < 0$; sperrgepolt	$U_{BC} < 0$; sperrgepolt

Tabelle 2.3. Betriebsarten und Polung von Bipolartransistoren

ein Verstärkerbauelement mit Eingangsstromkreis und Ausgangsstromkreis. Weil der Bipolartransistor drei Anschlüsse hat, muß ein Anschluß sowohl dem Eingangskreis als auch dem Ausgangskreis angehören. Der Anschluß, der dem Eingangskreis und dem Ausgangskreis angehört, gibt der entsprechenden Schaltung den Namen. Deshalb spricht man von der *Basis-*, *Emitter-*, und *Kollektorgrundschaltung*.

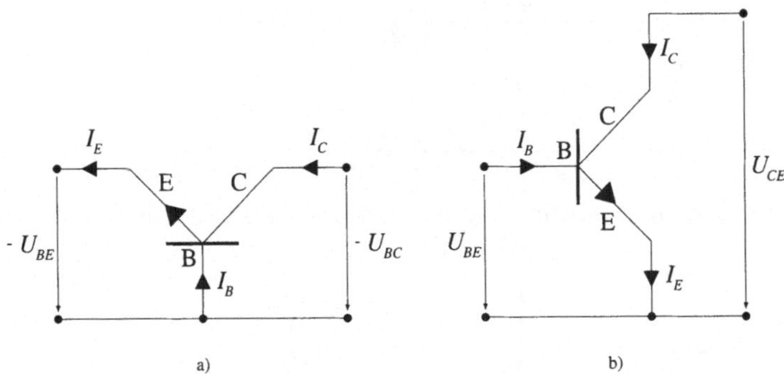

Abb. 2.24. npn–Transistor in: a. Basisschaltung; b. Emitterschaltung

Die verschiedenen Grundschaltungen haben unterschiedliche Eigenschaften bezüglich Stromverstärkung, Spannungsverstärkung und Leistungsverstärkung. Die größte Leistungsverstärkung wird mit der Emitterschaltung erreicht. Die Emitterschaltung hat deshalb die größte Bedeutung.

2.4.2 Kennlinienfelder

Von der Funktion her betrachtet haben wir den Bipolartransistor als ein Halbleiterbauelement kennengelernt, bei dem ein kleiner Basisstrom (I_B) einen großen Kollektorstrom (I_C) steuern kann. Oder von der Anwendung her betrachtet Ein kleiner Strom im Eingangsstromkreis steuert einen großen Strom im Ausgangstromkreis oder im Laststromkreis. In Abb. 2.25 ist dieser Sachverhalt für einen *npn*-Transistor in Emitterschaltung dargestellt.

Diese qualitative Aussage kann mit Kennlinien quantitativ beschrieben werden. Dabei wird das elektrische Verhalten der vier Größen I_B, U_{BE}, I_C, U_{CE} in ihrer Abhängigkeit voneinander dargestellt. Entsprechend Abb. 2.25 sind I_B und U_{BE} Eingangsgrößen, I_C und U_{CE} die Ausgangsgrößen der Schaltung.

Die Emitterschaltung wird deshalb durch folgende Kennlinien beschrieben:

-   Eingangskennlinien $I_B = I_B(U_{BE})_{U_{CE} = const}$

-   Ausgangskennlinien $I_C = I_C(U_{CE})_{I_B = const}$

-   Transferkennlinien $I_C = I_C(I_B)_{U_{CE} = const}$

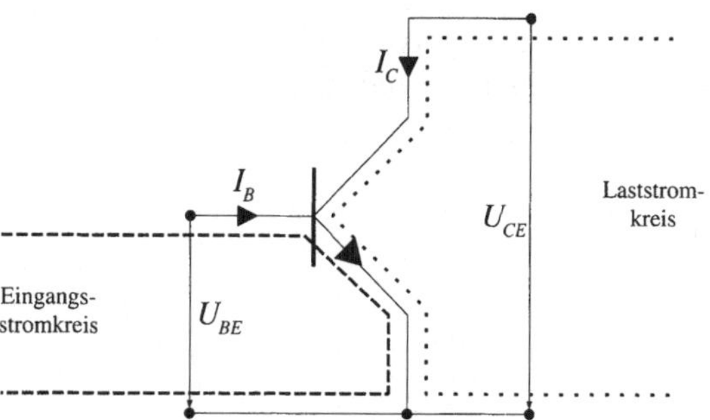

Abb. 2.25. Verstärkerprinzipschaltung eines npn–Transistor in Emitterschaltung

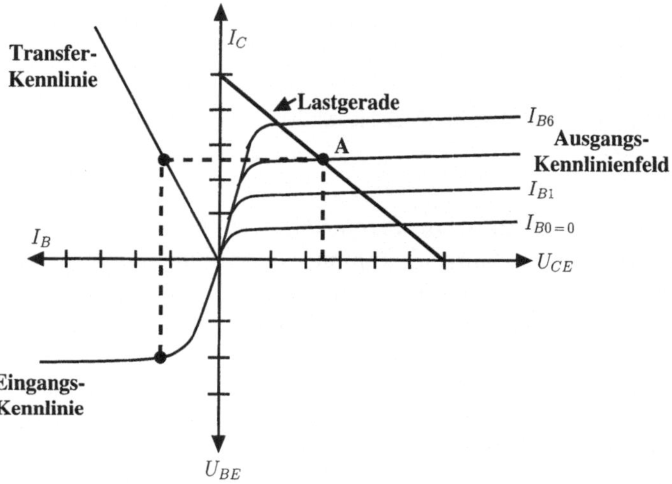

Abb. 2.26. Transistor– Kennlinienfelder

Das *Eingangskennlinienfeld* $I_B = I_B(U_{BE})$ mit U_{CE} als Parameter besteht aus Diodenkennlinien weil es die Charakteristik der Basis-Emitter-Diode beschreibt.

Das *Ausgangskennlinienfeld* $I_C = I_C(U_{CE})$ mit I_B als Parameter besteht aus einer Kurvenschar, die mit dem Parameter I_B parallel zueinander äquidistant verschoben sind. Weit ab vom Nullpunkt, d.h. für $U_{CE} \approx U_{CB}$ gilt deshalb die Gleichung $I_C = B_N \cdot I_B$; der Kollektorstrom wird durch den Basisstrom gesteuert. Der Kurvenbereich vom Nullpunkt bis zur Grenzkurve $U_{CB} = 0$ ist der *Übersteuerungsbereich* oder *Sättigungsbereich*. Der Schnittpunkt dieser Grenzkurve mit einer Ausgangskennlinie von $I_B = $ const liefert auf der U_{CE}-Achse die Sättigungsspannung $U_{CE_{Sat}}$ (Abb. 2.27). Im Sättigungsbereich ist die Basis-Kollektor-Diode in flussrichtung gepolt, damit leitend, d.h. sie emittiert, wodurch der Kollektorstrom sinkt.

Die *Transferkennlinie* $I_C = I_C(I_B)$ mit U_{CE} als Parameter beschreibt die

Haupteigenschaft des Transistors als Verstärker oder steuerbare Stromquelle:

$$I_C \sim I_B$$

$$\text{oder} \qquad I_C = B_N \cdot I_B \tag{2.11}$$

Die Kennlinienfelder können *experimentell* durch Strom-Spannungsmessung am Transistor in einer Testschaltung gewonnen werden. In den Datenbüchern der Lieferfirmen werden die verschiedenen Transistortypen durch zahlreiche Kennlienienfelder beschrieben.

Auf eine theoretische Untersuchung der Kennlinienfelder wird hier nicht eingegangen. Dafür sei auf Fachliteratur verwiesen [M. Reisch, K.-H. Löcherer].

2.4.3 Verstärkerschaltung und Arbeitspunkt

Die Haupteigenschaft des Bipolartransistors ist seine Verstärkerfunktion. Seine Hauptanwendung findet er deshalb in Verstärkerschaltungen der Analogtechnik und als Schalter in der Digitaltechnik (Kapitel 3). Eine einfache Verstärkerschaltung besteht aus einem Transistor und einem Lastwiderstand (Abb. 2.27). Dabei wird, wie oben dargestellt, durch einen kleinen Basistrom ein großer Kollektorstrom gesteuert.

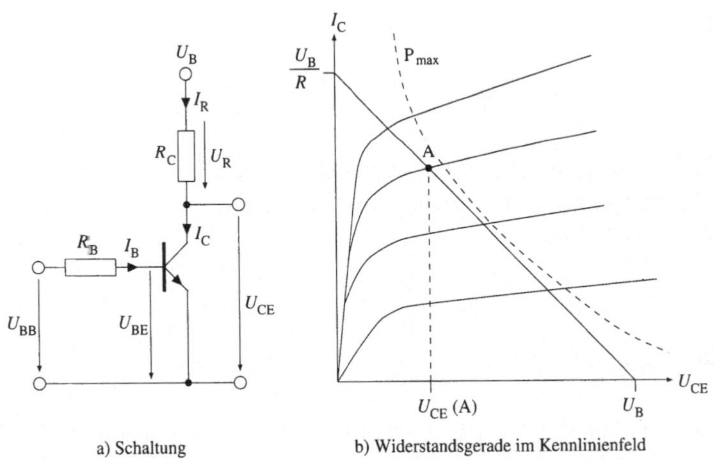

a) Schaltung   b) Widerstandsgerade im Kennlinienfeld

Abb. 2.27. Bestimmung des Arbeitspunktes

Je nach Aufgabenstellung wird der Transistortyp (in Datenblättern beschrieben) ausgewählt und die Verstärkerschaltung dimensioniert. In einer *Gleichstromschaltung* werden die Eigenschaften des Transistors durch die Lage des

Arbeitspunktes (A) im Ausgangs-Kennlinienfeld beschrieben. Der Arbeitspunkt ist der Schnittpunkt der Lastwiderstandskennlinie mit der Transistorkennlinie $I_C = I_C(U_{CE})I_B = const.$ In der Gleichstromschaltung wird der Arbeitspunkt festgelegt durch:

– Wahl des Basisstromes I_B, durch Bestimmung des Basisvorwiderstandes:

$$I_B = \frac{U_{BB} - U_{FE0}}{R_B} = \frac{U_{BB} - 0,7V}{R_B}$$

– Stromverstärkungsfaktor

$$I_C = B_N \cdot R_B$$

– Wahl des Lastwiderstandes R_L und Festlegung der Widerstandsgeraden im Ausgangskennlienienfeld des Transistors.

Mit der Maschen- und Knotenregel gilt für den Kollektorstrom

$$I_C = I_R = \frac{U_R}{R} \text{ mit } U_{CE} + U_R = U_B \text{ folgt}$$

$$I_C = \frac{U_B - U_{CE}}{R}$$

$$I_C = -\frac{1}{R} \cdot U_{CE} + \frac{U_B}{R}$$

Diese Gleichung stellt eine Geradengleichung mit der Steigung $-\frac{1}{R}$ dar. Es ist die Widerstandsgerade für den Lastwiderstand R. U_{CE} kann Werte von 0V bis U_B annehmen:

$$\text{für} \quad U_{CE} = 0 \text{ V} \Rightarrow I_C = \frac{U_B}{R}$$

$$\text{für} \quad U_{CE} = U_B \Rightarrow I_C = 0 \text{ A}$$

Mit diesen beiden Werten für I_C kann die Widerstandsgerade für R in das $I_C - U_{CE}$ Kennlinienfeld eingetragen werden (Abb. 2.27). Das Lot auf die Abszisse im gewünschten Punkt $U_{CE}(A)$ schneidet die Widerstandsgerade im Punkt A, dem *Arbeitspunkt*, der den Parameter I_B festlegt.
Der Arbeitspunkt liegt

– auf einer Ausgangskennlinie und

– auf einer Widerstandsgeraden

Er gibt an, wie groß der Kollektorstrom I_C und die Kollektor–Emitterspannung U_{CE} in einer konkreten Schaltung sind.

Das Produkt $P = I_C \cdot U_{CE}$ gibt die Verlustleistung des Transistors an. Eine maximale Verlustleitung P_{max} darf nicht überschritten werden, sonst wird der Transistor zu heiß und das Kristallgitter zerstört. Aus dieser Bedingung ergeben sich Grenzwerte für I_C und U_{CE} und die Lage des Arbeitspunktes, der im Kennlinienfeld unterhalb der Leistungshyperbel liegen muß.

2.5 Feldeffekttransistoren

Feldeffekttransistoren (FETs) sind Bauelemente, bei denen ein Strom durch ein elektrisches Feld gesteuert wird. Feldeffekttransistoren werden auch *Unipolartransistoren* genannt, weil bei den FETs im Gegensatz zu den Bipolartransistoren nur Ladungsträger einer Polarität zum Strom beitragen. Nach Art der Wirkung des elektrischen Feldes unterscheidet man *Sperrschicht–* und *Isolierschicht–* Feldeffekt–Transistoren.

2.5.1 Sperrschicht–Feldeffekttransistor (FET)

Beim Sperrschicht–FET wird durch die Ausdehnung einer *pn*–Sperrschicht ein Strom gesteuert. Beim Isolierschicht–FET wird die Leitfähigkeit eines Halbleiters durch *Influenz* beeinflusst, und dadurch ein Strom gesteuert. Beide unipolare Transistortypen sind gleichsam *spannungsgesteuerte* Widerstände.

Der Sperrschicht–FET hat für die Digitalelektronik wenig Bedeutung und wir hier nicht beschrieben.

2.5.2 Isolierschicht-Feldeffekttransistoren (MOSFET)

Isolierschicht-FETs sind das häufigste Bauelement in integrierten Digitalschaltungen. Die Eigenschaften dieser Halbleiterbauelemente ermöglichen die Herstellung von integrierten Schaltungen mit mehreren Millionen Transistoren auf einem Chip.

Aufbau und Funktion. Ein MOSFET besteht aus der MOS Kapazität (Kondensator) in der sich ein leitender Kanal bildet, und den Kontaktgebieten *Source* (S) und *Drain* (D) an den Enden des leitenden Kanals (Abb. 2.28). Die MOS-Kapazität wird gebildet durch das metallische Gate, die Oxidschicht S_iO_2 als Dielektrikum und der Halbleiteroberfläche (HLO) des Substrats. Die Schichtenfolge Metall-Oxid-Halbleiter (*Metal-Oxide-Semiconductor*) gab diesem Transistor den Namen MOSFET. Das Halbleitermaterial oder das Substrat ist meist n– oder p–dotiertes Silizium.

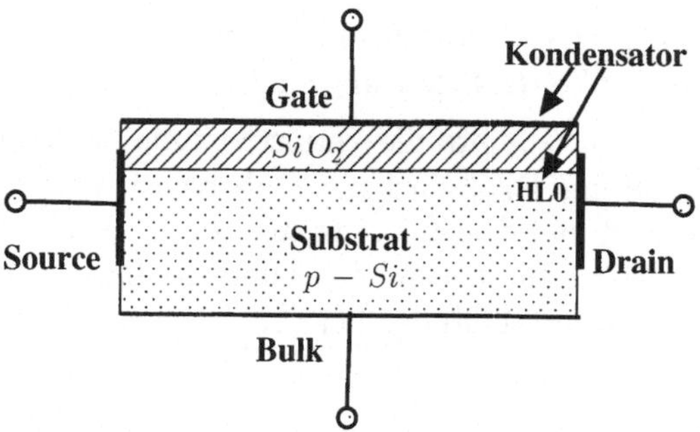

Abb. 2.28. Schematischer Aufbau eines n-Kanal–MOSFET

Ist das Substrat ein n–Halbleiter, dann spricht man vom p–*Kanal MOS-FET*; ist es ein p–Halbleiter, dann spricht man vom n–*Kanal MOSFET*. Die Wirkungsweise des MOSFET beruht auf der Steuerung der Leitfähigkeit des Kanals, der sich zwischen Oxidschicht und dem oberflächlichen nahen Halbleiterbereich bildet. Die Bildung dieses leitenden Kanals ist in Abb. 2.29 dargestellt und wird nachfolgend erläutert.

Abbildung 2.29a zeigt den Aufbau der MOS-Kapazität, bestehend aus dem metallischen Gate, dem Dielektrikum und der Halbleiteroberfläche. Der p-Halbleiter oder das Substrat hat einen metallischen Anschluß genannt Bulk (B).

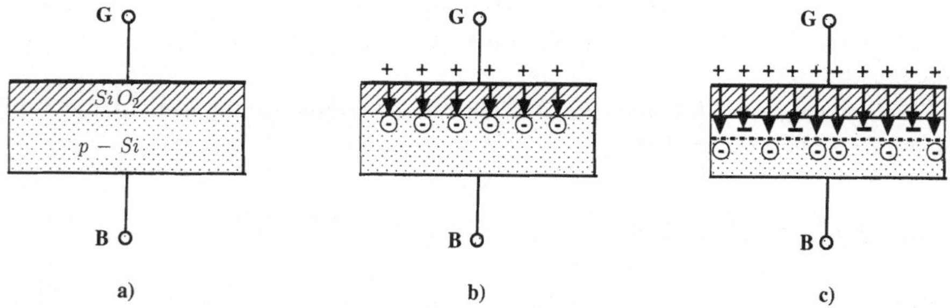

Abb. 2.29. Bildung eines leitenden Kanals in der MOS–Kapazität; a: $U_{GB} = 0$, b: $U_{GB} => 0 < U_{TH}$, c: $U_{GB} > U_{TH} > 0$

Wird an das Gate eine (kleine) positive Spannung (U_{GB}) gegenüber Substratanschluß angelegt, dann verursachen die positiven Ladungen auf dem Gate durch *Influenzwirkung* eine negative Ladungsanreicherung in einem schmalen Halbleiterbereich, der an das Dielektrikum angrenzt. Diese negativen Ladungen sind die Akzeptoratome, die bei der Löcherbildung im p-Halbleiter negativ geladen werden. Die positiven Löcher werden durch die Kraftwirkung des elektrischen Feldes in das Substratinnere abgedrängt. Es entsteht eine negative Raumladungszone. Mit zunehmender positiver Gatespannung wächst die positive Ladung auf der Gateelektrode, im gleichen Maße muß die negative Raumladung im p-Halbleiter zunehmen. Schließlich bildet sich an der S_iO_2-Halbleiter-Grenzschicht durch Elektron-Lochpaar-Generation ein schmaler Bereich mit freien Elektronen. Anschaulich kann man sagen:

Weil die Bildung von negativ geladenen Akzeptoratomen von der Dotierung des p-Halbleiters abhängt, kann nur eine begrenzte positive Ladungsmenge auf dem Gate durch die negative Raumladung kompensiert werden. Ist dieser Grenzwert überschritten, dann müsen weitere Minoritätsträger (Elektronen) an der S_iO_2-Halbleiter-Grenzschicht angesammelt werden, um die positive Ladung auf dem Gate zu kompensieren. Das geschieht durch Elektron-Lochpaar-Generation. An der Grenzfläche werden die Elektronen zu Majoritätsladungsträgern.

Durch das elektrische Feld ist im p-Halbleiter ein schmaler Bereich zur n-Schicht geworden. Es ist ein n-leitender schmaler Kanal entstanden, der durch eine ladungsträgerfreie Zone vom restlichen Halbleitersubstrat getrennt ist. Es hat eine Umkehr = *Inversion* des Leitungstyps stattgefunden. Der leitende Kanal wird *Inversionskanal* genannt, die freien Ladungen *Inversionsladung*.

Wird die positive Gateladung nur durch die negative Inversionsladung kompensiert, dann spricht man von starker Inversion, die zugehörige positive Gatespannung heißt Einsatzspannung oder Schwellspannung U_{TH}. Die Schwellspannung ist abhängig von der Geometrie, vom Halbleitermaterial und von der Kanaldotierung. Für n-Kanal-MOSFET liegt die Schwellspannung bei 0,5 V bis 2 V. In n-Kanal-MOSFETs werden die Kontaktgebiete Source und Drain durch n-dotierte Zonen realisiert. p-Kanal-MOSFETs haben als Substrat n-dotiertes Silizium und die Kontaktgebiete Source und Drain bestehen aus p-dotierten Zonen. In Abb. 2.30 sind der schematische Aufbau und die Schaltzeichen von n-Kanal und p-Kanal MOSFETs dargestellt.

Wird bei einem n-Kanal-MOSFET eine positive Spannung U_{DS} an Drain angeschlossen, dann fließt ein Drainstrom I_D, wenn durch eine positive Gate-Substratspannung U_{GS} am oxidseitigen Rand der Raumladungszone ein leitender Kanal gebildet wird. Der Drainstrom wird durch die Leitfähigkeit des Kanals, und die Leifähigkeit des Kanals wird durch die Gate-Substratspannung gesteuert. Nach Gleichung $G = \frac{1}{R}$ wird die elektrische Leitfähigkeit durch den elektrischen Widerstand ausgedrückt. Ein MOSFET wirkt deshalb wie ein steuerbarer Widerstand oder wie eine spannungsgesteuerte Stromquelle. Der Zusammenhang zwischen steuernder Größe und gesteuerter Größe kann durch Kennlinienfelder beschrieben werden.

Kennlinienfelder. Der MOSFET ist ein Halbleiterbauelement, bei dem der Drainstrom durch die Gatespannung gesteuert wird. Diese Abhängigkeit wird durch ein Kennlinienfeld dargestellt. Abbildung 2.31 zeigt eine Schaltung zur

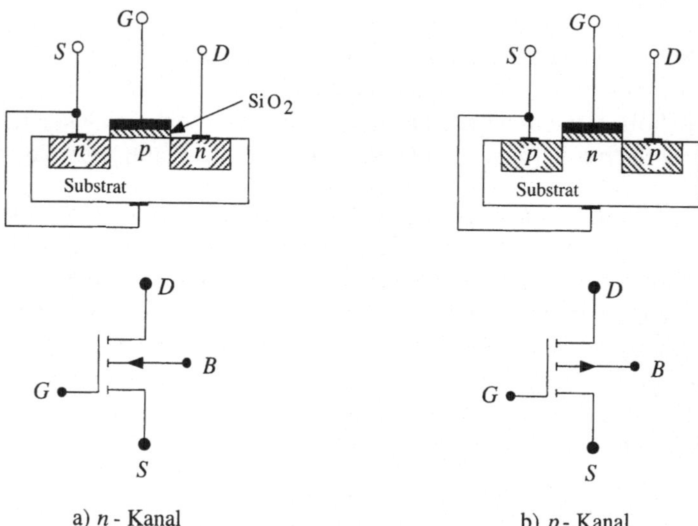

a) n - Kanal   b) p - Kanal

Abb. 2.30. Aufbau und Schaltzeichen von MOSFETs

Kennlinienaufnahme. In dieser Schaltung liegt der Substratanschluß mit dem Sourceanschluß auf gleichem Potential. Das elektrische Verhalten wird durch die drei Größen U_{GS}, I_D, U_{DS} beschrieben und durch folgende Kennlinien dargestellt:

- Transferstromkennlinien $I_D = f(U_{GS})_{U_{DS}=const}$
- Ausgangskennlinien $I_D = f(U_{DS})_{U_{GS}=const}$

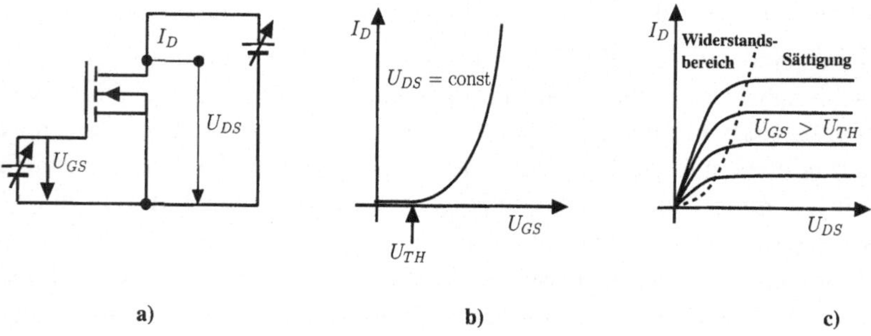

a)   b)   c)

Abb. 2.31. Kennlinien eines n–Kanal MOSFET a: Schaltung zur Aufnahme der Kennlinie, b: Transferkennlinie, c: Ausgangskennlinie

Die *Transferkennlinie* $I_D = f(U_{GS})_{U_{DS}=const}$ stellt die Abhängigkeit des Drainstromes von der Gate-Source-Spannung mit U_{DS} als Parameter dar.

Der Drainstrom I_D, oder der durch den leitenden Kanal fließende Transferstrom (I_T) ist proportional der Elektronenladung Q_n im Kanal. Mit der Definition für die Stromstärke $I = \frac{Q}{t}$ folgt

$$I_D = \frac{Q_n}{t_K} \qquad (2.12)$$

Dabei bezeichnet t_K die mittlere Zeit, die ein Elektron benötigt, um durch den Kanal zu fließen. Ist L die Länge des Kanals und $\mathbf{v}$ die Driftgeschwindigkeit, dann ist $t_K = \frac{L}{\mathbf{v}}$. Die Driftgeschwindigkeit $\mathbf{v}$ ist proportional der Feldstärke im Kanal

$$\boldsymbol{v} = \mu \cdot \boldsymbol{E} = \mu \cdot \frac{U_{DS}}{L}$$

Dabei ist μ die Elektronenbeweglichkeit

$$t_K = \frac{L^2}{\mu \cdot U_{DS}} \qquad (2.13)$$

Die Ladung Q_n im Kanal für $U_{GS} > U_{TH}$ ist

$$Q_n = C'_M (U_{GS} - U_{TH}) \qquad (2.14)$$

C'_M ist die Kapazität des MOS-Kondensators $(C'_M = \frac{\varepsilon \cdot A}{d} = \frac{\varepsilon \cdot W \cdot L}{d}, W$: Kanalbreite)

Damit folgt

$$I_D = \frac{\mu \cdot \varepsilon \cdot W}{d \cdot L}(U_{GS} - U_{TH}) \cdot U_{DS} \qquad (2.15)$$

Nach einer Einheitenbetrachtung dieser Gleichung folgt

$$I_D = G(U_{GS}) \cdot U_{DS} \qquad (2.16)$$

dabei ist G der Leitwert.

Die Gleichung bestätigt die oben gemachte Aussage, dass der Drainstrom durch einen spannungsgesteuerten Leitwert beschrieben werden kann. Der MOSFET verhält sich wie ein ohmscher Widerstand, dessen Widerstandswert durch U_{GS} gesteuert wird. Das Ausgangskennlinienfeld
$I_D = f\,(U_{DS})_{U_{GS}\,=\,const}$ stellt die Abhängigkeit des Drainstroms von der Drain-Source-Spannung mit U_{GS} als Parameter dar.

Für den Bereich $U_{DS} < U_{GS} - U_{TH}$ steigt der Drainstrom proportional zu U_{DS}, der MOSFET verhält sich wie ein ohmscher Widerstand, deshalb wird dieser Bereich der Kennlinie ohmscher Bereich oder Widerstandsbereich genannt. Wird $U_{DS} > U_{GS} - U_{TH}$, dann wird die Raumladungszone des Drain-Substrat-Übergangs größer, die effektive Kondensatoroberfläche wird kleiner und die Flächenladungsdichte nimmt von Source nach Drain hin ab. Die Ladung im Kanal ist dann ortsabhängig und der leitende Kanal wird abgeschnürt. Der Drainstrom bleibt etwa konstant, er geht in die Sättigung. Für den Drainstrom gilt dann die Beziehung:

$$I_D \sim \frac{W}{L}\left(U_{GS} - U_{TH} - \frac{U_{DS}}{2}\right)U_{DS} \qquad (2.17)$$

Wie der Bipolartransistor hat auch der n-Kanal-MOSFET drei Betriebsbereiche

- Sperrbereich für $U_{GS} < U_{TH}$ und $U_{DS} > 0$ ist $I_D = 0$
- Widerstandsbereich oder ohmscher Bereich für $U_{GS} > U_{TH}$ und $U_{DS} < U_{GS} - U_{TH}$ ist $I_D = G(U_{GS}) \cdot U_{DS}$
- Sättigungsbereich oder Abschnürbereich für $U_{GS} > U_{TH}$ und $U_{DS} > U_{GS} - U_{TH}$ ist I_D etwa const.

Das Entstehen dieser drei Betriebsbereiche eines n-Kanal-MOSFET sind in Abb. 2.32 dargestellt.

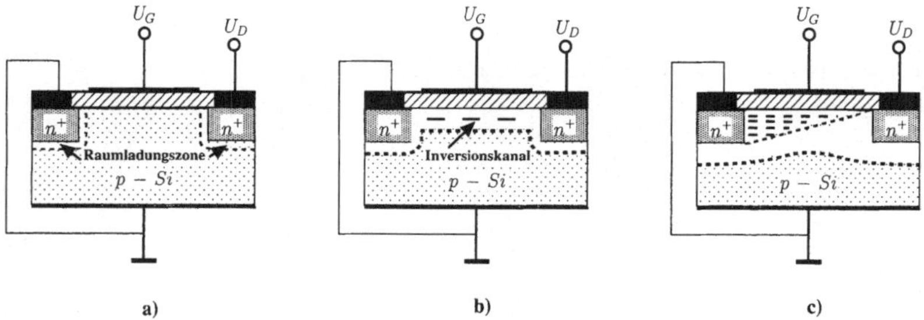

Abb. 2.32. Betriebsbereiche eines n–Kanal–MOSFET

Für p-Kanal-MOSFETs gilt Entsprechendes; es ändern sich nur die Vorzeichen aller Spannungen und Ströme. Der bisher beschriebene MOSFET-Typ (n-Kanal und p-Kanal) ist solange gesperrt, bis durch eine Gatespannung eine Inversionsschicht aufgebaut wird. Er wird deshalb *selbstsperrend* oder *Anreicherungs*-Typ genannt. Wird unterhalb der Isolierschicht ein leitender Kanal eindiffundiert, dann fließt bereits bei $U_{DS} > 0\,\mathrm{V}$ und $U_{GS} = 0\,\mathrm{V}$ schon ein Drainstrom. Dieser MOSFET-Typ wird *selbstleitend* oder *Verarmungs*-Typ genannt.

3. Elektronische Verknüpfungsglieder

Elektronische Verknüpfungs*glieder* werden aus Halbleiterbau*elementen* aufgebaut. Sie sind die Grundbausteine digitaler Datenverarbeitungssysteme. In ihnen werden binäre Schaltvariablen nach den Gesetzen der Schaltalgebra miteinander verknüpft. Die Werte binärer Schaltvariablen entsprechen der Zweiwertigkeit von Schalterzuständen (ein/aus). Diese Analogie und die Realisierungsmöglichkeit der Schaltalgebra mit Schaltern kommt in den Begriffen Schaltvariable und Schaltalgebra zum Ausdruck. Deshalb kann man sagen: In einem digitalen Datenverarbeitungssystem werden auf der physikalischen Ebene binäre Schaltvariable mit elektronischen Schaltern (Verknüpfungsgliedern) nach den Gesetzen der Schaltalgebra verknüpft.

Verknüpfungsglieder werden zu Schaltnetzen und Schaltwerken zusammengefügt. Dafür ist es erforderlich, dass die einzelnen Verknüpfungsglieder gleiche Signalpegel und gleiche Signallaufzeiten haben. Diese Forderung führte zu einer *Standardisierung* der Verknüpfungsglieder zu den *Schaltkreisfamilien*. Eine Schaltkreisfamilie ist die Gesamtheit der Bausteine *(Verknüpfungsglieder, Speicherglieder, Schaltnetze, Schaltwerke)*, die mit gleichen elektronischen Bauelementen und nach dem gleichen elektronischen Konzept hergestellt sind. Daraus folgen gleiche Eigenschaften und Kenngrößen. Die Bausteine werden heute nur als *integrierte* Schaltkreise hergestellt.

Im ersten Abschnitt dieses Kapitels werden Aufbau und Funktion von elektronischen Schaltern sowie die Realisierung mit bipolaren und unipolaren Transistoren beschrieben. Im zweiten und dritten Abschnitt werden die Verknüpfungsglieder als Schaltkreise in bipolarer (TTL, ECL) und in unipolarer (N–, P–, CMOS) Technik beschrieben.

3.1 Elektronische Schalter

Elektronische Schalter werden mit Halbleiterbauelementen realisiert. Mit ihnen werden die Schaltkreise der Verknüpfungsglieder aufgebaut. In diesem Abschnitt werden zuerst die Eigenschaften eines *idealen* Schalters genannt, dann das Modell eines realen Schalters und die Funktionsweise eines Bipolar– und Unipolartransistors als Schalter beschrieben. Anschließend werden allgemeine Kenngrößen von realen Schaltern eingeführt.

3.1.1 Der ideale Schalter

In der *Schaltalgebra* werden die binären Variablen mit Verknüpfungsglieder aus idealen Schaltern verknüpft. Das bedeutet, der Verknüpfungsvorgang erfordert keine Leistung und ist zeitunabhängig. Die Verknüpfung von Schaltvariablen in digitalen Datenverarbeitungssystemen geschieht mit realen Schaltern, die nicht leistungslos und zeitabhängig arbeiten. Allerdings ist es das Ziel, die Eigenschaften realer Schalter an die idealer Schalter anzugleichen. Die Eigenschaften eines idealen Schalters S sind (Abb. 3.1):

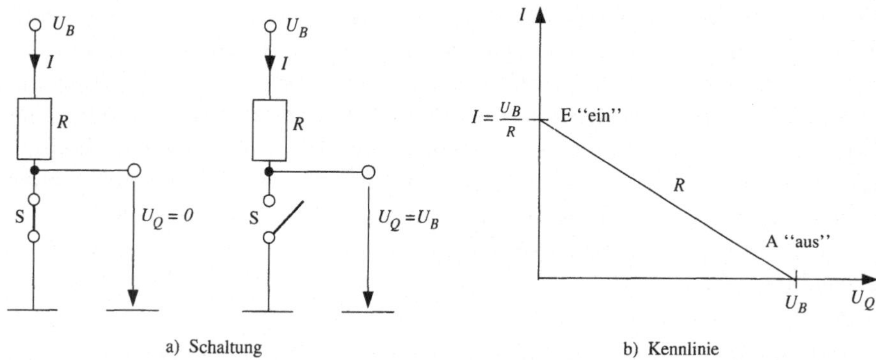

a) Schaltung   b) Kennlinie

Abb. 3.1. Idealer Schalter

- Im Schalterzustand *ein* ist der Innenwiderstandswert des Schalters S $R_i = 0$. Daraus folgt $I = U_B/R$ und $U_Q = 0\,\text{V}$.

- Im Schalterzustand *aus* ist der Sperrwiderstand des Schalters S $R_s = \infty$. Daraus folgt $I = 0$ und $U_Q = U_B$.

- Die Schaltwirkung folgt unmittelbar der Schaltursache, es gibt keine Zeitverzögerung.

- Die vom Schalter aufgenommene Leistung $P = U \cdot I$ ist immer Null, da entweder der Strom I ("aus"), oder die Spannung U ("ein") gleich Null ist.

Kein realer Schalter kann diese Anforderungen erfüllen. Mit elektronischen Schaltern kommt man dem Ziel am nächsten. Je nach Bauelementetyp (bipolar oder unipolar) werden mehr die einen oder die anderen Eigenschaften optimal erreicht. Deshalb haben sich verschiedene Schaltkreisfamilien entwickelt. Zunächst das Modell eines realen Schalters.

3.1.2 Modell eines realen Schalters

In realen Schaltern können die Widerstandswerte $R_i = 0$ und $R_s = \infty$ nicht erreicht werden. Angestrebt wird jedoch, dass R_i bei der Schalterstellung *ein* sehr klein und R_s bei der Schalterstellung *aus* sehr groß sind. Im Ersatzschaltbild und Kennlinienbild eines realen Schalters nach Abb. 3.2 sind die Widerstände R_i und R_s berücksichtigt.

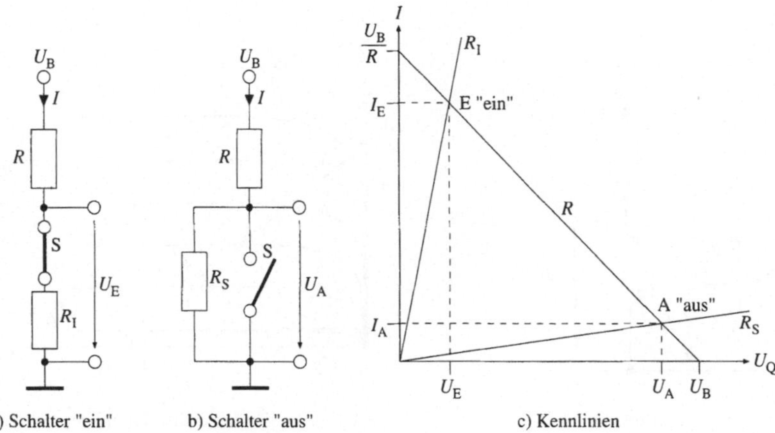

a) Schalter "ein"   b) Schalter "aus"   c) Kennlinien

Abb. 3.2. Modell eines realen Schalters

In der Schalterstellung *ein* liegen R und R_i in Reihe und ihre Widerstandsgeraden schneiden sich im Arbeitspunkt E. Für Strom und Spannung gilt

$$I_E = \frac{U_B}{R - R_i} \; ; U_E = \frac{U_B \cdot R_i}{R + R_i}$$

Am Schalter fällt also eine Spannung U_E ab. In der Schalterstellung *aus* liegen R und R_s in Reihe und ihre Widerstandsgeraden schneiden sich im Arbeitspunkt A. Für Strom und Spannung gilt

$$I_A = \frac{U_B}{R + R_s} \; ; U_A = \frac{U_B \cdot R_s}{R + R_s}$$

Trotz Schalterstellung *aus* fließt ein Strom I_A. In beiden Betriebszuständen wird vom Schalter Leistung aufgenommen, weil entweder der Strom I_A oder die Spannung U_E verschieden von Null sind.

3.1.3 Bipolartransistor als Schalter

Mit einem Bipolartransistor als Schalter kommt man den Eigenschaften eines idealen Schalters näher. Als eigentlicher Schalter dient die Leitfähigkeit der Kollektor–Emitterstrecke. Der Schaltvorgang wird durch einen Basisstrom I_B

ausgelöst. Die Schalterzustände *ein/aus* werden durch die Zustände *Transistor leitend/Transistor gesperrt* realisiert. In Abb. 3.3 sind ein Transistorschalter und seine Betriebszustände *ein/aus* im Ausgangskennlinienfeld dargestellt.

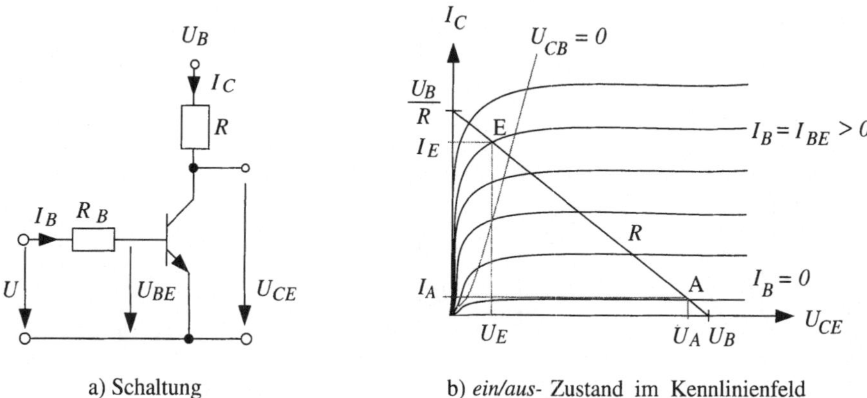

a) Schaltung   b) *ein/aus*- Zustand im Kennlinienfeld

Abb. 3.3. Transistorschalter

Für $I_B = 0$ ist die Kollektor–Emitterstrecke gesperrt. Es fließt nur ein Reststrom $I_{CE}(I_B = 0)$, der dem Sperrstrom der Kollektor–Basis–Diode entspricht. Mit dem Basisstrom $I_B = 0$ wird der Transistorschalter *aus*geschaltet. Der Schnittpunkt der Kennlinie für $I_B = 0$ mit der Widerstandsgeraden für R ist der Arbeitspunkt A des Schalterzustandes *aus*. Diese Kennlinie entspricht der Kennlinie für R_s in Abb. 3.2. Mit einem Basisstrom $I_B > 0$ wird die Kollektor–Emitterstrecke leitend, der Transistor *ein*geschaltet. Der erforderliche Basisstrom $I_B = I_{BE} > 0$ wird so gewählt, dass die zugehörige Kennlinie die Widerstandsgerade für R im *Übersteuerungsbereich*[1] schneidet. In diesem Bereich ist die Kennliniensteigung am größten, der Innenwiderstand zwischen Kollektor und Emitter ist sehr klein. Die Kennlinie entspricht dann der Kennlinie für R_i in Abb. 3.2. Der Schnittpunkt der Kennlinie für I_{BE} mit der Widerstandsgeraden für R ist der Arbeitspunkt des Schalterzustandes *ein*. Wechselt der Eingangsstrom zwischen $I_B = 0$ und I_{BE}, so schaltet die Ausgangsspannung U_{CE} zwischen den Spannungswerten U_A und U_E um. Bei der Dimensionierung einer solchen Schaltung muss darauf geachtet werden, dass die Arbeitspunkte unterhalb der Leistungshyperbel liegen.

---

[1] Der Übersteuerungsbereich liegt im Ausgangskennlinienfeld links der Kennlinie $U_{CB} = 0$. Der Transistor befindet sich dann im Übersteuerungszustand, d.h. Kollektordiode und Emitterdiode werden in Durchlaßrichtung betrieben

Der Grad der Übersteuerung wird durch den Übersteuerungsfaktor $\ddot{u}$ angegeben. Er ist das Verhältnis zwischen dem tatsächlich fließenden Basisstrom I_B und dem Basisstrom I_B', der erforderlich wäre, um den Transistor bis zur Grenze $U_{CB} = 0V$ durchzusteuern:

$$\ddot{u} = \frac{I_B}{I_B'}$$

Die Übersteuerung liegt im Bereich $\ddot{u} \approx 2$ bis $\ddot{u} \approx 10$.

**Siehe Übungsband
Aufgabe 27:
RTL–NICHT–Glied**

3.1.4 Unipolartransistor als Schalter

Von den unipolaren Transistortypen haben in der Digitalelektronik die *selbstsperrenden* MOS–FET die größere Bedeutung. Sowohl n–Kanal als auch p–Kanal MOS–FET eignen sich als Schalter. In Abb. 3.4 ist ein selbstsperrender n–Kanal MOS–FET als elektronischer Schalter dargestellt.

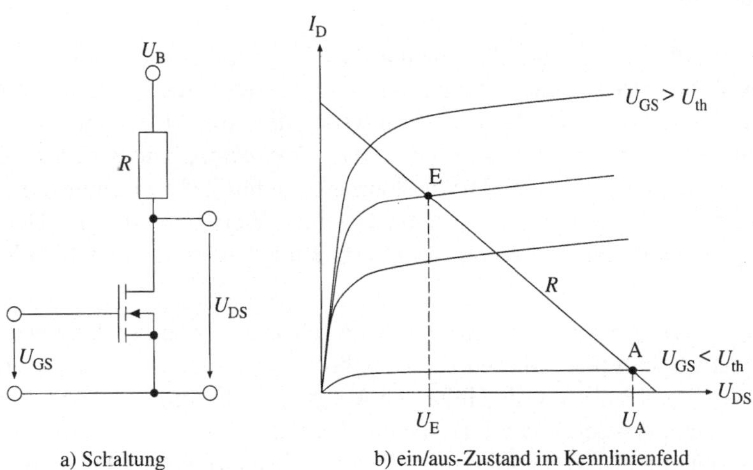

Abb. 3.4. MOS–FET als Schalter

Die Schalterzustände *ein/aus* werden wie beim bipolaren Transistor durch die Zustände *Transistor leitend/Transistor gesperrt* realisiert.

Für $U_{GS} < U_{th}$ ist die Drain–Source–Strecke gesperrt. Mit dieser Spannung wird der Transistorschalter *aus*geschaltet. Der Schnittpunkt der Kennlinie für $U_{GS} < U_{th}$ mit der Widerstandsgeraden für R ist der Arbeitspunkt des Schalterzustandes *aus*. Mit einer Spannung $U_{GS} > U_{th}$ wird die Drain–Source–Strecke leitend, der Transistor *ein*geschaltet. Die Gate–Source–Spannung wird wie beim bipolaren Transistor so gewählt, dass die zugehörige Kennlinie von der Widerstandsgeraden für R im linearen Bereich geschnitten wird. Dieser Schnittpunkt ist der Arbeitspunkt des Schalterzustandes *ein*. Wechselt die Gate–Source–Spannung zwischen $U_{GS} < U_{th}$ und $U_{GS} > U_{th}$, dann schaltet der Transistor zwischen gesperrt und leitend oder U_{DS} zwischen U_A und U_E (Abb. 3.4).

Der Vorteil von MOS–FETs als Schalter gegenüber bipolaren Transistoren besteht darin, dass sie leistungslos angesteuert werden.

3.1.5 Kenngrößen

Die Eigenschaften eines *idealen* Schalters bestimmen auch die Kriterien oder Kenngrößen von realen Schaltern und Verknüpfungsgliedern. Zu nennen sind:

- Signalpegel
- Signallaufzeit und Signalübergangszeit
- Leistungsaufnahme
- Integration

Signalpegel. Wie in der Einführung dieses Kapitels gesagt, werden durch Verknüpfungsglieder binäre Schaltvariablen miteinander verknüpft. Durch die Schalterzustände *ein/aus* wird entweder die Kollektor–Emitter–Strecke oder die Drain–Source–Strecke *niederohmig/hochohmig*. Die Kollektor–Emitter–Spannung U_{CE} bzw. die Drain–Source–Spannung U_{DS} nimmt dann etwa den Wert der Betriebsspannung U_B oder einen Wert nahe 0 V an. Der Wert dieser physikalischen Größe repräsentiert dann den Wert einer Schaltvariablen.

In digitalen Rechensystemen werden Schaltglieder zu Schaltnetzen vereinigt. Von einem Schaltglied werden dann mehrere nachfolgende angesteuert, die als Last(widerstand) auf die Höhe der Ausgangsspannung zurückwirken. Sowohl für den Schalterzustand *Transistor leitend* als auch *Transistor gesperrt*, ändert sich die Ausgangsspannung U_{a1} (Abb. 3.5a) gegenüber dem unbelasteten Ausgang. Weitere Ursachen für die Änderung der Spannungswerte am Ausgang einer Schalterstufe sind Exemplarstreuungen von Transistoren und anderen Bauelementen, Temperatureinflüsse, Betriebsspannungsänderung u.a.m. Auch *Übersprechen* führt zu Spannungsänderung. Alle Einflüsse zusammen werden als *Störspannung* bezeichnet (Abb. 3.5b). Aus diesem Grunde werden keine konstanten Spannungswerte sondern zwei Spannungsbereiche oder *Pegelbereiche* eingeführt, die die Werte der binären Schaltvariablen darstellen.

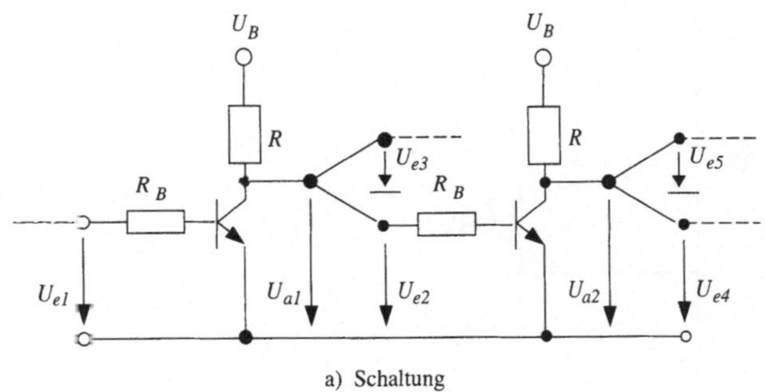

a) Schaltung

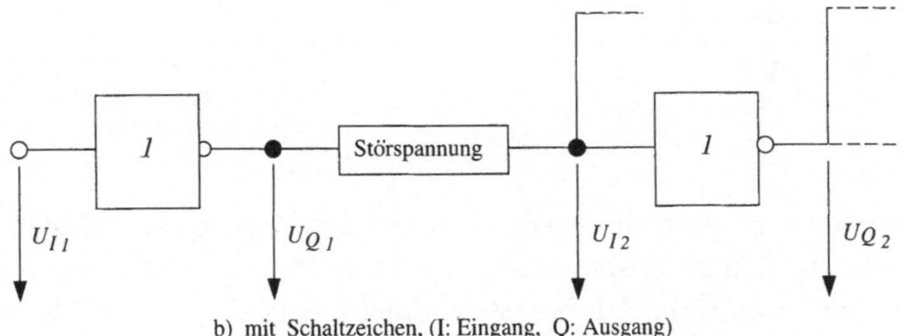

b) mit Schaltzeichen, (I: Eingang, Q: Ausgang)

Abb. 3.5. Zusammenschaltung von zwei bipolaren Transistorschaltern

H (High) – Pegel : Spannungswert ist näher bei $\ +\infty$

L (Low) – Pegel : Spannungswert ist näher bei $\ -\infty$

Für die Zuordnung der Pegelbereiche zu den Werten der binären Schaltvariablen gibt es zwei Möglichkeiten:

Positive Zuordnung : $H \mathrel{\widehat{=}} 1, \quad L \mathrel{\widehat{=}} 0$

Negative Zuordnung : $H \mathrel{\widehat{=}} 0, \quad L \mathrel{\widehat{=}} 1$

Die Zuordnung ist willkürlich. Meist wird die positive Zuordnung gewählt. Bilden elektronische Schalter oder Schaltglieder eine Kette von Schaltungen (Abb. 3.5), dann ist der Ausgang eines Gliedes gleichzeitig Eingang eines nachfolgenden Gliedes. Die Pegelbereiche müssen dann bestimmte Grenzwerte einhalten, damit die Zuordnung eindeutig bleibt. Die Festlegung der Grenzwerte wird durch die *Übertragungskennlinie* eines Schaltgliedes beschrieben. Sie stellt die Abhängigkeit der Ausgangsspannung U_Q von der Eingangsspannung U_I dar (Abb. 3.7a). Ein Schaltglied hat ohne Störeinflüsse im Schalterzustand *Transistor leitend* die Ausgangsspannung U_{QL}, im Schalterzu-

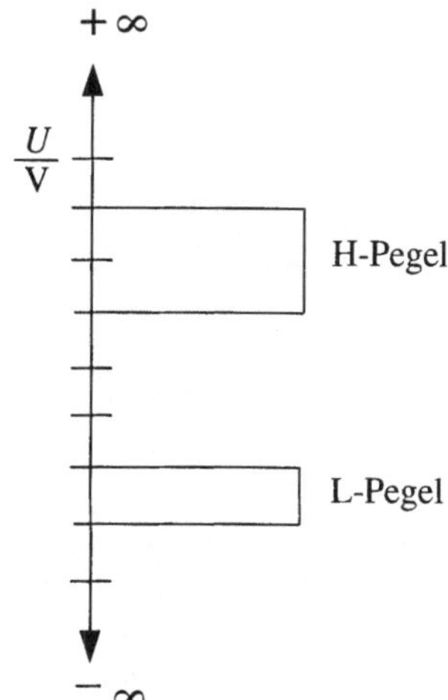

Abb. 3.6. Zuordnung von H– und L–Pegel zu Spannungsbereichen

stand *Transistor gesperrt* die Ausgangsspannung U_{QH}. Es stellen sich die Arbeitspunkte A_L (Eingangsspannung U_{IH}, Ausgangsspannung U_{QL}) und A_H (Eingangsspannung U_{IL}, Ausgangsspannung U_{QH}) ein. Durch *Störeinflüsse* können sich die Arbeitspunkte für A_L und A_H verschieben. Eine absolute theoretische Grenze ist der Arbeitspunkt S auf der Übertragungskennlinie.

Für diesen Punkt gilt $Q_S = I_S$, für die zugehörigen Spannungswerte $U_{QS} = U_{IS}$. Diese Spannungswerte sind sowohl für die Ausgangs– als auch für die Eingangsspannung die absolute Grenze für eine eindeutige Unterscheidbarkeit der Pegelbereiche. Mit dem Begriff *statische Störsicherheit* wird die Störspannungsänderung bezeichnet, die den eindeutigen Pegelbereich noch *nicht* ändert. Der *typische statische Störabstand* U_{SS} ergibt sich aus der Differenz der Ausgangsspannung des steuernden Schaltgliedes zur Eingangsschwellspannung U_{IS} des angesteuerten Schaltgliedes.

$$\text{bei H–Pegel} \quad : \quad U_{SSH} \quad = \quad U_{QH} \quad - \quad U_{IS}$$

$$\text{bei L–Pegel} \quad : \quad U_{SSL} \quad = \quad U_{IS} \quad - \quad U_{QL}$$

Die Hersteller von integrierten Schaltgliedern geben garantierte maximale und minimale Pegelwerte für den ungünstigsten Betriebsfall (worst–case) an. In Abb. 3.7 sind die Übertragungskennlinien für den idealen, typischen und worst–case des integrierten Schaltgliedes 7404 dargestellt. Für den worst–case gilt für den Störspannungsabstand:

$$\text{bei H–Pegel} \quad : \quad U_{SSH} \quad = \quad U_{QHmin} \quad - \quad U_{IHmin}$$

$$\text{bei L–Pegel} \quad : \quad U_{SSL} \quad = \quad U_{ILmax} \quad - \quad U_{QLmax}$$

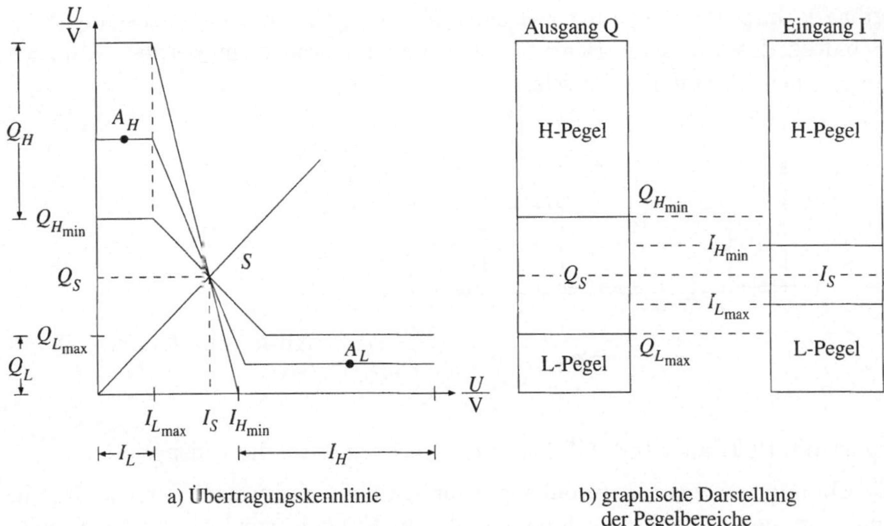

a) Übertragungskennlinie   b) graphische Darstellung
der Pegelbereiche

Abb. 3.7. Übertragungskennlinie eines Schaltgliedes

(Bei Schaltgliedern der TTL–Serie 74xx beträgt der Störspannungsabstand 0,4 V)

Neben der statischen Störsicherheit gibt es den Begriff *dynamische Störsicherheit*. Damit erfaßt man das Verhalten von Schaltgliedern gegenüber Störimpulsen, deren Dauer b kleiner ist als die Signallaufzeit t_P (vgl. Kenngröße: Signallaufzeit) eines Schaltgliedes. Die zulässige Dauer b und Amplitude eines Störimpulses am Eingang hängen von der Signallaufzeit t_P des Schaltgliedes ab. Bei Störimpulsen mit der Impulsdauer $b > t_P$ darf die Impulsamplitude nicht größer sein als der statische Störabstand. Für Störimpulse mit $b < \frac{1}{2}t_P$ darf die Störamplitude größer sein als der statische Störabstand. Schaltglieder, deren Signallaufzeit größer ist als die übliche Störimpulsdauer, sind demnach sehr störsicher.

Signalübergangszeit und Signallaufzeit. Elektronische Schalter benötigen Zeit um von einem Schaltzustand in den anderen zu gelangen. Hauptursache für diese Zeitverzögerung ist die *kapazitive* Eigenschaft der Bauelemente; beim bipolaren Transistor hauptsächlich der Basis–Emitter pn–Übergang, beim unipolaren Transistor die Gate–Oxide–Substrat Schichtfolge (MOS–Kondensator).

Die *Signalübergangszeit* beschreibt die Flankensteilheit (Flankenform) eines Ausgangsimpulses vom Zustand L $\longrightarrow$ H oder H $\longrightarrow$ L. Die *Signallaufzeit* gibt die Impulsverzögerung zwischen dem Eingang und dem Ausgang eines Schaltgliedes an. Beide Begriffe sollen näher beschrieben werden: Abb. 3.8 zeigt einen *idealen* Taktimpuls.

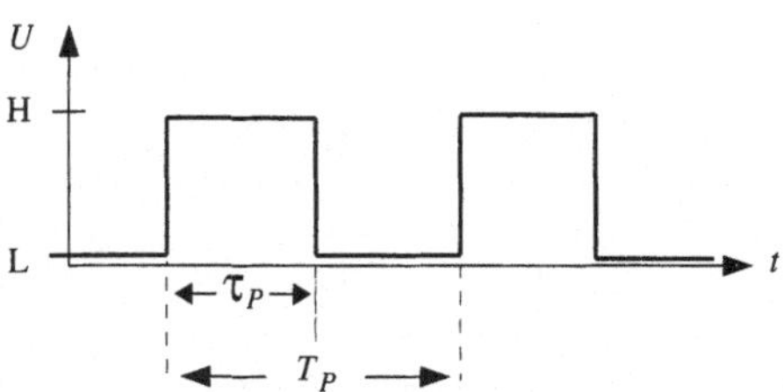

Abb. 3.8. Idealer Taktimpuls

τ_p ist die Pulsdauer (oder Taktimpulsdauer) und T_P die Pulsperiode.

In Abbildung 3.9 ist die Impulsverformung an einem Inverter dargestellt. Ein angenommener idealer Rechteckimpuls am Eingang wird durch das Schaltglied zu einem verformten Ausgangsimpuls.

In Abbildung 3.9 bedeuten:

t_d : Verzögerungszeit (delay time)

t_f : Abfallzeit (fall time)

t_s : Speicherzeit (storage time)

t_r : Anstiegszeit (rise time)

Die Speicherzeit t_s ist wesentlich größer als die anderen Zeiten. Speicherzeit tritt auf, wenn ein im Sättigungsbereich ($U_{CE} = U_{CEsat}$) arbeitender Transistor in den Sperrbereich übergeht. Wird der Transistor *nicht* im Sättigungsbereich betrieben, dann verkleinert sich die Speicherzeit. Schnelle Schaltglieder, z.B. ECL–Schaltkreise arbeiten nach diesem Prinzip, sie werden als *ungesättigte Logik* bezeichnet.

Die eigentlichen *Signalübergangszeiten* (Transition time) der Impulsflanken (t_{THL}, wenn das Signal von H $\longrightarrow$ L und t_{TLH}, wenn das Signal von L $\longrightarrow$ H wechselt) liegen zwischen den 90% und 10% Grenzen der Amplitude.

Die *Signallaufzeit* (Propagation delay time) gibt die Impulsverzögerung zwischen Eingangs– und Ausgangspegel an (t_{PHL}, wenn der Ausgang von H $\longrightarrow$ L wechselt und t_{PLH}, wenn der Ausgang von L $\longrightarrow$ H wechselt). Die Messung der Signallaufzeiten wird auf die 50% Marke der Amplitude bezogen, die zwischen dem H– und L–Pegel liegt (Abb. 3.10).

Als mittlere Signallaufzeit t_P wird definiert:

$$t_P = \frac{t_{PHL} + t_{PLH}}{2}.$$

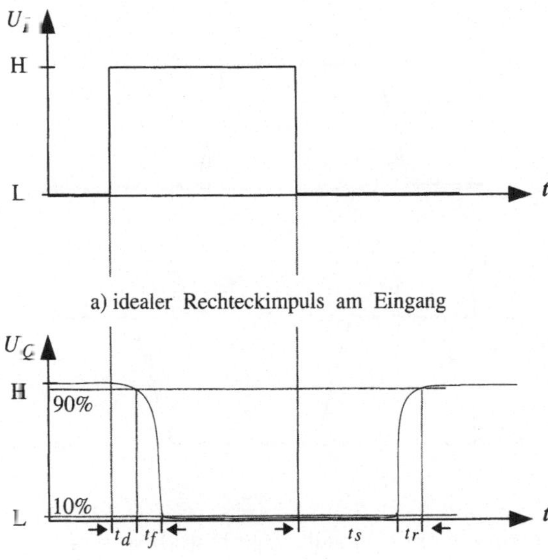

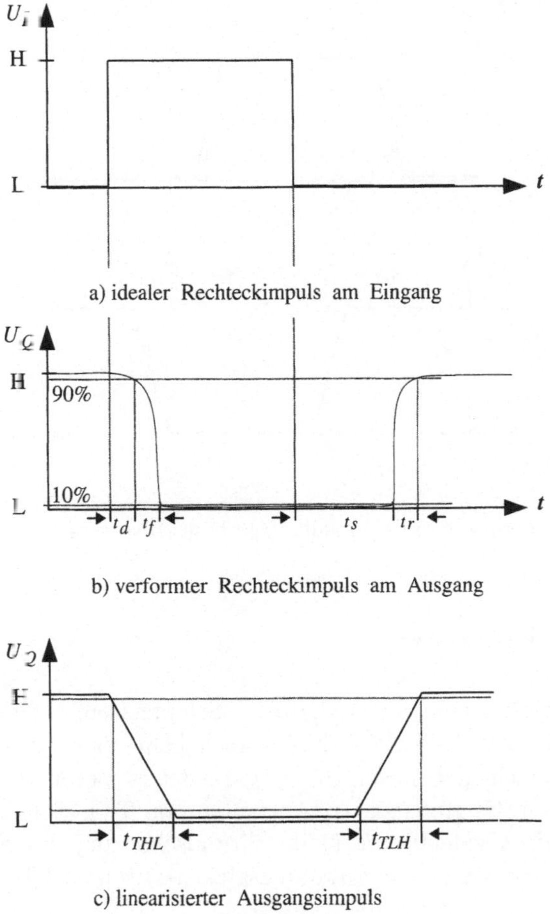

a) idealer Rechteckimpuls am Eingang

b) verformter Rechteckimpuls am Ausgang

c) linearisierter Ausgangsimpuls

Abb. 3.9. Impulsverformung eines Inverters

Sie gibt die mittlere *Signaldurchlaufzeit* eines Schaltgliedes an.

3.2 Verknüpfungsglieder mit bipolaren Transistoren

Verknüpfungsglieder mit bipolaren Transistoren bilden die Schaltkreisfamilien TTL, ECL, (die Abkürzungen bedeuten: TTL – Transistor-Transistor-Logic; ECL – Emitter Coupled Logic). In Verknüpfungsgliedern der TTL–Familie werden die Transistoren im Übersteuerungsbereich betrieben in der ECL und STTL (Schottky TTL) im aktiven Verstärkerbereich. Deshalb spricht man auch von gesättigten und ungesättigten Schaltkreisfamilien.

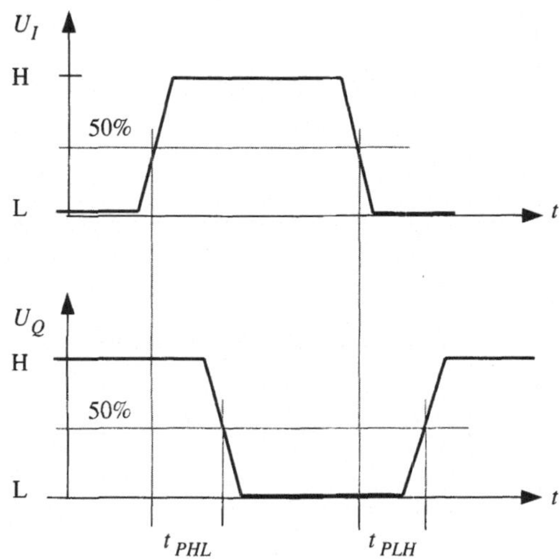

Abb. 3.10. Schaltvorgang mit Signallaufzeit eines Inverters

3.2.1 TTL–Schaltkreise

Aufgrund ihrer günstigen Eigenschaften – Schaltzeiten, Leistungsaufnahme, Integration – haben TTL–Schaltkreise auch heute noch große Bedeutung. Die Zahl der verschiedenen Verknüpfungsglieder ist bei dieser Schaltkreisfamilie am größten. Es gibt mehrere Varianten von TTL–Schaltkreisen. Allen TTL–Schaltkreisen gemeinsam ist die Grundschaltung des *Standard* TTL. Abb. 3.11 zeigt ein NAND–Verknüpfungsglied als Standard TTL–Schaltkreis.

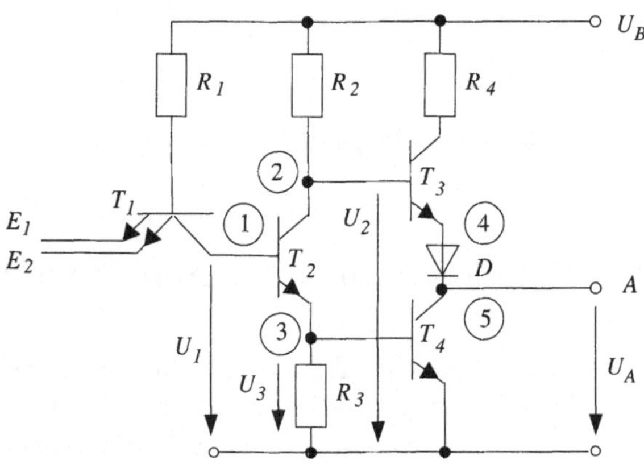

Abb. 3.11. Standard–TTL–Schaltkreis

Die Eigenschaften der TTL–Schaltkreise werden durch einige typische *schaltungstechnische Konzepte* erreicht. Dies sind

– Multi–Emitter – Realisierung von T_1

– Normal–, Inversbetrieb von T_1

– Gegentaktendstufe T_3, T_4

– Hubdiode D

Der Multi–Emitter–Transistor T_1 bewirkt eine UND–Verknüpfung der Eingangssignale. Multi–Emitter–Transistoren werden nur in integrierten Bausteinen realisiert. Abb. 3.12 zeigt den Aufbau eines solchen Transistors.

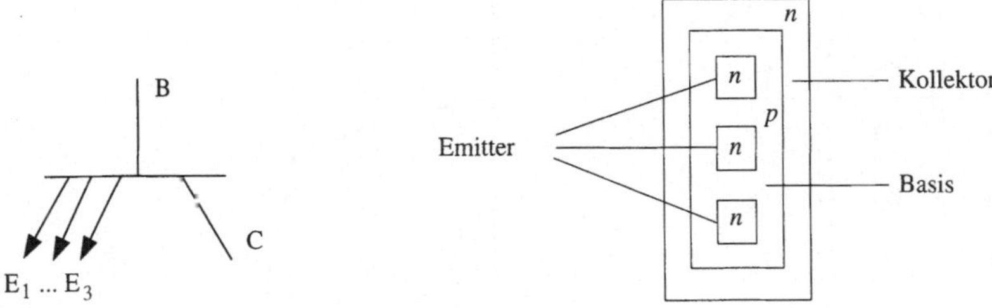

Abb. 3.12. Multi–Emitter–Transistor

Normalbetrieb liegt vor, wenn *ein* oder mehrere Emitter–Eingänge von T_1 auf L–Pegel liegen. Dann ist die Kollektor–Emitterstrecke von T_1 niederohmig und U_1 liegt etwa auf $0{,}2\,\mathrm{V}$.

Inversbetrieb liegt vor, wenn *alle* Emitter–Eingänge auf H–Pegel liegen. Die Emitter–Eingänge werden dann zu Kollektoranschlüssen und der Kollektor wird zum Emitter. Über R_1 fließt ein Basisstrom durch T_1 nach T_2 und damit wird T_2 durchgesteuert. Nach der Stromverstärkergleichung ($I_C = \mathrm{B} \cdot I_B$) sollte über die Eingänge ein verstärkter Eingangsstrom fließen. Durch besondere Geometrie bei Multi–Emitter–Transistoren wird erreicht, dass die Inversstromverstärkung bei etwa 2% liegt. Dadurch werden vorangehende Verknüpfungsglieder weniger belastet. Der Basisstrom von T_2 wird im wesentlichen durch den Basisstrom von T_1 bestimmt, der etwa $1\mathrm{m\,A}$ beträgt. Der Anteil der Eingangsströme ist gering und beträgt maximal $40\mu\mathrm{A}$ pro Eingang.

Der Wechsel von Normalbetrieb und Inversbetrieb hat zur Folge, dass T_1 immer durchgesteuert ist. Im Normalbetrieb fließt der Basisstrom I_{B1} zu den Eingängen, die auf L–Pegel liegen. Im Inversbetrieb fließt er zur Basis von T_2.

Die *Gegentaktendstufe*, bestehend aus R_4, T_3 und T_4, gewährleistet einen geringen Ausgangswiderstand sowohl bei H– als auch bei L–Pegel am Ausgang.

Bei jedem Pegelzustand ist ein Transistor gesperrt und der andere leitend; bei H–Pegel am Ausgang ist T_3 leitend und T_4 gesperrt, bei L–Pegel ist T_4 leitend und T_3 gesperrt. Dadurch können bei H–Pegel mehrere Verknüpfungsglieder angesteuert werden, ebenfalls kann bei L–Pegel der Eingangsstrom von mehreren folgenden Gliedern über T_4 abfließen, ohne dass sich die Spannungen der Pegelbereiche sehr ändern. Der niederohmige Ausgang der Gegentaktendstufe trägt damit auch zu kürzeren Schaltzeiten bei.

Der in Abbildung 3.11 dargestellte Standard TTL–Schaltkreis realisiert eine NAND–Verknüpfung. In Abb. 3.13 ist die Zuordnungstabelle der Spannungspegel und eine schematische Übertragungskennlinie dargestellt.

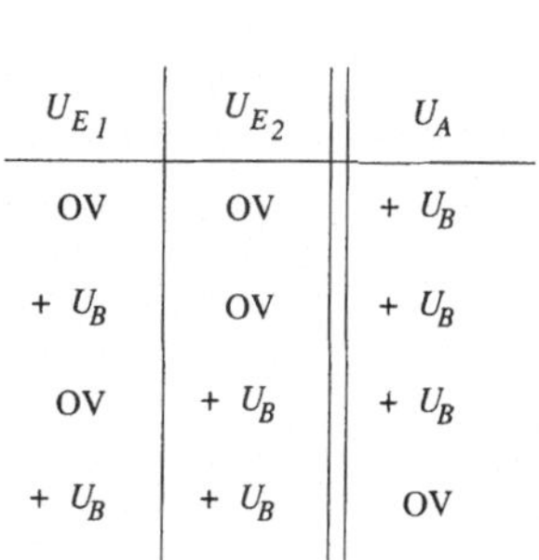

U_{E_1}	U_{E_2}	U_A
0V	0V	$+\ U_B$
$+\ U_B$	0V	$+\ U_B$
0V	$+\ U_B$	$+\ U_B$
$+\ U_B$	$+\ U_B$	0V

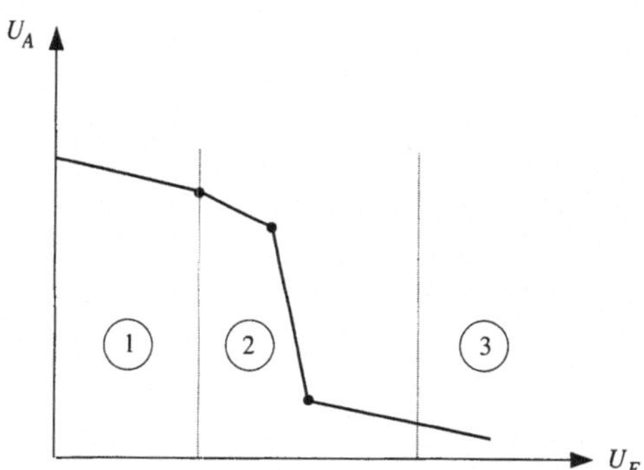

Abb. 3.13. Übertragungskennlinie und Zuordnungstabelle eines TTL–NAND–Schaltkreises

Liegen ein (oder alle) Eingänge auf L–Pegel ($0\,\text{V} \leq U_E \leq +\ 0{,}8\,\text{V}$), dann fließt über R_1 ein Basisstrom zu dem Emittereingang (–eingänge), der auf L–Pegel liegt. T_1 arbeitet dann im Sättigungsbereich und U_{CE} ist etwa $0{,}2\,\text{V}$, damit ist T_2 gesperrt. Über R_2 kann ein Basisstrom nach T_3 fließen, der dann aufsteuert. Weil T_2 sperrt fließt über R_3 kein Strom, der einen Spannungsabfall verursacht. Nach T_4 kann deshalb kein Basistrom fließen, T_4 sperrt. Da T_4 sperrt und T_3 leitend ist, liegt A auf H–Pegel ($+2{,}4\,\text{V} \leq U_A \leq +\ 5\,\text{V}$), dargestellt in Bereich ① der Übertragungskennlinie.

Liegen *alle* Eingänge auf H–Pegel ($+2{,}4\,\text{V} \leq U_E \leq +\ 5\,\text{V}$) dann arbeitet T_1 im Inversbetrieb. Der Basis-Kollektor pn–Übergang ist in Durchlaßrichtung gepolt und der Kollektorstrom fließt in die Basis von T_2, der bis in den Sättigungsbereich aufgesteuert wird, so dass $U_{CE\,sat}$ etwa $0{,}2\,\text{V}$ beträgt. Der Emitterstrom von T_2 verursacht an R_3 einen Spannungsabfall ($0{,}7\,\text{V}$) und es fließt ein Basisstrom nach T_4, bis dieser Transistor in Sättigung geht. Es wird $U_A \approx 0{,}2\,\text{V}$, d.h. L–Pegel, dargestellt durch Bereich ③ der Übertragungskennlinie. Ohne Diode D würde der Emitter von T_3 auf $0{,}2\,\text{V}$ liegen und da die Basis von T_3 auf $0{,}9\,\text{V}$ liegt ($0{,}7\,\text{V}$ Spannungsabfall an $R_3 + U_{CE\,sat}$ von

T_2) würde T_3 aufsteuern. Aus diesem Grunde ist durch die *Hubdiode* D_1 das Potential des Emitters auf 0,9 V angehoben, damit T_3 sperrt.

Der Übergang von einem Schaltzustand in den anderen wird durch den Bereich ② der Übertragungskennlinie dargestellt. Übersteigt die Eingangsspannung U_E (alle Eingänge miteinander verbunden) den Wert der Schwellspannung ($\approx$ 0,7 V) dann beginnt ein Strom I_{C1} in die Basis von T_2 zu fließen. Da T_1 in Sättigung geht, verursacht der zunehmende Basisstrom von T_2 eine Verschiebung des Arbeitspunktes dieses Transistors vom Sperrbereich in den Verstärkerbereich. Durch den Kollektor–Emitterstrom von T_2 steigt die Spannung U_3 linear an, die Spannung U_2 sinkt und damit auch die Ausgangsspannung U_A. Erreicht die Emitterspannung von T_2 die Schwellspannung von T_4, dann geht T_4 in Sättigung und die Kennlinie fällt steil ab. Durch den Spannungsabfall an der Diode D sperrt T_3.

Bei einer Dimensionierung der Standard–Schaltung

$$R_1 = 4\,\text{K}\Omega,\ R_2 = 1,6\,\text{K}\Omega,\ R_3 = 1\,\text{K}\Omega,\ R_4 = 125\,\Omega$$

betragen die maximalen Signallaufzeiten $t_{PHL} = 15\,\text{ns}$, $t_{PLH} = 22\,\text{ns}$. Bei einer Betriebsspannung von 5 V beträgt die mittlere Leistungsaufnahme $\bar{P} = 10\,\text{mW}$.

Belastung (Fan–out). Verknüpfungsglieder werden in Schaltnetzen miteinander verbunden. Von einem Schaltglied werden dann mehrere angesteuert, die als Last(widerstand) wirken. Dabei können die weiteren Schaltglieder am Eingang oder am Ausgang als Lastwiderstand wirken (Abb. 3.14).

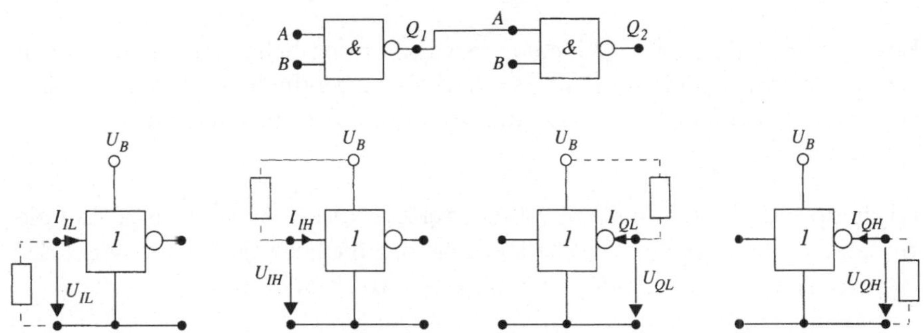

Abb. 3.14. Hintereinanderschaltung von Verknüpfungsgliedern

Für die Belastung am Eingang gilt:

1. bei L–Pegel ($0\,\text{V} \leq U_{IL} \leq +\,0,8\,\text{V}$) fließt ein Eingangsstrom $-I_{IL} \leq 1,6\,\text{mA}$ bei $U_{IL} = 0,4\,\text{V}$ aus dem Empfänger in den Sender.

2. bei H–Pegel ($+2\,$V $\leq U_{IH} \leq +\,5\,$V) fließt ein Eingangsstrom $I_{IH} \leq$ $0,04\,$mA bei $U_{IH} = +\,2,4\,$V vom Sender in den Empfänger.

Für die Belastung am Ausgang gilt:

1. bei L–Pegel (0V $\leq U_{QL} \leq +\,0,4\,$V) darf ein zulässiger Laststrom von $I_{QL} \leq 16\,$mA bei $U_{QL} \leq +\,0,4\,$V in den Sender fließen.
2. bei H–Pegel ($+2,4\,$V $\leq U_{QH} \leq +5\,$V) darf ein zulässiger Laststrom von $-I_{QH} \leq 0,4\,$mA bei $U_{QH} > +2,4\,$V fließen.

Aus dem zulässigen Laststrom am Ausgang und dem fließenden Strom am Eingang folgt ein Lastfaktor oder Fan–out von 10. Von einem TTL–Verknüpfungsglied können also 10 andere angesteuert werden, ohne dass die garantierten Pegelbereiche überschritten werden.

Fan–in. Ein zweiter Lastfaktor wird *Eingangslastfaktor* (Fan–in) genannt. Für jede Schaltkreisfamilie wird eine *normale* Eingangsbelastung, die so genannte Lasteinheit festgelegt. Der Eingang eines Verknüpfungsgliedes hat den Eingangslastfaktor $F_I = 1$ oder ein *Fan–in* von 1, wenn er die festgelegte *normale* Eingangsbelastung verursacht. Für TTL–Verknüpfungsglieder gilt:

$$\text{L–Eingangspegel} \quad 0,4\text{V} \Rightarrow \text{Eingangsstrom} \quad -1,6\text{mA}$$
$$\text{H–Eingangspegel} \quad 2,4\text{V} \Rightarrow \text{Eingangsstrom} \quad 40\mu\text{A}$$

Varianten von TTL–Schaltkreisen. Werden die Widerstände der Standard–Schaltung nach Abb. 3.11 anders dimensioniert, dann ergeben sich andere Eigenschaften hinsichtlich Leistungsaufnahme und Signallaufzeit.

Low–power–TTL. Die Widerstandswerte in den Schaltkreisen sind hochohmiger dimensioniert, deshalb ist die Leistungsaufnahme weniger als 10% der Leistungsaufnahme eines Standard–TTL. Allerdings vergrößert sich die Signallaufzeit.

High–speed–TTL. Die Widerstandswerte in diesen Schaltkreisen sind niederohmiger dimensioniert, deshalb erhöht sich die Schaltgeschwindigkeit. Die Verlustleistung ist etwa doppelt so groß wie bei Standard–TTL.

Schottky–TTL. Die Transistoren dieser TTL–Variante werden nicht im Übersteuerungsbereich betrieben wie die anderen TTL–Schaltkreise, man nennt sie deshalb auch ungesättigte Logik. Verhindert wird die Übersteuerung der Transistoren durch eine Schottky–Diode zwischen Basis und Kollektor (Abb. 3.15).

Schottky–Dioden haben eine Schwellspannung U_D von etwa $0,35\,$V und kurze Schaltzeiten. Der Transistor (Abb. 3.15) steuert nur soweit auf bis U_{CE} etwa $0,4\,$V beträgt. Dann wird die Schottky–Diode leitend und verhindert ein

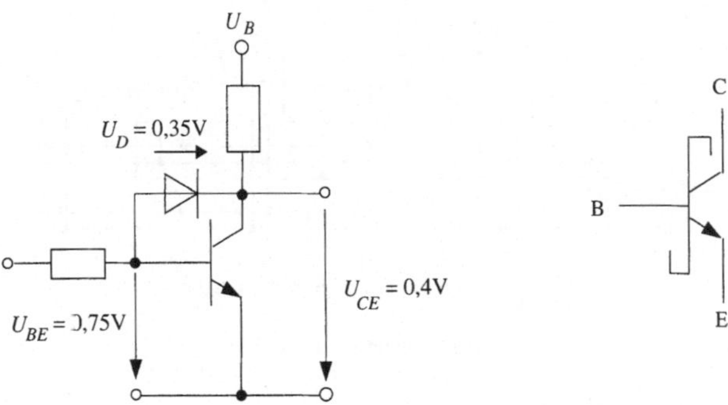

Abb. 3.15. Schottky Transistor, Aufbau und Schaltzeichen

weiteres Durchsteuern. Vom Basisanschluß fließt Strom über die Diode und die Kollektor–Emitter–Strecke des Transistors zur Masse. Der Basis–Emitter–Strom wird dadurch begrenzt. Transistoren mit Schottky–Diode werden dann Schottky–Transistor genannt. Verknüpfungsglieder mit Schottky–Transistoren haben Signallaufzeiten von 3 ns. Durch entsprechende Dimensionierung der Widerstände wird erreicht, dass die Leistungsaufnahme bei etwa 2 mW liegt. Diese Variante heißt Low–power–Schottky–TTL.

Verknüpfungsglieder mit offenem Kollektor. In Schaltkreisen dieser Variante fehlt der Transistor T_3, die Hubdiode D und der Kollektorwiderstand R_4 der Standard–Schaltung. Werden Verknüpfungsglieder mit offenem Kollektor in Schaltungen eingebaut, *muss* zwischen dem Kollektor des Ausgangstransistor und der Betriebsspannung ein externer Arbeitswiderstand geschaltet werden. Anwendung finden diese TTL–Schaltkreisvarianten bei Ansteuerung größerer Lasten (Leuchtdioden, Lampen, Relais).

TTL mit Tri–State–Ausgang. In einem Computer sind die verschiedenen Baugruppen (Speicher, Prozessor, Ein– Ausgabeeinheiten u.a.) über ein Bündel von Leitungen – genannt *Bus* – miteinander verbunden (Abb. 3.16a).

Über diesen Bus tauschen die Baugruppen untereinander Signale aus. Dabei können alle Baugruppen sowohl Signale über das Bussystem senden als auch empfangen. Allerdings muss gewährleistet sein, dass in einem Zeitintervall nur *ein* Sender Signale sendet. Die Sender sind Ausgänge von Verknüpfungsschaltungen die alle über das Bussystem parallelgeschaltet sind. Alle nicht sendenden Ausgänge müssen über Steuerleitungen gesperrt werden. Für die Steuerung von Busleitungen wurden deshalb so genannte *Bus–Leitungstreiber* mit drei Ausgangszuständen (Tri–State–Ausgänge) entwickelt.

Diese Schaltkreise können neben H– und L–Pegel einen dritten *hochohmigen* Ausgangszustand einnehmen. Wenn sich ein Senderausgang im hochohmigen Zustand befindet ist er signalmäßig von der Busleitung abgetrennt.

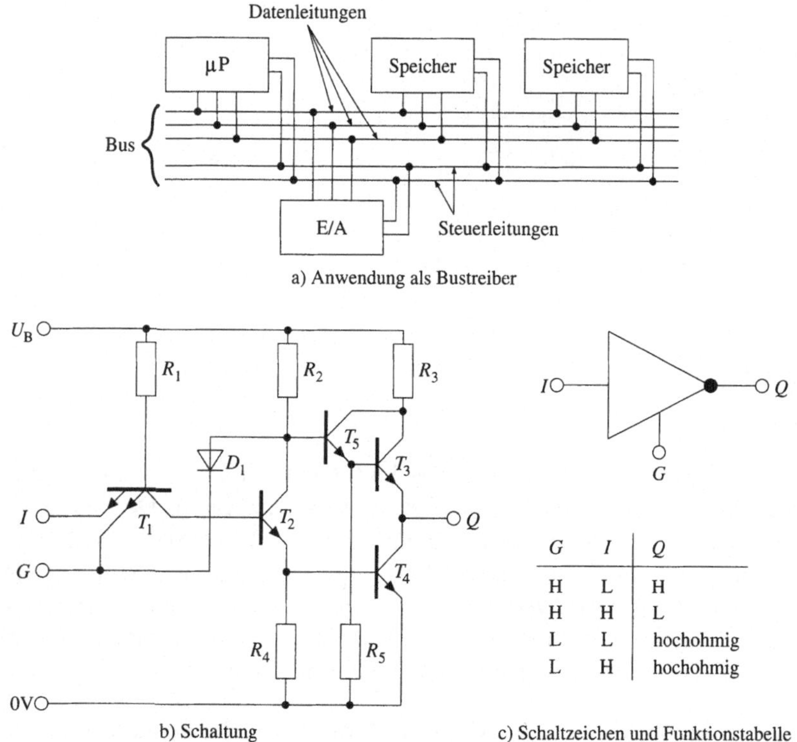

G	I	Q
H	L	H
H	H	L
L	L	hochohmig
L	H	hochohmig

Abb. 3.16. TTL–Glied mit Tri–State–Ausgang

In Abbildung 3.16b ist eine Möglichkeit aufgezeigt, wie die Gegentaktendstufe eines TTL–Gliedes in einen hochohmigen Zustand geschaltet werden kann. Dieser hochohmige Ausgangszustand wird durch einen zusätzlichen Steuereingang G angesteuert. Liegt an G H–Pegel, dann sperrt die zusätzliche Diode D_1 und das Verhalten der Schaltung entspricht der eines Inverters. Liegt an G L–Pegel, so kann über den Multi–Emitter–Transistor T_1 kein für T_2 ausreichender Basisstrom mehr fließen (G kann als „normaler" Eingang betrachtet werden). Dadurch sperrt T_2 und nach ihm auch T_4. Ferner wird durch die nun leitende Diode D_1 der Kollektor von T_2 heruntergezogen, so dass auch die Transistoren T_5 und T_3 sperren. Der Ausgang Q ist hochohmig.

Die Schaltung wird auch *unidirektionale* Bustreiber–Schaltung genannt. Der Steuereingang G wird als *Enable*–Signal bezeichnet und wird je nach Bausteintyp mit H– oder L–Pegel aktiviert. Abb. 3.16c zeigt das Schaltzeichen und die Funktionstabelle eines Leitungstreibers mit Tri–State–Ausgang (Das Thema Bustreiber und Bussysteme wird in Band 2 ausführlich behandelt).

Siehe Übungsband
Aufgabe 28:
TTL–Glieder

Schmitt–Trigger. Schmitt–Trigger sind Schaltungen mit einem Analogeingang und einem Digitalausgang. Hauptanwendungen sind:

- Impulsformung und Signalregenerierung: Flankenregenerierung von binären Signalen, Erzeugung von Rechteckimpulsen aus Sinusspannungen oder anderen Analogsignalen.

- Einsatz als Schwellwertschalter: Unterdrückung kleiner Störsignale in digitalen Systemen, Grenzwertüberwachung analoger Signale.

Beim Überschreiten einer bestimmten Eingangsspannung U_{Iein} nimmt der Ausgang ebenfalls einen bestimmten Zustand ein, H– oder L–Pegel. Beim Unterschreiten einer bestimmten Eingangsspannung U_{Iaus} nimmt der Ausgang wieder den Ruhezustand ein. Der Zustandswechsel am Ausgang in Abhängigkeit vom Eingangssignal erfolgt sprunghaft, deshalb hat der Pegel am Ausgang bei beliebigem (analogen) Signal–Verlauf am Eingang immer einen rechteckförmigen (digitalen) Verlauf. Abb. 3.17a zeigt den Signal–Zeit–Verlauf am Eingang und Ausgang eines Schmitt–Triggers.

Die Differenz zwischen den Spannungswerten U_{Iein} und U_{Iaus} wird *Schalt–Hysterese* ΔU genannt. Diese Schalt–Hysterese wird in der Übertragungskennlinie des Schmitt-Triggers besonders sichtbar. In der Übertragungskennlinie wird der Ausgangszustand in Abhängigkeit von der Eingangsspannung dargestellt (Abb. 3.17b). Solange $U_I < U_{Iein}$ ist, liegt am Ausgang L–Pegel. Wird U_{Iein} überschritten, dann kippt die Ausgangsspannung auf H–Pegel. Der Zustand $Q = H$ bleibt erhalten, auch wenn U_I weiter erhöht wird. Erst wenn $U_I < U_{Iaus}$ wird, kippt die Ausgangsspannung wieder auf L–Pegel. In der Übertragungskennlinie ist erkennbar, dass im Bereich der Eingangsspannung $U_{Iaus} < U_I < U_{Iein}$ am Ausgang sowohl L–Pegel als auch H–Pegel auftreten kann, also keine eindeutige Zuordnung zwischen Eingangsspannung und Ausgangspegel vorliegt. Diese Zuordnung wird eindeutig, wenn angegeben ist, ob sich die Eingangsspannung steigend oder fallend den Schwellwerten U_{Iein} oder U_{Iaus} genähert hat. Abb. 3.17c zeigt eine Schmitt–Trigger–Schaltung mit Transistoren. Die Schaltung stellt einen rückgekoppelten Differenzverstärker (positive Rückkopplung) dar. Transistor T_2 wird vom Ausgang des Transistors T_1 angesteuert. Zusätzlich liegt über einem gemeinsamen Widerstand R_5 eine weitere Kopplung zwischen beiden Transistoren vor.

Wird die Betriebsspannung U_B eingeschaltet ohne dass eine Eingangsspannung U_I anliegt, dann läuft folgender Einschaltvorgang ab: Über den Spannungsteiler R_1, R_3, R_4 stellt sich an T_2 eine Basisspannung ein, so dass T_2

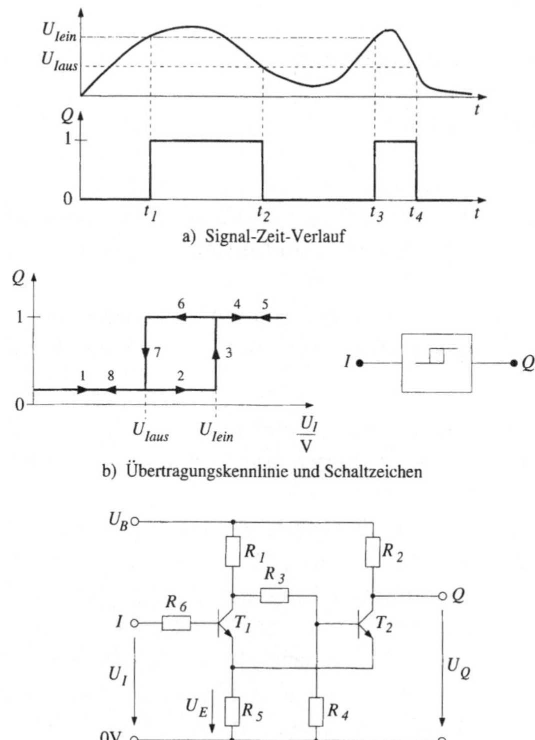

a) Signal-Zeit-Verlauf

b) Übertragungskennlinie und Schaltzeichen

c) Schaltung

Abb. 3.17. Schmitt–Trigger

leitet. Der Kollektor–Emitterstrom von T_2 verursacht an R_5 den Spannungsabfall U_E. Am Ausgang Q liegt die Spannung U_{Q0}, die sich aus U_E und der Sättigungsspannung von T_2 ergibt. Es stellt sich also folgender Zustand ein: T_1 gesperrt, T_2 leitend $\hat{=} U_{Q0} \approx U_E + 0,2\text{V} \hat{=}$ L–Pegel.

Dieser Zustand ist stabil und bleibt erhalten, solange die Eingangsspannung $U_I < U_{Iein}$ ist. Für U_{Iein} gilt: $U_{Iein} \approx U_E + 0,7\text{V}$. Erreicht U_I den Schwellwert U_{Iein}, dann beginnt T_1 durchzusteuern und seine Kollektorspannung sinkt. Damit wird auch der Basisstrom von T_2 kleiner und T_2 beginnt zu sperren. U_E wird kleiner und vergrößert damit die Steuerspannung U_{BE} von T_1. Diese Rückkopplung wird als Mitkopplung bezeichnet. Die Schaltung kippt in den zweiten stabilen Zustand. Hier gilt: T_1 leitend, T_2 gesperrt $\hat{=} U_{Q1} = U_B \hat{=}$ H–Pegel. Dieser Zustand bleibt erhalten, solange $U_I > U_{Iaus}$ ist. Wird U_I kleiner als U_{Iaus}, so kippt die Schaltung aus dem Arbeitszustand in den Ruhezustand zurück.

Die wichtigsten Kenngrößen von TTL–Schaltkreisen sind in der Tabelle 3.1 zusammengefaßt.

	Standard–TTL	Low–Power TTL	High–Speed TTL	Schottky TTL	Low–Power SchottkyTTL
Kennbuchstabe	–	L	H	S	LS
Betriebsspannung	5 V	5 V	5 V	5 V	5 V
Leistungsaufnahme je Verknüpfungsglied	10 mW	1 mW	23 mW	20 mW	2 mW
mittlere Signal-laufzeit	10 ns	33 ns	5 ns	3 ns	9,5 ns
typischer Stör-Spannungsabstand	1 V	1 V	1 V	0,5 V	0,6 V
max. Schaltfrequenz	50 MHz	3 MHz	80 MHz	130 MHz	50 MHz

Tabelle 3.1. Typische Kennwerte von TTL–Schaltkreisen

3.2.2 ECL–Schaltkreise

Die Transistoren der Emitter–gekoppelten Schaltkreise (ECL) arbeiten im Verstärkungsbereich nicht im Übersteuerungsbereich. Dadurch wird die *Speicherzeit* sehr klein gehalten.

Das schaltungstechnische Konzept beruht auf dem *Differenzverstärkerprinzip* mit *Emitterfolgerstufe* als Ausgangsstromverstärkung. Abb. 3.18 zeigt die Schaltung eines ECL–Gliedes.

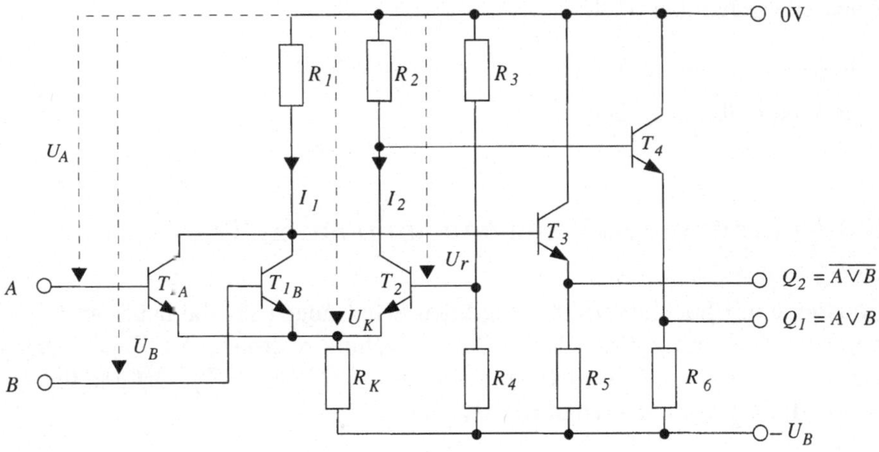

Abb. 3.18. Grundschaltung eines ECL–Gliedes

Die Differenzverstärkterstufe besteht aus den Transistoren T_1, T_2 und dem Koppelwiderstand R_K. In dieser Differenzverstärkerstufe werden die Eingangsspannungen U_A ODER U_B mit der Referenzspannung U_r verglichen.

Über den Spannungsteiler R_3, R_4 wird U_r so eingestellt, dass der Arbeitspunkt von T_2 im Verstärkungsbereich liegt und der Transistor leitend ist. Sind die Eingangsspannungen U_A und U_B negativer als U_r, d.h. liegen sie auf L–Pegel, dann sperren T_{1A} und T_{1B} und T_2 ist leitend. Es gilt dann $I_2 > I_\text{i}$ und der Spannungsabfall an R_2 ist größer als an R_1. Wird die Eingangsspannung U_A ODER U_B positiver als U_r, d.h. nimmt sie H–Pegel an, dann steuert T_{1A} ODER T_{1B} auf und T_2 sperrt. Dann gilt $I_1 > I_2$ und der Spannungsabfall an R_1 ist größer als an R_2. Die Spannungsabfälle an R_1 und R_2 steuern die Ausgangsverstärker der Transistoren T_3 und T_4 als Emitterfolger.

Typische Pegelbereiche bei ECL–Schaltkreisen sind

Input		Output	
H–Pegel -1 V $\cdots$ 0 V		-0,85 V $\cdots$ -0,74 V	
L–Pegel $-U_B$ $\cdots$ -1,6 V		-1,7 V $\cdots$ -1,5 V	

Vorteile der ECL–Schaltkreise gegenüber TTL sind:

- kleine Signallaufzeiten (2 ns bis Subnanobereich)

- die Leistungsaufnahme der Glieder ist pegelunabhängig

- hohes Fan–out

Nachteile gegenüber TTL:

- höhere Leistungsaufnahme

- geringere Störsicherheit

3.3 Verknüpfungsglieder mit unipolaren Transistoren

Bausteine mit hochintegrierten digitalen Schaltungen für die heutigen Computer werden zum größten Teil in MOS–Technik realisiert. Als Bauelemente dienen *selbstsperrende*-Feldeffekt-Transistoren (MOS–FET). Gründe für die Anwendung von MOS–Schaltkreisen sind:

- hohe Integration. Die erforderliche *Chipfläche* für einen Schaltkreis beträgt weniger als 10% gegenüber TTL. Das wird unter anderem dadurch ermöglicht, dass MOS–FET selbstisolierend sind. Weil beide *pn*–Übergänge gesperrt sind ist keine zusätzliche Isolationsdiffusion erforderlich.

- einfache Herstellung (wenige Diffusionsschritte). Bei PMOS–Schaltkreisen nur ein Diffusionszyklus.

– geringe Leistungsaufnahme. MOS–FET sind spannungsgesteuerte Schalter, die im statischen Zustand keinen Eingangsstrom ziehen, sie sind deshalb verlustärmer als bipolare Transistoren.

Verknüpfungsglieder mit MOS–FET gibt es als

PMOS Schaltkreise   –   mit p–Kanal FET,

NMOS Schaltkreise   –   mit n–Kanal FET,

CMOS Schaltkreise   –   mit p–Kanal und n–Kanal FET.

3.3.1 PMOS Schaltkreise

Die ersten MOS–Schaltkreise mit selbstsperrenden FETs waren PMOS Schaltkreise. Ihr Hauptvorteil liegt in der einfachen Herstellbarkeit. Ein großer Nachteil ist die relativ hohe Schwellspannung (etwa 5 V) und dadurch bedingt eine hohe Betriebsspannung von - 9 V bis - 20 V sowie relativ große Schaltzeiten. Abb. 3.19 zeigt Schaltung und Übertragungskennlinie eines Inverters.

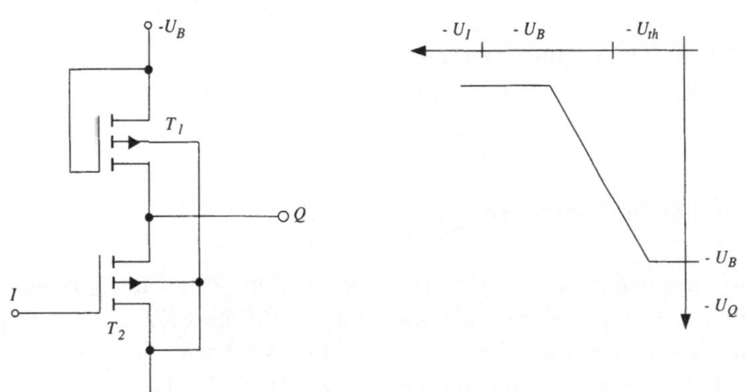

Abb. 3.19. PMOS Inverter, Schaltung und Übertragungskennlinie

T_1 dient als Lastwiderstand. Ein ohmscher Lastwiderstand würde etwa die 10 fache Fläche eines MOS–Transistors beanspruchen. Der Gateanschluß von T_1 liegt an der Betriebsspannung $-U_B$. T_1 ist so konstruiert, dass der Kanalwiderstand im leitenden Zustand nicht unter etwa $100\,\mathrm{K}\,\Omega$ absinkt. Der Kanalwiderstand von T_2 beträgt im leitenden Zustand etwa $(1\text{–}2)\,\mathrm{K}\,\Omega$. Im Sperrzustand beträgt der Kanalwiderstand von T_1 etwa $1\,\mathrm{M}\,\Omega$ und von T_2

etwa $10\,\mathrm{M}\,\Omega$. Diese hohen Kanalwiderstände erfordern eine hohe Betriebsspannung.

Die Realisierung der Booleschen Verknüpfung geschieht mittels Reihen– und Parallelschaltung der Schalttransistoren (Abb. 3.20).
Für positive Zuordnung werden mit einer
Reihenschaltung die NOR–Verknüpfung und mit der
Parallelschaltung die NAND–Verknüpfung realisiert.

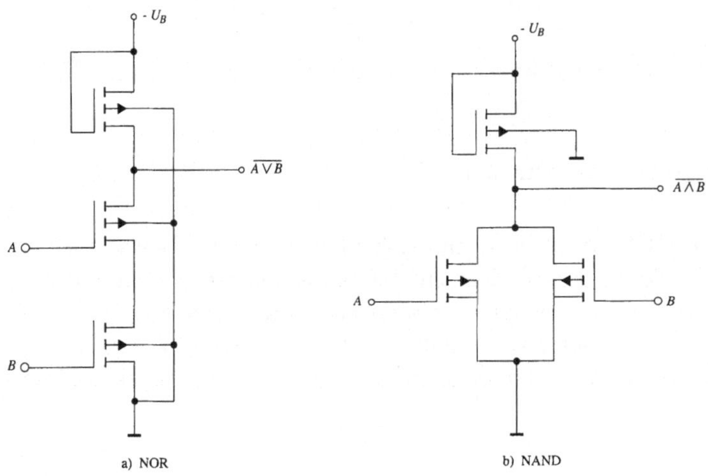

Abb. 3.20. PMOS Verknüpfungsglieder

3.3.2 NMOS Schaltkreise

Verknüpfungsglieder in NMOS–Technik werden ausschließlich aus selbstsperrenden n–Kanal–MOS–FETs aufgebaut. NMOS–FETs haben wegen der größeren Elektronenbeweglichkeit gegenüber Löchern bei gleicher Geometrie eine höhere Schaltgeschwindigkeit als PMOS–FETs. Vorteile von Verknüpfungsgliedern mit NMOS–FET gegenüber PMOS–FET sind:
geringere Schaltzeiten,
höhere Packungsdichte,
geringere Betriebsspannung (TTL–kompatibel),
geringerer Leistungsverbrauch,
geringere Kanalwiderstände

Die Realisierung der Booleschen Verknüpfungen geschieht mittels Reihen– und Parallelschaltung der Schalttransistoren (Abb. 3.21).
Für positive Zuordnung werden mit der

Reihenschaltung die NAND–Verknüpfung und mit der
Parallelschaltung die NOR–Verknüpfung realisiert.

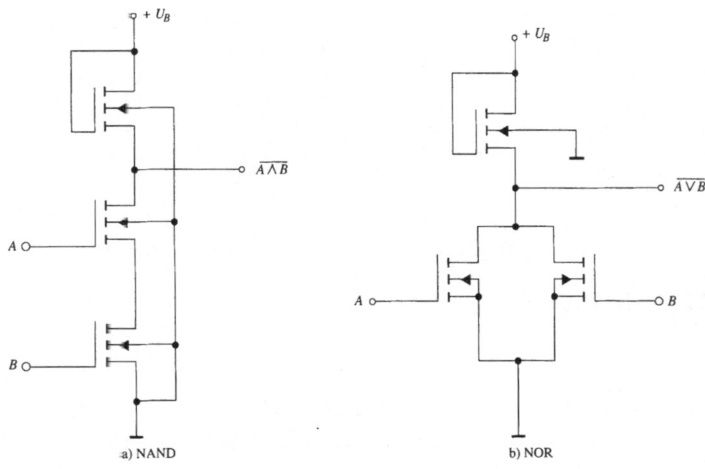

Abb. 3.21. NMOS Verknüpfungsglieder

3.3.3 CMOS–Schaltkreise

Die Bezeichnung CMOS oder COS–MOS steht für *Complementary Symmetry Metal Oxide Semiconductor* und besagt, dass Verknüpfungsglieder dieser MOS–Schaltkreise sowohl aus NMOS–FET und aus PMOS–FET aufgebaut sind.

Mit der Anordnung nach Abb. 3.22 lässt sich eine Inverterschaltung mit fast idealem Schaltverhalten realisieren.

In einer Inverterschaltung aus NMOS– oder aus PMOS–FET fließt bei leitendem Schalttransistor immer ein Strom I_D (etwa 6mA bei PMOS und 2mA bei NMOS), der eine Verlustleistung bewirkt. Bei einem CMOS Inverter nach Abb. 3.22 wird der Betriebsstrom nahezu Null, da beide Transistoren abwechselnd die Rolle des aktiven Schalttransistors und des Lasttransistors übernehmen. Es ist stets ein Transistor gesperrt und der andere leitend.

Liegt an U_I 0 V , dann gilt für den PMOS–FET $|U_{GS}| > |U_{th}|$ und für den NMOS–FET $|U_{GS}| < |U_{th}|$, so dass T_1 leitend und T_2 gesperrt ist. Liegt am Eingang $+U_B$, dann kehren sich die Verhältnisse für U_{GS} der Transistoren um, und T_1 ist gesperrt und T_2 leitend. Da immer ein Transistor gesperrt ist, fließt praktisch kein Strom und die Ausgangsspannung an U_Q ist $+U_B$ oder 0 V. Die statische Verlustleistung ist deshalb nahezu Null (bei $I_D < 10$ nA und $U_B = 5\,V$ unter 50 nW).

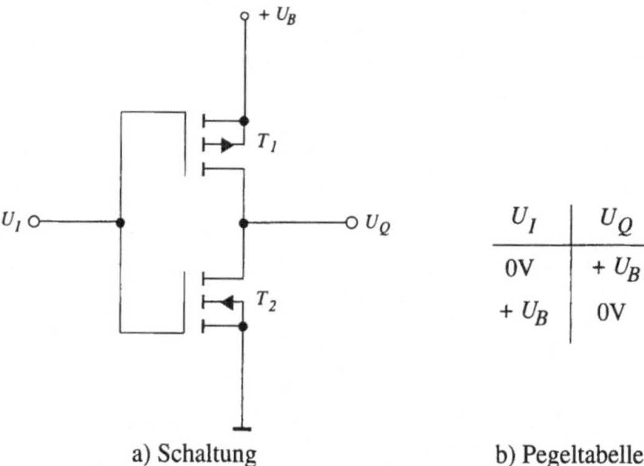

Abb. 3.22. CMOS Inverter

Beim Umschalten von H $\longrightarrow$ L und L $\longrightarrow$ H ist der eine Transistor noch nicht voll gesperrt, während der andere schon leitend wird, deshalb fließt während des Umschaltvorganges kurzeitig ein größerer Strom I_D. Ebenfalls werden beim Umschalten der Ausgangsspannung die Eingangskapazitäten weiterer an den Ausgang angeschlossener CMOS Glieder umgeladen, und bewirken eine dynamische Verlustleistung. Die gesamte Verlustleistung ist also frequenzabhängig.

Durch das nahezu ideale Umschalten zwischen den Pegelwerten $+U_B$ und 0 V am Ausgang und durch die niedrige Schwellspannung von etwa 1,5 V ist die Betriebsspannung in einem Bereich von $U_B = 3\,V \cdots 15\,V$ frei wählbar. Daraus folgt weiter eine steile Übertragungskennlinie und großer Störabstand (etwa $0{,}3 \cdots 0{,}45{\cdot}U_B$). Abb. 3.23 zeigt die Übertragungskennlinie und die Stromaufnahme eines CMOS Inverters. Die tatsächlichen Verläufe werden durch Geradenstücke angenähert.

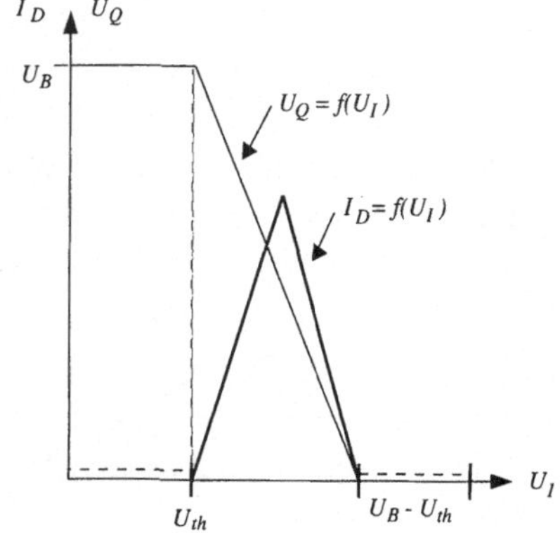

Abb. 3.23. Übertragungskennlinie und Stromaufnahme eines CMOS Inverters

Die Realisierung von Booleschen Verknüpfungen geschieht wieder mittels Parallel– und Reihenschaltung von Schalttransistoren (Abb. 3.24). Für positive Zuordnung werden mit der

Reihenschaltung die NAND–Verknüpfung und mit der Parallelschaltung die NOR–Verknüpfung realisiert.

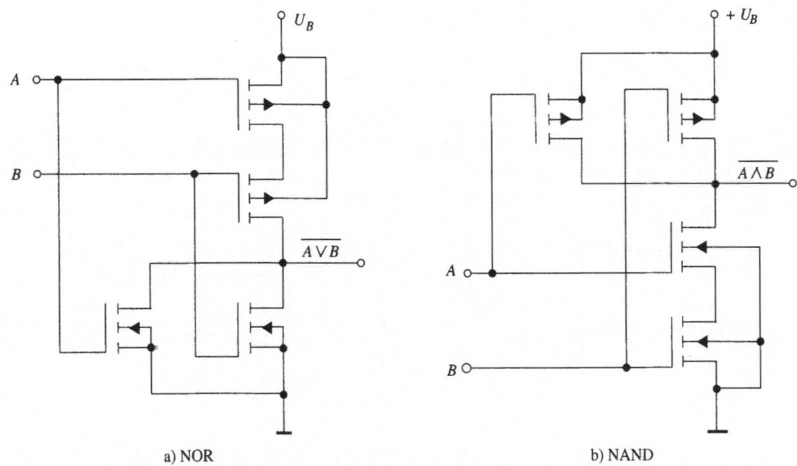

Abb. 3.24. CMOS Verknüpfungsglieder

Neben den CMOS *Verknüpfungsgliedern* gibt es einen CMOS Schaltkreis besonderer Art, das *Transmissiongate*. Bei diesem Schaltkreis zur bidirektionalen Signalübertragung sind ein NMOS–FET und ein PMOS–FET parallel geschaltet (Abb. 3.25).

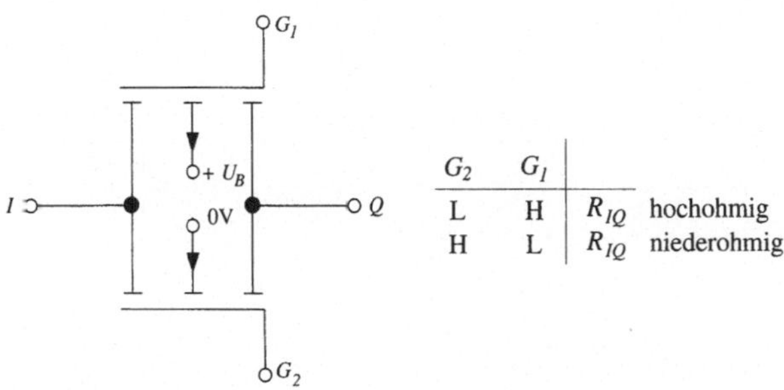

G_2	G_1		
L	H	R_{IQ}	hochohmig
H	L	R_{IQ}	niederohmig

Abb. 3.25. Schaltung und Zuordungstabelle eines CMOS Transmissiongate

Liegt an G_1 H–Pegel und an G_2 L–Pegel, dann gilt $|U_{GS}| < |U_{th}|$ für beide FET. Da beide sperren, ist die Strecke zwischen I und Q hochohmig. Liegt an G_1 L–Pegel und an G_2 H–Pegel, dann gilt $|U_{GS}| > |U_{th}|$ für beide FET und beide sind leitend. Die Strecke $I \longrightarrow Q$ ist dann niederohmig und ein Signal kann *bidirektional* von I nach Q oder von Q nach I durchgeschaltet werden. Wird das Gate eines Transistors über einen Inverter angesteuert, dann ist nur ein Steuersignal erforderlich (Abb. 3.26).

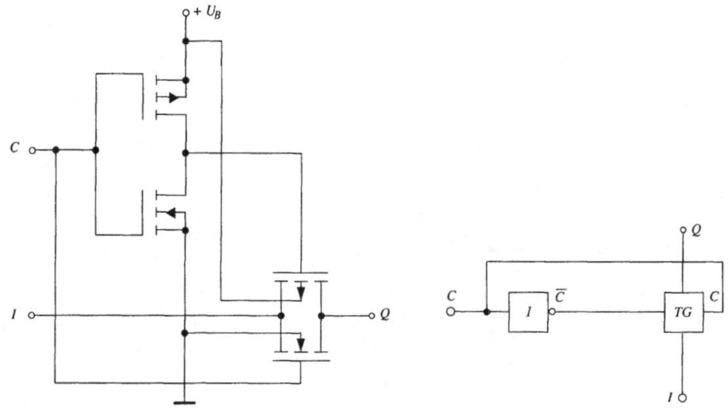

Abb. 3.26. Transmissiongate mit Inverter zur Ansteuerung; Schaltung und Schaltbild

4. Schaltnetze

Schaltnetze enthalten Verknüpfungsglieder und realisieren eine Schaltfunktion oder Vektorfunktion:

$$Y = F(X) \tag{4.1}$$

Dabei ist X der Eingangsvektor mit den Eingangsvariablen $x_1, x_2, \ldots, x_n$, Y der Ausgangsvektor mit den Ausgangsvariablen $y_1, y_2, \ldots, y_m$, F die Zuordnungsvorschrift zwischen den Eingangs- und Ausgangsvariablen, gebildet durch die Operatoren $\vee$, $\wedge$, $^{-}$ und dargestellt durch die Schaltzeichen für die UND-, ODER- NICHT-Verknüpfung.

Die Schreibweise in Komponentendarstellung lautet:

$$
\begin{aligned}
y_1 &= f_1(x_1, x_2, \ldots, x_n) \\
y_2 &= f_2(x_1, x_2, \ldots, x_n) \\
&\;\;\vdots \qquad \vdots \\
y_m &= f_m(x_1, x_2, \ldots, x_n)
\end{aligned}
\tag{4.2}
$$

Die Signallaufzeiten in den Verknüpfungsgliedern werden bei der Beschreibung der Schaltnetze nicht berücksichtigt. Unter dieser Voraussetzung gilt:

Die Ausgangsvariablen zu irgend einem Zeitpunkt sind eindeutig bestimmt durch die Eingangsvariablen zum gleichen Zeitpunkt.

Die Definition der DIN-Norm (DIN44300/93) für ein Schaltnetz lautet deshalb:

Schaltnetz. Ein Schaltwerk[1], dessen Wert am Ausgang zu irgend einem Zeitpunkt nur vom Wert am Eingang zu diesem Zeitpunkt abhängt.

---

[1] eine Funktionseinheit zum Verarbeiten von Schaltvariablen

Schaltnetze werden mit Begriffen und Schaltzeichen der Schaltalgebra beschrieben. Im ersten Abschnitt dieses Kapitels werden Begriffe und Gesetze der Schaltalgebra in einer Übersichtsform dargestellt. In der Analyse von Schaltnetzen wird ausgehend von einem Schaltplan die Funktionstabelle und die Funktionsgleichung erstellt. In der Synthese von Schaltnetzen gelangt man in umgekehrter Reihenfolge von einer Funktionstabelle oder Funktionsgleichung zum Schaltplan.

Als Beispiele für Schaltnetze werden Funktionseinheiten digitaler Rechensysteme dargestellt: Code–Umsetzer, arithmetische Schaltnetze, Multiplexer. Schaltnetze können nach zwei unterschiedlichen Methoden entworfen werden:

1. Realisierung durch einzelne Verknüpfungsglieder (UND, ODER, NICHT)

2. Realisierung durch addressierende Bausteine (Multiplexer, Festwertspeicher–ROM, PROM ...)

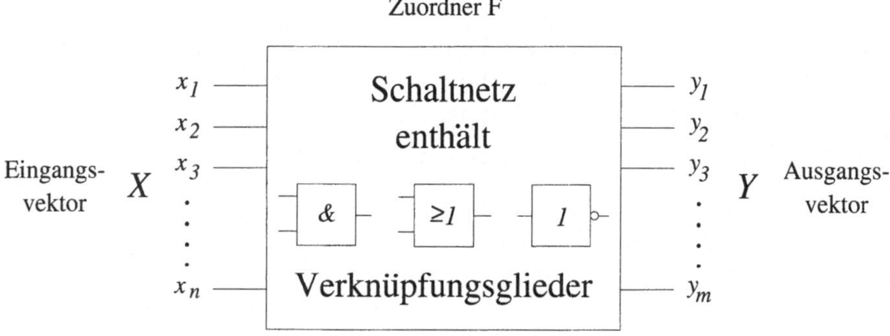

Abb. 4.1. Blockschaltbild für ein Schaltnetz

In der DIN–Definition von Schaltnetzen werden Laufzeiteffekte nicht berücksichtigt. Reale Schaltnetze sind aus Verknüpfungsgliedern aufgebaut, bei denen Signallaufzeiten auftreten. Deshalb werden am Ende des Kapitels Laufzeiteffekte in Schaltnetzen (Hazards) besprochen.

4.1 Schaltalgebra

Die Zweiwertigkeit von Schalterzuständen – Schalter *ein*/Schalter *aus* – führte zur praktischen Anwendung der Booleschen Algebra, zur Schaltalgebra. Die Schaltalgebra ist eine Boolesche Algebra über der Menge $B = \{0, 1\}$. Die Realisierungsmöglichkeit der Schaltalgebra mit Schaltern (Verknüpfungsgliedern) kommt in den Begriffen Schaltvariable, Schaltfunktion und Schaltalgebra selbst zum Ausdruck. Die Schaltalgebra als Modell der Booleschen

Algebra bildet die theoretische Grundlage für den Entwurf von Schaltnetzen. Man kann sagen: In digitalen Datenverarbeitungssystemen werden auf der physikalischen Ebene binäre Schaltvariablen mit elektronischen Schaltern (Verknüpfungsgliedern) nach den Gesetzen der Schaltalgebra verknüpft.

4.1.1 Definition der Booleschen Algebra

Die Boolesche Algebra ist eine algebraische Struktur. Sie wird charakterisiert durch folgende Eigenschaften:

1. Es existiert eine Menge $B = \{a, b, \ldots, n\}$
   $\wedge$ und $\vee$ sind eindeutige Verknüpfungen:

$$\wedge : B \times B \longrightarrow B$$
$$\vee : B \times B \longrightarrow B$$

2. Für $a, b, c \in B$ gelten folgende Gesetze:

   2.1 Kommutativgesetze
   $$a \wedge b = b \wedge a \quad (K\wedge)$$
   $$a \vee b = b \vee a \quad (K\vee)$$

   2.2 Assoziativgesetze
   $$(a \wedge b) \wedge c = a \wedge (b \wedge c) \quad (A\wedge)$$
   $$(a \vee b) \vee c = a \vee (b \vee c) \quad (A\vee)$$

   2.3 Absorptionsgesetze
   $$a \wedge (a \vee b) = a \quad (Ab\wedge)$$
   $$a \vee (a \wedge b) = a \quad (Ab\vee)$$

   2.4 Distributivgesetze
   $$a \wedge (b \vee c) = (a \wedge b) \vee (a \wedge c) \quad (D\wedge)$$
   $$a \vee (b \wedge c) = (a \vee b) \wedge (a \vee c) \quad (D\vee)$$

   2.5 Neutrale Elemente
   Es gibt in B verschiedene Elemente e und $n \in B$, so dass für alle $a \in B$ gilt:
   $$a \wedge e = a \quad (N\wedge)$$
   $$a \vee n = a \quad (N\vee)$$

2.6 Komplementäres Element
Zu jedem $a \in B$ existiert genau ein Element $\overline{a} \in B$ mit den Eigenschaften

$$a \wedge \overline{a} = n \quad (C\wedge)$$

$$a \vee \overline{a} = e \quad (C\vee)$$

2.7 Dualitätsprinzip
Ist A eine Aussage der Booleschen Algebra, so auch $\overline{A}$, die man durch Vertauschen von $\wedge$ gegen $\vee$ und n gegen e erhält.

2.8 De Morgansche Regeln:

$$\overline{a \wedge b} = \overline{a} \vee \overline{b}$$

$$\overline{a \vee b} = \overline{a} \wedge \overline{b}$$

4.1.2 Schaltalgebra – ein Modell der Booleschen Algebra

Die *Schaltalgebra* ist ein Modell der Booleschen Algebra, die nur über zwei Elementen, den beiden Elementen 0 und 1 definiert ist, d.h. die Schaltalgebra ist eine Boolesche Algebra über der Menge $B = \{0, 1\}$. Sie wird durch folgende Eigenschaften charakterisiert

1. Es existiert eine Menge $B = \{0, 1\}$

2. Es existieren die Verknüpfungen (Operatoren) $\wedge, \vee, ^{-}$
   Für die Verknüpfungszeichen werden Schaltzeichen eingeführt (DIN 40700 Teil 14). Weitere Schaltzeichen und in USA gebräuchliche Schaltzeichen sind im Anhang angegeben.

3. Es gelten die Gesetze der Booleschen Algebra.

Operator	Schaltzeichen	Benennung
$^{-}$	$\boxed{1}$	NICHT - Glied (NOT)
$\wedge$	$\boxed{\&}$	UND - Glied (AND)
$\vee$	$\boxed{\geq 1}$	ODER - Glied (OR)

Abb. 4.2. Operatoren und Schaltzeichen nach DIN 40700

4.2 Schaltfunktionen

Die *Schaltfunktionen* der Schaltalgebra sind vergleichbar mit den Funktionen der (allgemeinen) Algebra.

4.2.1 Definitionen

Eine *Schaltfunktion* ist eine Gleichung der Schaltalgebra, die die Abhängigkeit einer binären Schaltvariablen y (Ausgangsvariable) von einer (oder mehreren) unabhängigen binären Schaltvariablen $x_0, (x_1, ... x_n)$ (Argument der Eingangsvariablen) beschreibt (4.2). Die DIN–Formulierung lautet:

> Schaltfunktion– eine Funktion, bei der jede Argumentvariable und die Funktion selbst nur endlich viele Werte annehmen kann. (DIN 44300/87)

Eine Schaltvariable ist ein Symbol für die Elemente $\{0, 1\}$ der Schaltalgebra. Ist $B = \{0, 1\}$, dann bedeutet $x \in B$: die Variable x hat entweder den Wert 0 oder 1. DIN–Formulierung (44300/86): eine Variable, die nur endlich viele Werte annehmen kann (am häufigsten sind binäre Schaltvariablen).

Ist $x_1 \in B$ und $x_2 \in B$, dann hat die Produktmenge (kartesisches Kreuzprodukt) $B \times B = \{(0, 0), (0, 1), (1, 0), (1, 1)\}$ vier Elemente oder Wertekombinationen. Als Schreibweise für die Wertekombinationen verwendet man meist folgende Darstellung:

$$(0, 0) \;\; \hat{=} \;\; \overline{x_1} \;\; \overline{x_2}$$

$$(0, 1) \;\; \hat{=} \;\; \overline{x_1} \;\; x_2$$

$$(1, 0) \;\; \hat{=} \;\; x_1 \;\; \overline{x_2}$$

$$(1, 1) \;\; \hat{=} \;\; x_1 \;\; x_2$$

Mit n Variablen können 2^n Wertekombinationen gebildet werden. Für die Schaltfunktion gilt deshalb:

> Eine Schaltfunktion ist eine eindeutige Zuordnungsvorschrift, die jeder Wertekombination von Schaltvariablen einen Wert zuordnet.

Jeder der ingesamt 2^n Wertekombinationen der Variablen

$$x_1, x_2, \ldots, x_n \quad\quad x_i \in \{0, 1\} (i = 1, 2, \ldots, n)$$

wird durch die Zuordnungsvorschrift f eindeutig ein Funktionswert

$$f(x_1, x_2, \ldots, x_n) \in \{0, 1\} \text{ zugeordnet.}$$

Man schreibt

$$y = f(x_1, x_2, \ldots, x_n)$$

und sagt

y ist eine Funktion von $x_1, x_2, \ldots, x_n$.

Der Ausdruck $y = f(x_1, x_2, \ldots, x_n)$ wird Schaltfunktion genannt.

Verknüpfung / Darstellung	UND	ODER	NICHT
Wertetabelle	x_2 x_1 | $f(x_1, x_2)$ 0 0 | 0 0 1 | 0 1 0 | 0 1 1 | 1	x_2 x_1 | $f(x_1, x_2)$ 0 0 | 0 0 1 | 1 1 0 | 1 1 1 | 1	x | $f(x)$ 0 | 1 1 | 0
Schaltzeichen	x_1 —[&]— y x_2 —	x_1 —[≥ 1]— y x_2 —	x —[1]o— y
Funktion	$y = f(x_1, x_2)$ $= x_1 \wedge x_2$	$y = f(x_1, x_2)$ $= x_1 \vee x_2$	$y = f(x) = \overline{x}$

Abb. 4.3. Grundverknüpfungen und ihre Darstellung

Wird eine Schaltfunktion mit Hilfe eines Operationssymbols $(\wedge, \vee, {}^{-})$ dargestellt, dann heißt diese Schaltfunktion eine *Verknüpfung* (DIN 44300/87). Mit diesen Operationssymbolen werden drei *Grundverknüpfungen* gebildet. Es gibt für jede Verknüpfung drei gleichwertige Darstellungen (Abb. 4.3): *Wertetabelle, Schaltzeichen* oder die *Angabe der Funktion*.
Weil mit n Eingangsvariablen 2^n Wertekombinationen gebildet werden können und die Ausgangsvariable zwei Werte $0, 1$ annehmen kann, deshalb gibt es zu n Eingangsvariablen insgesamt 2^{2^n} Ausgangsfunktionen. Für $y = f(x)$ gibt es vier Funktionen.

x	$f_1(x)$	$f_2(x)$	$f_3(x)$	$f_4(x)$
0	0	0	1	1
1	0	1	0	1

Bei f_1 und f_4 sind die Ausgangswerte unabhängig von den Eingangswerten 0 bzw. 1. Bei f_2 ist der Ausgangswert gleich x, f_3 bildet die Negation von x, also $f_3(x) = \overline{x}$.

Mit zwei Variablen $x_1 \in \{0,1\}$ und $x_2 \in \{0,1\}$ lassen sich insgesamt 16 unterschiedliche Verknüpfungen bilden Tabelle 4.1.

	Funktionswert $y = f(x_1, x_2)$	Schreibweise mit den Zeichen	Bemerkung
Benennung der	$x_1 = 0\ 1\ 0\ 1$	$\wedge \vee -$	
Verknüpfung	$x_2 = 0\ 0\ 1\ 1$		
Null	$y_0 = 0\ 0\ 0\ 0$	0	Null
Konjunktion	$y_1 = 0\ 0\ 0\ 1$	$x_1 \wedge x_2$	UND
Inhibition	$y_2 = 0\ 0\ 1\ 0$	$\overline{x}_1 \wedge x_2$	
Transfer	$y_3 = 0\ 0\ 1\ 1$	x_2	
Inhibition	$y_4 = 0\ 1\ 0\ 0$	$x_1 \wedge \overline{x}_2$	
Transfer	$y_5 = 0\ 1\ 0\ 1$	x_1	
Antivalenz	$y_6 = 0\ 1\ 1\ 0$	$(x_1 \wedge \overline{x}_2) \vee (\overline{x}_1 \wedge x_2)$	Exclusiv–ODER
Disjunktion	$y_7 = 0\ 1\ 1\ 1$	$x_1 \vee x_2$	ODER
NOR–Verknüpfung	$y_8 = 1\ 0\ 0\ 0$	$\overline{x_1 \vee x_2}$	NICHT–ODER
Äquivalenz	$y_9 = 1\ 0\ 0\ 1$	$(x_1 \wedge x_2) \vee (\overline{x}_1 \wedge \overline{x}_2)$	
Komplement	$y_{10} = 1\ 0\ 1\ 0$	$\overline{x}_1$	
Implikation	$y_{11} = 1\ 0\ 1\ 1$	$\overline{x}_1 \vee x_2$	
Komplement	$y_{12} = 1\ 1\ 0\ 0$	$\overline{x}_2$	
Implikation	$y_{13} = 1\ 1\ 0\ 1$	$x_1 \vee \overline{x}_2$	
NAND–Verknüpfung	$y_{14} = 1\ 1\ 1\ 0$	$\overline{x_1 \wedge x_2}$	NICHT–UND
Eins	$y_{15} = 1\ 1\ 1\ 1$	1	Eins

Tabelle 4.1. Tabelle der möglichen Verknüpfungen mit zwei Variablen

Die wichtigsten Verknüpfungen, die als Digitalschaltungen realisiert sind, sind in Abb. 4.4 dargestellt. Mit den in Abb. 4.4 angegebenen Verknüpfungen werden mindestens zwei oder mehr Variablen miteinander verknüpft. Entsprechned haben die Schaltzeichen zwei oder mehr Eingänge. Die verbale Formulierung der Verknüpfung bedeutet

- UND–Verknüpfung: Die Ausgangsvariable y ist dann 1, wenn alle Eingangsvariablen $x_0, x_1, \cdots x_n$ gleich 1 sind.

- ODER–Verknüpfung: Die Ausgangsvariable y ist dann 1, wenn mindestens eine Eingangsvariable x_0 oder x_1 oder $\cdots x_n$ gleich 1 ist.

- Antivalenz (Exlusiv–ODER, XOR): Die Ausgangsvariable y ist dann 1, wenn *entweder* x_0 *oder* x_1 gleich 1 ist. Werden mehr als zwei Variablen

Verknüpfung	Operator-Schreibweise	Schaltzeichen	Wertetabelle
UND	$y = x_0 \wedge x_1$		$\begin{array}{cc\|c} x_1 & x_0 & y \\ \hline 0 & 0 & 0 \\ 0 & 1 & 0 \\ 1 & 0 & 0 \\ 1 & 1 & 1 \end{array}$
ODER	$y = x_0 \vee x_1$		$\begin{array}{cc\|c} x_1 & x_0 & y \\ \hline 0 & 0 & 0 \\ 0 & 1 & 1 \\ 1 & 0 & 1 \\ 1 & 1 & 1 \end{array}$
NICHT	$y = \overline{x_0}$		$\begin{array}{c\|c} x_0 & y \\ \hline 0 & 1 \\ 1 & 0 \end{array}$
NAND	$y = \overline{x_0 \wedge x_1}$		$\begin{array}{cc\|c} x_1 & x_0 & y \\ \hline 0 & 0 & 1 \\ 0 & 1 & 1 \\ 1 & 0 & 1 \\ 1 & 1 & 0 \end{array}$
NOR	$y = \overline{x_0 \vee x_1}$		$\begin{array}{cc\|c} x_1 & x_0 & y \\ \hline 0 & 0 & 1 \\ 0 & 1 & 0 \\ 1 & 0 & 0 \\ 1 & 1 & 0 \end{array}$
Antivalenz	$y = x_0 \not\equiv x_1$		$\begin{array}{cc\|c} x_1 & x_0 & y \\ \hline 0 & 0 & 0 \\ 0 & 1 & 1 \\ 1 & 0 & 1 \\ 1 & 1 & 0 \end{array}$
Äquivalenz	$y = x_0 \equiv x_1$		$\begin{array}{cc\|c} x_1 & x_0 & y \\ \hline 0 & 0 & 1 \\ 0 & 1 & 0 \\ 1 & 0 & 0 \\ 1 & 1 & 1 \end{array}$

Abb. 4.4. Wichtige Verknüpfungen der Digitalelektronik

verknüpft, dann erfolgt die Verknüpfung durch Kaskadierung von zweifach XOR–Gliedern $(((x_0 \neq x_1) \neq x_2) \neq \cdots)$.

4.2.2 Darstellung

Wie in Abb 4.3 dargestellt, gibt es für die Grundverknüpfung drei gleichwertige Darstellungen. Ebenso gibt es für Schaltfunktionen verschiedene gleichwertige Darstellungsformen:

- Funktionstabelle
- Funktionsgleichung
- KV–Diagramm
- Schaltzeichen

Darstellung als Funktionstabelle. Die Funktionstabelle ist eine Zusammenstellung aller möglichen Wertekombinationen der Eingangsvariablen und der zugehörigen Werte der Ausgangsvariablen (Tabelle 4.2). Sind für alle möglichen Wertekombinationen der Eingangsvariablen, (2^n Kombinationen bei n Variablen), Werte für die Ausgangsvariablen festgelegt, dann spricht man von einer *vollständigen* Funktionstabelle. In einer *unvollständigen* Funktionstabelle ist nicht für jede mögliche Eingangskombination ein fester Wert der Ausgangsvariablen festgelegt.

Vollständige Funktionstabelle

x_3 x_2 x_1	$f(x_1, x_2, x_3)$
0 0 0	0
0 0 1	1
0 1 0	1
0 1 1	1
1 0 0	0
1 0 1	0
1 1 0	0
1 1 1	1

Unvollständige Funktionstabelle

x_3 x_2 x_1	$f(x_1, x_2, x_3)$
0 0 0	0
0 0 1	1
0 1 0	1
0 1 1	0
1 0 0	1
1 0 1	für diese Kombinationen
1 1 0	ist $f(x_1, x_2, x_3)$ nicht definiert,
1 1 1	sie heißen don't care Terme und können mit 0 oder 1 belegt werden.

Tabelle 4.2. Vollständige und unvollständige Funktionstabelle

Darstellung als Funktionsgleichung. Die allgemeine Schreibweise einer Schaltfunktion ist

$$y = f(a, b, c)$$

Die Verknüpfung der Argumentvariablen $(a, b, c, \cdots)$ geschieht durch die Operatoren $\wedge, \vee, {}^{-}$ *UND, ODER, NICHT* .

Beispiel.

$$y = a \wedge \bar{b} \vee c$$

Setzen wir $a = x_1 \vee x_2$; $b = x_1 \wedge \overline{x_3}$; $c = x_2 \wedge x_3$
so folgt

$$y = f(x_1, x_2, x_3) = (x_1 \vee x_2) \wedge (\overline{x_1 \wedge \overline{x_3}}) \vee (x_2 \wedge x_3) \tag{4.3}$$

Für die Ausführung der Verknüpfungen gibt es Vorrangregeln. Die *Negation* hat die höchste Priorität, sowohl für Einzelvariablen als auch für Ausdrücke. Die *UND*–Verknüpfung hat Vorrang vor anderen Verknüpfungen (analog – Punktrechnung geht vor Strichrechnung). Bei Formeln, die durch Verknüpfung anderer Formeln entstehen, sind Außenklammern vorgesehen (DIN 66000). Bei der direkten UND–Verknüpfung einzelner Variablen wird das UND–Verknüpfungszeichen der besseren Lesbarkeit wegen weggelassen, z.B. statt $x_1 \wedge \overline{x_2} \wedge x_3$ schreibt man $(x_1\, \overline{x_2}\, x_3)$.

Aus den Gesetzen der Schaltalgebra folgen Regeln, die für die Umformung von Schaltfunktionen hilfreich sind

$$
\begin{aligned}
a \wedge 0 &= 0; & a \wedge 1 &= a \\
a \vee 0 &= a; & a \vee 1 &= 1 \\
a \wedge a &= a; & a \wedge \bar{a} &= 0 \\
a \vee a &= a; & a \vee \bar{a} &= 1
\end{aligned}
$$

$$
\begin{aligned}
x_1 x_0 \vee x_1 \overline{x_0} &= x_1 \\
(x_1 \vee x_0) \wedge (x_1 \vee \overline{x_0}) &= x_1 \\
x_1 \vee x_1 x_0 &= x_1 \\
x_1 (x_1 \vee x_0) &= x_1 \\
x_1 \vee \overline{x_1} x_0 &= x_1 \vee x_0
\end{aligned}
$$

Aus dem Dualitätsprinzip folgt z.B. für die Antivalenz

$$y = x_0\,\overline{x_1} \lor \overline{x_0}\,x_1 \qquad\qquad (4.4)$$
$$\overline{y} = (\overline{x_0} \lor x_1) \land (x_0 \lor \overline{x_1}) \qquad\qquad (4.5)$$

d.h. aus y wird $\overline{y}$ wenn man in der Funktionsgleichung $\land$ und $\lor$, sowie 0 und 1 vertauscht. Weiterhin folgt:

> Jede Schaltfunktion kann entweder nur mit *NAND–* oder nur mit *NOR–*Verknüpfungsgliedern realisiert werden.

z. B.: Darstellung der Antivalenz *nur* mit NAND–Verknüpfung

$$y = x_0\,\overline{x_1} \lor \overline{x_0}\,x_1$$
$$y = \overline{\overline{x_0\,\overline{x_1} \lor \overline{x_0}\,x_1}}$$
$$y = \overline{\overline{x_0\,\overline{x_1}} \land \overline{\overline{x_0}\,x_1}}$$

nur mit NOR–Verknüpfung

$$\overline{y} = \overline{x_0}\,\overline{x_1} \lor x_0\,x_1$$
$$y = (x_0 \lor x_1) \land (\overline{x_0} \lor \overline{x_1})\ \text{Dualitätsprinzip}$$
$$y = \overline{\overline{y}} = \overline{\overline{(x_0 \lor x_1) \land (\overline{x_0} \lor \overline{x_1})}}$$
$$y = \overline{\overline{(x_0 \lor x_1)} \lor \overline{(\overline{x_0} \lor \overline{x_1})}}$$

Normalformen. Für die Dartstellung von Schaltfunktionen in Gleichungsform gibt es *Standarddarstellungen* oder *Normalformen*

- Disjunktive Normalform (DNF)
- Konjunktive Normalform (KNF)

Die Disjunktive Normalform einer Schaltfunktion ist eine Disjunktion (ODER–Verknüpfung) von *Mintermen*. Jeder Minterm (m_i) ist dabei eine Konjunktion, die jede Eingangsvariable negiert oder nicht negiert enthält. Besteht eine Schaltfunktion aus Disjunktionen von Termen, die nicht alle Eingangsvariablen enthalten, so spricht man von einer disjunktiven Form (DF).

Die Konjunktive Normalform einer Schaltfunktion ist eine Konjunktion (UND–Verknüpfung) von *Maxtermen*. Jeder Maxterm (M_i) ist dabei eine Disjunktion, die jede Eingangsvariable negiert oder nicht negiert enthält. Besteht eine Schaltfunktion aus Konjunktionen von Termen, die nicht alle Eingangsvariablen enthalten, so spricht man von einer konjunktiven Form (KF).

Bei n Schaltvariablen gibt es 2^n verschiedene Minterme. Jeder Minterm hat nur bei *einer* Kombination der Wertetabelle den Wert 1, bei allen anderen Kombinationen den Wert 0; deshalb der Name Minterm.

Folgende Tabelle zeigt die Kombinationen von zwei Schaltvariablen und die möglichen Minterme mit ihren zugehörigen Werten.

x_2 x_1	$x_2 \wedge x_1$	$x_2 \wedge \overline{x}_1$	$\overline{x}_2 \wedge x_1$	$\overline{x}_2 \wedge \overline{x}_1$
0 0	0	0	0	(1)
0 1	0	0	(1)	0
1 0	0	(1)	0	0
1 1	(1)	0	0	0

Der Minterm, der für eine bestimmte Kombination den Wert 1 hat, ergibt sich, indem man die UND–Verknüpfung aus allen Schaltvariablen hinschreibt und die Schaltvariablen negiert, die bei dieser Kombination den Wert 0 haben. Z.B. gehört zur Wertekombination 0 1 der Minterm $\overline{x}_2 \wedge x_1$.

Bei n Schaltvariablen gibt es 2^n verschiedene Maxterme. Jeder Maxterm hat nur bei einer Kombination der Wertetabelle den Wert 0, bei allen anderen Kombinationen den Wert 1; deshalb der Name Maxterm.

Folgende Tabelle zeigt alle Kombinationen von zwei Schaltvariablen und alle möglichen Maxterme mit ihren zugehörigen Werten.

x_2 x_1	$x_2 \vee x_1$	$x_2 \vee \overline{x}_1$	$\overline{x}_2 \vee x_1$	$\overline{x}_2 \vee \overline{x}_1$
0 0	(0)	1	1	1
0 1	1	(0)	1	1
1 0	1	1	(0)	1
1 1	1	1	1	(0)

Der Maxterm, der für eine bestimmte Kombination den Wert 0 hat, ergibt sich, indem man die ODER–Verknüpfung, gebildet aus allen Schaltvariablen hinschreibt, und die Schaltvariablen negiert, die bei dieser Wertekombination den Wert 1 haben. Z.B. gehört zur Wertekombination 0 1 der Maxterm $x_2 \vee \overline{x}_1$.

Liegt für eine Schaltfunktion $y = f(x_1, x_2, x_3)$ eine vollständige Funktionstabelle vor, dann kann daraus die Funktionsgleichung in einer Normalform dargestellt werden.

$x_3\ x_2\ x_1$	$y = f(x_3, x_2, x_1)$	Minterme	m_i	Maxterme	M_i
0 0 0	1	$\overline{x}_1 \wedge \overline{x}_2 \wedge \overline{x}_3$	m_0	$x_1 \vee x_2 \vee x_3$	M_0
0 0 1	0	$x_1 \wedge \overline{x}_2 \wedge \overline{x}_3$	m_1	$\overline{x}_1 \vee x_2 \vee x_3$	M_1
0 1 0	0	$\overline{x}_1 \wedge x_2 \wedge \overline{x}_3$	m_2	$x_1 \vee \overline{x}_2 \vee x_3$	M_2
0 1 1	1	$x_1 \wedge x_2 \wedge \overline{x}_3$	m_3	$\overline{x_1} \vee \overline{x_2} \vee x_3$	M_3
1 0 0	1	$\overline{x}_1 \wedge \overline{x}_2 \wedge x_3$	m_4	$x_1 \vee x_2 \vee \overline{x_3}$	M_4
1 0 1	1	$x_1 \wedge \overline{x}_2 \wedge x_3$	m_5	$\overline{x_1} \vee x_2 \vee \overline{x}_3$	M_5
1 1 0	0	$\overline{x_1} \wedge x_2 \wedge x_3$	m_6	$x_1 \vee \overline{x}_2 \vee \overline{x}_3$	M_6
1 1 1	0	$x_1 \wedge x_2 \wedge x_3$	m_7	$\overline{x}_1 \vee \overline{x}_2 \vee \overline{x}_3$	M_7

Tabelle 4.3. Min- und Maxterme der Schaltfunktion

In der disjunktiven Normalform treten genau die Minterme auf, bei denen der Funktionswert $f(x_1, \cdots, x_n)$ den Wert 1 hat. Hat die Eingangsvariable x_i die Belegung 1, so steht im Minterm auch x_i; hat sie die Belegung 0, so steht im Minterm $\overline{x_i}$. Die in Tabelle 4.3 dargestellte Schaltfunktion lautet in dijunktiver Normalform

$$f(x_1, x_2, x_3) = (\overline{x}_1 \wedge \overline{x}_2 \wedge \overline{x}_3) \vee (x_1 \wedge x_2 \wedge \overline{x}_3) \vee$$
$$(\overline{x}_1 \wedge \overline{x}_2 \wedge x_3) \vee (x_1 \wedge \overline{x}_2 \wedge x_3)$$

In der konjunktiven Normalform treten die Maxterme auf, bei den der Funktionswert $f(x_1, \cdots, x_n)$ den Wert 0 hat. Hat die Eingangsvariable x_i die Belegung 0, so steht im Maxterm auch x_i, hat sie die Belegung 1, so steht im Maxterm $\overline{x_i}$. Die in Tabelle 4.3 dargestellte Schaltfunktion lautet in konjunktiver Normalform

$$f(x_1, x_2, x_3) = (\overline{x}_1 \vee x_2 \vee x_3) \wedge (x_1 \vee \overline{x}_2 \vee x_3) \wedge$$
$$(x_1 \vee \overline{x}_2 \vee \overline{x}_3) \wedge (\overline{x}_1 \vee \overline{x}_2 \vee \overline{x}_3)$$

Jede Schaltfunktion kann in *disjunktiver Normalform* und *konjunktiver Normalform* dargestellt werden. Beide Darstellungen sind äquivalent und ineinander überführbar (Dualitätsprinzip).

Benutzen wir in der Darstellung einer Schaltfunktion die Abkürzung m_i für die Minterme und M_i für die Maxterme, dann erhalten wir für die Schaltfunktion nach Tabelle 4.3

$$\text{in DNF:} \quad y = m_0 \vee m_3 \vee m_4 \vee m_5 \tag{4.6}$$
$$\text{in KNF:} \quad y = M_1 \wedge M_2 \wedge M_6 \wedge M_7 \tag{4.7}$$

Für die Minterme, die *nicht* in der DNF enthalten sind gilt

$$\overline{y} = m_1 \vee m_2 \vee m_6 \vee m_7 \tag{4.8}$$

Mit de Morgan folgt

$$\overline{\overline{y}} = y = \overline{m_1 \vee m_2 \vee m_6 \vee m_7}$$
$$y = \overline{m_1} \wedge \overline{m_2} \wedge \overline{m_6} \wedge \overline{m_7} \tag{4.9}$$

Aus Vergleich von 4.7 und 4.9 folgt

$$\overline{m_i} = M_i$$

Für die Maxterme, die *nicht* in der KNF enthalten sind gilt

$$\overline{y} = M_0 \wedge M_3 \wedge M_4 \wedge M_5 \tag{4.10}$$

und mit de Morgan folgt

$$\overline{\overline{y}} = y = \overline{M_0 \wedge M_3 \wedge M_4 \wedge M_5}$$
$$y = \overline{M_0} \vee \overline{M_3} \vee \overline{M_4} \vee \overline{M_5} \tag{4.11}$$

Aus Vergleich von 4.11 und 4.6 folgt ebenfalls

$$\overline{M_i} = m_i$$

Siehe Übungsband
Aufgabe 35:
NAND–Logik

Karnaugh–Veitch–Diagramm. Ein KV–Diagramm ist die graphische Darstellung einer Wertetabelle oder Schaltfunktion. Das Diagramm ist in Matrixform angeordnet. Jeder Kombination der Eingangsvariablen wird ein Feld der Matrix zugeordnet. Hat die Wertetabelle oder Schaltfunktion n Eingangsvariable, dann hat das KV–Diagramm 2^n Felder. Die Anordnung oder Zuordnung der Felder zu den 2^n möglichen Kombinationen der Eingangsvariablen wird so vorgenommen, dass sich beim Übergang von einem Feld zu einem benachbarten Feld nur der Wert *einer* Variablen ändert Tabelle 4.4. Anfangs- und Endfeld einer Zeile oder einer Spalte sind benachbart. Die Matrix kann gleichsam vertikal und horizontal zu einem Zylinder zusammengerollt werden. Die Werte der möglichen Kombinationen werden an den Matrixrand vor die Spalten und Zeilen geschrieben. In die Felder der Matrix werden die zu den 2^n möglichen Wertekombinationen gehörenden Funktionswerte geschrieben.

x_3 x_2 x_1	$f(x_1, x_2, x_3)$
0 0 0	0
0 0 1	1
0 1 0	0
0 1 1	1
1 0 0	1
1 0 1	0
1 1 0	1
1 1 1	0

x_3 \ $x_2 x_1$	00	01	11	10
0	0	1	1	0
1	1	0	0	1

Tabelle 4.4. Funktionstabelle und zugehöriges KV–Diagramm

Soll eine gegebene Schaltfunktion, die in einer Normalform vorliegt, in einem KV–Diagramm dargestellt werden, dann werden den Feldern der Matrix Minterme zugeordnet, wenn die Schaltfunktion in der DNF vorliegt (oder Maxterme, wenn die Schaltfunktion in der KNF vorliegt). Die Zuordnung der Min- oder Maxterme zu den Feldern der Matrix wird wieder so vorgenommen, dass sich beim Übergang von einem Feld zu einem benachbarten Feld innerhalb der Terme nur eine Variable ändert. Die möglichen Terme werden an den Rand der Matrix vor die Spalten und Zeilen geschrieben. Meist schreibt man zusätzlich an den Matrixrand die Werte der Eingangskombinationen. In die Felder der Matrix werden die zu den Termen gehörenden Funktionswerte geschrieben.

Beispiel 1:
Die Schaltfunktion

$$y = (\overline{x}_1 \wedge \overline{x}_2 \wedge \overline{x}_3) \vee (x_1 \wedge x_2 \wedge \overline{x}_3) \vee (\overline{x}_1 \wedge \overline{x}_2 \wedge x_3) \vee (\overline{x}_1 \wedge x_2 \wedge x_3)$$

soll in einem KV–Diagramm dargestellt werden. Die Schaltfunktion hat drei Schaltvariablen und ist in der DNF angegeben. Für die in der Schaltfunktion vorkommenden Minterme ist der Funktionswert 1. Die Felder des KV–Diagramms, die diesen Mintermen zugeordnet werden, enthalten eine 1. In die übrigen Felder wird eine 0 eingetragen (Abb. 4.5).

x_3 \ $x_2 x_1$	$\bar{x}_2 \wedge \bar{x}_1$ 00	$\bar{x}_2 \wedge x_1$ 01	$x_2 \wedge x_1$ 11	$x_2 \wedge \bar{x}_1$ 10
$\bar{x}_3$ 0	1	0	1	0
x_3 1	1	0	0	1

Abb. 4.5. Darstellung einer DNF–Schaltfunktion in einem KV–Diagramm

Beispiel 2:
Die Schaltfunktion

$$y = (\bar{x}_1 \vee x_2 \vee x_3) \wedge (x_1 \vee \bar{x}_2 \vee x_3) \wedge (x_1 \vee x_2 \vee \bar{x}_3) \wedge (x_1 \vee \bar{x}_2 \vee \bar{x}_3)$$

soll in einem KV–Diagramm dargestellt werden. Die Schaltfunktion hat drei Schaltvariablen und ist in der KNF angegeben. Für die in der Schaltfunktion vorkommenden Maxterme ist der Funktionswert 0. Die Felder des KV–Diagramms, die diesen Maxtermen zugeordnet werden, enthalten eine 0. In die übrigen Felder wird eine 1 eingetragen (Abb. 4.6).

x_3 \ $x_2 x_1$	$x_2 \vee x_1$ 00	$x_2 \vee \bar{x}_1$ 01	$\bar{x}_2 \vee \bar{x}_1$ 11	$\bar{x}_2 \vee x_1$ 10
x_3 0	1	0	1	0
$\bar{x}_3$ 1	0	1	1	0

Abb. 4.6. Darstellung einer KNF–Schaltfunktion in einem KV–Diagramm

KV–Diagramme sind sehr hilfreich beim Vereinfachen (Minimieren) von Schaltfunktionen und bei der Übertragung einer Funktionstabelle in eine Funktionsgleichung.

Mit Schaltzeichen. Nach Abb. 4.3 können die *Grundverknüpfungen* durch eine Wertetabelle, durch eine Gleichung und durch *Schaltzeichen* dargestellt werden. DIN 40700 sagt: Schaltzeichen werden in zweierlei Weise verwendet:

– als graphische Darstellung Boolescher Funktionen oder Operation zum Zweck der Beschreibung, des Entwurfs, der Synthese oder Analyse von Systemen, die der Verarbeitung von binären Signalen dienen.

– als graphische Darstellung von technischen Systemen oder ihrer Teile in Schaltungsurterlagen.

Folgende Schaltfunktion

$$y \;=\; f(x_1, x_2, x_3) \;=\; (x_1 \vee x_2) \wedge (\overline{\overline{x_1} \wedge \overline{x_3}}) \vee (x_2 \wedge x_3) \qquad (4.12)$$

wird mit Schaltzeichen dargestellt:

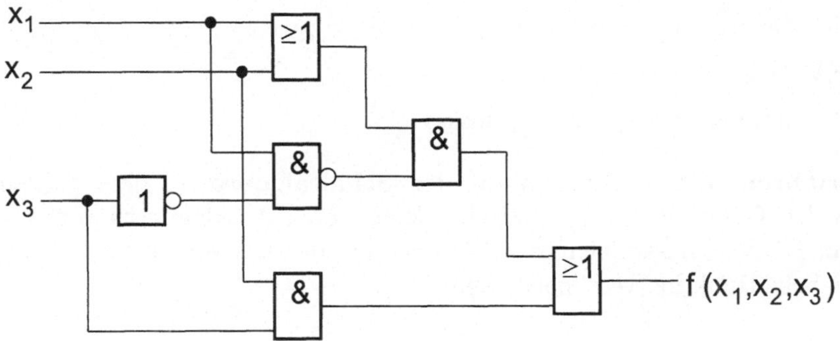

Abb. 4.7. Schaltfunktion dargestellt mit Schaltzeichen

4.2.3 Minimierung von Schaltfunktionen

Schaltfunktionen, die in einer Normalform gegeben sind oder die aus einer Funktionstabelle hergeleitet wurden, enthalten oft *redundante* Terme. Daher können sie weiter vereinfacht werden.

Beispiel:
Die Funktionsgleichung

$$y = (\overline{x}_1 \wedge \overline{x}_2 \wedge \overline{x}_3) \vee (\overline{x}_1 \wedge x_2 \wedge \overline{x}_3) \vee (x_1 \wedge \overline{x}_2 \wedge x_3) \vee (x_1 \wedge x_2 \wedge x_3)$$

ist äquivalent der Gleichung

$$y = (\overline{x}_1 \wedge \overline{x}_3) \vee (x_1 \wedge x_3)$$

Vereinfachung von Schaltfunktionen soll deshalb hier bedeuten:

Die Funktionsgleichungen werden in möglichst "kurzen" Ausdrücken dargestellt: d.h. mit möglichst wenig Variablen und möglichst wenig Verknüpfungen. Die vereinfachte Form einer Schaltfunktion wird *disjunktive Form* (DF) bzw. *konjunktive Form* (KF) genannt.

Es gibt verschiedene Verfahren zur Vereinfachung von Schaltfunktionen. Grundlage aller Verfahren sind folgende zwei Gesetze der Schaltalgebra

$$x_1 \vee \overline{x}_1 = 1$$
$$x_1 \wedge \overline{x}_1 = 0$$

Die wichtigsten Verfahren zur Vereinfachung von Schaltfunktionen basieren auf:

– den Gesetzen der Schaltalgebra

– KV–Diagrammen oder

– der Methode von Quine–McCluskey

Verfahren mit den Gesetzen der Schaltalgebra. In dem Verfahren mit den Gesetzen der Schaltalgebra kann durch Ausklammern von Variablen, Kürzen, Zusammenfassen, Anwendung der De Morganschen Gesetze eine Schaltfunktion vereinfacht werden.

Beispiel:

$$y = (\overline{x}_1 \wedge \overline{x}_2 \wedge \overline{x}_3) \vee (\overline{x}_1 \wedge x_2 \wedge \overline{x}_3) \vee (x_1 \wedge \overline{x}_2 \wedge x_3) \vee (x_1 \wedge x_2 \wedge x_3)$$
$$= (\overline{x}_1 \wedge \overline{x}_3) \underbrace{(\overline{x}_2 \vee x_2)}_{1} \vee (x_1 \wedge x_3) \underbrace{(\overline{x}_2 \vee x_2)}_{1}$$
$$= (\overline{x}_1 \wedge \overline{x}_3) \vee (x_1 \wedge x_3)$$

Verfahren mit KV–Diagrammen. Das Verfahren mit KV–Diagrammen ist ein graphisches Verfahren. Ist in dem KV–Diagramm eine Schaltfunktion in DNF dargestellt, dann werden benachbarte Felder, die mit 1 belegt sind, zusammengefaßt. Die Zusammenfassung wird so vorgenommen, dass sie möglichst viele Einsen einschließt. Dabei dürfen aber nur Blöcke mit zwei, vier, acht usw. Feldern zusammengefaßt werden. Felder der ersten und letzten Zeile aber gleicher Spalte sind benachbart und können in einem Block zusammengefaßt werden; ebenso Felder der ersten und letzten Spalte aber gleicher Zeile. Die vereinfachte Schaltfunktion wird dann aus den Termen der zusammengefaßten Blöcke und der übriggebliebenen Einzelfelder gebildet. Die Terme der zusammengefaßten Blöcke enthalten nur die Variablen, die sich innerhalb eines Blockes nicht ändern.

$x_2 x_1$ → $x_4 x_3$ ↓	$\overline{x}_2\wedge\overline{x}_1$ 00	$\overline{x}_2\wedge x_1$ 01	$x_2\wedge x_1$ 11	$x_2\wedge\overline{x}_1$ 10
$\overline{x}_4\wedge\overline{x}_3$ 00	**3.** 1	0	1	**3.** 1
$\overline{x}_4\wedge x_3$ 01	0	1 **2.**	1	0
$x_4\wedge x_3$ 11	0	0	1 **1.**	0
$x_4\wedge\overline{x}_3$ 10	**3.** 1	0	1	1 **3.**

Abb. 4.8. Vereinfachung einer Schaltfunktion in DNF

In Abbildung 4.8 ist die Schaltfunktion in der DNF dargestellt und die mit 1 belegten Felder des KV–Diagramms werden zusammengefaßt.

Die vereinfachte Schaltfunktion lautet:

$$y = (x_1 \wedge x_2) \vee (x_1 \wedge x_3 \wedge \overline{x}_4) \vee (\overline{x}_1 \wedge \overline{x}_3)$$
$$\underline{1.} \qquad\qquad \underline{2.} \qquad\qquad \underline{3.}$$

Beispiel:
Ist in dem KV–Diagramm eine Schaltfunktion in der KNF dargestellt, dann werden benachbarte Felder, die mit 0 belegt sind, zusammengefaßt. Die Zusammenfassung erfolgt wie oben erläutert und ist in Abb. 4.9 dargestellt.

$x_2 x_1$ → $x_4 x_3$ ↓	$x_2\vee x_1$ 00	$x_2\vee\overline{x}_1$ 01	$\overline{x}_2\vee\overline{x}_1$ 11	$\overline{x}_2\vee x_1$ 10
$x_4\vee x_3$ 00	1	0 **2.**	0	**4.** 0
$x_4\vee\overline{x}_3$ 01	0 **1.**	1	1	1
$\overline{x}_4\vee\overline{x}_3$ 11	1	1	0 **3.**	1
$\overline{x}_4\vee x_3$ 10	1	1	0	0 **4.**

Abb. 4.9. Vereinfachung einer Schaltfunktion in KNF

Die vereinfachte Schaltfunktion lautet:

$$y = (x_1 \vee x_2 \vee \overline{x}_3 \vee x_4) \wedge (\overline{x}_1 \vee x_3 \vee x_4) \wedge (\overline{x}_1 \vee \overline{x}_2 \vee \overline{x}_4) \wedge (\overline{x}_2 \vee x_3)$$
$$\underline{1.} \qquad\qquad\quad \underline{2.} \qquad\qquad \underline{3.} \qquad\qquad \underline{4.}$$

Die Vereinfachung mit KV–Diagrammen eignet sich für Schaltfunktionen mit maximal 6 Schaltvariablen. Sind mehr als 6 Schaltvariablen in der Schaltfunktion enthalten, dann wird dieses Verfahren unübersichtlich. Dies ist wie folgt begründbar: Wenn durch redundante Variablen zusammenhängende Blöcke im KV–Diagramm entstehen sollen, dürfen in eine Koordinatenrichtung höchstens zwei Variablen abgetragen werden. Schaltfunktionen mit 6 Schaltvariablen erfordern ein dreidimensionales KV–Diagramm. Damit hat die optische Vorstellung ihre Grenze erreicht.

Siehe Übungsband
Aufgabe 33:
Vierstufiges Schaltnetz

Quine–McCluskey Verfahren. Das Verfahren nach Quine–McCluskey arbeitet mit Tabellen. Es lassen sich damit Schaltfunktionen mit vielen Variablen vereinfachen. Das Verfahren geht von Schaltfunktionen aus, die in der DNF vorliegen. Die Methode lässt sich leicht in ein Programm übertragen. Für die Schreibweise wird folgendes vereinbart: Die Minterme der Schaltfunktion werden nicht durch die negierten und nichtnegierten Variablen dargestellt, sondern durch ihr *Binäräquivalent*:

1 steht für eine nicht negierte Variable

0 steht für eine negierte Variable

– steht für eine nicht auftretende Variable

$$\text{Beispiele:} \quad \begin{array}{lcl} x_4 \wedge \overline{x}_3 \wedge x_2 \wedge \overline{x}_1 & \hat{=} & 1\ 0\ 1\ 0 \\ x_4 \wedge \overline{x}_3 \wedge \overline{x}_1 & \hat{=} & 1\ 0\ \text{-}\ 0 \\ x_4 \wedge x_2 & \hat{=} & 1\ \text{-}\ 1\ \text{-} \end{array}$$

Das weitere Verfahren wird anhand eines Beispiels erläutert. Eine Schaltfunktion $f(x_4, x_3, x_2, x_1)$ sei durch ihre Funktionstabelle gegeben (Tabelle 4.5).

Die Reihenfolge der Funktionswerte wird so angeordnet, dass die Binäräquivalente der Terme aufsteigenden Dualzahlen entsprechen. Zur weiteren Vereinfachung der Schreibweise, wird die Reihenfolge der Terme durch Dezimalzahlen als Indizes der Minterme dargestellt.

Im *ersten Schritt* werden die Minterme nach gewichteten Gruppen in eine weitere Tabelle übertragen. Das Gewicht einer Gruppe wird durch die Anzahl der Einsen in den Binäräquivalenten bestimmt (Gruppe 0: keine 1, Gruppe 1: eine 1, usw). Im *zweiten Schritt* werden die Minterme von benachbarten Gruppen zu einem um eine Variable kürzeren Term zusammengefaßt entsprechend dem Absorptionsgesetz:

$$(x_2 \wedge x_1) \vee (x_2 \wedge \overline{x}_1) = x_2$$

Zwei Terme sind zusammenfaßbar, wenn sie sich nur in einer Stelle um 0 und 1 unterscheiden.

Dez	x_4	x_3	x_2	x_1	$f(x_4, x_3, x_2, x_1)$
0	0	0	0	0	1
1	0	0	0	1	0
2	0	0	1	0	1
3	0	0	1	1	0
4	0	1	0	0	1
5	0	1	0	1	1
6	0	1	1	0	1
7	0	1	1	1	1
8	1	0	0	0	0
9	1	0	0	1	0
10	1	0	1	0	1
11	1	0	1	1	1
12	1	1	0	0	0
13	1	1	0	1	0
14	1	1	1	0	0
15	1	1	1	1	0

Tabelle 4.5. Funktionstabelle einer Schaltfunktion, zur Veranschaulichung des Quine–McCluskey Verfahrens

Dies wird im Binäräquivalent durch '–' gekennzeichnet. Man beginnt mit dem ersten Minterm einer Gruppe und versucht ihn mit allen Mintermen der nächsten Gruppe zu verschmelzen. Verschmolzen werden können alle Minterme, die sich nur durch den Wert einer Variablen unterscheiden. Dabei können die Minterme mehrmals verwendet werden. Alle Minterme, die so mit einem anderen Minterm verschmolzen wurden, werden gekennzeichnet ($\sqrt{}$). Die neu entstandenen Terme werden wieder nach Gruppen geordnet und in eine Tabelle eingetragen. An den Dezimalziffern, die in der ersten Spalte der Tabelle stehen, ist erkennbar, aus welchen Mintermen der neue Term gebildet wurde. Somit lauten die Tabellen des ersten und zweiten Schrittes:

Dez	x_4	x_3	x_2	x_1		Gruppe
0	0	0	0	0	$\sqrt{}$	0
2	0	0	1	0	$\sqrt{}$	1
4	0	1	0	0	$\sqrt{}$	
5	0	1	0	1	$\sqrt{}$	2
6	0	1	1	0	$\sqrt{}$	
10	1	0	1	0	$\sqrt{}$	
7	0	1	1	1	$\sqrt{}$	3
11	1	0	1	1	$\sqrt{}$	

Dez	x_4	x_3	x_2	x_1		Gruppe
0,2	0	0	-	0	$\sqrt{}$	0
0,4	0	-	0	0	$\sqrt{}$	
2,6	0	-	1	0	$\sqrt{}$	1
2,10	-	0	1	0		
4,5	0	1	0	-	$\sqrt{}$	
4,6	0	1	-	0	$\sqrt{}$	
5,7	0	1	-	1	$\sqrt{}$	2
6,7	0	1	1	-	$\sqrt{}$	
10,11	1	0	1	-		

Der zweite Schritt wird solange wiederholt, bis keine Verschmelzung mehr durchgeführt werden kann. Die verschmolzenen Terme werden gekennzeichnet. Terme die nicht gekennzeichnet sind, werden *Primimplikanten* genannt.

Als letzte Tabelle folgt für das Beispiel:

Dez	x_4	x_3	x_2	x_1		Gruppe
0,2 ; 4,6	0	-	-	0		0
0,4 ; 2,6	0	-	-	0		
4,5 ; 6,7	0	1	-	-		1
4,6 ; 5,7	0	1	-	-		

Entstehen bei der Bildung einer Tabelle in einer Gruppe mehrfach gleiche Terme, so werden diese bis auf einen gestrichen. Die Schaltfunktion setzt sich jetzt aus den Primimplikanten zusammen, die nicht gekennzeichnet sind. Für das Beispiel folgt:

Indexdarstellung:

$$f(x_4, x_3, x_2, x_1) = (2, 10) \vee (10, 11) \vee (0, 2, 4, 6) \vee (4, 5, 6, 7)$$

Boolesche Form:

$$f(x_4, x_3, x_2, x_1) = (\overline{x_3} \wedge x_2 \wedge \overline{x_1}) \vee (x_4 \wedge \overline{x_3} \wedge x_2) \vee (\overline{x_4} \wedge \overline{x_1}) \vee (\overline{x_4} \wedge x_3)$$

Diese Schaltfunktion lässt sich weiter vereinfachen, wiederum mit Tabellen: *Primtermtabellen* oder *Primimplikantentafeln.* Jeder Primimplikant ist aus bestimmten Mintermen entstanden (dargestellt durch die Dezimalziffern als Indizes der Minterme). Andererseits sind verschiedene Minterme in mehreren Primimplikanten enthalten. Ziel der Vereinfachung ist es, diejenigen Primimplikanten zu finden, die alle Minterme überdecken. Diese werden *wesentliche Primimplikanten* genannt.

Die Primimplikantentafel ist so aufgebaut, dass über den Spalten der Tafel die Indizes der Minterme stehen und an den Zeilen die Primimplikanten. Für jeden Primimplikanten werden alle Minterme markiert, die durch ihn abgedeckt werden. In der Primimplikantentafel wird dies durch ein Kreuz in dem Schnittpunkt der betreffenden Spalte und Zeile dargestellt (Abb. 4.10).

Jetzt sucht man alle Spalten, in denen nur eine Markierung steht und kennzeichnet sie, in der Tafel durch ◯. Ein Primimplikant in der zu dieser Markierung gehörigen Zeile ist ein wesentlicher Implikant, wird *Kernimplikant* genannt, und muss in der Minimalform erscheinen.Aus den verbleibenden (nicht wesentlichen) Primimplikanten sucht man eine minimale Anzahl von Primimplikanten aus, so dass alle Minterme überdeckt werden, minimale Restüberdeckung. Kernimplikanten und minimale Restüberdeckung sind im Beispiel durch ● gekennzeichnet.

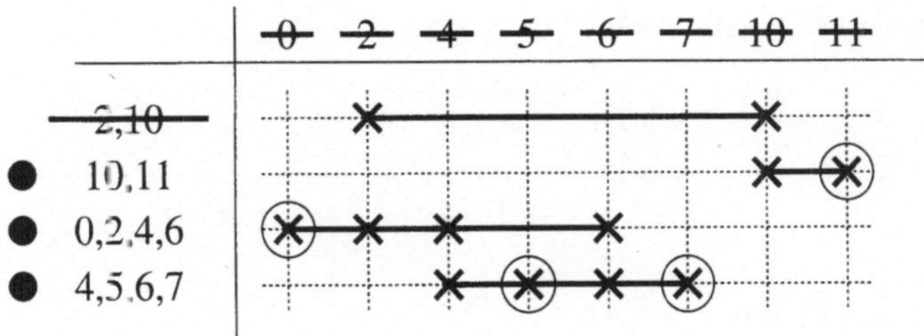

Abb. 4.10. Primimplikantentafel

Die Disjunktion der Kernimplikanten und der Restüberdeckung ist die Minimalform der Schaltfunktion.

$$f(x_4, x_3, x_2\, x_1) = (x_4 \wedge \overline{x}_3 \wedge x_2) \vee (\overline{x}_4 \wedge \overline{x}_1) \vee (\overline{x}_4 \wedge x_3)$$

**Siehe Übungsband
Aufgabe 39:
Quine–McCluskey**

Vektorfunktion. Der Ausdruck

$$y = f(x_1, x_2, \ldots, x_n)$$

stellt *eine* Schaltfunktion dar. Führt man für den Klammerausdruck $(x_1, x_2, \ldots, x_n)$ eine Abkürzung X ein, wobei

$$X = (x_1, x_2, \ldots, x_n)$$

bedeutet, dann heißt diese Abkürzung *Vektor* X. Die Bestandteile x_i des Vektors werden Komponenten des Vektors X genannt. Eine Schaltfunktion kann dann verkürzt geschrieben werden:

$$y = f(X)$$

Es gibt Schaltfunktionen, die alle von denselben Schaltvariablen abhängen. Eine Zusammenfassung dieser Schaltfunktionen wird Funktionsbündel oder Vektorfunktion genannt. Die Schreibweise ist:

$$Y = F(X) \tag{4.13}$$
$$Y = (y_1, y_2, \ldots, y_m)$$
$$F = (f_1, f_2, \ldots, f_m)$$
$$X = (x_1, x_2, \ldots, x_n)$$

Der Ausdruck (4.13) steht für

$$y_1 = f_1(x_1, x_2, \ldots, x_n)$$
$$y_2 = f_2(x_1, x_2, \ldots, x_n)$$
$$\vdots$$
$$y_m = f_m(x_1, x_2, \ldots, x_n)$$

Ebenso wie die Schaltfunktion $y = f(x_1, x_2, \ldots, x_n)$ kann auch die Vektorfunktion $Y = F(X)$ durch eine Wertetabelle dargestellt werden. Als Beispiel sei die Wertetabelle zur Codierung des Gray–Code in den Dual–Code angegeben.

| Gray–Code | Dual–Code | Gray–Code | Dual–Code |
$x_4\ x_3\ x_2\ x_1$	$y_4\ y_3\ y_2\ y_1$	$x_4\ x_3\ x_2\ x_1$	$y_4\ y_3\ y_2\ y_1$
0 0 0 0	0 0 0 0	1 1 0 0	1 0 0 0
0 0 0 1	0 0 0 1	1 1 0 1	1 0 0 1
0 0 1 1	0 0 1 0	1 1 1 1	1 0 1 0
0 0 1 0	0 0 1 1	1 1 1 0	1 0 1 1
0 1 1 0	0 1 0 0	1 0 1 0	1 1 0 0
0 1 1 1	0 1 0 1	1 0 1 1	1 1 0 1
0 1 0 1	0 1 1 0	1 0 0 1	1 1 0 1
0 1 0 0	0 1 1 1	1 0 0 0	1 1 1 1

Die Vektorfunktion $Y = F(X)$ dieser Wertetabelle kann in vier Komponenten oder Schaltfunktionen dargestellt werden.

$$y_1 = f_1(x_1, x_2, x_3, x_4)$$
$$y_2 = f_2(x_1, x_2, x_3, x_4)$$
$$y_3 = f_3(x_1, x_2, x_3, x_4)$$
$$y_4 = f_4(x_1, x_2, x_3, x_4)$$

Eine andere Darstellungsform der Vektorfunktion ist das KV–Diagramm. Die Vektorfunktion oder die zugehörige Wertetabelle kann nicht als ganzes in einem KV–Diagramm dargestellt werden, sondern für jede y–Komponente wird ein KV–Diagramm angegeben. Soll eine Vektorfunktion mit Hilfe eines KV–Diagramms vereinfacht werden, dann wird für jede y–Komponente ein Diagramm erstellt. Nach den bekannten Regeln werden Blöcke gebildet, um die minimierte Schaltfunktion zu ermitteln. Vektorfunktionen finden häufig Anwendung in Schaltnetzen. Schaltnetze für Codierer, arithmetische Schaltungen u.a. können als Vektorfunktionen dargestellt werden.

4.3 Analyse von Schaltnetzen

Nach DIN 40700 bedeutet der Begriff *Schaltzeichen* graphische Darstellung einer Booleschen Funktion und graphische Darstellung von technischen Systemen in Schaltungsunterlagen (Schaltplan). Analog wird hier der Begriff *Schaltnetz* sowohl für die Technische Realisierung einer Schaltfunktion als auch für die graphische Darstellung als Schaltplan verwendet.

Unter Analyse von Schaltnetzen verstehen wirt deshalb das Lesen und Verstehen von Schaltplänen, die der Verarbeitung binärer Signale dienen, und das Lesen und Verstehen graphischer Darstellungen von Schaltfunktionen.

In der *Analyse von Schaltnetzen* wird untersucht welche Werte die Ausgangsvariable(n) als Funktion der Eingangsvariablen annehmen. Dieser funktionale Zusammenhang wird am besten durch eine Wertetabelle oder durch eine Funktionsgleichung dargestellt. Ausgehend von einem vorgegebenen Schaltplan wird für jede Ausgangsvariable eine Schaltfunktion erstellt.

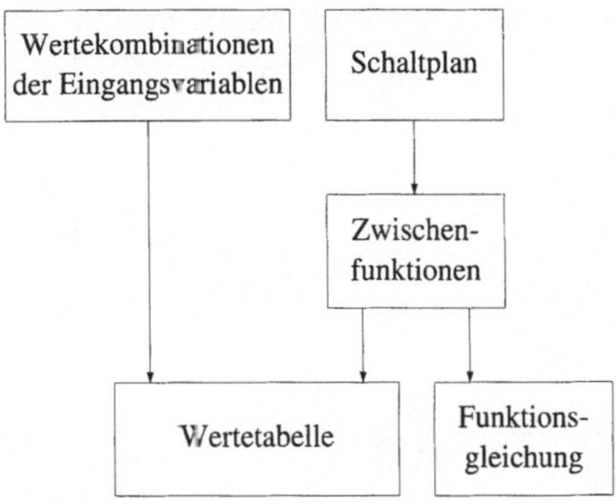

Abb. 4.11. Ablaufplan für die Analyse eines Schaltnetzes

Die Ableitung der Schaltfunktion kann vom Eingang zum Ausgang oder vom Ausgang zum Eingang vorgenommen werden. Vorteilhaft ist es, vom Eingang zum Ausgang zu arbeiten, weil man dann am Ausgang der Verknüpfungsglieder Zwischenfunktionen einführen kann. Die Zwischenfunktionen werden zur (Ausgangs)–Schaltfunktion zusammengefaßt. In einer Wertetabelle werden die möglichen Wertekombinationen der Eingangsvariablen eingetragen, dann die Werte der Zwischenfunktionen gebildet und aus den Zwischenfunktionswerten werden die Werte der Ausgangsvariablen ermittelt. Der Analysevorgang lässt sich durch einen Ablaufplan angeben (Abb. 4.11).

Soll aus einem gegebenen Schaltplan, die Funktionsgleichung ermittelt werden, so kann man folgendermaßen vorgehen:

– Ausgänge der Verknüpfungsglieder als Zwischenfunktionen $z_1 \cdots z_n$ kennzeichnen.

– Funktionsgleichungen der Zwischenfunktionen $z_1 \cdots z_n$ aufschreiben.

– Die Zwischenfunktionen durch zugehörige Funktionsgleichungen ersetzen.

Soll aus einem gegebenen Schaltplan eine Wertetabelle ermittelt werden, so kann man folgendermaßen vorgehen:

– Alle möglichen Wertekombinationen der Eingangsvariablen in eine Wertetabelle eintragen.

– Ausgänge der Verknüpfungsglieder als Zwischenfunktion $z_1 \cdots z_n$ kennzeichnen.

– Funktionswerte der Zwischenfunktionen ermitteln und in die Wertetabelle eintragen.

– Aus den Funktionswerten der Zwischenfunktionen die Werte der Ausgangsvariablen ermitteln und in die Wertetabelle eintragen.

Die Analyse von Schaltnetzen wird an einem Beispiel gezeigt. Abb. 4.12 zeigt das zu analysierende Schaltnetz mit eingetragenen Zwischenfunktionen. In Tabelle 4.6 sind die Funktionswerte der Zwischenfunktionen und der Ausgangsfunktionen dargestellt.

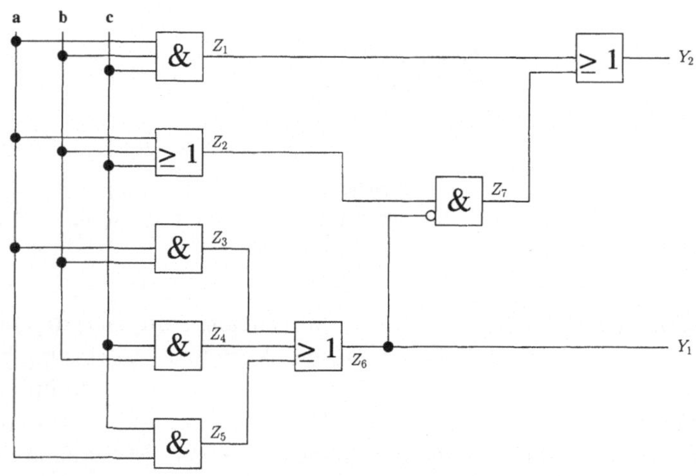

Abb. 4.12. Beispiel zur Analyse von Schaltnetzen

Die Darstellung des Schaltnetzes in einer Funktionsgleichung ergibt:

$$Y_1 = Z_6 \;=\; Z_3 \vee Z_4 \vee Z_5 \;=\; ab \vee bc \vee ac$$

$$\overline{Z_6} \;=\; \overline{Z_3 \vee Z_4 \vee Z_5} \;=\; \overline{ab \vee bc \vee ac}$$

Eingangsvar.	Z_1	Z_2	Z_3	Z_4	Z_5	$Z_6 = Y_1$	$\overline{Z_6}$	Z_7	Y_2
$c\quad b\quad a$	abc	$a \vee b \vee c$	ab	bc	ac	$Z_3 \vee Z_4 \vee Z_5$		$Z_2 \wedge \overline{Z_6}$	$Z_1 \vee Z_7$
0 0 0	0	0	0	0	0	0	1	0	0
0 0 1	0	1	0	0	0	0	1	1	1
0 1 0	0	1	0	0	0	0	1	1	1
0 1 1	0	1	1	0	0	1	0	0	0
1 0 0	0	1	0	0	0	0	1	1	1
1 0 1	0	1	0	0	1	1	0	0	0
1 1 0	0	1	0	1	0	1	0	0	0
1 1 1	1	1	1	1	1	1	0	0	1

Tabelle 4.6. Tabelle der Zwischenfunktionen zur Analyse des Schaltnetzes

$$= \overline{ab} \wedge \overline{bc} \wedge \overline{ac}$$

$$\overline{Z}_6 = (\overline{a} \vee \overline{b}) \wedge (\overline{b} \vee \overline{c}) \wedge (\overline{a} \vee \overline{c})$$

$$Y_2 = Z_1 \vee Z_7 = Z_1 \vee (Z_2 \overline{Z}_6) = abc \vee (a \vee b \vee c)\overline{Z}_6$$

$$a\overline{Z}_6 = a(\overline{a} \vee \overline{b}) \wedge (\overline{b} \vee \overline{c}) \wedge (\overline{a} \vee \overline{c})$$

$$= a(\overline{a} \vee \overline{b}\,\overline{c})(\overline{b} \vee \overline{c})$$

$$a\overline{Z}_6 = a\overline{b}\overline{c}(\overline{b} \vee \overline{c}) = a\overline{b}\overline{c}$$

$$b\overline{Z}_6 = \qquad = b\overline{a}\overline{c}$$

$$c\overline{Z}_6 = \qquad = c\overline{a}\overline{b}$$

$$Y_2 = abc \vee a\overline{b}\overline{c} \vee b\overline{a}\,\overline{c} \vee c\overline{a}\overline{b}$$

4.4 Synthese von Schaltnetzen

In der *Synthese von Schaltnetzen* wird aus einer gegebenen Aufgabenstellung der Schaltplan für ein Schaltnetz entworfen. Die Aufgabenstellung kann in verbaler Formulierung, als Funktionsgleichung oder als Wertetabelle vorliegen. Deshalb ist der Syntheseweg von der Art der Aufgabenstellung abhängig. Abb. 4.13 zeigt den Ablauf zur Synthese von Schaltnetzen.

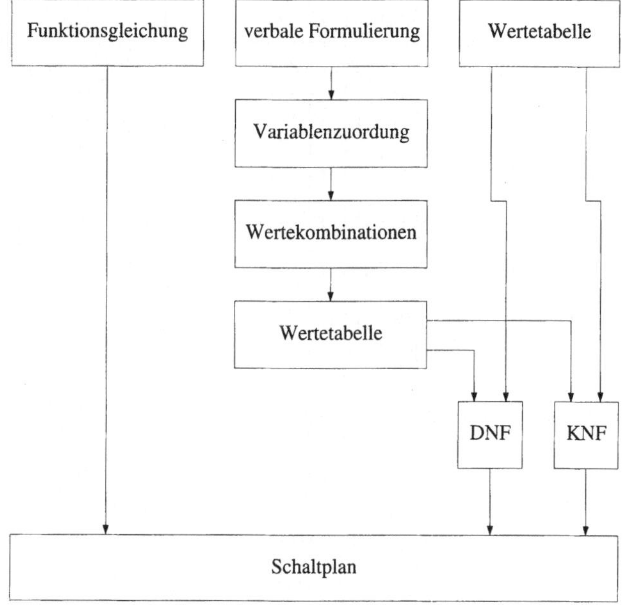

Abb. 4.13. Ablaufplan zur Synthese von Schaltnetzen

Liegt die Aufgabenstellung als Funktionsgleichung vor, dann kann der Schaltplan direkt gezeichnet werden. Liegt die Aufgabenstellung als Wertetabelle vor, wie es oft der Fall ist, dann wird aus der Wertetabelle die Funktionsgleichung der Ausgangsvariablen in DNF oder KNF gebildet. Dann kann der Schaltplan gezeichnet werden. Häufig ist es sinnvoll zuvor vereinfachte Funktionsgleichungen zu bilden (mit KV–Diagramm oder dem Verfahren von QuineMcCluskey) und dann das Schaltnetz zu zeichnen. Liegt die Aufgabenstellung in verbaler Formulierung vor, werden zuerst die Eingangsvariablen und Ausgangsvariablen definiert. Dann werden die Wertekombinationen der Eingangsvariablen in eine Wertetabelle eingetragen und die Werte der Ausgangsvariablen, manchmal über Bildung von Zwischenfunktionen, zugeordnet. Aus der Wertetabelle werden die Funktionsgleichungen der Ausgangsvariablen in DNF oder KNF hergeleitet. Dann kann der Schaltplan gezeichnet werden.
In den folgenden Abschnitten werden beispielhaft verschiedene Schaltnetze entworfen.

4.5 Code–Umsetzer

Ein Code–Umsetzer ist eine Vorschrift für die eindeutige Zuordnung (*Codierung*) der Zeichen *eines Zeichenvorrats* zu den jenigen *eines anderen Zeichenvorrats* (Bildmenge) (DIN 44300). Der Begriff *Umsetzer* bedeutet eine

Funktionseinheit zum Ändern der Darstellung von Daten (DIN 44300/118). Wir verstehen unter einem Code–Umsetzer ein Schaltnetz, das Informationen, die in den Zeichen eines Codes A dargestellt sind, in die Zeichen eines Codes B überträgt. Diese Funktion wird durch ein Blockschaltbild dargestellt (Abb. 4.14).

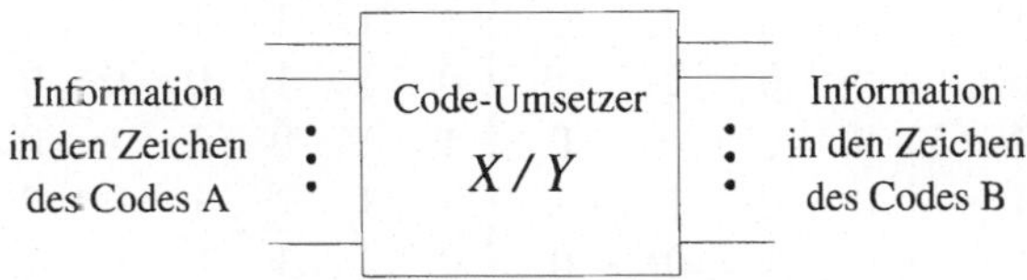

Abb. 4.14. Blockschaltbild für einen Code–Umsetzer

Die Anzahl der Eingänge und Ausgänge eines Code–Umsetzers ist abhängig von der Wortlänge der Binärcodes in denen die Information dargestellt ist

4.5.1 Schaltnetzentwurf für die 8421–BCD zu 7–Segment Umsetzung

In digitalen Datenverarbeitungssystemen werden Dezimalziffern sehr oft in einem BCD–Code[2] dargestellt und in 7–Segmenteinheiten zur Anzeige gebracht. Dafür ist ein Code–Umsetzer erforderlich. In dem hier betrachteten Beispiel mögen die Dezimalziffern im 8421–BCD–Code vorliegen. Die Code–Umsetzung kann durch das Blockschaltbild aus Abb. 4.15 dargestellt werden.

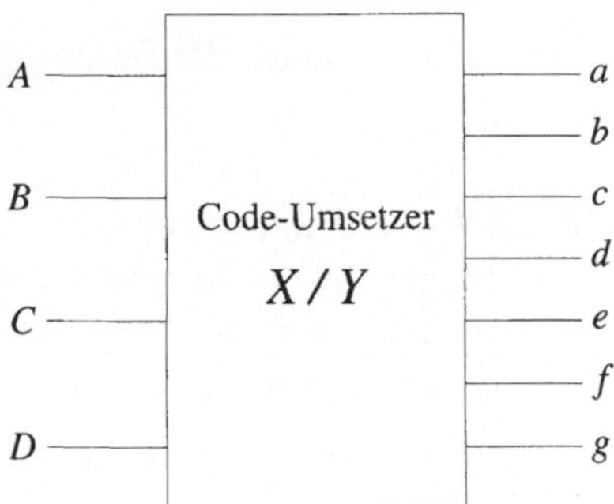

Abb. 4.15. Blockschaltbild für einen 8421–BCD–Code zu 7–Segment–Code–Umsetzer

---

[2] BCD: binär codierte Dezimalzahl

Die Zuordnung (Codierung) der Dezimalziffern vom 8421–BCD–Code zu den
Segmenten der 7–Segment–Anzeige wird nach Abb. 4.16 in einer Wertetabelle
festgelegt (Tabelle 4.7).

| Dezimal | 8421–BCD–Code | | | | 7–Segment–Code | | | | | | |
Ziffer	D	C	B	A	a	b	c	d	e	f	g
0	0	0	0	0	1	1	1	1	1	1	0
1	0	0	0	1	0	1	1	0	0	0	0
2	0	0	1	0	1	1	0	1	1	0	1
3	0	0	1	1	1	1	1	1	0	0	1
4	0	1	0	0	0	1	1	0	0	1	1
5	0	1	0	1	1	0	1	1	0	1	1
6	0	1	1	0	0	0	1	1	1	1	1
7	0	1	1	1	1	1	1	0	0	0	0
8	1	0	0	0	1	1	1	1	1	1	1
9	1	0	0	1	1	1	1	0	0	1	1

Tabelle 4.7. Zuordungstabelle für 8421–BCD Code in 7–Segment Code

Abb. 4.16. 7–Segment–Anzeige mit Bildung der Dezimalziffern

Für die Ausgangsvariablen $a, b, \ldots, f$ werden aus der Wertetabelle die Funktionsgleichungen in der DF hergeleitet. Geht man davon aus, dass die Pseu-
dotetraden nicht vorkommen, dann können diese bei der Vereinfachung im
KV–Diagramm als don't care–Terme benutzt werden.

Nach der Vereinfachung ergeben sich für die Ausgangsvariablen die Funktionsgleichungen in der DNF.

$$a = D \vee (\overline{A} \wedge \overline{C}) \vee (A \wedge C) \vee (A \wedge B)$$
$$b = \overline{C} \vee (A \wedge B) \vee (\overline{A} \wedge \overline{B})$$
$$c = A \vee \overline{B} \vee C$$

$$d = (\overline{A} \wedge B) \vee (\overline{A} \wedge \overline{C}) \vee (B \wedge \overline{C}) \vee (A \wedge \overline{B} \wedge C)$$
$$e = (\overline{A} \wedge B) \vee (\overline{A} \wedge \overline{C})$$
$$f = D \vee (\overline{A} \wedge \overline{B}) \vee (\overline{A} \wedge C) \vee (\overline{B} \wedge C)$$
$$g = (\overline{A} \wedge B) \vee (\overline{B} \wedge C) \vee (B \wedge \overline{C}) \vee D$$

Mit diesen Schaltfunktionen ergibt sich das Schaltnetz für den Code–Umsetzer nach Abb. 4.17.

Siehe Übungsband
Aufgabe 37:
Synthese mit vier Variablen

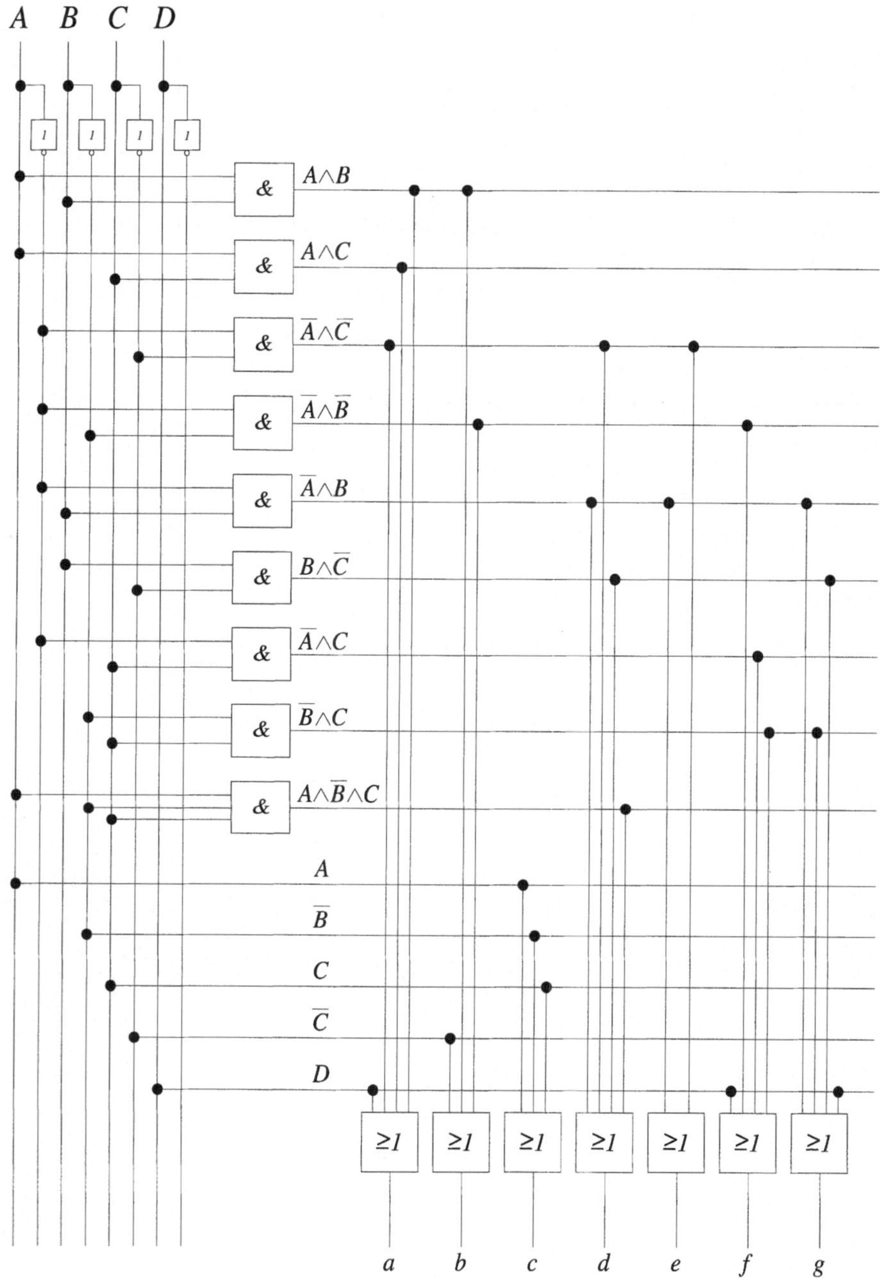

Abb. 4.17. Schaltnetz für einen 8421–BCD–Code in 7–Segment Code Umsetzer

4.5.2 Schaltnetzentwurf für die 8421–Dual–Code zu Gray–Code Umsetzung

Der Gray–Code ist so aufgebaut, dass sich beim Übergang von einer Zahl zur nächsten immer nur ein einziges Bit ändert. Der Gray–Code wird z.B. in der Messtechnik benutzt, um Winkel oder Längen durch digitale Rasterung auf Messscheiben oder –streifen zu codieren. Für arithmetische Operationen ist der Gray–Code ungeeignet, da die Stellenwerte nicht gewichtet sind.

Dezimal Ziffer	8421–Dual–Code				Gray–Code			
	d_3	d_2	d_1	d_0	g_3	g_2	g_1	g_0
0	0	0	0	0	0	0	0	0
1	0	0	0	1	0	0	0	1
2	0	0	1	0	0	0	1	1
3	0	0	1	1	0	0	1	0
4	0	1	0	0	0	1	1	0
5	0	1	0	1	0	1	1	1
6	0	1	1	0	0	1	0	1
7	0	1	1	1	0	1	0	0
8	1	0	0	0	1	1	0	0
9	1	0	0	1	1	1	0	1
10	1	0	1	0	1	1	1	1
11	1	0	1	1	1	1	1	0
12	1	1	0	0	1	0	1	0
13	1	1	0	1	1	0	1	1
14	1	1	1	0	1	0	0	1
15	1	1	1	1	1	0	0	0

Tabelle 4.8. Zuordnungstabelle 8421–Code in Gray–Code

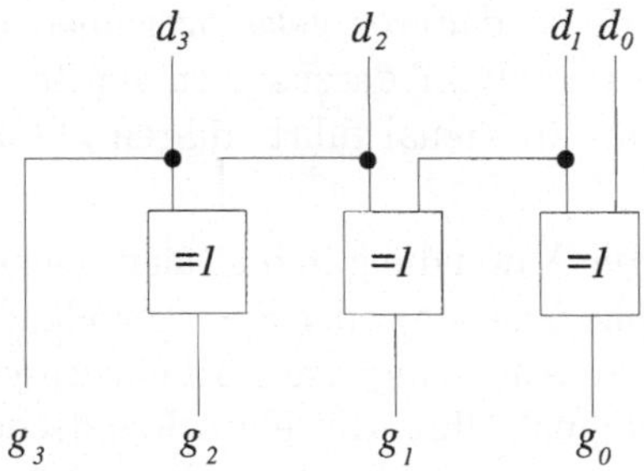

Abb. 4.18. Schaltnetz für 8421–Dual–Code in Gray–Code

Die Umwandlung der 8421–Ziffern in den Gray–Code erfolgt nach folgender Vorschrift:

Seien $d_{n-1}, d_{n-2}, \ldots, d_0$ die Ziffern der 8421–Darstellung und $g_{n-1}, g_{n-2}, \ldots, g_0$ das Binärwort im Gray–Code, dann gilt die Bildungsvorschrift:

"Man schreibt die 8421–Zahl hin, darunter um eine Stelle nach rechts verschoben nochmals die gleiche 8421–Zahl und bildet die XOR–Verknüpfung. Die letzte Ziffer wird weggelassen."

$$
\begin{array}{cccc}
d_n\,,\,d_i & \ldots d_1, d_0 & \\
d_{i+1} & d_2, d_1 & d_0 \\
\hline
g_n\,,\,g_i & g_1, g_0 &
\end{array}
$$

Mit dieser Bildungsvorschrift lassen sich die Funktionsgleichungen direkt hinschreiben.

$$g_0 = d_0 \not\equiv d_1$$
$$g_1 = d_1 \not\equiv d_2$$
$$\vdots$$
$$g_i = d_i \not\equiv d_{i+1}$$
$$g_n = d_n$$

Mit diesen Schaltfunktionen für die Ausgangsvariablen g_0, g_1, g_2, g_3 lässt sich das zugehörige Schaltnetz zeichnen.

4.5.3 Schaltnetzentwurf für einen Adressdecodierer

Decodierer (decoder) sind Code–Umsetzer mit mehreren Eingängen und Ausgängen, bei denen für jede Kombination von Eingangssignalen immer nur je ein Ausgang ein Signal abgibt (DIN 44300/121).

Am Ausgang eines Decodierers liegt die Information in den Zeichen eines $1\,aus\,n$ Codes vor. Ein $1\,aus\,n$ Code ist dadurch gekennzeichnet, dass die Anzahl der Binärstellen gleich der Anzahl der darzustellenden Zeichen ist. Wenn eine Bitstelle des Codewortes 1(0) Signal führt, führen alle anderen Stellen 0(1) Signal (Tabelle 4.9).

Decodierer finden als Adressdecodierer Anwendung in digitalen Rechensystemen. Verschiedene Bausteine (Peripheriegeräte) oder Speicherzellen werden mit einer Adresse angewählt. Über die Adreßeingänge wird ein Ausgang des Decodierers angewählt, der dann 1–Signal führt. Hat ein Adressdecodierer n Eingänge, dann können 2^n Ausgänge angewählt werden. Abb. 4.19 zeigt das Blockschaltbild und Tabelle 4.9 die zugehörige Wertetabelle für einen 3–Bit Adressdecodierer.

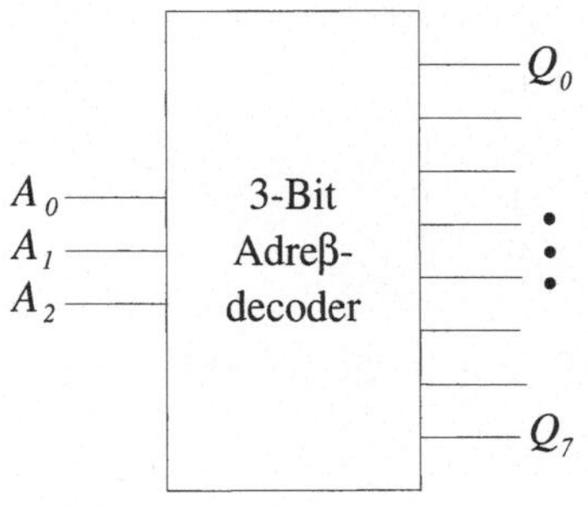

Abb. 4.19. Blockschaltbild eines 3–Bit Adressdecodierers

A_2	A_1	A_0	Q_0	Q_1	Q_2	Q_3	Q_4	Q_5	Q_6	Q_7
0	0	0	1	0	0	0	0	0	0	0
0	0	1	0	1	0	0	0	0	0	0
0	1	0	0	0	1	0	0	0	0	0
0	1	1	0	0	0	1	0	0	0	0
1	0	0	0	0	0	0	1	0	0	0
1	0	1	0	0	0	0	0	1	0	0
1	1	0	0	0	0	0	0	0	1	0
1	1	1	0	0	0	0	0	0	0	1

Tabelle 4.9. Wertetabelle für einen 3 Bit Adressdecodierer

4.6 Addierglieder

In einem Computer gehören Addierglieder zur ALU (Arithmetic Logic Unit). Addierglieder sind Schaltnetze, die zwei Dualzahlen addieren. Dualzahlen werden wie Dezimalzahlen stellenweise addiert, beginnend bei der wertniedrigsten Stelle.

4.6.1 Halbaddierer

Werden zwei einstellige Dualzahlen A und B addiert, dann sind vier Additionen möglich. Das Ergebnis wird mit Summe S und Übertrag $Ü$ gekennzeichnet.

A	plus	B	S	$Ü$
0	plus	0	0	0
0	plus	1	1	0
1	plus	0	1	0
1	plus	1	0	1

Diese vier Additionen werden in eine Wertetabelle übertragen, A und B sind die Eingangsvariablen, S und $Ü$ die Ausgangsvariablen.

B	A	S	$\ddot{U}$
0	0	0	0
0	1	1	0
1	0	1	0
1	1	0	1

Aus dieser Wertetabelle können für S und $\ddot{U}$ die Schaltfunktionen in einer Normalform gewonnen werden.

Die Schaltfunktionen in DNF lauten:

$$S = (A \wedge \overline{B}) \vee (\overline{A} \wedge B) = A \not\equiv B$$
$$\ddot{U} = A \wedge B$$

Die Übertragung der Schaltfunktionen in ein Schaltnetz ist in Abb. 4.20 dargestellt.

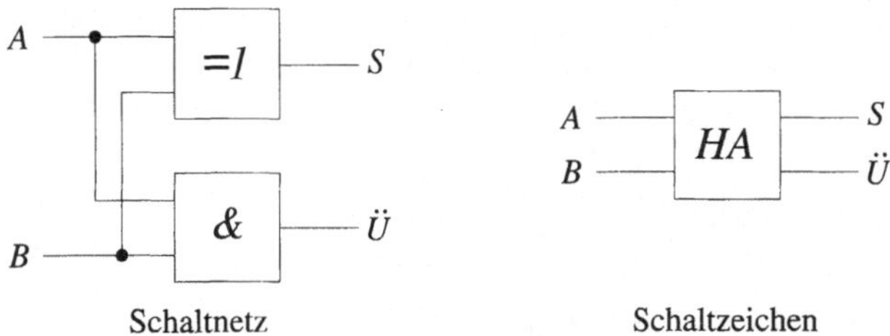

Abb. 4.20. Halbaddierer

Ein Schaltnetz, das zwei einstellige Dualzahlen addiert, Summe und Übertrag bildet, wird *Halbaddierer* (HA) genannt.

4.6.2 Volladdierer

Bei der Addition von zwei mehrstelligen Dualzahlen kommt es vor, dass nicht zwei sondern drei Bit addiert werden, weil der Übertrag von der nächst niedrigeren Stelle hinzukommt. Solche Additionen können nicht mit einem HA durchgeführt werden. Ein Schaltnetz, das drei Bit addieren kann, daraus Summe und Übertrag bildet, muss drei Eingänge und zwei Ausgänge haben und wird *Volladdierer* (VA) genannt.

Aus der Aufgabenstellung lässt sich das Schaltnetz für einen Volladdierer entwerfen. Die drei zu addierenden Bits werden mit den Variablennamen A, B und $C_{\ddot{u}}$ gekennzeichnet. A, B und $C_{\ddot{u}}$ werden addiert, die Summe wird mit S

und der entstehende Übertrag mit $\ddot{U}$ bezeichnet. Die möglichen Additionen werden in einer Wertetabelle dargestellt. A, B und $C_{\ddot{u}}$ sind die Eingangsvariablen, S und $\ddot{U}$ Ausgangsvariable (Tabelle 4.10).

$C_{\ddot{u}}$	B	A	S	$\ddot{U}$
0	0	0	0	0
0	0	1	1	0
0	1	0	1	0
0	1	1	0	1
1	0	0	1	0
1	0	1	0	1
1	1	0	0	1
1	1	1	1	1

Tabelle 4.10. Zuordnungstabelle für die Addition von drei einstelligen Dualzahlen

Aus der Wertetabelle lassen sich die Schaltfunktionen für die Summe S und den Übertrag $\ddot{U}$ gewinnen. Nach Vereinfachung ergeben sich die Schaltfunktionen in der DF.

Siehe Übungsband
Aufgabe 43:
1–Bit Volladdierer

$$S = (A \wedge \overline{B} \wedge \overline{C_{\ddot{u}}}) \vee (\overline{A} \wedge B \wedge \overline{C_{\ddot{u}}}) \vee (\overline{A} \wedge \overline{B} \wedge C_{\ddot{u}}) \vee (A \wedge B \wedge C_{\ddot{u}})$$
$$= A \not\equiv B \not\equiv C_{\ddot{u}}$$
$$\ddot{U} = (A \wedge B) \vee (A \wedge C_{\ddot{u}}) \vee (B \wedge C_{\ddot{u}})$$
$$= (A \wedge B) \vee (A \vee B) \wedge C_{\ddot{u}}$$

In Abbildung 4.21 sind die Schaltfunktionen als Schaltnetz dargestellt.

Die Addition von zwei mehrstelligen Dualzahlen kann *bitseriell* oder *bitparallel* ausgeführt werden. Man spricht daher von *Serienaddierer* und *Paralleladdierer*.

Beide Addiernetze unterscheiden sich wesentlich im Hardwareaufwand und in der Addierzeit. Der Serienaddierer führt während eines Taktschrittes die Addition von *nur einer* Stelle aus. Der Paralleladdierer führt *während einem* Taktschritt die Addition *aller* Stellen aus.

Serienaddierer. *Der Serienaddierer* besteht aus einem VA–Schaltnetz, zwei Registern zur Aufnahme der Summanden und der Summe und einem Speicherglied für die Zwischenspeicherung des Übertrages. Der Serienaddierer ist

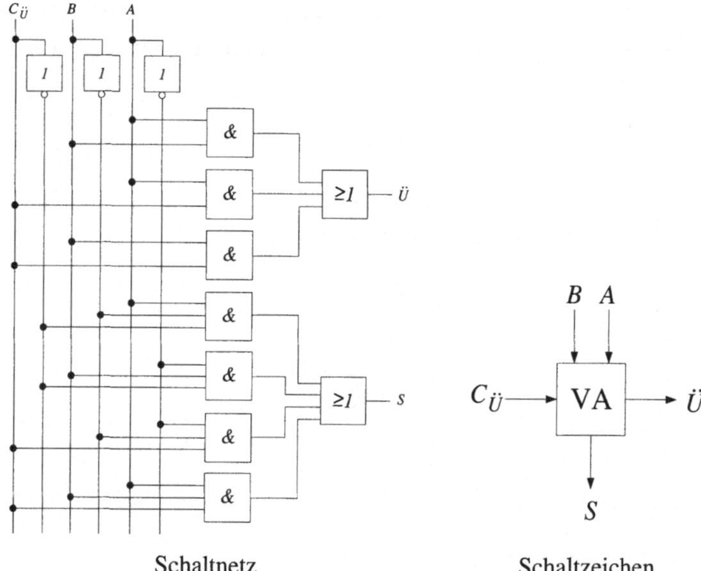

Schaltnetz   Schaltzeichen

Abb. 4.21. Volladdierer

deshalb ein Schaltwerk (Kapitel 6). Die Summanden werden schrittweise, mit der niedrigsten Stelle beginnend, an die Eingänge des VA herangeschoben. In jedem Taktschritt wird eine Stelle addiert, der Übertrag für die nächste Stelle wird in einem Speicherglied zwischengespeichert. Die Zeit für die Summenbildung von n–stelligen Summanden ist $t_s = n \cdot T$, wenn T die Periodendauer des Taktsignals ist. *Der Serienaddierer ist ein Addierwerk mit minimalen Hardwareaufwand aber maximaler Addierzeit.*

4.6.3 Paralleladdierer

Paralleladdierer können nach drei Strategien realisiert werden:

– Paralleladdierer in Normalformlösung

– Ripple–Carry Adder

– Carry–Look–Ahead Adder (Paralleladdierer mit Übertragsvorausberechnung).

Normalform–Paralleladdierer. Dabei entsteht immer ein *dreistufiges* Schaltnetz mit den Ebenen NICHT, UND, ODER. Die Addierzeit bei diesem Paralleladdierer ist von der Stellenzahl der Summanden unabhängig. Sie ist konstant und beträgt 3 Laufzeiten. Der Hardwareaufwand steigt allerdings sehr schnell an. Abb. 4.22 zeigt das Blockschaltbild für die Addition von zwei 2–Bit Zahlen.

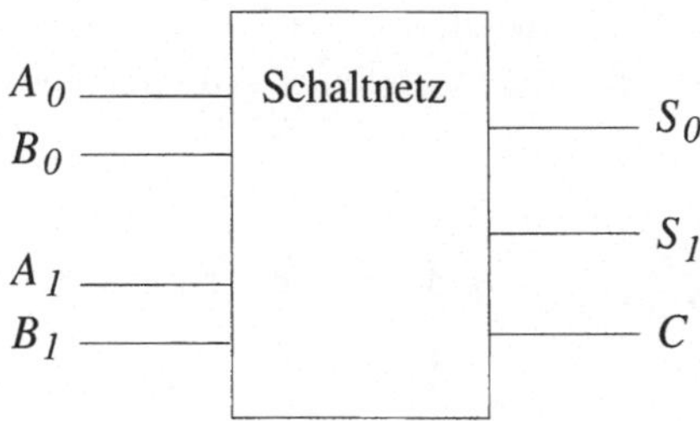

Abb. 4.22. Blockschaltbild für einen Paralleladdierer, der eine Normalform realisiert

Für die Ausgangsvariablen ergeben sich die Funktionsgleichungen in der DF:[3]

$$S_0 = A_0\overline{B_0} + \overline{A_0}B_0$$
$$= A_0 \not\equiv B_0$$
$$S_1 = A_0 B_0 A_1 B_1 + A_0 B_0 \overline{A_1}\,\overline{B_1} + \overline{A_0}\,\overline{A_1}B_1 +$$
$$\overline{A_0}A_1\overline{B_1} + \overline{B_0}\,\overline{A_1}B_1 + \overline{B_0}A_1\overline{B_1}$$
$$= A_1 \not\equiv B_1 \not\equiv (A_0 B_0) \quad (\text{mit } C_1 = A_0 B_0)$$
$$= A_1 \not\equiv B_1 \not\equiv C_1 \tag{4.14}$$
$$C = A_1 B_1 + A_0 B_0 A_1 + A_0 B_0 B_1 \tag{4.15}$$
$$= A_1 B_1 + (A_1 + B_1)A_0 B_0$$
$$= A_1 B_1 + (A_1 + B_1)C_1 \tag{4.16}$$

Die Addition von n–stelligen Summanden erfordert ein Schaltnetz mit $2n$ Eingängen und $(n+1)$ Ausgängen. Für jeden Summenausgang müssen (ohne Minimierung) $2^{(2n-1)}$ Min– oder Maxterme verknüpft werden. Die Anzahl der Verknüpfungsglieder für die Summenausgänge wächst mit $n \cdot 2^{(2n-1)}$. Ein Normalform–Paralleladdierer, der die Addition von 16– oder 32–Bit Summanden realisieren soll, ist hardwaremäßig nicht mehr realisierbar.
Der Normalform–Paralleladdierer ist ein Addiernetz mit minimaler Addierzeit aber maximalem Hardwareaufwand.

Ripple–Carry Adder. Der Ripple–Carry Adder realisiert ein mehrstufiges Schaltnetz. Die Addition der ersten oder wertniedrigsten Stelle wird von einem VA, der ein zweistufiges Schaltnetz enthält, ausgeführt. Für jede weitere zu addierende Stelle wird ein VA nachgeschaltet, der aus den Stellenbits und

---

[3] Statt der Booleschen Schreibweise mit den Operatoren $\wedge$ und $\vee$ soll hier die algebraische Schreibweise benutzt werden, damit die Formeln weniger Platz beanspruchen. Der $\cdot$ Operator wird, wie in der Mathematik üblich, nicht ausgeschrieben.

dem Übertrag der voraufgehenden Stelle wiederum einen Übertrag und eine Summe bildet. Abb. 4.23 zeigt den so entstandenen Aufbau eines 4–Bit Ripple–Carry Adders.

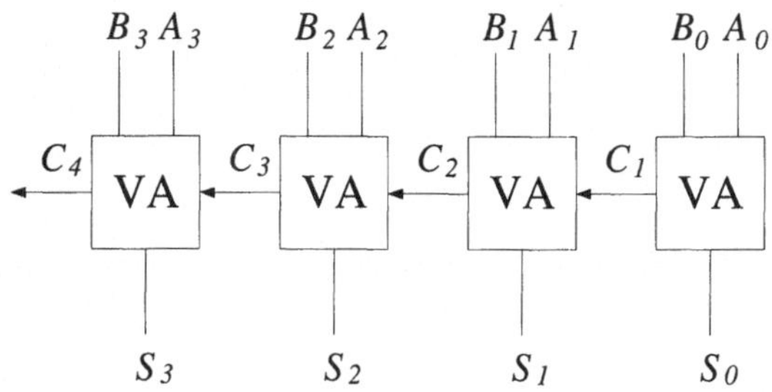

Abb. 4.23. 4–Bit Ripple–Carry Adder

Mit jeder Stelle wächst das Schaltnetz um zwei Stufen. Summe und Übertrag einer Stelle i können erst gebildet werden, wenn Summe und Übertrag der Stelle $i-1$ stabil sind, d.h. wenn der Übertrag durch alle Stufen des Schaltnetzes *durchgerieselt* ist. Die Signallaufzeit t durch ein n–stufiges Schaltnetz ergibt sich aus der Summe der Signallaufzeiten t_P durch die einzelnen Volladdierer. Die Addierzeit des Ripple–Carry Adders ist also proportional der Stellenzahl der Summanden. Werden taktweise Summanden an die Eingänge dieses Paralleladdierers anglegt, dann muss die Pulsperiode größer sein als die Signallaufzeit (Addierzeit) t. Der Hardwareaufwand, die Anzahl der erforderlichen Verknüpfungsglieder, wächst linear mit der Stellenzahl. *Der Ripple–Carry Adder ist ein Addiernetz, bei dem Addierzeit und Hardwareaufwand linear zur Stellenzahl n wachsen.*

Carry–Look–Ahead Adder. Der Carry–Look–Ahead Adder ist ein Kompromiß aus Ripple–Carry Adder und Normalform–Paralleladdierer.

In der Funktionsgleichung zur Berechnung der Stellensumme S_1, wurde mit der Abkürzung $C_1 = A_0 B_0$ die Gleichung (4.14) gewonnen. C_1 ist der Übertrag aus der Stelle n_0. Auch (4.15) zur Berechnung des Übertrages wurde mit dieser Abkürzung nach (4.16) umgeschrieben. Überträgt man dieses Verfahren auf die Addition von zwei 4–Bit Zahlen, dann folgt für die Stellensummen:

$$S_0 = A_0 \not\equiv B_0$$
$$S_1 = A_1 \not\equiv B_1 \not\equiv C_1$$
$$S_2 = A_2 \not\equiv B_2 \not\equiv C_2$$
$$S_3 = A_3 \not\equiv B_3 \not\equiv C_3$$

Allgemein

$$S_n = A_n \not\equiv B_n \not\equiv C_n \tag{4.17}$$

Dabei bedeuten

$$C_1 = A_0 B_0$$

$$C_2 = A_1 B_1 + (A_1 + B_1)C_1$$
$$= A_1 B_1 + A_1 A_0 B_0 + B_1 A_0 B_0$$

$$C_3 = A_2 B_2 + (A_2 + B_2)C_2$$
$$= A_2 B_2 + A_2 A_1 B_1 + A_2 A_1 A_0 B_0 + A_2 B_1 A_0 B_0 +$$
$$B_2 A_1 B_1 + B_2 A_1 A_0 B_0 + B_2 B_1 A_0 B_0$$

$$C_4 = A_3 B_3 + (A_3 + B_3)C_3$$
$$= A_3 B_3 + A_3 A_2 B_2 + A_3 A_2 A_1 B_1 + A_3 A_2 A_1 A_0 B_0 + A_3 A_2 B_1 A_0 B_0 +$$
$$A_3 B_2 A_1 B_1 + A_3 B_2 A_1 A_0 B_0 + A_3 B_2 B_1 A_0 B_0 +$$
$$B_3 A_2 B_2 + B_3 A_2 A_1 B_1 + B_3 A_2 A_1 A_0 B_0 + B_3 A_2 B_1 A_0 B_0 +$$
$$B_3 B_2 A_1 B_1 + B_3 B_2 A_1 A_0 B_0 + B_3 B_2 B_1 A_0 B_0$$

Allgemein
$$C_{n+1} = A_n B_n + (A_n + B_n)C_n \tag{4.18}$$

Der Übertrag einer Stelle wird aus den Eingangsvariablen gebildet und stellt eine Normalform dar. Das erforderliche Schaltnetz ist zweistufig. Abbildung 4.24 zeigt einen 2–Bit Addierer mit der Übertragsvorausberechnung aus den Eingangsvariablen nach (4.18).

Jede Stellensumme S_n wird aus den Summandenbits A_n, B_n der gleichen Stelle und dem Übertrag C_n der vorausgehenden Stelle gebildet (Abb. 4.25).

C_n enthält die Variablen $A_{n-1}, A_{n-2}, \ldots, A_0, B_{n-1}, B_{n-2}, \ldots, B_0$. Das Schaltnetz für die Bildung einer Stellensumme ist fünfstufig, zwei Stufen für die Übertragsbildung der vorausgehenden Stelle plus drei Stufen für die eigentliche Summenbildung.

Führen wir in (4.18) Hilfsvariablen ein, dann lässt sich die Schaltfunktion für die Bildung des Übertrages wesentlich vereinfachen. Wir setzen:

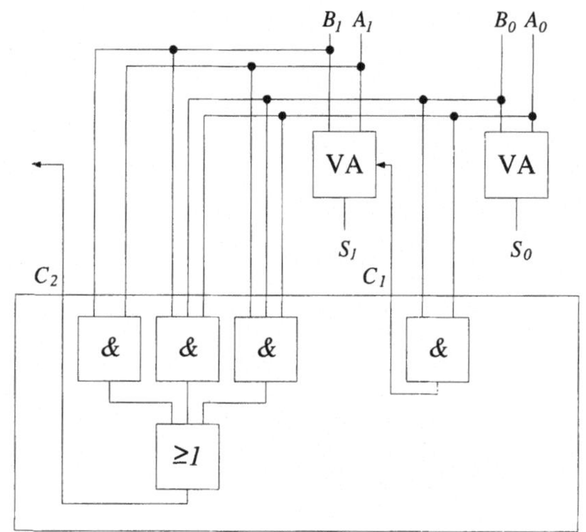

Abb. 4.24. 2–Bit Addierer mit Carry–Look–Ahead

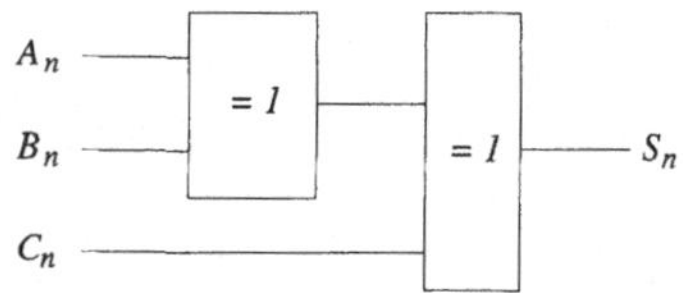

Abb. 4.25. Bildung der Stellensumme

$$g_n = A_n B_n$$
$$p_n = A_n + B_n$$

damit folgt:

$$C_{n+1} = g_n + p_n C_n$$

Die Hilfsvariablen haben folgende Bedeutung:

g_n: *Carry generate* sagt aus, dass ein Übertrag C_{n+1} gebildet wird, wenn A_n UND B_n gleich 1 sind.

p_n: *Carry propagate* sagt aus, dass ein Übertrag C_n weitergeleitet wird, wenn A_n ODER B_n 1 sind.

Die Funktionsgleichungen für die Berechnung der Überträge von zwei 4–Bit Zahlen nehmen folgende Formen an:

$$C_1 = g_0 + p_0 C_0$$

$$C_2 = g_1 + p_1 C_1$$
$$= g_1 + p_1 g_0 + p_1 p_0 C_0$$

$$C_3 = g_2 + p_2 C_2$$
$$= g_2 + p_2 g_1 + p_2 p_1 g_0 + p_2 p_1 p_0 C_0$$

$$C_4 = g_3 + p_3 C_3$$
$$= \underbrace{g_3 + p_3 g_2 + p_3 p_2 g_1 + p_3 p_2 p_1 g_0}_{G} + \underbrace{p_3 p_2 p_1 p_0}_{P} C_0$$
$$C_4 = G + P C_0 \tag{4.19}$$

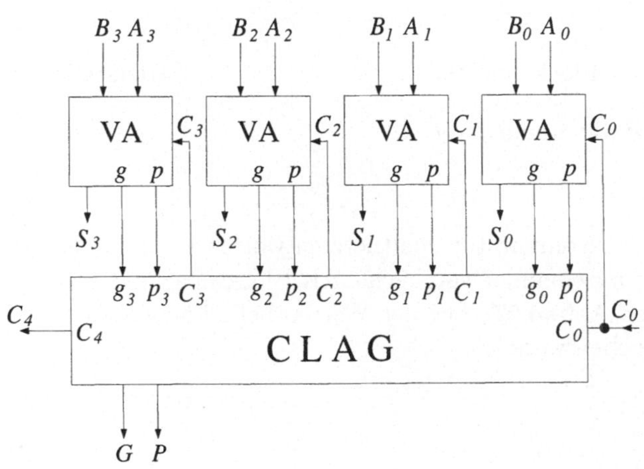

Abb. 4.26. 4–Bit Addierer mit Carry Look Ahead Generator

Die Schaltfunktionen zur Berechnung der Überträge C_n werden immer umfangreicher, da aber jede Schaltfunktion eine Normalform darstellt, werden die Übertrage nach *zwei* Signallaufzeiten aus den Hilfsvariablen gebildet.

In integrierten Schaltungen werden die Hilfsvariablen g_n und p_n als Zwischenergebnisse in den VA gebildet. Die Überträge werden nach (4.19) im Carry–Look–Ahead Generator (CLAG) gebildet. Die vollständige Schaltung, 4 VA mit CLAG, wird als IC realisiert z.B. SN 74181 (TTL), und ist als Blockschaltbild in Abb. 4.26 dargestellt. Nach (4.19) kann man 4–Bit Blöcke bilden, die Block–Generate G und Block–Propagate P Hilfsvariable erzeugen. Mit dem Algorithmus werden die Block–Überträge gebildet und einem weiteren CLAG zugeführt.

4.7 Komparatoren

Komparatoren sind Rechenelemente, die analoge oder binäre Signale vergleichen (DIN 40700 Blatt18/34). In digitalen Rechenanlagen sind Komparatoren Schaltnetze, die zwei Binärzahlen miteinander vergleichen. Werden zwei Binärzahlen mit A und B bezeichnet, dann sind die Vergleichskriterien $A = B$, $A > B$ und $A < B$.

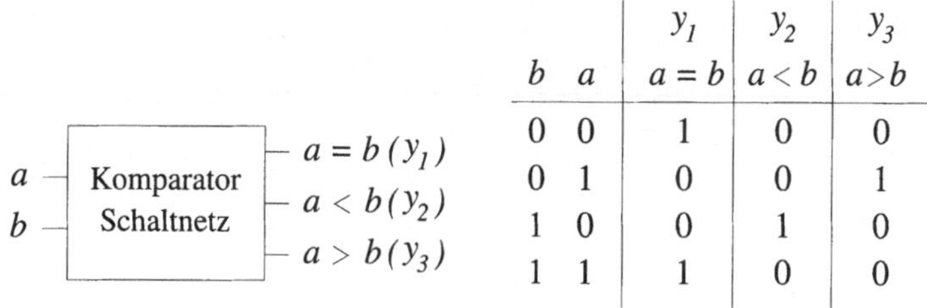

		y_1	y_2	y_3
b	a	$a = b$	$a < b$	$a > b$
0	0	1	0	0
0	1	0	0	1
1	0	0	1	0
1	1	1	0	0

Blockschaltbild   Wertetabelle

Abb. 4.27. 1–Bit Komparator

Zuerst soll ein Komparatorschaltnetz entworfen werden, das zwei einstellige Binärzahlen miteinander vergleicht. Als Blockschaltbild ergibt sich die Darstellung nach Abb. 4.27. Aus der Wertetabelle können die Schaltfunktionen direkt angegeben werden.

$$y_1 = a \equiv b$$
$$y_2 = \overline{a} \wedge b$$
$$y_3 = a \wedge \overline{b}$$

Abbildung 4.28 zeigt das zugehörige Schaltnetz, das zwei einstellige Binärzahlen vergleicht.

Sollen zwei oder mehrstellige Binärzahlen auf gleich, kleiner oder größer untersucht werden, dann kann man unterschiedliche Entwurfsmethoden anwenden. Als Blockschaltbild kann die Aufgabenstellung nach Abb. 4.29 dargestellt werden.

Im ersten Schritt wird die Stellenwertigkeit der Binärzahlen festgelegt. Dann kann der Vergleich der beiden Binärzahlen in einer Wertetabelle dargestellt werden.

Für zwei zweistellige Binärzahlen $A = a_1 a_0$ und $B = b_1 b_0$, wobei a_0, b_0 den Stellenwert 2^0 haben, und a_1, b_1 den Stellenwert 2^1, ergibt sich die Wertetabelle aus Tabelle 4.11.

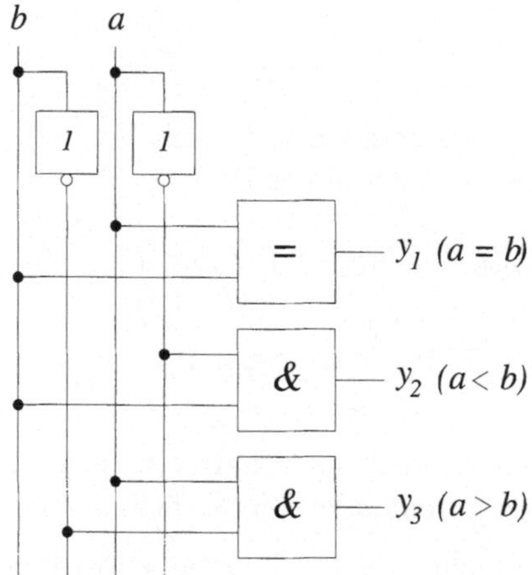

Abb. 4.28. Schaltnetz eines 1 Bit Komparators

Abb. 4.29. 4 Bit Komparator

B		A		Y_1	Y_2	Y_3
b_1	b_0	a_1	a_0	$A = B$	$A < B$	$A > B$
0	0	0	0	1	0	0
0	0	0	1	0	0	1
0	0	1	0	0	0	1
0	0	1	1	0	0	1
0	1	0	0	0	1	0
0	1	0	1	1	0	0
0	1	1	0	0	0	1
0	1	1	1	0	0	1
1	0	0	0	0	1	0
1	0	0	1	0	1	0
1	0	1	0	1	0	0
1	0	1	1	0	0	1
1	1	0	0	0	1	0
1	1	0	1	0	1	0
1	1	1	0	0	1	0
1	1	1	1	1	0	0

Tabelle 4.11. Wertetabelle für einen 2–Bit Komparator

Mit Hilfe der Wertetabelle ergeben sich nach Vereinfachung mit dem KV–Diagramm die Schaltfunktionen in der DF:

$$Y_2 = \overline{a}_1 b_1 + \overline{a}_1 \overline{a}_0 b_0 + \overline{a}_0 b_1 b_0 \qquad \text{für } A < B$$
$$Y_3 = a_1 \overline{b}_1 + a_0 \overline{b}_1 \overline{b}_0 + a_1 a_0 \overline{b}_1 \qquad \text{für } A > B$$
$$Y_1 = \overline{Y}_2 \cdot \overline{Y}_3 = \overline{Y_2 + Y_3} \qquad \text{für } A = B$$

Diese Schaltfunktionen können als Schaltnetz realisiert werden, das dann zweistellige Dualzahlen miteinander vergleicht.

Für den Vergleich von mehrstelligen Binärzahlen wird ein Algorithmus angewandt, der schrittweise alle Bit–Stellen miteinander vergleicht. Der Vergleich kann mit der MSB–Stelle (werthöchste) oder der LSB–Stelle (wertniedrigste) beginnen. Die Schaltnetze, die dann entstehen, sind mehrstufig.

4.8 Multiplexer

Ein Multiplexer ist ein auswählendes Schaltnetz. Über Steuereingänge wird einer von mehreren Dateneingängen auf den Ausgang durchgeschaltet.

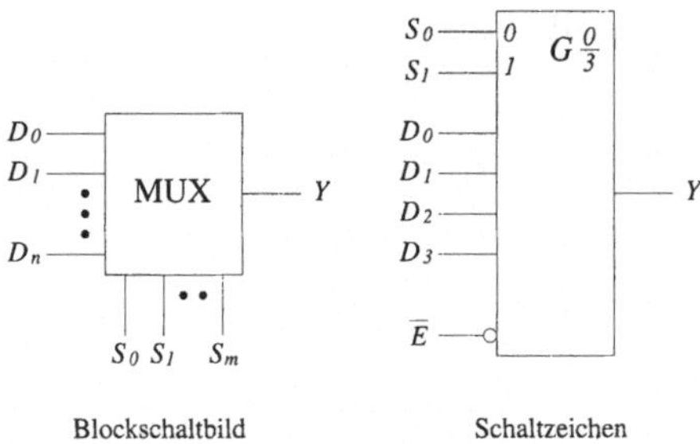

Abb. 4.30. Blockschaltbild eines Multiplexers

Abbildung 4.30a zeigt das Blockschaltbild eines Multiplexers. $D_0, \dots, D_n$ sind die Dateneingänge, $S_0, \dots, S_m$ die Steuereingänge, Y ist der Ausgang. Abb. 4.30b zeigt das genormte Schaltzeichen eines 4 zu 1 Multiplexers. Der Buchstabe G bedeutet: Die Steuereingänge steuern die Dateneingänge durch UND–Verknüpfung. $\overline{E}$ kennzeichnet den Aktivierungseingang $\overline{Enable}$.

Die Funktion eines 4 zu 1 Multiplexers wird durch folgende Wertetabelle beschrieben:

S_1	S_0	$Y=$
0	0	D_0
0	1	D_1
1	0	D_2
1	1	D_3

Jeweils ein Dateneingang wird mit dem entsprechenden Steuerwort UND – verknüpft und auf den Ausgang geschaltet. Daraus folgt die Schaltfunktion

$$Y = (\overline{S}_0 \wedge \overline{S}_1 \wedge D_0) \vee (S_0 \wedge \overline{S}_1 \wedge D_1) \vee$$
$$(\overline{S}_0 \wedge S_1 \wedge D_2) \vee (S_0 \wedge S_1 \wedge D_3)$$

Aus der Schaltfunktion ergibt sich das Schaltnetz (Abb. 4.31).

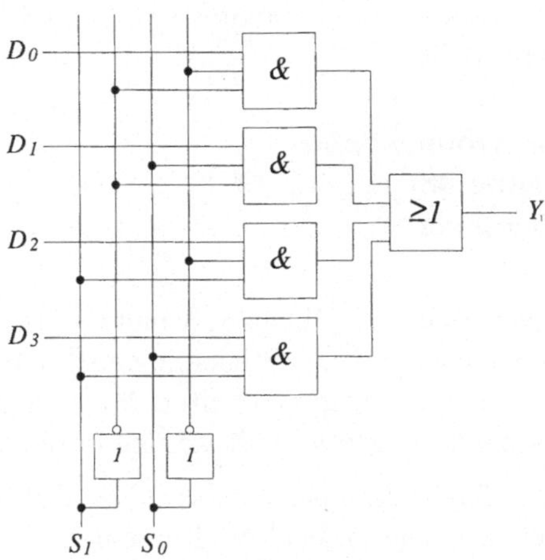

Abb. 4.31. Schaltnetz eines 4 zu 1 Multiplexers

Die Länge der Datenworte, die in einem Rechenwerk verarbeitet werden, beträgt 4, 8, 16 oder 32 Bit. Deshalb ist es erforderlich, dass ein Multiplexer, der die Datenworte von einem ausgewählten Register auf die ALU durchschaltet, auch 4, 8, 16 oder 32 Bit Eingangsdaten auf den Ausgang mit entsprechender Bit–Anzahl schaltet.

Abbildung 4.32 zeigt das Schaltsymbol eines 4×2 Bit zu 1 Bit Multiplexers und die Wertetabelle. Entweder werden die vier Dateneingänge $A_0, \ldots, A_3$ oder $B_0, \ldots, B_3$ auf den Ausgang Y durchgeschaltet. Die Funktion des 4×2 Bit zu 1 Multiplexers wird durch die Wertetabelle beschrieben. Die Auswahl

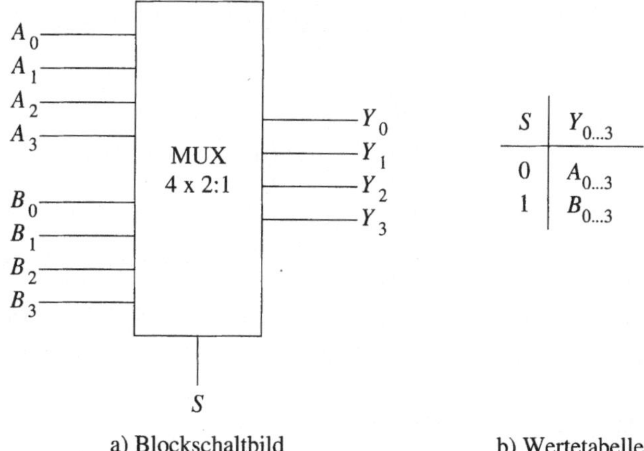

a) Blockschaltbild   b) Wertetabelle

Abb. 4.32. 4×2 zu 1 Multiplexer

der Eingangsdatenworte wird durch die Steuervariable S festgelegt und ist in der Wertetabelle dargestellt.

**Siehe Übungsband
Aufgabe 48:
Multiplexer**

Während der Multiplexer ein auswählendes Schaltnetz ist, ist der *Demultiplexer* ein verteilendes Schaltnetz. Über Steuereingänge wird ein Dateneingang auf einen von mehreren Ausgängen geschaltet. Mit n Steuereingängen kann auf einen von 2^n Datenausgängen verteilt werden (Abb. 4.33).

In Abhängigkeit vom Eingangssteuerwort wird der Dateneingang auf einen der möglichen Datenausgänge geschaltet. Für einen 1 zu 4 Demultiplexer ergibt sich die Wertetabelle aus Abb. 4.33.

Steuerworteingänge und Dateneingang sind wie beim Multiplexer UND–verknüpft. Daraus ergeben sich für die Ausgänge folgende Schaltfunktionen

$$Q_0 = \overline{S}_0 \wedge \overline{S}_1 \wedge D$$
$$Q_1 = S_0 \wedge \overline{S}_1 \wedge D$$
$$Q_2 = \overline{S}_0 \wedge S_1 \wedge D$$
$$Q_3 = S_0 \wedge S_1 \wedge D$$

Mit den Schaltfunktionen lässt sich das Schaltnetz für einen 1 zu 4 De–Multiplexer zeichnen (Abb. 4.34).

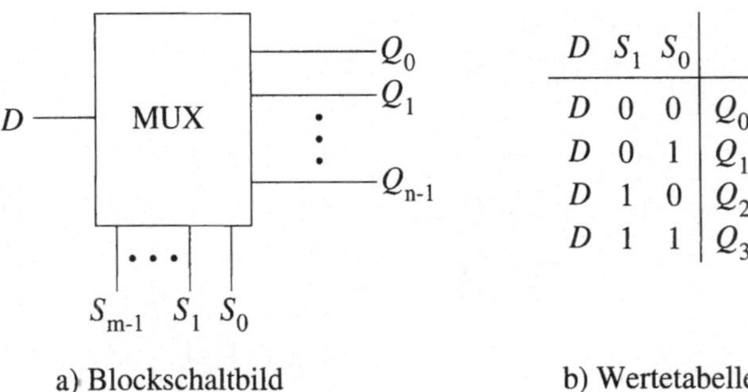

a) Blockschaltbild   b) Wertetabelle

Abb. 4.33. Demultiplexer

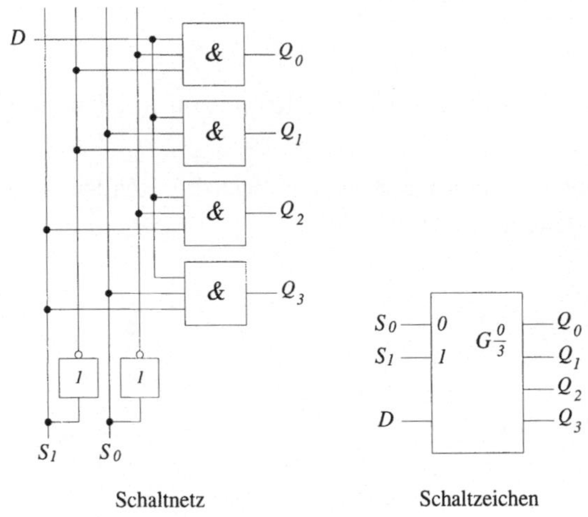

Schaltnetz   Schaltzeichen

Abb. 4.34. 1 zu 4 Demultiplexer

Wie beim Multiplexer deutet der Buchstabe G im Schaltzeichen auf die UND–Verknüpfung von Steuereingängen und Dateneingang hin.

Um mehr–Bit Dateneingangsworte auf verschiedene mehr–Bit Ausgangskanäle zu schalten, müssen entsprechende Demultiplexer vorhanden sein.

Abbildung 4.35 zeigt die Funktion eines 4×1 zu 4 Bit Demultiplexers. Das Schaltverhalten eines solchen Demultiplexers wird durch die Wertetabelle beschrieben.

Multiplexer werden hauptsächlich als Datenwegschaltungen eingesetzt

Die UND–Verknüpfung der Steuereingänge mit den Dateneingängen hat dabei adressierende Eigenschaften. Jede Kombination der Steuervariablen wird mit *einem* Dateneingang UND–verknüpft und auf den Ausgang durchgeschaltet. Dadurch wird ein Schaltnetz realisiert, das die Steuereingänge als Eingangsvariable hat. An den Dateneingängen liegen die Funktionswerte der

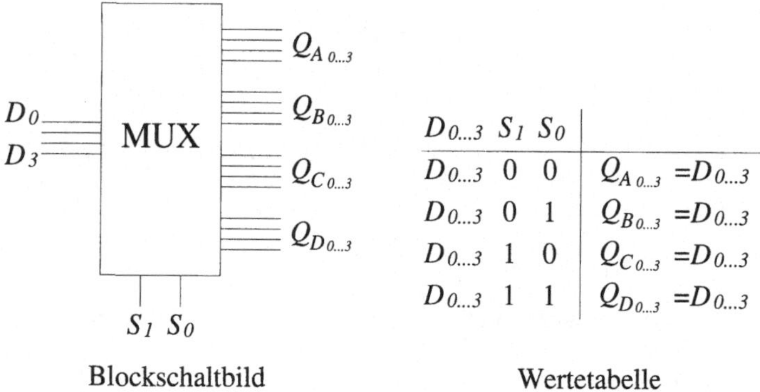

$D_{0...3}$	S_1	S_0	
$D_{0...3}$	0	0	$Q_{A\,0...3} = D_{0...3}$
$D_{0...3}$	0	1	$Q_{B\,0...3} = D_{0...3}$
$D_{0...3}$	1	0	$Q_{C\,0...3} = D_{0...3}$
$D_{0...3}$	1	1	$Q_{D\,0...3} = D_{0...3}$

Blockschaltbild　　　　　Wertetabelle

Abb. 4.35. 4 × 1 zu 4 Demultiplexer

Ausgangsvariablen. So kann jede Schaltfunktion mit einem Multiplexer realisiert werden.

Am Beispiel eines Volladdierers wollen wir die Realisierung mit Hilfe von Multiplexern betrachten (Abb. 4.36).

$C_{\ddot{u}}$	B	A	S	$\ddot{U}$
S_2	S_1	S_0	Y_0	Y_1
0	0	0	0	0
0	0	1	1	0
0	1	0	1	0
0	1	1	0	1
1	0	0	1	0
1	0	1	0	1
1	1	0	0	1
1	1	1	1	1

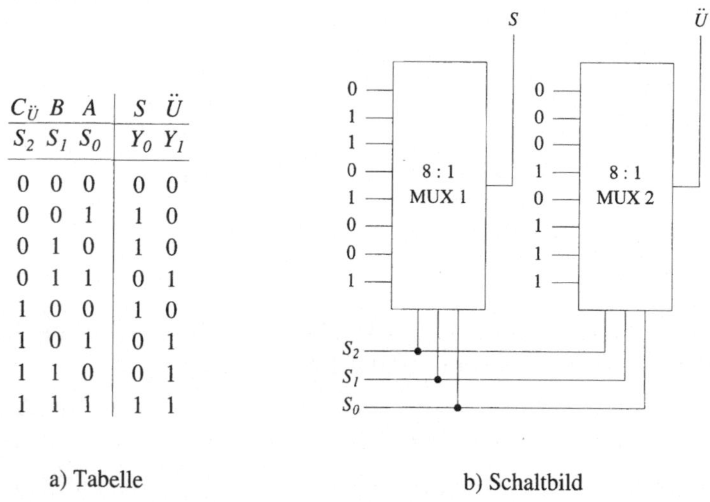

a) Tabelle　　　　　　　　b) Schaltbild

Abb. 4.36. Volladdierer mit zwei 8 zu 1 Multiplexern

Die Zuordnungstabelle enthält die Eingangsvariable A, B und $C_{\ddot{u}}$ sowie die Ausgangsvariable Summe und $\ddot{U}$bertrag. Jede Ausgangsvariable stellt eine vollständige Schaltfunktion mit 8 möglichen Eingangskombinationen dar. Die Eingangsvariablen werden zu Steuer– oder Adreßeingängen der beiden 8 zu 1 Multiplexern. Je nach anliegender Eingangsadresse $S_2 S_1 S_0$ wird von jedem

Multiplexer ein Eingang auf den Ausgang durchgeschaltet. Liegen an den Eingängen von Multiplexer 1 die Funktionswerte für die Summenbildung, an den Eingängen von Multiplexer 2 die Funktionswerte der Übertragsbildung, dann wird die Zuordnungstabelle realisiert. Jeder Multiplexer realisiert *eine* Schaltfunktion.

Der Volladdier mit zwei 8 zu 1 Multiplexern nach Abb. 4.36b kann auch mit zwei 4 zu 1 Multiplexern realisiert werden (Abb. 4.37).

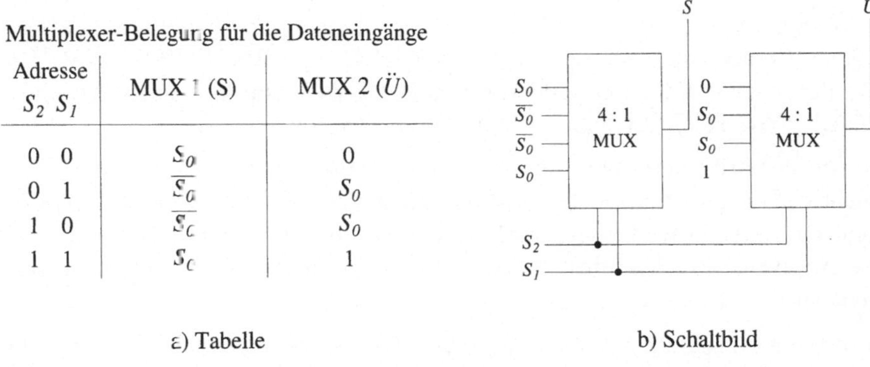

Multiplexer-Belegung für die Dateneingänge

Adresse $S_2\ S_1$	MUX 1 (S)	MUX 2 ($\ddot{U}$)
0 0	S_0	0
0 1	$\overline{S_0}$	S_0
1 0	$\overline{S_0}$	S_0
1 1	S_0	1

a) Tabelle b) Schaltbild

Abb. 4.37. Volladdierer mit zwei 4 zu 1 Multiplexern

Das bedeutet eine wesentliche Vereinfachung. Dieser Vereinfachung liegt folgende Überlegung zugrunde: die Adresse und der zugehörige Dateneingang sind UND–verknüpft. Es ist also möglich die Eingangsvariablen *aufzuspalten*, zwei (hier $S_1 S_2$) werden als Adreßeingänge benutzt und die anderen werden den Dateneingängen zugeführt. Dabei wird die eigentliche Ausgangsvariable z.B. $y_0 (= S)$ durch die dritte Steuervariable (S_0) oder durch die Konstanten 0 oder 1 ausgedrückt. Für $S_2 S_1 = 00$ gilt $y_0 = S_0$, für $S_2 S_1 = 01$ gilt $y_0 = \overline{S_0}$, für $S_2 S_1 = 10$ gilt $y_0 = \overline{S_0}$, für $S_2 S_1 = 11$ gilt $y_0 = S_0$. Damit ergibt sich für die Belegung der Dateneingänge der beiden Multiplexer die Tabelle nach Abb. 4.37.

Schaltfunktionen lassen sich also mit Multiplexern vereinfachen. Die als Adreßeingänge benutzten Eingangsvariablen werden aus der Schaltfunktion *eliminiert*. Jede Schaltfunktion mit n Eingangsvariablen kann durch einen Multiplexer mit 2^{n-1} Eingängen realisiert werden. An die Dateneingänge werden die Konstanten 0, 1 oder die restliche Eingangsvariable angelegt. Soll die Schaltfunktion durch einen Multiplexer mit 2^{n-2} Eingängen realisiert werden, dann werden an die Dateneingänge die Konstanten 0, 1 die restlichen Eingangsvariablen oder Verknüpfungen davon angelegt. Die Adreßeingänge können aus den Eingangsvariablen frei gewählt werden. Jedoch ist es zweckmäßig diejenigen Eingangsvariablen zu wählen, die in möglichst vielen Produkttermen der Schaltfunktion (DNF) vorkommen.

4.9 Arithmetik-Logik Einheit (ALU)

Die ALU ist das Kernelement eines digitalen Rechensystems (Mikroprozessor). Als Funktion betrachtet ist die ALU eines Rechners ein Schaltnetz, das binäre Variablen miteinander verknüpft. Die wichtigste *arithmetische Verknüpfung*, die in der ALU ausgeführt wird, ist die Addition. Die *logischen* (Booleschen) *Verknüpfungen* sind UND, ODER, NICHT, XOR. Die Schaltnetze zur Addition (Addierglieder) und die Verknüpfungsglieder UND, ODER, NICHT, XOR haben wir in diesem Kapitel beschrieben.

Neben der arithmetischen Verknüpfung Addition ist die *Subtraktion* ebenso wichtig. Die Subtraktion kann durch ein eigenes Schaltnetz realisiert werden oder auf die Addition zurückgeführt werden. Wird die Subtraktion auf die Addition zurückgeführt, dann ist für Addition und Subtraktion nur ein Schaltnetz, z.B. ein Paralleladdierer, erforderlich.

In diesem Abschnitt soll eine *einfache* ALU entwickelt werden, bei der die Subtraktion durch *Zweierkomplementbildung* auf die Addition zurückgeführt wird.

4.9.1 Zahlendarstellung und Zweierkomplement

Für die Zahlendarstellung und Zahlenoperationen mit Schaltnetzen eignen sich Binärcodes, besonders der Dualcode und der BCD–Code.
Ohne Vorzeichen werden im Dualcode positive Zahlen so addiert, wie im Dezimalcode Dezimalzahlen. *Mit Vorzeichen* werden positive und negative Zahlen durch das höchstwertige Bit als Vorzeichen gekennzeichnet. Das höchstwertige Bit ist bei positiven Zahlen die 0, bei negativen Zahlen die 1. Der eigentliche Zahlenwert wird durch die restlichen n-1 Bits dargestellt, positive Zahlen im Dualcode, negative Zahlen durch das *Zweierkomplement*. Die Bildung des Zweierkomplements einer Dualzahl erfolgt in zwei Schritten:

1. Bildung des Einerkomplements (Invertierung) z.B. Einerkomplement von
   $A = 011001$ ist $\overline{A} = 100110$

2. Addition einer 1 zum Einerkomplement

   $$\text{Einerkomplement} \quad \overline{A} = 100110$$
   $$+\ 1$$

   $$\text{Zweierkomplement} \quad \overline{(A+1)} = 100111$$

Addiert man eine n-Bit Dualzahl A und das Zweierkomplement dieser Zahl
$(\overline{A}+1)$, so ist das Ergebnis eine Dualzahl der Form $1.000\cdots00$, eine
$n+1$-Bit Zahl, die $(n+1)$ste Stelle ist eine 1, die anderen n Stellen sind 0.

Streicht man die 1 an der werthöchsten Stelle, d.h. die 1 an der $(n+1)$sten
Stelle, dann ist das Ergebnis 0.

Daraus folgt:
ohne Übertrag gilt

$$A + (\overline{A} + 1) = 0$$

oder $\qquad\overline{A} + 1 = -A$

Das Zweierkomplement $(\overline{A} +1)$ einer Dualzahl A ist eine Darstellung für -A.

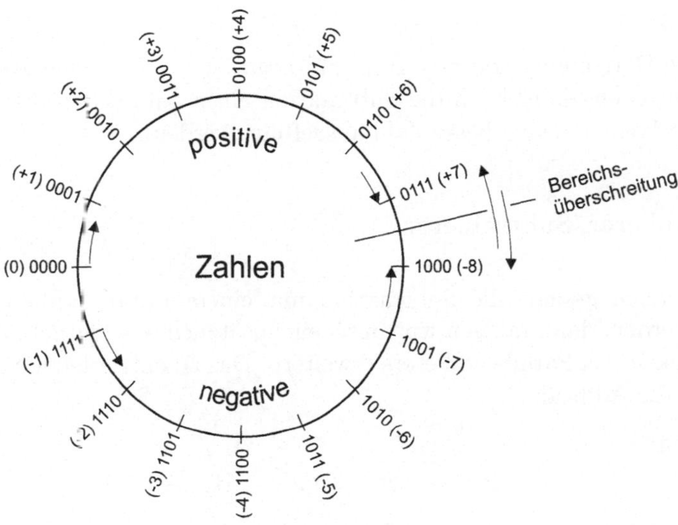

Abb. 4.38. Darstellung positiver und negativer Zahlen

Abbildung 4.38 zeigt die Darstellung positiver und negativer 4–Bit Zahlen.
Stehen n–Bit Worte für die Zahlendarstellung zur Verfügung, dann ist der
darstellbare Wertebereich

$$-2^{n-1}\ \text{bis}\ +2^{n-1} - 1.$$

Bei arithmetischen Operationen kann das Ergebnis den darstellbaren Wertebereich überschreiten. Das Ergebnis ist dann eine nicht korrekte Zahl, die
außerhalb der Bereichsgrenzen liegt, es entsteht ein *Überlauf* oder *overflow*.
Wird die Addition von zwei 4–Bit Zahlen A und B allgemein formuliert,

$$
\begin{array}{cccccc}
\mathrm{A} & a_3 & a_2 & a_1 & a_0 \\
\mathrm{B} & b_3 & b_2 & b_1 & b_0 \\
\hline
\ddot{\mathrm{U}}_4 & \ddot{\mathrm{U}}_3 & \ddot{\mathrm{U}}_2 & \ddot{\mathrm{U}}_1 & \backslash \\
\hline
\mathrm{S}_4 & \mathrm{S}_3 & \mathrm{S}_2 & \mathrm{S}_1 & \mathrm{S}_0
\end{array}
$$

wobei a_3, b_3 die Vorzeichenbits sind, S_i die Stellensummen und $\ddot{\mathrm{U}}_i$ die Stellenüberträge, dann entsteht ein overflow wenn:

- die Vorzeichenbits der Summanden gleich sind $a_3 \equiv b_3$
  und

- die beiden höchstwertigen Bits der Überträge ungleich sind $\ddot{\mathrm{U}}_4 \not\equiv \ddot{\mathrm{U}}_3$

Ist für die Darstellung von positiven und negativen Zahlen eine feste Bitanzahl vorgegeben, dann kann die Subtraktion einer Zahl durch die Addition des Zweierkomplements dieser Zahl ausgeführt werden.

4.9.2 Addierer/Subtrahierer

Soll, wie oben gesagt, die Subtraktion mit einem Paralleladdierer durchgeführt werden, dann müssen wir durch ein zusätzliches Schaltnetz die Funktionsfähigkeit des Paralleladdierers erweitern. Das zu entwerfende Schaltnetz muß also die Addition

$$
\begin{array}{cccccc}
& \mathrm{B} & + & \mathrm{A} & \text{und} & \mathrm{B} & + & (\overline{\mathrm{A}} + 1) \\
\text{und} & \mathrm{A} & + & \mathrm{B} & \text{und} & \mathrm{A} & + & (\overline{\mathrm{B}} + 1)
\end{array}
$$

ermöglichen.

Im ersten Schritt wird ein Schaltnetz entworfen, das eine Schaltfunktion $y = f(\mathrm{A}, \mathrm{S}_0, \mathrm{S}_1)$ realisiert. Eingangsvariablen sind die Zahl A und die Steuereingänge S_0, S_1; Ausgangsvariable ist y mit den Funktionswerten A, $\overline{\mathrm{A}}$, 0, 1. Abb. 4.39 zeigt das Blockschaltbild und die Funktionstabelle des zu entwerfenden Schaltnetzes.

Die Darstellung der Funktionstabelle in einem KV-Diagramm liefert die Funktionsgleichung in DNF.

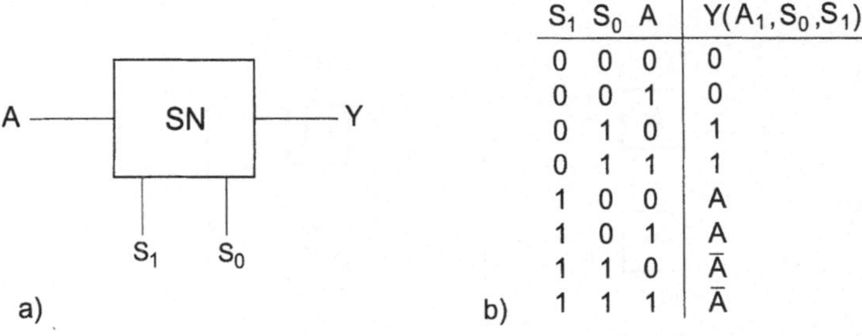

S_1	S_0	A	$Y(A_1, S_0, S_1)$
0	0	0	0
0	0	1	0
0	1	0	1
0	1	1	1
1	0	0	A
1	0	1	A
1	1	0	$\overline{A}$
1	1	1	$\overline{A}$

b)

Abb. 4.39. Schaltnetz zur Aufgabenstellung; a: Blockschaltbild, b: Funktionstabelle

$$y = S_0\overline{A} \vee \overline{S}_1 S_0 \vee S_1 \overline{S}_0 A$$

$$y = S_0(\overline{A} \vee \overline{S}_1) \vee \overline{S}_0 S_1 A$$

$$y = S_0(\overline{A S_1}) \vee \overline{S}_0(S_1 A)$$

$$y = S_0 \not\equiv A\, S_1$$

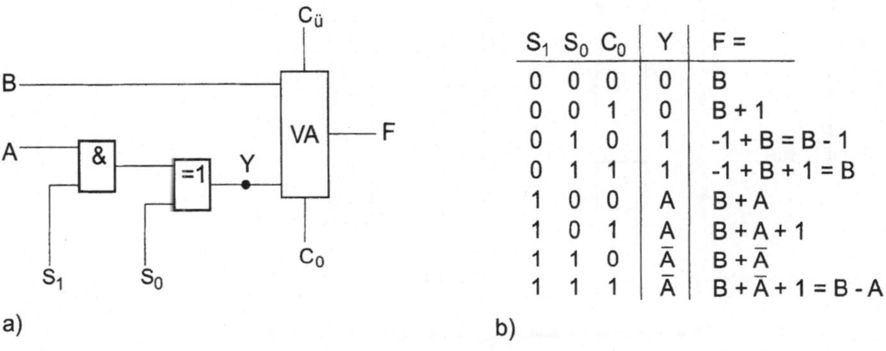

S_1	S_0	C_0	Y	F =
0	0	0	0	B
0	0	1	0	B + 1
0	1	0	1	-1 + B = B - 1
0	1	1	1	-1 + B + 1 = B
1	0	0	A	B + A
1	0	1	A	B + A + 1
1	1	0	$\overline{A}$	B + $\overline{A}$
1	1	1	$\overline{A}$	B + $\overline{A}$ + 1 = B - A

b)

Abb. 4.40. 1–Bit Addierer/Subtrahierer. a: Schaltnetz, b: Funktionstabelle

Die Übertragung der Funktionsgleichung $y = S_0 \not\equiv A\, S_1$ in ein Schaltnetz und Verbindung mit einem VA, wobei die Variable B direkt an den VA angelegt ist, ist in Abb. 4.40 dargestellt.

Wird die Gleichung $y = S_0 \not\equiv A\, S_1$ auch auf die Variable B angewandt und wenn A und B jeweils eine 4–Bit-Zahl ist, dann erhalten wir ein Schaltnetz, mit dem Additionen und Subtraktionen durchgeführt werden können, ein Addier/Subtrahier-Schaltnetz nach Abb. 4.41.

In Abbildung 4.42 ist das Addier/Subtrahier-Schaltnetz zu einem Blockschaltbild zusammengefasst. In Tabelle 4.12 sind alle Verknüpfungen enthalten, die mit dem Addier/Subtrahier-Schaltnetz ausgeführt werden können.

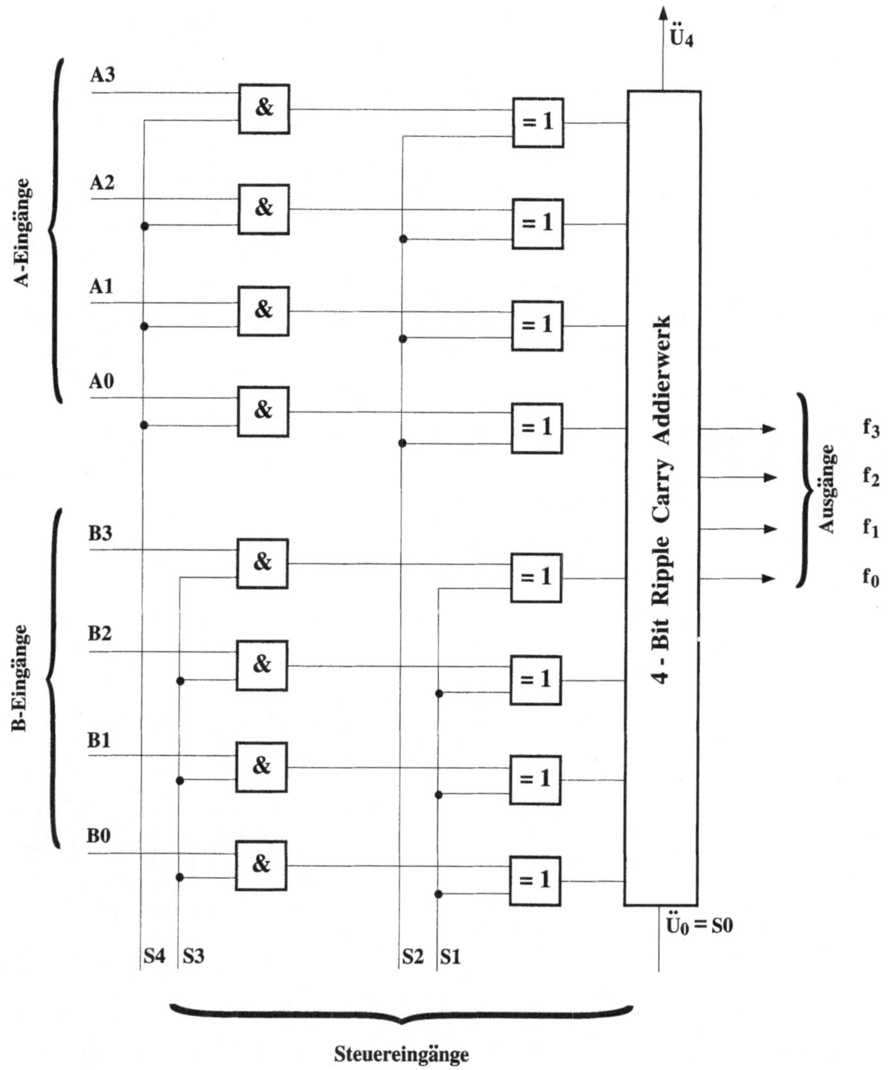

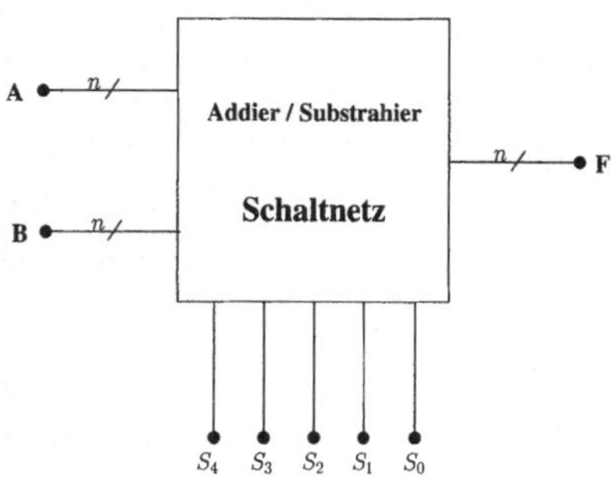

Abb. 4.41. Addier/Subtrahier-Schaltnetz

Abb. 4.42. Blockschaltbild zum Addier/Subtrahier-Schaltnetz

S_4	S_3	S_2	S_1	$\ddot{U}_0 = 0$ F	$\ddot{U}_0 = 1$ F
0	0	0	0	0	1
0	0	0	1	-1	0
0	0	1	0	-1	0
0	0	1	1	-2	-1
0	1	0	0	B	B + 1
0	1	0	1	$\overline{B}$	$\overline{B}$ +1 = -B
0	1	1	0	B -1	B
0	1	1	0	-B -2	-B -1 = $\overline{B}$
1	0	0	0	A	A +1
1	0	0	1	A -1	A
1	0	1	0	$\overline{A}$	$\overline{A}$ + 1 = -A
1	0	1	1	-A -2	$\overline{A}$
1	1	0	0	A +B	A +B +1
1	1	0	1	A -B -1	A -B
1	1	1	0	B -A -1	B -A
1	1	1	1	-A -B -2	-A -B -1

Tabelle 4.12. Funktionstabelle des Addier/Subtrahier–Schaltnetzes

In der ALU werden neben den arithmetischen Verknüpfungen Addition und Subtraktion auch die logischen Verknüpfungen UND, ODER, NICHT ausgeführt. Das Addier/Subtrahier-Schaltnetz nach Abb. 4.41 muss deshalb um Schaltnetze erweitert werden, die die UND, ODER, NICHT Verknüpfungen ausführen. In Abb. 4.43 ist dieses erweiterte Schaltnetz dargestellt.

Es enthält das Schaltnetz aus Abb. 4.41, die Schaltnetze für die UND–, ODER–, NICHT–Verknüpfung und einen Multiplexer. Die Komponenten $A_0 \cdots A_n$ der Variablen A und die Komponenten $B_0 \cdots B_n$ der Variablen B liegen gleichzeitig an dem Addier/Subtrahier-Schaltnetz, dem UND-, dem ODER- und dem NICHT-Schaltnetz an. In dem UND-Schaltnetz werden die Komponenten $A_0 \wedge B_0, \ldots, A_n \wedge B_n$ verknüpft. Entsprechend werden alle Ver-

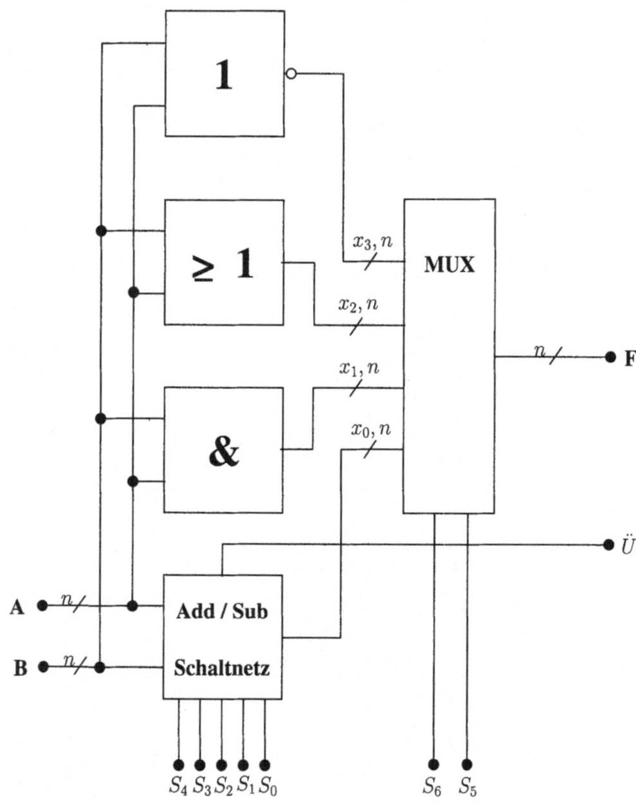

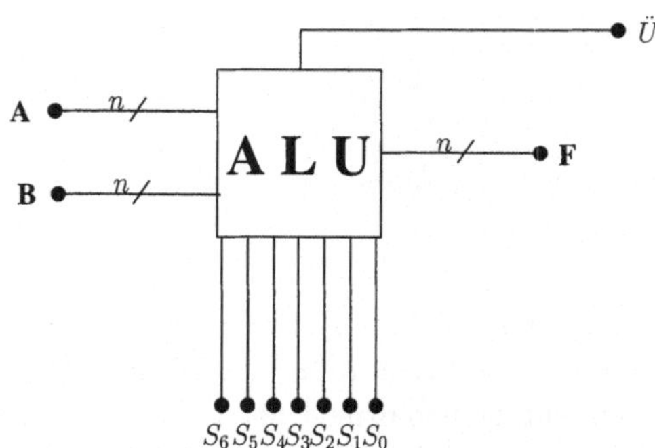

Abb. 4.43. Schaltbild der Arithmetik-Logik Einheit (ALU) mit Blockschaltbild

knüpfungen ausgeführt. Der Multiplexer wählt über die Steuereingänge S_5, S_6 die Ausgänge von *einem* Verknüpfungsschaltnetz aus und schaltet sie auf den Ausgang F durch. Mit dem Schaltnetz nach Abb. 4.43 können sowohl arithmetische als auch logische (Boolesche) Verknüpfungen durchgeführt werden.

4.10 Schaltnetze mit programmierbaren Bausteinen

Einfache Schaltnetze, wie sie in den Beispielen besprochen wurden, lassen sich mit diskreten Verknüpfungsgliedern realisieren. Für komplexe Schaltnetze gibt es Bausteine, die hochintegrierte Verknüpfungsglieder enthalten, und die vom *Anwender* zu einem Schaltnetz verbunden, d.h. *programmiert* werden. Solche Bausteine werden *programmierbare Logikbausteine* genannt. Es sind PROMs, EPROMs, PALs und PLAs.

Wie zu Beginn dieses Kapitels dargestellt, ist ein Schaltnetz die Realisierung einer Schaltfunktion oder Vektorfunktion. Sind die Schaltfunktionen in einer Normalform gegeben, dann liefert die Realisierung ein *dreistufiges* Schaltnetz. In einem Schaltnetz, das eine DNF realisiert – und jedes Schaltnetz kann in der DNF dargestellt werden – werden die Minterme (Produktterme) disjunktiv verknüpft. Das Schaltnetz enthält in der ersten Stufe Inverter, in der zweiten UND–Verknüpfungen, in der dritten Stufe ODER–Verknüpfungen. Abb. 4.44a zeigt den Strukturaufbau eines Schaltnetzes in der DNF. Der Eingangsvektor X hat hier die Komponenten X_0, X_1, X_2, sie liegen invertiert und nichtinvertiert vor. In den UND–Gliedern werden die Produktterme $p_0, \ldots, p_7$ gebildet. Die Produktterme werden in den ODER–Gliedern disjunktiv verknüpft und bilden die Ausgangsvariablen. Die Kreuzungspunkte der Eingangsvariablen mit den Eingängen der UND–Glieder wird *UND–Matrix*, die Kreuzungspunkte der Produktterme mit den Eingängen der ODER–Glieder *ODER–Matrix* genannt. In den programmierbaren Logikbausteinen werden die für das Schaltnetz erforderlichen Kreuzungspunkte der UND–Matrix und/oder der ODER–Matrix programmiert.

Abbildung 4.44b zeigt ein PLA mit Verknüpfungsgliedern, Abb. 4.44c ist eine vereinfachte Darstellung von Abb. 4.44b.

Hier sind die Eingangsleitungen der UND– und ODER–Glieder nicht mehr dargestellt. Jeder Punkt in der UND–Matrix bedeutet, dass die entsprechende Eingangsvariable einen Beitrag zu der mit p gekennzeichneten UND–Verknüpfung liefert. Jeder Punkt der ODER–Matrix bedeutet, dass dieser Produktterm einen Beitrag zur ODER–Verknüpfung liefert. Nach der Programmierbarkeit der UND–Matrix und/oder der ODER–Matrix unterscheidet man vier Gruppen von programmierbaren Logikbausteinen, dargestellt in der folgenden Übersicht:

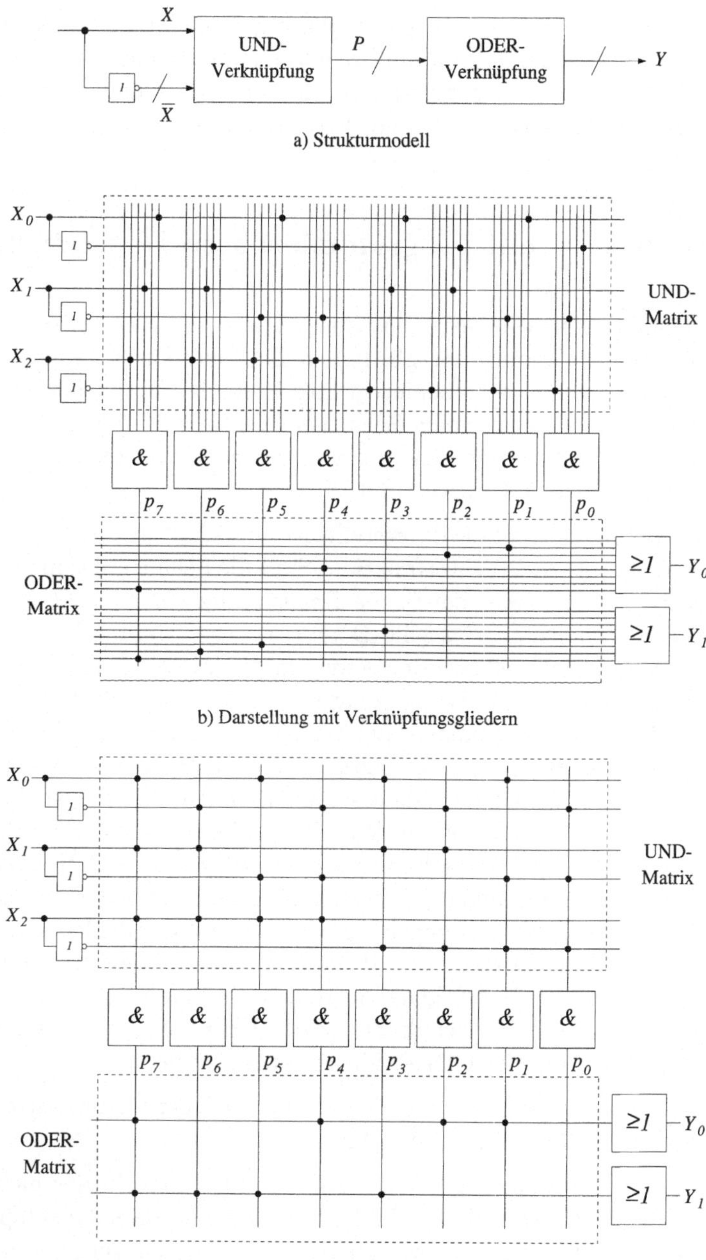

a) Strukturmodell

b) Darstellung mit Verknüpfungsgliedern

c) vereinfachte Darstellung

Abb. 4.44. Struktur einer PLA

	UND–Matrix	ODER–Matrix
ROM	fest	fest
PROM, EPROM	fest	programmierbar
PAL	programmierbar	fest
PLA	programmierbar	programmierbar

Die Realisierung von Schaltnetzen mit den verschiedenen Arten programmierbarer Logikbausteine wird im Folgenden näher beschrieben.

4.10.1 ROM

ROM steht für *Read Only Memory*. Nach der Übersichtstabelle ist die UND–Matrix und die ODER–Matrix dieser Bausteine *fest*. Dieser Baustein realisiert ein Schaltnetz mit festem Inhalt, der vom Hersteller durch *Maskenprogrammierung* fest verdrahtet wurde. Der Inhalt kann nur *gelesen* werden, daher der Name *Nur–Lese–Speicher* oder *Festwertspeicher*. ROM–Bausteine finden Anwendung z.B. als Programmspeicher, Tabellenspeicher und Codeumwandler.

Ein ROM–Baustein ist aus einem *Adressdecodierer* und einer *Speichermatrix* aufgebaut.

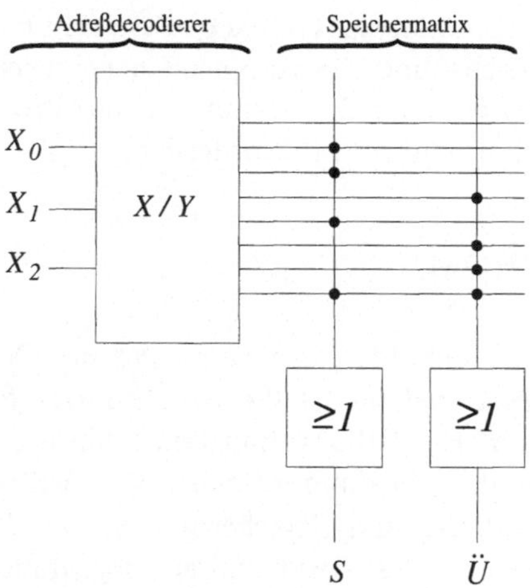

Abb. 4.45. Schaltbild eines ROM (VA–Schaltnetz)

Der Adressdecodierer übernimmt die Funktion der UND–Matrix aus Abb. 4.44. Mit der Speichermatrix wird die ODER–Matrix realisiert. Der Eingangsvektor X wird als Adresse an den Adressdecodierer gegeben, der dann eine Zeile der Speichermatrix auswählt. Ist die Zeile mit einem Eingang der

ODER–Glieder verbunden, dann wird dieser Produktterm über ein ODER–Glied bzw. die ODER–Glieder an die Komponenten des Ausgangsvektors geschaltet. Die Verbindungspunkte, realisiert durch Koppelelemente (Dioden, Transistoren) einer Zeile der Speichermatrix, repräsentieren den Inhalt dieser Speicherzeile oder das *Speicherwort*. Deshalb werden die Zeilen der Speichermatrix *Wortleitungen* genannt und die Ausgänge der ODER–Glieder entsprechend als *Datenleitungen*. Das Schaltnetz nach Abb. 4.45 realisiert einen Volladdierer.

Die Verbindung oder Kopplung der Wortleitung mit der Datenleitung kann mit verschiedenen Bauelementen realisiert werden, (z.B. Dioden, Bipolar–Transistoren, MOS–Transistoren). Die Information der Speichermatrix wird bei der Herstellung durch die Koppelelemente festgelegt. Diese werden durch Diffusionsvorgänge hergestellt. Durch Abdecken (Masken) wird die Leitfähigkeit bestimmter Koppelelemente so dimensioniert, dass über die Datenleitung Strom fließt oder nicht, und so eine 0 oder 1 gespeichert wird. Abb. 4.46 zeigt die Realisierung der Koppelelemente mit verschiedenen Bauelementen.

In den dargestellten Realisierungen wird durch das Koppelelement die Wortleitung mit der Datenleitung verbunden, so dass über einem Widerstand oder Leseverstärker eine Spannung abfällt. Die Datenleitung führt dann 1–Signal. Bei den MOS–Transistoren wird durch eine *dickere*–Gate–Oxid–Schicht($\approx 1\mu$m) die Schwellspannung U_{th} so verschoben, dass sich trotz 1–Signal am Gate kein leitender Kanal bildet, und deshalb der Transistor sperrt. Die Transistoren mit normaldicker Gate–Oxid–Schicht (≈ 10 nm) schalten bei 1–Signal am Gate durch. Sind die Koppelelemente rückwirkungsfrei, dann wird damit gleichzeitig die ODER–Verknüpfung der Produktterme realisiert. Die ODER–*Glieder* sind dann nicht erforderlich.

4.10.2 PROM, EPROM

PROM steht für *P*rogrammable *R*ead *O*nly *M*emory. Nach der Tabelle der *programmierbaren Logikbausteine* ist die UND–Matrix *fest* und die ODER–Matrix *programmierbar*. Ein PROM–Baustein realisiert ein Schaltnetz, dessen Inhalt vom Anwender *programmiert* wird. Der Aufbau besteht wie beim ROM aus Adressdecodierer und Speichermatrix. Der Inhalt der Speichermatrix wird vom Anwender festgelegt und einprogrammiert. An allen Kreuzungspunkten der Wortleitungen mit den Datenleitungen befinden sich Koppelelemente. Sie sind über einen Widerstand, der die Aufgabe einer Schmelzsicherung (fusible link) hat, an die Wortleitung angeschlossen (Abb. 4.47).

Um auf einer Datenleitung eine 0 zu programmieren, muss das Koppelelement im Kreuzungspunkt zur Wortleitung zerstört werden. Ein Überstrom wird durch das Koppelelement geleitet, der den Widerstand zum Schmelzen bringt und damit Wort- und Datenleitung entkoppelt. Das hier beschriebene

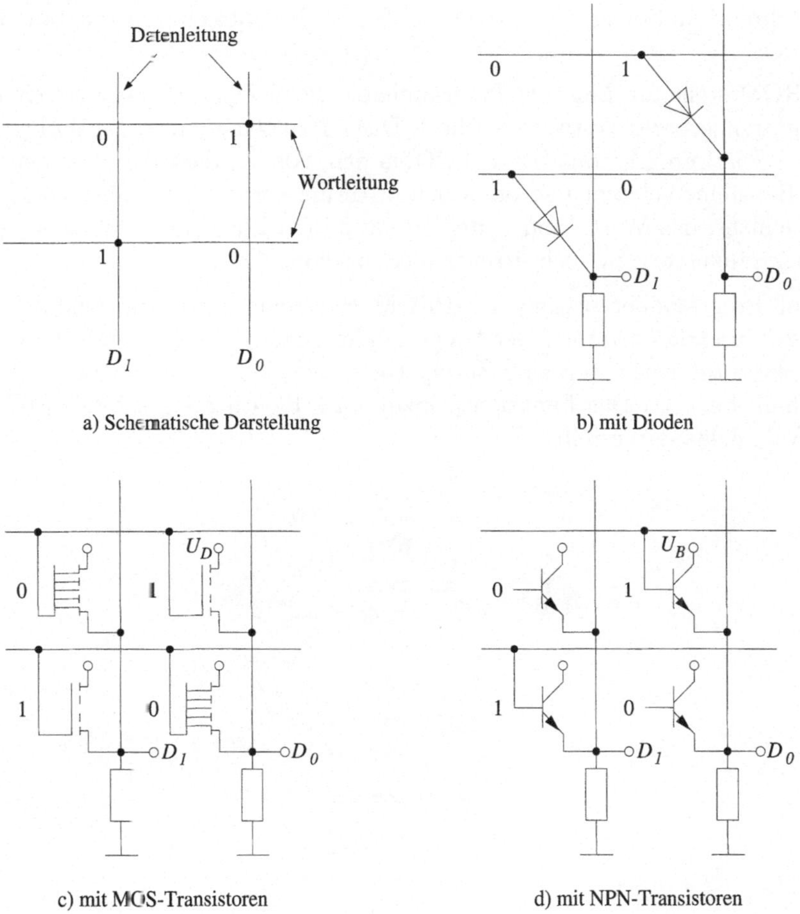

Datenleitung
Wortleitung
D1
D0
UD
UB
a) Schematische Darstellung
b) mit Dioden
c) mit MOS-Transistoren
d) mit NPN-Transistoren

Abb. 4.46. Realisierung von Koppelelementen

Schmelzsicherung
UB
Schmelzsicherung

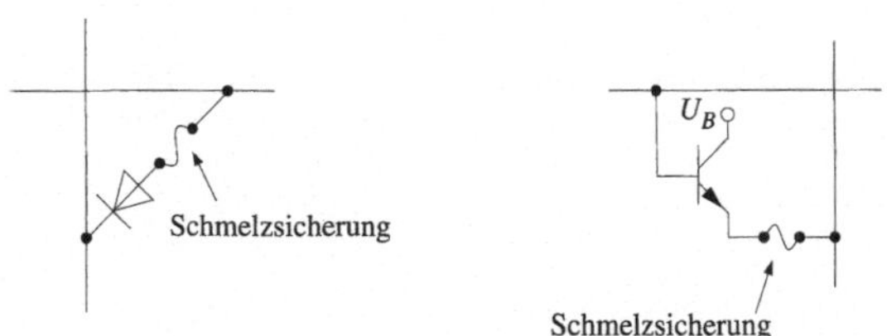

Abb. 4.47. Koppelelement mit *programmierbarer* Schmelzsicherung

Verfahren funktioniert nur, wenn die Koppelelemente einzeln programmiert werden.

EPROM steht für *E*rasable *P*rogrammable *R*ead *O*nly *M*emory (löschbarer programmierbarer Festwertspeicher). Diese Bausteine haben gegenüber den *nur einmal* programmierbaren PROMs den Vorteil, dass der Speicher dieser Bausteine gelöscht und dann neu programmiert werden kann. Das Koppelelement, das Wort– und Datenleitung miteinander verbindet, wird beim Programmiervorgang nicht irreversibel abgekoppelt.

Beim Programmiervorgang der PROM–Bausteine wird eine Schmelzrichtung *irreversibel* zerstört. Der Programmiervorgang der EPROM–Bausteine ist *reversibel*. Dazu werden *Floating–Gate Feldeffekt–Transistoren* in MOS–Technik benutzt. Das Funktionsprinzip eines Floating–Gate MOS–FET ist in Abb. 4.48a dargestellt.

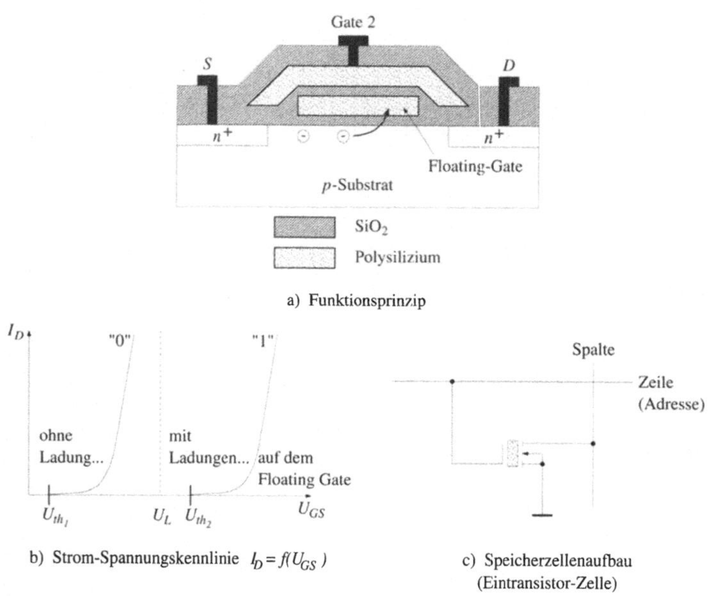

Abb. 4.48. EPROM Zelle

Das besondere Kennzeichen dieses Transistors ist das rundherum isolierte schwimmende Gate (floating gate). Das Funktionsprinzip besteht darin, elektrische Ladungen auf dem isolierten Gate zu speichern und dadurch die Schwellspannung von Gate 2 zu beeinflussen (Abb. 4.48). Ist keine Ladung auf dem Floating–Gate gespeichert, dann ist die Zelle gelöscht und der Kanal leitet, wenn die Spannung an Gate 2 groß genug ist, d.h. $U_{GS} > 2 \cdot U_{th}$ (der Faktor 2 folgt aus der kapazitiven Spannungsteilung der beiden Gates als Kondensatoren). Sind Ladungen auf dem Floating–Gate gespeichert, dann ist die Zelle beschrieben und der Kanal ist gesperrt. Beim Lesevorgang wird abgefragt, ob der Kanal leitet oder gesperrt ist. Die Lesespannung U_L liegt zwischen U_{th1} und U_{th2}.

Um Ladungen auf das Floating–Gate zu bringen wird eine hohe Spannung (etwa 20V), die *Programmierspannung*, an Gate und Drain angelegt. Aufgrund der hohen Feldstärke in der Drain–Substrat–Raumladungszone kommt es bis zum Lawinendurchbruch. Dabei *durchtunneln* energiereiche (*heiße*) Elektronen die Oxidschicht und laden das Floating–Gate auf.

Zum Löschen wird die Zelle mit UV–Licht (Wellenlänge 200–300nm) bestrahlt. Dabei bilden sich im Oxid Elektronen–Lochpaare. Wegen des negativen Potentials des Floating–Gates werden die Löcher angezogen und neutralisieren die negative Ladung. Die Löschzeit beträgt einige Minuten. Es wird immer die Information des ganzen Bausteines gelöscht. Die Ladung auf dem Floating–Gate kann über Jahre gespeichert bleiben.

Neben der Möglichkeit den Inhalt der Zelle mit UV–Licht zu löschen, gibt es auch die Möglichkeit elektrisch zu löschen. Diese Bausteine werden EE-PROMs genannt (Electrically EPROM). Jede einzelne Bitzelle kann elektrisch programmiert oder gelöscht werden. Der Aufbau einer EEPROM–Zelle ist in Abb. 4.49 dargestellt.

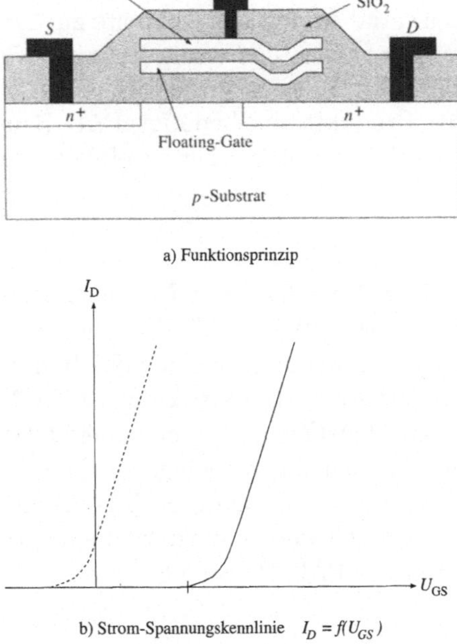

Abb. 4.49. EEPROM–Zelle

In dieser Speicherzelle ist ebenfalls ein MOS–Transistor mit Floating–Gate, aber Flotox–Struktur (Floating–Gate Tunneloxid–Struktur). An einer Stelle reicht das Floating–Gate bis auf 10nm an den Drainbereich. Beträgt die Spannung über diesem dünnen Gateoxid etwa 10V, dann fließen Elektronen entsprechend der Polarität der angelegten Spannung. Zum Aufladen des Floating–Gate mit Elektronen wird eine (gegenüber Drain) positive Spannung an das Gate gelegt. Dadurch ergibt sich eine positive Schwellenspannung von einigen Volt. Zum Entladen wird eine positive Spannung an Drain (gegenüber Gate) angelegt. Dadurch ergibt sich eine negative Schwellenspannung (Abb. 4.49). Dieser Vorgang wird *Fouler–Nordheim–Tunnelmechanismus* genannt.

Siehe Übungsband
Aufgabe 49:
Dual– zu Siebensegmentdekoder

4.10.3 PAL

PAL steht für *Programmable Array Logic*. PAL–Bausteine haben eine *programmierbare* UND–Matrix und eine *feste* ODER–Matrix.

Bei Schaltfunktionen in der DNF nimmt die Zahl der *möglichen* Produktterme mit jeder Eingangsvariablen um das Doppelte zu. Werden Schaltfunktionen mit vielen Eingangsvariablen und wenig Ausgangsvariablen mit PROMs realisiert, sind alle möglichen Produktterme vorhanden. In den meisten Fällen werden aber nur einige Produktterme benötigt. PAL–Bausteine enthalten weniger UND–Glieder als die Zahl möglicher Produktterme aus den Eingangsvariablen.

Beispiel:
Der PAL–Baustein PLHS 18P8 hat zehn Eingangsvariable. Damit könnten 1024 Produktterme gebildet werden. Würden alle in UND–Gliedern realisiert, ergäbe das für viele Anwendungen eine hohe Redundanz. Der Baustein enthält eine programmierbare UND–Matrix mit 72 UND–Gliedern, und acht Ausgänge. Jeweils neun UND–Glieder führen auf ein ODER–Glied. Bei manchen PAL–Bausteinen können die Ausgänge direkt oder invertiert auf die Eingänge zurückgeführt werden. Zusätzliche Treiber mit Tri–State Funktion und Ausgänge mit Speichergliedern ermöglichen eine große Flexibilität und Anwendungsmöglichkeit der PAL–Bausteine.

4.10.4 PLA

PLA steht für *Programmable Logic Array*. PLA–Bausteine haben eine programmierbare UND–Matrix *und* eine programmierbare ODER–Matrix, deshalb können sie als universelle Bausteine bezeichnet werden. Programmierbare UND–Terme können mehrfach ausgenutzt werden. Die UND–Glieder können mit jedem der möglichen Eingänge verbunden werden. Vor jedem Ausgang liegt ein ODER–Glied, das mit jedem UND–Glied verbunden werden kann. Wie bei den PAL–Bausteinen besteht die Möglichkeit, bestimmte Ausgänge auf den Eingang zurückzuführen.

Für die Programmierung aller programmierbaren Logikbausteine benötigt der Anwender ein spezielles Programmiergerät. Bei PROM–Bausteinen werden die Koppelelemente der ODER–Matrix über Wertetabellen programmiert. PAL–Bausteine werden direkt mit Schaltfunktionen programmiert.

4.11 Laufzeiteffekte in Schaltnetzen

Zu Beginn dieses Kapitels haben wir für die Funktionsbeschreibung von Schaltnetzen die Definition der DIN–Norm benutzt. Darin werden Schaltnetze mit *idealen* Verknüpfungsgliedern realisiert und die Eigenschaften *realer* Verknüpfungsglieder bleiben bewußt unberücksichtigt. Eine Eigenschaft *realer* Verknüpfungsglieder ist für den Entwurf und das fehlerfreie Funktionieren von Schaltnetzen besonders wichtig – *die Signallaufzeit*. In Kapitel 2, *Elektronischer Schalter*, haben wir die Signallaufzeit als Kenngröße von integrierten Verknüpfungsgliedern kennengelernt. In Schaltnetzen kann die Signallaufzeit dazu führen, dass die Schaltvariablen Werte annehmen, die sie *theoretisch* oder bei idealen Verknüpfungsgliedern nicht annehmen würden. Solche *Falsch–Werte* in Schaltnetzen treten als Antwort auf die Änderung der Werte der Eingangsvariablen auf und werden *Hazards* genannt. In den folgenden einfachen Funktionsgleichungen bleibt der Funktionswert per Definition der Gleichung und bei idealen Verknüpfungsgliedern konstant, auch wenn sich die Eingangsvariable ändert.

$$y_0 = x \wedge \overline{x} = 0$$
$$y_1 = \overline{x \wedge \overline{x}} = 1$$
$$y_2 = x \vee \overline{x} = 1$$
$$y_3 = \overline{x \vee \overline{x}} = 0$$

In Abbildung 4.50 sind die Schaltnetze zu den Funktionsgleichungen dargestellt. Ein Signalweg führt immer durch zwei Verknüpfungsglieder, der andere nur durch ein Verknüpfungsglied. Ein Weg dauert deshalb zwei Signallaufzeiten $(2\,t_p)$ der andere eine $(1\,t_p)$. Dabei ist angenommen, dass die Signallauzeit t_p in allen Verknüpfungsgliedern gleich ist. Durch die unterschiedlichen Signallaufzeiten kommt es zu *Falschwerten* oder *Hazards*. Der Vorgang ist im

Abb. 4.50. Entstehung von Hazards: Schaltnetze und Funktionsgleichungen

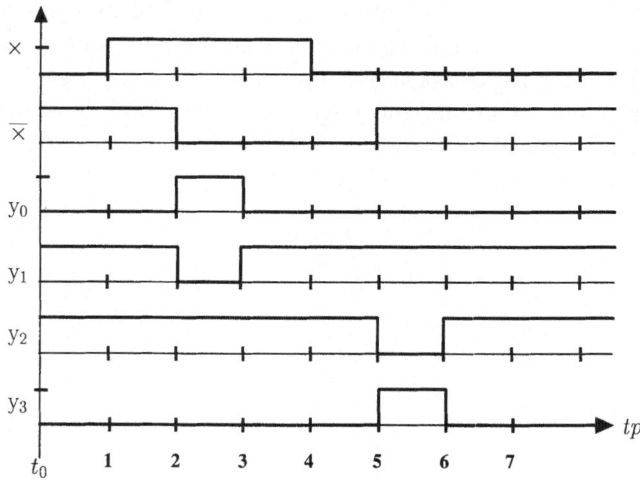

Abb. 4.51. Entstehung von Hazards: Impulsdiagramm

Impulsdiagramm nach Abb. 4.51 dargestellt. Die so entstandenen Hazards werden *statische Hazards* genannt.

Wird in einem Schaltnetz durch Änderung einer Eingangsvariablen auch eine Ausgangsvariable verändert und entsteht in dem Schaltnetz auch ein statischer Hazard, der die Ausgangsvariable nochmals auf den Wert vor der Änderung setzt, dann handelt es sich um einen *dynamischen Hazard*. Einem dynamischen Hazard geht immer ein statischer Hazard voraus. In Abb. 4.52 ist die Enstehung von einem statischen und dynamischen Hazard dargestellt.

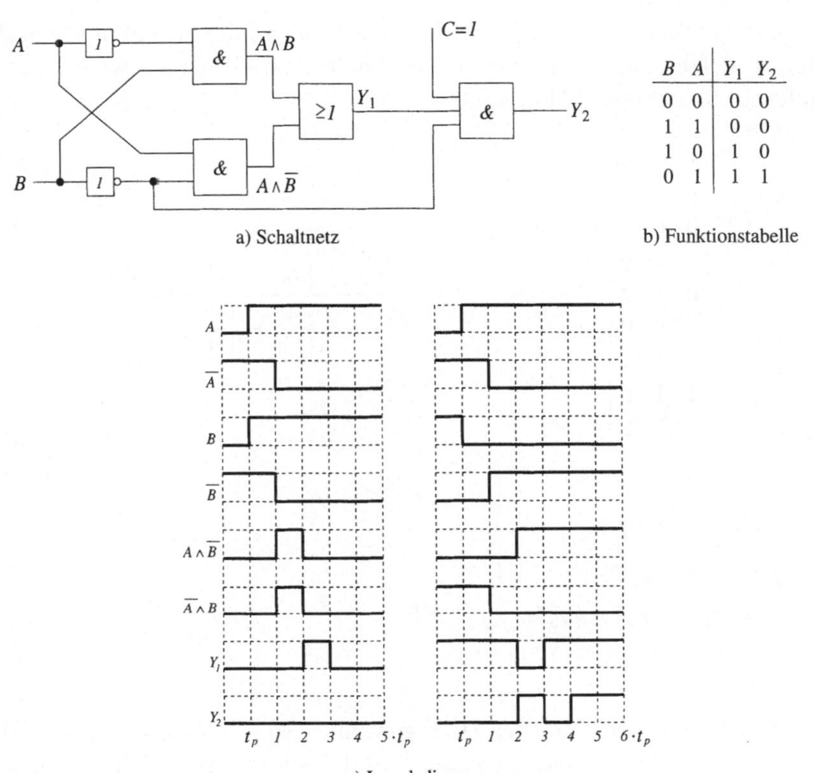

a) Schaltnetz   b) Funktionstabelle

a) Impulsdiagramm

Abb. 4.52. Entstehung von statischen und dynamischen Hazards

Im Punkt Y_1 des Schaltnetzes wird eine XOR–Verknüpfung realisiert. In der Funktionstabelle sind unter Y_1 die Funktionswerte der *idealen* Verknüpfung dargestellt. Durch die NICHT–Glieder wird der Signalweg der Eingangsvariablen zu den UND–Gliedern unterschiedlich verzögert. Ändern sich die Eingangsvariablen von $BA = 00$ nach $BA = 11$, dann bleibt nach der Funktionstabelle der Wert der Ausgangsvariablen unverändert auf 0–Signal. Nach dem Impulszeit–Diagramm, das die vorhandenen Signallaufzeiten berücksichtigt, liegt an beiden Eingängen der UND–Glieder kurzzeitig 1–Signal an und folglich zeitverzögert dann auch an den Ausgängen. Eine weitere Signallaufzeit später liegt auch an Y_1 ein 1–Signal an. Dieser nach der Funktionstabelle falsche Wert ist ein *statischer 1–Hazard*. Ändern sich die Eingangsvariablen von BA = 10 nach BA = 01, dann entsteht an Y_1 ein *statischer 0–Hazard*. An Y_2 entsteht ein *dynamischer* Hazard, dargestellt im rechten Teil des Impulsdiagramms (Abb. 4.54).

Statische 0– oder 1– Hazards lassen sich vermeiden, wenn in den Schaltnetzen redundante Verknüpfungsglieder eingebaut werden. Das soll an einem Beispiel gezeigt werden.

Aus einer gegebenen Funktionstabelle werden die minimierten Funktionsgleichungen in DF und KF ermittelt. Die Funktionsgleichungen werden in ein Schaltnetz übertragen (Abb. 4.53).

x_2 x_1 x_0	$f(x_0, x_1, x_2)$
0 0 0	0
0 0 1	0
0 1 0	0
0 1 1	1
1 0 0	1
1 0 1	0
1 1 0	1
1 1 1	1

x_2 \ $x_1 x_0$	00	01	11	10
0	0	0	1	0
1	1	0	1	1

$$y = x_0\, x_1 \vee \overline{x_0}\, x_2 \qquad \text{DF}$$
$$y = (\overline{x_0} \vee x_1) \wedge (x_0 \vee x_2) \qquad \text{KF}$$

$$(4.20)$$

In dem Schaltnetz, das aus der DNF gewonnen wurde, entsteht beim Übergang $x_2\, x_1\, x_0 = 1\,1\,1$ nach $x_2\, x_1\, x_0 = 1\,1\,0$ ein statischer 0–Hazard.

Zur Vermeidung dieses 0-Hazards wird das Schaltnetz Abb. 4.53a um ein redundantes *UND*-Glied erweitert, das x_1 und x_2 verknüpft und y auf 1 hält (Abb. 4.53c). Die Entstehung eines statischen 1–Hazard in einem Schaltnetz, das nach der KF gewonnen wird, ist analog. Der 1–Hazard entsteht dann beim Übergang $x_2\, x_1\, x_0 = 0\,0\,0$ nach $x_2\, x_1\, x_0 = 0\,0\,1$.

Hazards können besonders die Funktion von Schaltwerken stören. Sie werden dann *Races* (Wettlauferscheinungen) genannt. Dabei werden die *falschen* Werte der Ausgangsvariablen eines Schaltnetzes von Speichergliedern aufgenommen und auf den Eingang des Schaltnetzes rückgekoppelt. Um solche Fehler zu vermeiden werden taktflankengesteuerte Speicherglieder benutzt.

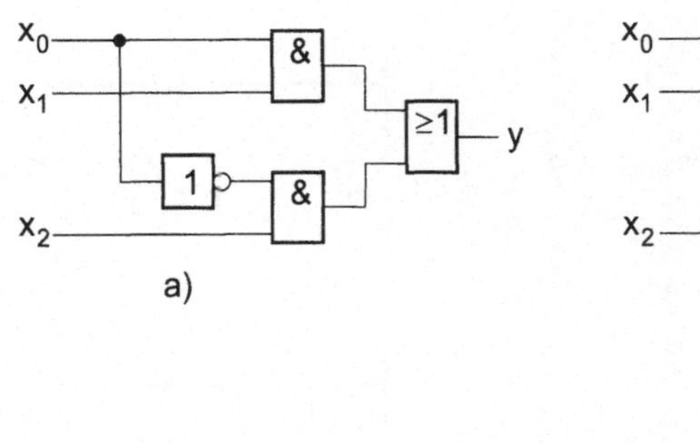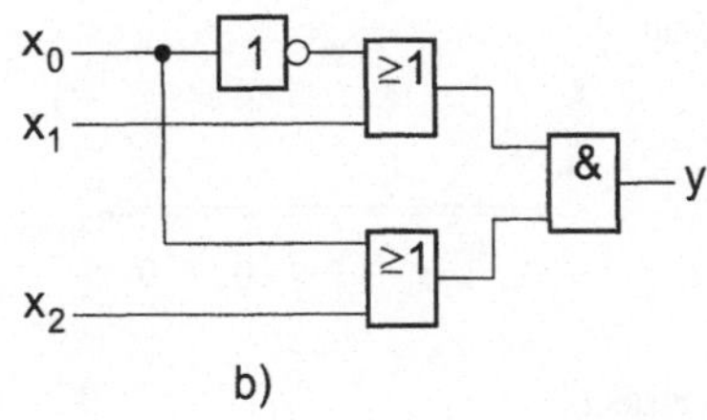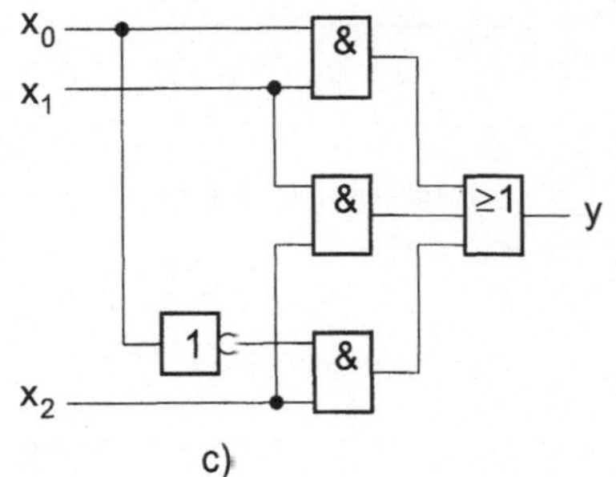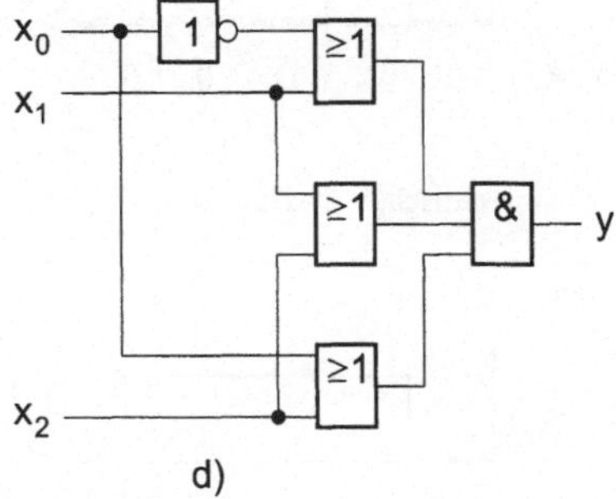

Abb. 4.53. Schaltnetz mit Hazard (a) und (b), hazardfrei (c) und (d)

Die Information wird erst dann in die Speicherglieder übernommen, wenn die Hazards abgeklungen sind und am Schaltnetzausgang ein stabiler gültiger Signalzustand anliegt.

 **Siehe Übungsband**
Aufgabe 50:
Hazards

In Abb. 4.54 sind statische und dynamische Hazards in einer Übersicht dargestellt.

statt

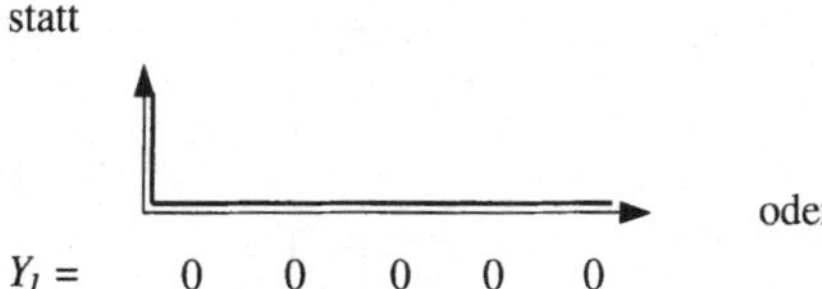
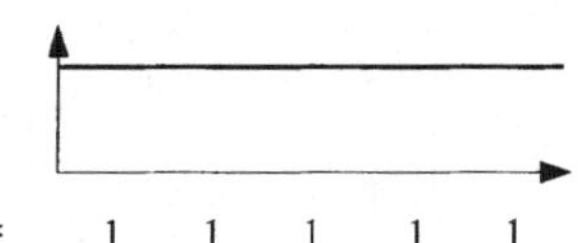

oder

$Y_1 =$ 0   0   0   0   0 $Y_1 =$ 1   1   1   1   1

entsteht

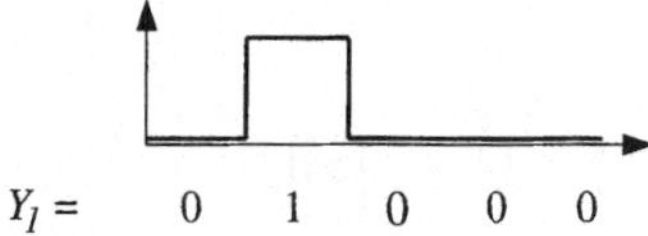
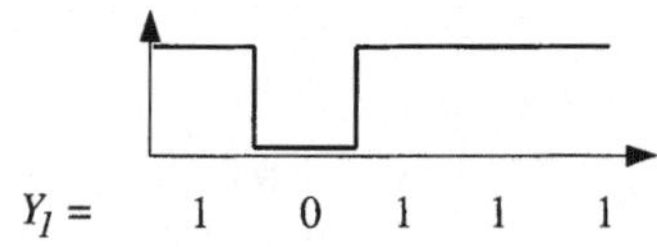

$Y_1 =$ 0   1   0   0   0 $Y_1 =$ 1   0   1   1   1

statischer 1 - Hazard   statischer 0 - Hazard

statt

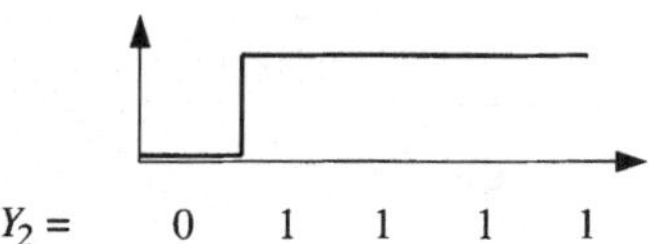
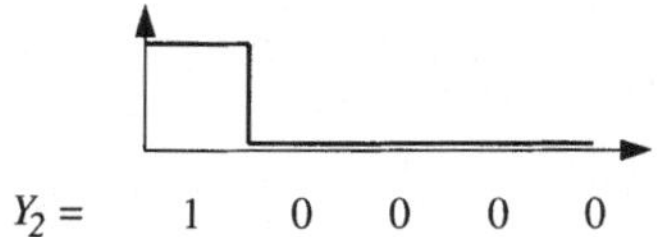

oder

$Y_2 =$ 0   1   1   1   1 $Y_2 =$ 1   0   0   0   0

entsteht

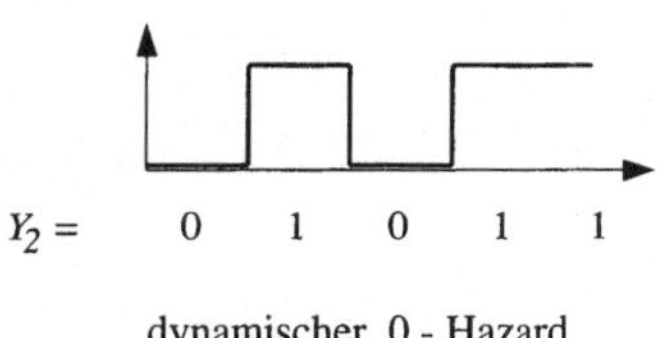
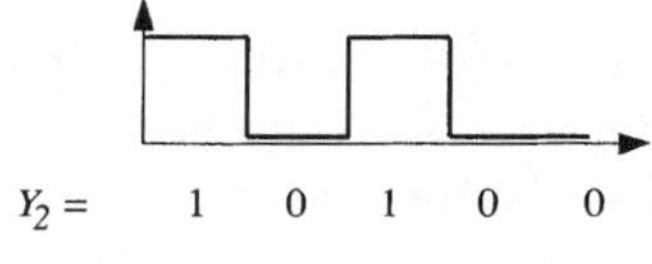

$Y_2 =$ 0   1   0   1   1 $Y_2 =$ 1   0   1   0   0

dynamischer 0 - Hazard   dynamischer 1 - Hazard

Abb. 4.54. Klassifikation von Hazards

5. Speicherglieder

Neben den Verknüpfungsgliedern gehören Speicherglieder zu den Elementar-
bausteinen einer digitalen Rechenanlage. Speicherglieder können Schaltvariablen aufnehmen, speichern und abgeben (DIN 44300/90). Da nur die Verarbeitung von binären Schaltvariablen betrachtet wird, muss ein Speicherglied
die Eigenschaft haben, eine Variable mit den Werten 0 und 1 aufnehmen
zu können. Speicherglieder mit dieser Eigenschaft sind bistabile Kippglieder,
auch *Flipflops* genannt. Ein bistabiles Kippglied kann, wie der Name sagt,
zwei stabile Zustände einnehmen: einen *Zustand 1*, genannt Setzzustand, und
einen *Zustand 0* genannt Rücksetzzustand.

Nach der DIN–Norm ist ein Flipflop: Ein Speicherglied mit zwei stabilen
Zuständen, das aus jedem der beiden Zustände durch eine geeignete Ansteuerung in den anderen Zustand übergeht (DIN 44300/91).

Die Ansteuerung kann sein:

- taktunabhängig (nicht taktgesteuert)

- taktabhängig (taktgesteuert)

  - taktzustandsgesteuert

  - taktflankergesteuert.

Diese unterschiedliche Art der Ansteuerung führt zu verschiedenen Flipflop–
Typen, die in diesem Kapitel beschrieben werden.

Kippglieder mit Speicherfunktion werden technisch realisiert durch Kippschaltungen.

5.1 Funktionsprinzip einer bistabilen Kippschaltung

Eine einfache bistabile Kippschaltung entsteht durch das Zusammenschalten
zweier Transistorschalter. Dabei wird der Ausgang A_1 der ersten Schalterstufe mit dem Eingang E_2 der zweiten Schalterstufe und der Ausgang A_2 der

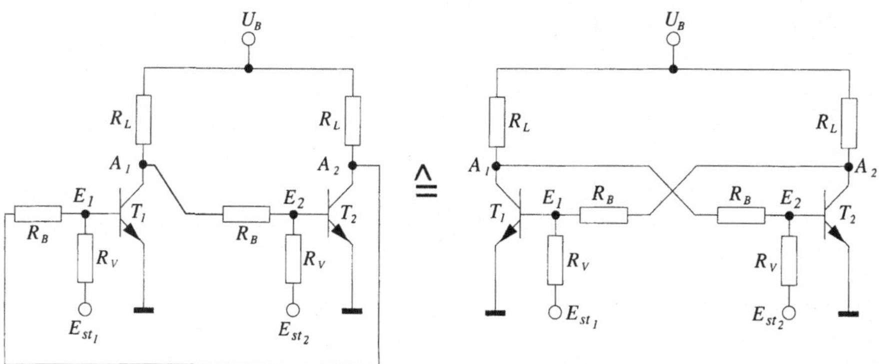

Abb. 5.1. Bistabile Kippschaltung aus zwei rückgekoppelten Transistorschaltern

zweiten Schalterstufe mit dem Eingang E_1 der ersten Schalterstufe verbunden (Abb. 5.1).

Durch diese Zusammenschaltung ensteht ein zweistufiger gleichspannungsgekoppelter Verstärker mit Rückkopplung (Mitkopplung). Diese statische Rückkopplung ist das Wirkprinzip aller bistabilen Kippschaltungen auch wenn diese aus NAND oder NOR Verknüpfungsschaltungen aufgebaut sind. Die Rückkopplung bewirkt, dass die Schaltung zwei stabile Zustände einnehmen kann. Ein Kippvorgang von einem stabilen Zustand in den anderen stabilen Zustand wird durch ein Eingangssignal an E_{St1} oder E_{St2} ausgelöst.

Nach Anlegen der Betriebsspannung möge, aufgrund der Toleranzwerte der Bauelemente, T_1 sperren und T_2 leiten. Der Ausgang A_1 liegt dann auf H–Pegel. Die Rückkopplung von A_1 nach E_2 bewirkt, dass Basisstrom von A_1 nach T_2 fließt und dadurch wird T_2 leitend gehalten. Der Ausgang A_2 liegt dann auf L–Pegel und durch die Rückkopplung von A_2 auf E_1 wird erreicht, dass T_1 im Sperrzustand bleibt. Die Schaltung befindet sich aufgrund der Rückkopplung in einem stabilen Zustand.

Wird an den Steuereingang E_{St1} von außen eine positive Spannung (H–Pegel) angelegt, dann wird T_1 leitend. Der Ausgang A_1 nimmt L–Pegel an. Durch die Rückkopplung von A_1 nach E_2 kann kein Basisstrom mehr nach T_2 fließen und T_2 sperrt. Dadurch nimmt A_2 H–Pegel an. Die Rückkopplung von A_2 nach E_1 bewirkt, dass Basisstrom nach T_1 fließt und T_1 leitend hält. Die Schaltung befindet sich wieder in einem stabilen Zustand, sie ist von einem stabilen Zustand in den anderen stabilen Zustand übergegangen oder gekippt. Nach dem Kippvorgang kann die Spannung am Steuereingang E_{St1} wieder Null werden, ohne dass der eingenommene stabile Zustand sich ändert. Wird die positive Spannung (H–Pegel) danach an den Steuereingang E_{St2} gelegt, dann nimmt die Schaltung wieder den stabilen Ausgangszustand ein. Wenn an beiden Steuereingängen L–Pegel anliegt, behält die Schaltung den zuletzt eingenommenen stabilen Zustand bei. Auf dieser Eigenschaft beruht die Anwendung der bistabilen Kippschaltung als Informations–Speicher.

Wird an beide Steuereingänge, E_{St1} und E_{St2}, eine positive Spannung oder H–Pegel angelegt, dann werden beide Transistoren leitend, solange der H–Pegel anliegt. Keiner der beiden Transistoren T_1 und T_2 zieht über eine Rückkopplung Basisstrom. Die Basisströme werden durch die Steuerspannung an E_{St1} und E_{St2} geliefert. Die Rückkopplungen, die vorher den stabilen Zustand der Schaltung bewirkten, werden unwirksam und deshalb ist dieser Zustand nicht stabil. Geht an beiden Steuereingängen die Spannung auf Null zurück, d.h. liegt L–Pegel an (der Wert von R_v muss so groß sein, dass die Basis–Emitterspannung nicht beeinflusst wird), dann steigt die Kollektor–Emitter-Spannung an beiden Transistoren gleichphasig an. Aufgrund der Toleranzwerte wird die Kollektor–Emitterspannung eines Transistors schneller ansteigen als die andere. Durch die Rückkopplung wird die wachsende Spannungsdifferenz verstärkt und es stellt sich ein stabiler Zustand ein, bei dem ein Transistor sperrt und der andere leitet. Welcher stabile Zustand die Schaltung einnimmt, kann nicht angegeben werden. Deshalb ist der Eingangszustand $E_{St1} = E_{St2} =$ H–Pegel unzulässig. Wird dieser Eingangszustand vermieden, dann sind die Ausgangszustände immer komplementär. Das Verhalten der Schaltung kann durch Tabelle 5.1 dargestellt werden.

E_{St_2}	E_{St_1}	A_2	A_1
H	H	unzulässig	
H	L	L	H
L	H	H	L
L	L	wie vorher (speichern)	

Tabelle 5.1. Pegeltabelle einer bistabilen Kippschaltung aus rückgekoppelten Transistorschaltern

Zusammenfassend kann man sagen:
Aufgrund der Rückkopplung kann die Schaltung in Abhängigkeit von den Pegeln an den Steuereingängen zwei stabile Zustände einnehmen, und einen Speicherzustand. Sie kann in einem instabilen Zustand gehalten werden, wobei die Rückkopplung unwirksam ist. Deshalb ist dieser Zustand unzulässig.

5.2 Funktionsprinzip von RAM–Speicherzellen

Das Funktionsprinzip einer bistabilen Kippschaltung findet auch Anwendung in *statischen RAM-Speicherzellen* (SRAM). RAM steht für: Random Access Memory. In Abbildung 5.2 ist eine Speicherzelle in TTL–Technik und in CMOS–Technik dargestellt.

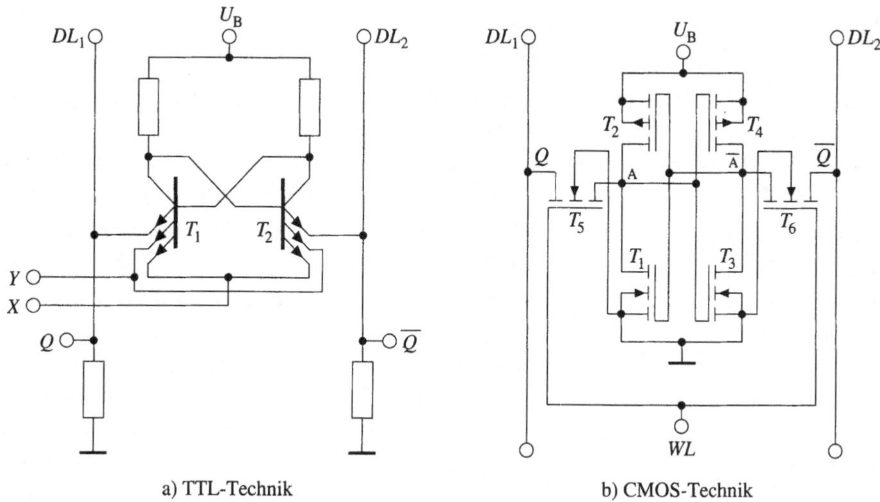

a) TTL-Technik   b) CMOS-Technik

Abb. 5.2. RAM–Speicherzellen

In beiden Schaltungen ist die statische Rückkopplung nach Abb. 5.1 erkennbar, die bewirkt, dass die Schaltung zwei stabile Zustände einnehmen kann. Die Transistoren der TTL–RAM Zelle sind Multi–Emitter–Transistoren. Die X– und Y–Adreßleitungen und eine Datenleitung sind an je einen Emittereingang angeschlossen. Die Speicherzelle wird innerhalb einer Speichermatrix über die X– und Y–Adreßleitung angesteuert.

Als bistabiles Kippglied kann die Schaltung 1 Bit, d.h. den Variablenwert 0 oder 1 speichern. Welcher stabile Zustand der 0 oder 1 entspricht, muss vereinbart werden. Wir vereinbaren hier: fließt aus dem Transitor T_1 ein Strom in die Datenleitung DL_1, dann soll die Schaltung eine 1 speichern, fließt aus T_2 ein Strom nach DL_2, dann soll eine 0 gespeichert werden.

Die Zelle wird über die X– und Y–Adreßleitungen angesteuert und aktiviert, indem an beide Adreßleitungen H–Pegel gelegt wird. Dann muss der Emitterstrom des leitenden Transistors über die angeschlossene Datenleitung fließen. Vor jedem Schreib– und Lesevorgang wird die Zelle zuerst aktiviert. Soll eine 1 eingeschrieben werden, wird DL_1 auf L–Pegel gelegt und DL_2 auf H–Pegel. Soll eine 0 eingeschrieben werden, wird DL_2 auf L–Pegel und DL_1 auf H–Pegel gelegt. Beim Lesevorgang wird abgefragt welche Datenleitung Strom führt, entsprechend ist eine 0 oder 1 gespeichert.

Die bistabile Kippschaltung der CMOS–RAM Speicherzelle besteht aus zwei rückgekoppelten CMOS–Invertern mit den Transistoren T_1 bis T_4. Über die Transistoren T_5 und T_6 wird die Speicherzelle von der *Wortleitung* WL aktiviert. Der Pegel der Inverterausgänge A und $\overline{A}$ gibt den Inhalt (1/0) der Speicherzelle an. Beim *Lesevorgang* wird zuerst die Wortleitung auf H–Pegel gelegt, damit wird die Zelle aktiviert und die Inverterausgänge werden niederohmig mit den Datenleitungen verbunden. Liegt am Inverterausgang A H–Pegel, dann hat die Zelle eine 1 gespeichert, liegt L–Pegel an, ist eine 0 gespeichert. Beim *Schreibvorgang* wird ebenfalls zuerst die Wortleitung auf H–Pegel gelegt und damit die Speicherzelle aktiviert. Soll eine 1 eingeschrieben werden, wird auf die Datenleitung DL_1 H–Pegel gelegt. Durch die Aktivierung der Wortleitung wird T_5 und T_6 niederohmig. Dann liegt an A und an den Gates von T_3 und T_4 ebenfalls H–Pegel. Der Kanal von T_3 wird niederohmig von T_4 hochohmig und $\overline{A}$ nimmt L–Pegel an. Die Rückkopplung von $\overline{A}$ auf die Gates von T_1 und T_2 bewirkt, dass A auf H–Pegel bleibt. Soll eine 0 eingeschrieben werden, wird auf die Datenleitung DL_1 L–Pegel gelegt.

Das Funktionsprinzip von *dynamischen RAM*-Speicherzellen (DRAM) ergibt sich aufgrund der Ladungsspeicherung auf einem Kondensator. Die Kapazität beträgt nur einige femtoFarad (fF) (femto: 10^{-15}). DRAMs funktionieren also nicht nach dem Prinzip der bistabilen Kippschaltung. Sie werden durch weniger komplexe Schaltungen realisiert. Werden für eine statische RAM–Speicherzelle 6 Transistoren (bei Einzellenadressierung 8) benötigt, so ist für eine DRAM–Zelle nur 1 Transistor erforderlich (Abb. 5.3). Daraus ergibt sich ein höherer Integrationsgrad und größere Packungsdichte. Außerdem haben DRAMs eine geringere Leistungsaufnahme.

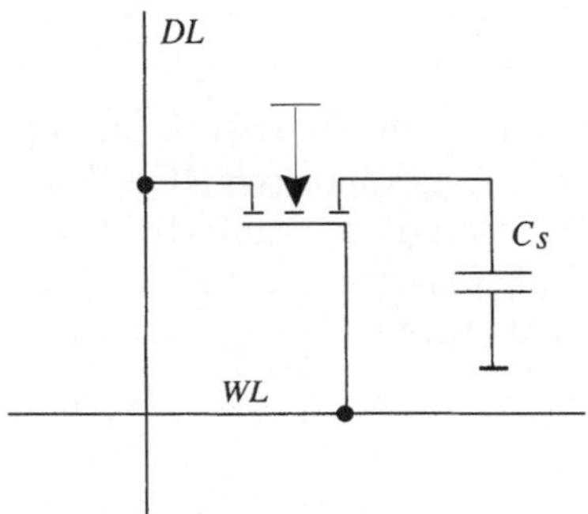

Abb. 5.3. Ein–Transistor–Speicherzelle

Der Speicherkondensator C_s wird durch die Kapazität der Drainzone mit der Substratschicht gebildet. Ist C_s geladen, entspricht dies H–Pegel, die Zelle speichert eine 1. Ungeladen führt C_s L–Pegel, es ist eine 0 gespeichert. Über die Wortleitung wird die Zelle adressiert und der Transistor wird aufgesteuert. Beim Lesevorgang fließt die Ladung von C_s über den Transistorkanal zur Datenleitung DL und erzeugt im Leseverstärker einen Stromimpuls. Dabei wird der Inhalt der Speicherzelle gelöscht. Sie muss deshalb nach dem Lesevorgang wieder zurückgeschrieben werden. Bei einem Schreibvorgang wird die Speicherkapazität über die Datenleitung aufgeladen.

Bedingt durch Leckströme muss der Speicherkondensator periodisch aufgeladen werden. Dieser *Refresh*–Vorgang erfolgt nach jedem Lesen oder in getrennten *Refreshzyklen* ($< 2\,\mathrm{ms}$).

Ein–Transistor–Speicherzellen benötigen am wenigsten Chipfläche und haben deshalb die größte Packungsdichte. Außerdem verursachen weniger Bauelemente eine geringere Leistungsaufnahme. Mit der Abnahme der Transistoren wird die Speicherung und das Lesen komplizierter und damit steigt der Verstärkungs– und Steueraufwand. Weil die Kapazität der Datenleitungen gleiche oder sogar größere Werte erreicht als die Speicherkondensatoren, entsteht nur ein schwaches Lesesignal.

In Band 2 wird beschrieben, wie statische und dynamische Speicherzellen zu großen Einheiten organisiert werden.

**Siehe Übungsband
Aufgabe 51:
Dynamische Eintransistor–Speicherzelle**

5.3 RS–Kippglied

Bistabile Kippschaltungen können aus zwei rückgekoppelten Transistorschaltern (Abb. 5.1), aus zwei rückgekoppelten NOR–Schaltglieder oder aus zwei rückgekoppelten NAND–Schaltgliedern aufgebaut werden. Die Funktion einer Kippschaltung wird unabhängig von der technischen Realisierung durch ein *Kippglied* beschrieben. Statt Kippglied wird vielfach die Bezeichnung Flipflop (FF) gebraucht.

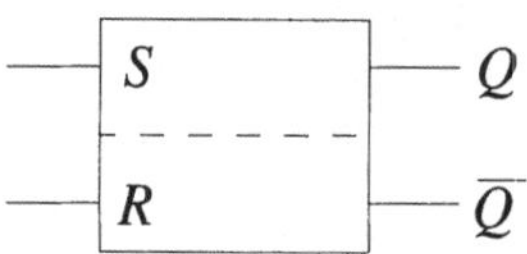

Abb. 5.4. Schaltzeichen für das RS–Flipflop

Das RS–Kippglied (RS–Flipflop, RS–FF) wird durch das Schaltzeichen in Abb. 5.4 dargestellt. Seine Funktion wird nach DIN 40700/99 folgendermaßen beschrieben:

- *RS–Kippglied*
  Wenn die Variablen an beiden Eingängen verschiedene Werte oder gleichzeitig den Wert 0 haben, zeigen die Variablen an den beiden Ausgängen

komplementäre (verschiedene) Werte. Wenn zunächst die Variablen an beiden Eingängen verschiedene Werte haben und dann den Wert 0 einnehmen, ändern sich die Werte der Variablen an den Ausgängen nicht. Solange die Variablen an beiden Eingängen gleichzeitig den Wert 1 einnehmen, haben die Variablen an beiden Ausgängen den gleichen Wert; wenn nachher die Variablen an den Eingängen gleichzeitig den Wert 0 einnehmen bzw. in diesen übergehen, dann ist nicht vorhersehbar, wie die Werte 1 und 0 den beiden Ausgängen zugeordnet sind.

– *S–Eingang*
  Wenn die Variable am S–Eingang den Wert 1 annimmt, erzwingt sie den Wert 1 am zugehörigen Ausgang (Q). Dieser Zustand des bistabilen Kippgliedes wird als "Zustand 1", Setzzustand, definiert. Die Rückkehr der Variablen am S–Eingang zum Wert 0 bewirkt keine Zustandsänderung.

– *R–Eingang*
  Wenn die Variable am R–Eingang den Wert 1 annimmt, erzwingt sie den Wert 1 am zugehörigen Ausgang ($\overline{Q}$). Dieser Zustand des bistabilen Kippgliedes wird als "Zustand 0", Rücksetzzustand, definiert. Die Rückkehr der Variablen am R–Eingang zum Wert 0 bewirkt keine Zustandsänderung.

5.3.1 Kippglied aus NOR–Schaltgliedern

Durch statische Rückkopplung werden zwei NOR–Schaltglieder zu einem Kippglied. Dabei wird der Ausgang des einen Schaltgliedes jeweils auf einen von zwei Eingängen des anderen Schaltgliedes zurückgeführt (Abb. 5.5).

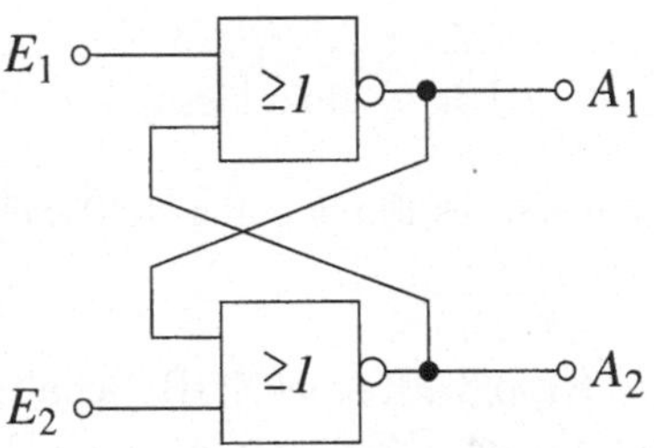

Abb. 5.5. Flipflop aus NOR–Schaltgliedern

Um die Ausgangszustände in Abhängigkeit von der Belegung an den Eingängen E_1 und E_2 anzugeben, ist es sinnvoll die Wertetabelle eines NOR–Schaltgliedes zur Hilfe zu nehmen.

Aus der Wertetabelle folgt: liegt an *einem* Eingang eines NOR–Schaltgliedes eine 1, dann führt der Ausgang *zwingend* eine 0. Damit lassen sich die Ausgangszustände des Kippgliedes in Abhängigkeit von den Signalen an den Eingängen E_1 und E_2 angeben.

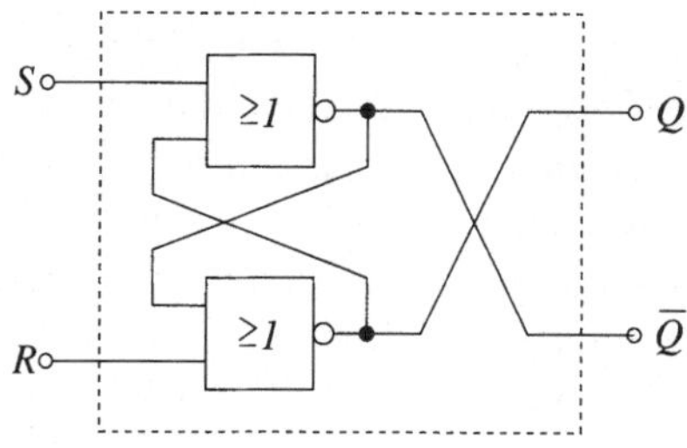

Abb. 5.6. RS–Flipflop aus NOR–Schaltgliedern

Liegen die komplementären Signale $E_1 = 1$ und $E_2 = 0$ an, dann folgt der Ausgangszustand $A_1 = 0$ und $A_2 = 1$, der ebenfalls komplementär ist. Analog folgt für $E_1 = 0$ und $E_2 = 1$ der Ausgangszustand $A_1 = 1$ und $A_2 = 0$. Gehen die Eingangssignale von $E_1 = 1$ und $E_2 = 0$ oder von $E_1 = 0$ und $E_2 = 1$ auf $E_1 = E_2 = 0$ über, dann bleibt der vorher eingenommene Ausgangszustand erhalten. Darauf beruht die Anwendung dieses Flipflops als Speicher. Sind die Eingangssignale $E_1 = E_2 = 1$, dann werden beide Ausgänge A_1 und A_2 gleichzeitig 0. Die Ausgänge sind dann nicht komplementär und wenn der Eingangszustand von $E_1 = E_2 = 1$ auf $E_1 = E_2 = 0$ übergeht, nimmt die Schaltung einen Zustand ein, der nicht vorausgesagt werden kann. Dieser Zustand ist instabil und daher unzulässig. Die Ausgangszustände in Abhängigkeit von den Signalen am Eingang sind in der Zustandstabelle nach Tabelle 5.2 zusammengefaßt.

E_1	E_2	A_1	A_2	
0	0	(wie vorher) speichern		
0	1	1	0	
1	0	0	1	
1	1	(0	0)	unzulässig

Tabelle 5.2. Zustandstabelle eines Flipflop aus NOR–Schaltgliedern

Wird das Verhalten eines Kippgliedes aus NOR–Schaltgliedern dem Schaltzeichen nach (Abb. 5.1) und dessen Beschreibung nach DIN 40700/99 angepaßt, dann ergibt sich das Schaltbild nach Abb. 5.6 und die Zustandstabelle gemäß Tabelle 5.3.

5.3.2 Kippglied aus NAND–Schaltgliedern

Das Kippglied aus NAND–Schaltgliedern ist analog aufgebaut wie das Kippglied aus NOR–Schaltgliedern (Abb. 5.7).

Die Funktion ergibt sich aus der statischen Rückkopplung. Um die Ausgangszustände in Abhängigkeit von den Signalen am Eingang anzugeben, wird wieder die Wertetabelle des NAND–Gliedes zu Hilfe genommen.

S	R	Q	$\overline{Q}$
0	0	(wie vorher) speichern	
0	1	0	1
1	0	1	0
1	1	(0 0) unzulässig	

Tabelle 5.3. Zustandstabelle eines RS–Flipflop aus NOR–Schaltgliedern

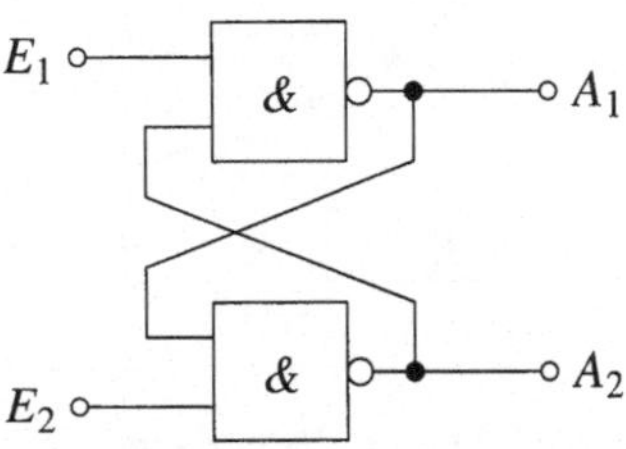

Abb. 5.7. Flipflop aus NAND–Schaltgliedern

Aus der Wertetabelle folgt: Liegt an *einem* Eingang eines NAND–Schaltgliedes eine 0, dann führt der Ausgang *zwingend* eine 1. Damit lassen sich wiederum die Ausgangszustände des Flipflops in Abhängigkeit von den Signalen an den Eingängen E_1 und E_2 angeben (Tabelle 5.4).

E_1	E_2	A_1	A_2
0	0	(1 1) unzulässig	
0	1	1	0
1	0	0	1
1	1	(wie vorher) speichern	

Tabelle 5.4. Zustandstabelle eines Flipflop aus NAND–Schaltgliedern

Liegen die komplementären Signale $E_1 = 1$ und $E_2 = 0$ an, dann folgt der komlementäre Ausgangszustand $A_1 = 0$ und $A_2 = 1$. Analog folgt für $E_1 = 0$ und $E_2 = 1$ der Ausgangszustand $A_1 = 1$ und $A_2 = 0$ Gehen die Eingangssignale von $E_1 = 0$, $E_2 = 1$ oder $E_1 = 1$, $E_2 = 0$ auf $E_1 = E_2 = 1$ über, dann bleibt der vorher eingenommene Ausgangszustand erhalten. Sind die Eingangssignale $E_1 = E_2 = 0$, dann werden beide Ausgänge A_1 und A_2 gleichzeitig 1. Die Ausgänge sind dann nicht mehr komplementär. Wenn die Eingangssignale von $E_1 = E_2 = 0$ auf $E_1 = E_2 = 1$ übergehen, nimmt die Schaltung einen Zustand ein, der nicht vorausgesagt werden kann. Dieser Zustand ist instabil und deshalb unzulässig.

Wird das Verhalten des Kippgliedes aus NAND–Schaltgliedern dem Schaltzeichen aus (Abb. 5.4) und dessen Beschreibung nach DIN angepaßt, dann ergibt sich das Schaltbild aus Abb. 5.8 und die Zustandstabelle nach Tabelle 5.5.

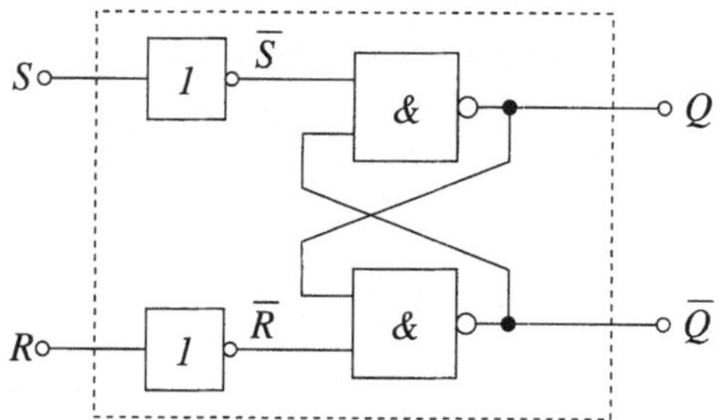

Abb. 5.8. RS–Flipflop aus NAND–Schaltgliedern

S R	$\overline{S}$ $\overline{R}$	Q $\overline{Q}$
0 0	1 1	(wie vorher) speichern
0 1	1 0	0 1
1 0	0 1	1 0
1 1	0 0	(1 1) unzulässig

Tabelle 5.5. Zustandstabelle eines RS–Flipflop aus NAND–Schaltgliedern

Aus dem Schaltbild und der Funktionstabelle folgt: Das RS–Kippglied aus NAND–Schaltgliedern wird mit $\overline{S} = 0$ gesetzt und mit $\overline{R} = 0$ zurückgesetzt. Steuereingänge mit diesem Verhalten werden als *activ low*–Eingänge bezeichnet.

Die Funktionsbeschreibung des RS–Kippgliedes nach der DIN–Formulierung und obiger Darstellung zeigt, dass der Ausgangzustand sich zeitversetzt nach der Signaländerung am Eingang einstellt. Diese Zeitabhängigkeit des Ausgangszustandes vom Eingangszustand liegt im Speicherverhalten des bistabilen Kippgliedes begründet. Der durch eine auslösende Ansteuerung erzielte Ausgangszustand bleibt auch dann erhalten, wenn die Ansteuerung wieder wegfällt; ausgenommen davon ist der unzulässige Zustand. Dieses Verhalten wird in einer Zustandsfolgetabelle dargestellt. Dabei bedeutet $Q_n/\overline{Q}_n$ den Zustand vor der Signaleingabe und $Q_{n+1}/\overline{Q}_{n+1}$ den Zustand nach der Signaleingabe an R und S.

Der Ausgangszustand $Q_{n+1}/\overline{Q}_{n+1}$ zum Zeitpunkt nach der Signaleingabe an R und S, ist abhängig vom Zustand Q_n zum Zeitpunkt vor der Signaleingabe

S R	Q_{n+1}	$\overline{Q}_{n+1}$	
0 0	Q_n	$\overline{Q}_n$	speichern
0 1	0	1	rücksetzen
1 0	1	0	setzen
1 1	(1	1)	unzulässig

Tabelle 5.6. Zustandsfolgetabelle für das RS–Flipflop

und von der Singnaleingabe an R und S selbst. Dieses Verhalten des RS–Flipflops wird in einer erweiterten Zustandsfolgetabelle dargestellt.

S R Q_n	Q_{n+1}	
0 0 0	0	
0 0 1	1	speichern
0 1 0	0	
0 1 1	0	rücksetzen
1 0 0	1	
1 0 1	1	setzen
1 1 0	$\times$	
1 1 1	$\times$	unzulässig

Tabelle 5.7. Erweiterte Zustandsfolgetabelle für das RS–Flipflop

Diese erweiterte Zustandsfolgetabelle für das RS–Flipflop kann als Wertetabelle einer Schaltfunktion angesehen werden. Q_n, R und S sind die Eingangsvariablen und Q_{n+1} die Ausgangsvariable der Schaltfunktion. Die Übertragung der Wertetabelle in ein KV–Diagramm und eine anschließende Minimierung führt zur Funktionsgleichung.

Q_n \ $S\,R$	0 0	0 1	1 1	1 0
0	0	0	$\times$	1
1	1	0	$\times$	1

Abb. 5.9. KV–Diagramm für das RS–Flipflop

Die Funktionsgleichung in disjunktiver Normalform ist

$$Q_{n+1} = S \vee (\overline{R} \wedge Q_n) \tag{5.1}$$

und wird *Übergangsfunktion*[1] für das RS–Flipflop bezeichnet. Dabei gilt als Nebenbedingung $R \wedge S = 0$, d.h. $R = S = 1$ ist unzulässig. Das Verhalten des RS–Flipflops kann also mit einer Schaltfunktion beschrieben werden.

5.4 RS–Kippglied mit Zustandssteuerung

Beim RS–Kippglied wird der anliegende Eingangszustand sofort wirksam. Vorteilhafter ist es, wenn das Wirksamwerden des Eingangszustandes vom Zustand eines Steuer– oder Taktsignales abhängig gemacht wird. Der Zeitpunkt des Wirksamwerdens der Eingangsvariablen wird dann durch das Taktsignal festgelegt. Ein RS–Kippglied, bei dem die Eingangsvariablen während eines bestimmten Taktzustandes wirksam werden, heißt: RS–Kippglied mit *Taktzustandssteuerung* oder taktzustandgesteuertes RS–Flipflop. Dieses Flipflop hat drei Eingänge: Takteingang C und die Variableneingänge S' und R'.

Die Variableneingänge bestimmen den Ausgangszustand des Flipflops, der Takteingang C bestimmt den Zeitpunkt des Wirksamwerdens der Variableneingänge. Takteingang C und Variableneingang S' oder R' werden UND verknüpft und bilden den Setzeingang S oder den Rücksetzeingang R (Abb. 5.10).

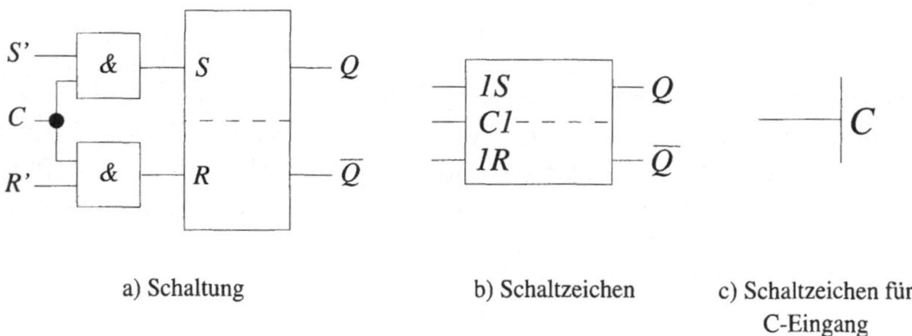

a) Schaltung   b) Schaltzeichen   c) Schaltzeichen für
                                                   C-Eingang

Abb. 5.10. RS–Kippglied mit Zustandssteuerung

Durch die UND–Verknüpfung von Takteingang und Variableneingang werden die Eingangsvariablen nur beim Taktzustand $C = 1$ wirksam. Dieser Taktzustand wird auch aktiver Taktzustand genannt. Ist die Eingangsvariable $S' = 1$ und $C = 1$, dann wird das Flipflop gesetzt. Ist die Eingangsvariable $R' = 1$ und $C = 1$, dann wird das Flipflop rückgesetzt.

---

[1] Es ist auch der Begriff *charakteristische Funktion* gebräuchlich

Beim Taktzustand $C = 0$ ist, unabhängig von den Eingangsvariablen, $R = S = 0$ und der Ausgangszustand bleibt unverändert. Für $S' = R' = 1$ und Taktzustand $C = 1$, wird $R = S = 1$ und das Flipflop ist im instabilen, deshalb unzulässigen Zustand. Das Verhalten des RS–Kippgliedes mit Zustandssteuerung kann in einer Zustandsfolgetabelle dargestellt werden (Tabelle 5.8).

C	S'	R'	Q_{n+1}	
0	0	0	Q_n	
0	0	1	Q_n	keine Änderung
0	1	0	Q_n	des Ausgangszustandes,
0	1	1	Q_n	d.h. Speichern
1	0	0	Q_n	
1	0	1	0	Rücksetzen
1	1	0	1	Setzen
1	1	1	–	unzulässig.

Tabelle 5.8. Zustandsfolgetabelle für das RS–Kippglied mit Zustandssteuerung

Die Übergangsfunktion für das RS–Kippglied mit Zustandssteuerung ist dieselbe wie die Übergangsfunktion für das RS–Kippglied ohne Zustandssteuerung.

Das Wirksamwerden der Eingangsvariablen während des Taktzustandes $C = 1$ wird durch ein Zustands–Zeit–Diagramm oder Impulsdiagramm veranschaulicht (Abb. 5.11).

Der aktive Taktzustand ist $C = 1$. Solange $C = 1$ ist, sind die Eingangsvariablen wirksam. Für Diagramm 1 in Abb. 5.11 gilt: Im Zeitintervall t_1 bis t_2 ist $R' = 1$ wirksam und das Flipflop wird im Zeitpunkt t_1 zurückgesetzt. Dieser Ausgangszustand bleibt bis zum Zeitpunkt t_3 gespeichert. Im Zeitintervall t_3 bis t_4 ist $S' = 1$ wirksam und im Zeitpunkt t_3 wird das Flipflop gesetzt. Die Signallaufzeiten in den Schaltgliedern sind hier nicht berücksichtigt.

Für Diagramm 2 in Abb. 5.11 gilt: Das Flipflop befinde sich für $t = 0$ im Rücksetzzustand $Q = 0$. Das Taktsignal ist im Zustand $C = 0$. An den Variableneingängen liegt $S' = 1$ und $R' = 0$, damit ist das Flipflop für den Setzzustand vorbereitet. Zum Zeitpunkt t_1 wird $C = 1$, dadurch wird das Flipflop, um die Signallaufzeit t_{PLH} verzögert, gesetzt und es ist $Q = 1$. Während des Taktzustandes $C = 1$ ändern sich die Werte der Eingangsvariablen von $S' = 1, R' = 0$ auf $S' = 0, R' = 1$ dann auf $S' = 1, R' = 0$. Daraus folgt eine Änderung des Ausgangszustandes von $Q = 1$ nach $Q = 0$ dann wieder nach $Q = 1$. Solche Änderungen des Ausgangszustandes während des aktiven Taktzustandes $C = 1$ könnten auch bei festen Werten der Eingangsvariablen durch Störimpulse auf den Eingangsleitungen ausgelöst werden. Im

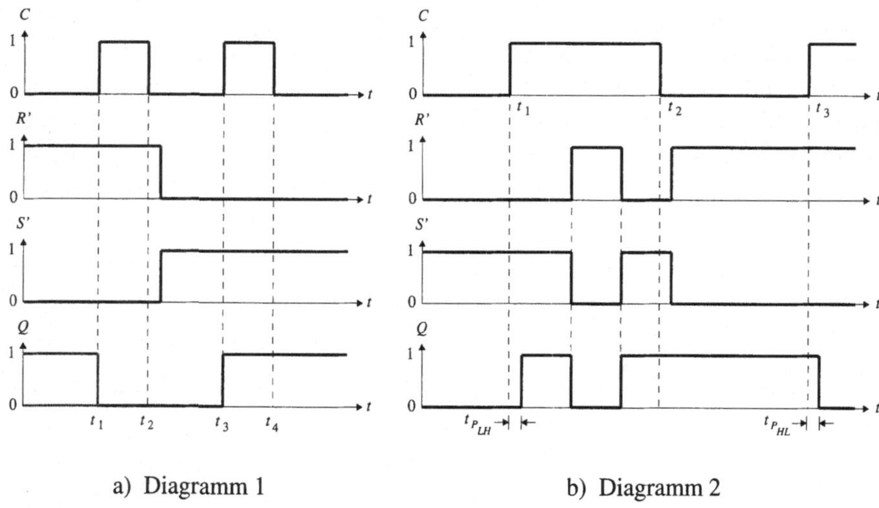

a) Diagramm 1   b) Diagramm 2

Abb. 5.11. Impulsdiagramm für Taktzustandssteuerung

Zeitpunkt t_2 wird $C = 0$, dadurch ändert sich der Ausgangszustand nicht, es bleibt $Q = 1$. Der folgende Wechsel von $S' = 1, R' = 0$ nach $S' = 0, R' = 1$ hat zunächst keinen Einfluss auf den Ausgangszustand. Das Flipflop ist aber für den Rücksetzzustand vorbereitet. Im Zeitpunkt t_3, wenn $C = 1$ ist, wird das Flipflop, um die Signallaufzeit t_{PHL} verzögert, zurückgesetzt und es ist $Q = 0$. Die Signallaufzeiten t_{PLH} und t_{PHL} können unterschiedlich sein und sind von der verwendeten Schaltkreisfamilie abhängig. Der Durchschnittswert bei TTL beträgt 20 ns.

Das RS–Kippglied mit Zustandssteuerung hat zwei Nachteile. Während des aktiven Taktzustandes können Störimpulse auf den Eingangsleitungen den Ausgangszustand beeinflussen, was zu Fehlern führen kann. Sind beide Eingangsvariablen wirksam, d.h. ist $R' = S' = 1$, dann ist der Ausgangszustand nicht komplementär, er ist instabil und unzulässig. Die Beseitigung dieser Nachteile führt zu anderen Flipflop–Typen.

5.5 D–Kippglied mit Zustandssteuerung

Das D–Kippglied (D–Flipflop) entsteht aus einem RS–Kippglied mit Zustandssteuerung dadurch, dass $R' = \overline{S'}$ ist (Abb. 5.12).

Dadurch wird die unzulässige Eingangskombination $R = S = 1$ vermieden. Während des aktiven Taktzustandes $C = 1$ wird für $D = S' = 1$ auch $S = 1$ aber $R' = 0$ und damit $R = 0$. Das Flipflop wird gesetzt, d.h. $Q_{n+1} = 1$. Während des nichtaktiven Taktzustandes $C = 0$ wird durch die

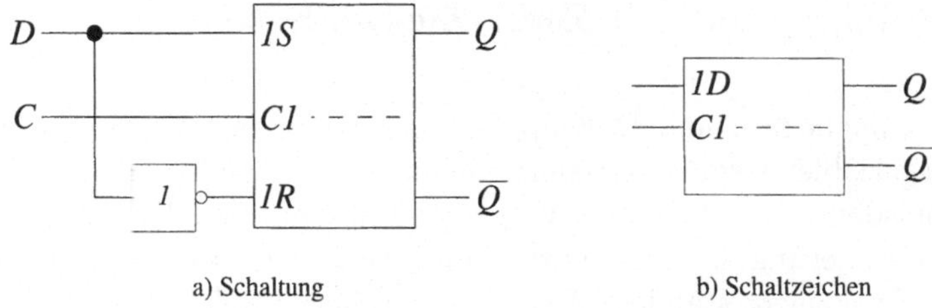

a) Schaltung   b) Schaltzeichen

Abb. 5.12. D–Kippglied mit Zustandssteuerung

UND–Verknüpfung $R = S = 0$ und der eingenommene Ausgangszustand bleibt gespeichert. Für $D = S' = 0$ ist $S = 0$ und $R' = 1$. Geht das Taktsignal dann in den aktiven Zustand $C = 1$ über, so wird $R = 1$ und das Flipflop wird zurückgesetzt $Q_{n+1} = 0$. Daraus ergibt sich eine einfache Zustandsfolgetabelle für das D–Flipflop mit Zustandssteuerung, aus der sich die Übergangsfunktion direkt herleiten lässt.

C D	S' R'	S R	Q_{n+1}
0 0	0 1	0 0	Q_n
0 1	1 0	0 0	Q_n
1 0	0 1	0 1	0
1 1	1 0	1 0	1

Tabelle 5.9. Zustandstabelle für ein D–Kippglied mit Zustandssteuerung

Die Übergangsfunktion ist

$$Q_{n+1} = D$$

Das beschriebene D–Flipflop mit Zustandssteuerung übernimmt um einen Takt verzögert den Wert der Eingangsvariablen D. Daher rührt der Name D- oder *Delay–Flipflop* und die Anwendung als Pufferspeicher.

Das D–Flipflop mit Zustandssteuerung funktioniert nur dann richtig, wenn während der Taktimpulsdauer $C = 1$ die Eingangsvariable D konstant bleibt. Ändert sich in dieser Zeit die Eingangsvariable D oder treten Störimpulse auf, dann kann das Flipflop einen falschen Wert annehmen.

**Siehe Übungsband
Aufgabe 52:
RS–Kippglied**

5.6 RS–Kippglied mit Zwei–Zustandssteuerung

Bei RS–Kippgliedern und D–Kippgliedern mit Zustandssteuerung sind die Eingangsvariablen solange wirksam wie der Taktzustand $C = 1$ ist. Für diese Taktimpulsdauer $C = 1$ sind die Eingänge direkt mit den Ausgängen verbunden. Eine Änderung der Eingangsvariablenwerte verursacht auch eine Änderung des Ausgangszustandes. Würde bei solchen Flipflops der Ausgang des einen mit dem Eingang eines anderen verbunden, wie es bei Zählern und Registern der Fall ist, und das Taktsignal alle Flipflops gleichzeitig (synchron) ansteuern, dann würde der Variablenwert am Eingang des ersten Flipflops *durchrutschen* und für die Dauer des Taktzustandes $C = 1$ wäre der Ausgangszustand aller Flipflops gleich.

Dieser Nachteil bei RS– und D–Kippgliedern mit (Ein-)Zustandssteuerung wird durch das Prinzip der Zwei–Zustandssteuerung (Master–Slave–Prinzip) vermieden. Bei diesem Prinzip werden zwei RS–Flipflops mit Zustandssteuerung hintereinander geschaltet, wobei das hintere Flipflop mit dem invertierten Takt des ersten Flipflops angesteuert wird. Das erste RS–Flipflop wird *Master*-Flipflop das zweite *Slave*-Flipflop genannt. Die Funktionseinheit wird *Master–Slave–Flipflop* (MS–FF) genannt, auch *Zweispeicher*-Flipflop oder *Zwischenspeicher*-Flipflop. Abb. 5.13 zeigt die Schaltung dieses RS–Flipflops nach dem Master–Slave Prinzip. Das Master–Slave Prinzip gewährleistet, dass zu keinem Zeitpunkt der Eingang direkt mit dem Ausgang verbunden ist; die Variablenwerte an den Eingängen können nicht mehr *durchrutschen*. Während des Taktzustandes $C = 1$ sind die Variablen S' und R' am Mastereingang wirksam und bestimmen den Zwischenzustand $Q^*/\overline{Q}^*$. Gleichzeitig ist der Taktzustand des Slave-Flipflops $C^* = 0$, dadurch wird der Ausgangszustand $Q/\overline{Q}$ gespeichert. Während des Taktzustandes $C = 0$ sind die Variablen S' und R' am Mastereingang nicht wirksam und der Zwischenzustand $Q^*/\overline{Q}^*$ wird gespeichert. Gleichzeitig ist der Taktzustand des Slave-Flipflops $C^* = 1$, und die Variablen S^* und R^* sind wirksam, d.h. sie bestimmen den Ausgangszustand $Q/\overline{Q}$. Beim RS–Kippglied mit Zwei–Zustandssteuerung sind während des Taktzustandes $C = 1$ die Eingangsvariablen wirksam, aber erst beim Taktzustand $C = 0$ wirken die Eingangsvariablen auf den Ausgangszustand $Q/\overline{Q}$. Die Übernahme der Variablenwerte am Master–Eingang und die Wirkung auf den Slave–Ausgangszustand ist zeitlich voneinander getrennt. Die Trennung erfolgt durch den Taktzustandswechsel von $C = 1$ auf $C = 0$. Deshalb enthält das Schaltzeichen eines Zweispeicher–Flipflops (Abb. 5.13) das Kennzeichen eines *retardierten Ausgangs* ($\neg$). $C1$ in dem Schaltzeichen kennzeichnet den ersten steuernden Eingang. Sind mehrere steuernde Eingänge vorhanden, dann werden sie fortlaufend nummeriert. $1S, 1R$ bedeutet, dass diese Eingänge von dem ersten steuernden Eingang abhängig sind (Abhängigkeitsnotation nach DIN 40700 Abschnitt 19).
Die Definition nach DIN 40700/98 für einen retardierten Ausgang lautet: Die Ausgangsvariable nimmt den Wert 1 erst dann an, wenn die Eingangsvariable

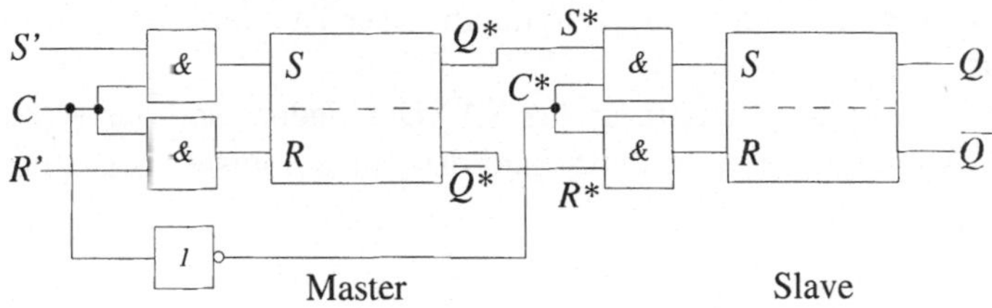

a) Schaltung mit Master-Slave Prinzip

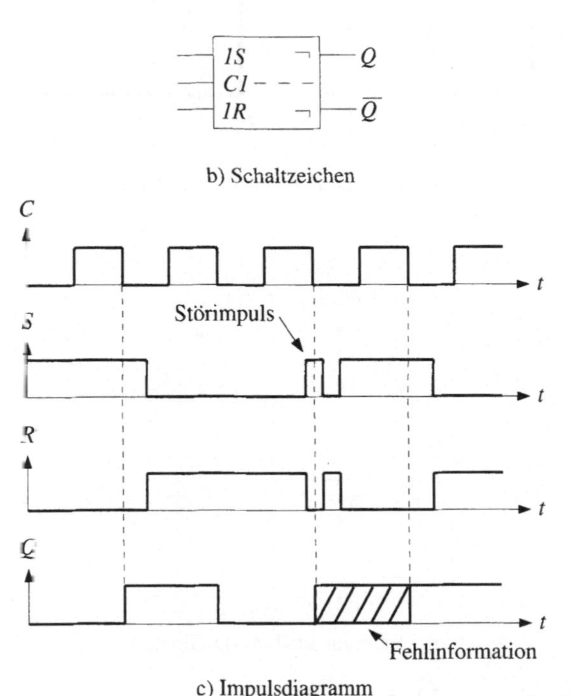

b) Schaltzeichen

c) Impulsdiagramm

Abb. 5.13. RS–Kippglied mit Zwei–Zustandssteuerung

(Taktsignal C) wieder vom Wert 1 auf den Wert 0 zurückkehrt.
Auch beim Master–Slave Prinzip mit Zwei–Zustandssteuerung kann es zu
Fehlinformationen durch Störimpulse kommen. Solange das Taktsignal $C = 1$
ist, werden Änderungen an S' und R' wirksam. Die Entstehung einer Fehlin-
formation durch einen Störimpuls ist in Abb. 5.13c dargestellt.

Eine Flipflop–Schaltung nach dem Master–Slave Prinzip funktioniert nur
dann richtig, wenn beim Taktzustandswechsel $C = 0$ nach $C = 1$ zuerst
die Eingänge des Slave–Flipflops gesperrt werden *bevor die Mastereingänge
wirksam werden*. Beim Taktzustandswechsel $C = 1$ nach $C = 0$ müssen zuerst
die Eingänge des Master–Flipflops gesperrt werden *bevor die Slaveeingänge*

wirksam werden. Die Signallaufzeit im Inverter ist hierbei von wesentlicher Bedeutung.

Anhand einer Flipflop–Schaltung aus NAND–Gliedern soll das Master–Slave Prinzip in Abhängigkeit vom Zeitablauf des Taktimpulses dargestellt werden (Abb. 5.14).

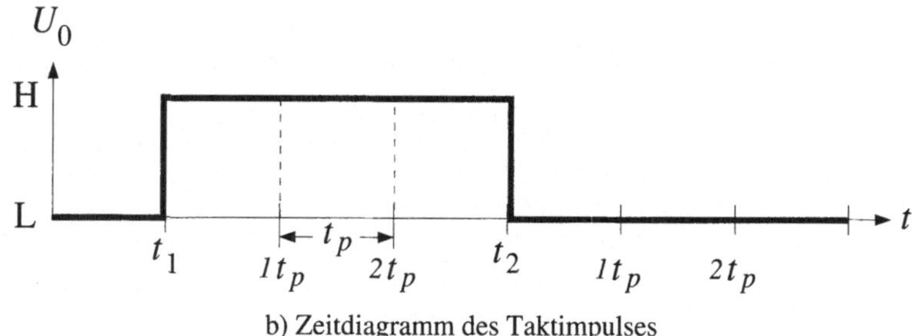

b) Zeitdiagramm des Taktimpulses

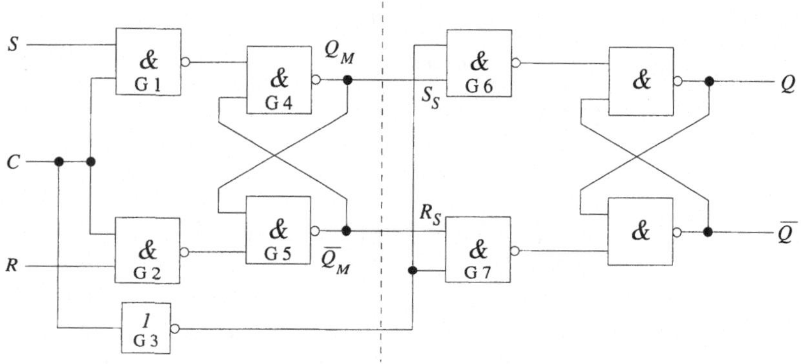

a) Schaltung aus NAND-Gliedern

Abb. 5.14. Master–Slave Flipflop

Der Verlauf des Taktsignals wird als ideal rechteckig angenommen. An S soll H–Pegel und an R soll L–Pegel anliegen. Solange das Taktsignal L–Pegel hat, liegt der Ausgang von G1 und G2 auf H–Pegel; S und R sind nicht wirksam. Zum Zeitpunkt t_1 nimmt das Taktsignal H–Pegel an und der Master–Eingang S wird wirksam. Zum Zeitpunkt $t_1 + t_p$, d.h. nach einer Signallaufzeit, geht G1 auf L–Pegel und G2 behält H–Pegel. Ebenfalls nach einer Signallaufzeit, zum Zeitpunkt $t_1 + t_p$ geht der Pegel des Taktinverters G3 auf L und die Slave–Eingänge S_s und R_s werden gesperrt. Zum Zeitpunkt $t_1 + 2t_p$, d.h. nach zwei Signallaufzeiten, ist das Master–Flipflop gesetzt und Q_M hat H–Pegel. Zum gleichen Zeitpunkt $(t_1 + 2t_p)$ haben G6 und G7 H–Pegel und das Slave–Flipflop ist gesperrt, d.h. im Speicherzustand. Zwar wird das Slave–Flipflop erst nach der Freigabe des Master–Flipflops gesperrt, aber doch vor der Übernahme der Signale in den Master. Die Signale an R und S müssen nämlich zwei Verknüpfungsschaltungen durchlaufen, bevor sie am Ausgang des Master Flipflops anliegen. Zum Zeitpunkt t_2 nimmt das Taktsignal L–Pegel an und der Mastereingang wird gesperrt.

Nach einer Signallaufzeit, im Zeitpunkt $t_2 + t_p$, führt G1 und G2 H–Pegel, damit ist das Master–Flipflop im Speicherzustand. Zum gleichen Zeitpunkt geht der Pegel des Taktinverters auf H und die Slave–Eingänge S_s und R_s werden wirksam. Der Ausgangszustand des Master–Flipflops ($Q_M = H$) wird in das Slave–Flipflop übernommen. Nach einer weiteren Signallaufzeit, im Zeitpunkt $t_2 + 2t_p$, führt Q H–Pegel, d.h. der Eingangspegel von S wurde übernommen.

Der Verlauf eines realen Taktsignales ist nicht rechteckförmig sondern die Taktflanken verlaufen mehr oder weniger flach. Dieses Verhalten wird durch die Signal–Übergangszeit t_{TLH} und t_{THL} angegeben. Wenn die Taktflanken sehr flach verlaufen, d.h. wenn die Signalübergangszeit größer als die Signallaufzeit ist, dann befindet sich die Taktspannung an der gerade gesperrten Flipflop–Schaltung noch in der Nähe der Umschaltschwelle, obwohl die andere Flipflop–Schaltung schon freigegeben ist. Daraus ergibt sich ein sehr kleiner Störspannungsabstand. Die zeitliche Trennung zwischen Übernahme der Variablenwerte am Master–Eingang und Wirksamwerden am Slave–Ausgang ist nicht gewährleistet. Um dies zu verhindern, legt man die Schaltschwelle des Inverters niedriger als die Schaltschwelle der NAND–Schaltungen am Eingang des Master–Flipflops.

Die Funktionsweise einer solchen Flipflop–Schaltung nach dem Master–Slave Prinzip lässt sich am Zeitdiagramm eines realen Taktsignales erläutern (vgl. Abb. 5.15).

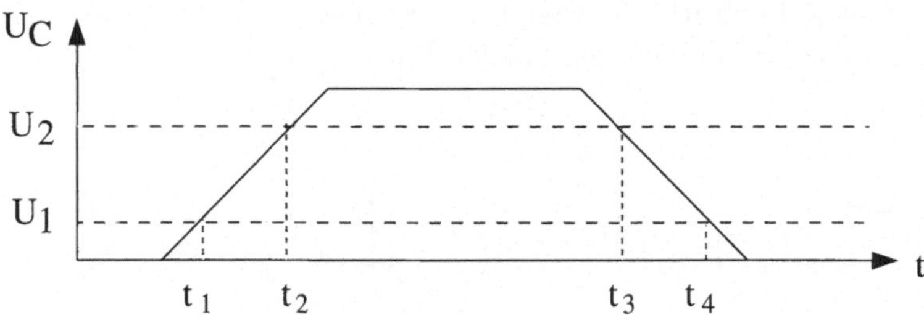

Abb. 5.15. Funktionsablauf einer Flipflopschaltung nach dem Master–Slave Prinzip dargestellt im Zeitdiagramm des Taktsignals

U_1 : Schaltschwelle des Inverters

U_2 : Schaltschwelle der NAND–Glieder

t_1 : Sperren Slave–Flipflop

t_2 : Freigabe Master–Flipflop

t_3 : Sperren Master–Flipflop

t_4 : Freigabe Slave–Flipflop

Solange das Taktsignal L–Pegel führt, ist der Master–Eingang gesperrt und bleibt gesperrt bis das Taktsignal die Schaltschwelle U_2 erreicht. Wenn das Taktsignal die Schaltschwelle U_1 erreicht, geht der Ausgang des Inverters auf L–Pegel und das Slave–Flipflop wird gesperrt. Erreicht das Taktsignal die Schaltschwelle U_2, dann wird das Master–Flipflop freigegeben und R und S werden wirksam.

Die Variablenwerte an R und S müssen stabil bleiben solange das Taktsignal H–Pegel hat, d.h. im Zeitintervall $t_2 - t_3$. Ändern sich in diesem Zeitintervall die Variablenwerte an R und S, dann führt das zu Fehlern. Geht das Taktsignal von H–Pegel nach L–Pegel, dann wird bei der Schaltschwelle U_2 das Master–Flipflop gesperrt. Bei der Schaltschwelle U_1 wird der Ausgangszustand des Master–Flipflop in den Slave übernommen.

Die Funktionsbeschreibung des RS–Master–Slave–Flipflops durch eine Schaltfunktion führt zur gleichen Übergangsfunktion wie sie in (5.1) angegeben ist; auch hier gilt die Nebenbedingung, dass $R = S = 1$ unzulässig ist. Die Beseitigung dieser Nebenbedingung führt zum JK–Master–Slave–Flipflop.

5.7 JK–Master–Slave–Kippglied

Das JK–Master–Slave–Flipflop (JK–MS–FF) entsteht aus dem RS–Master–Slave–Flipflop durch Rückführung des Ausgangs $\overline{Q}$ auf den Master–Eingang S und des Ausgangs Q auf den Master–Eingang R.

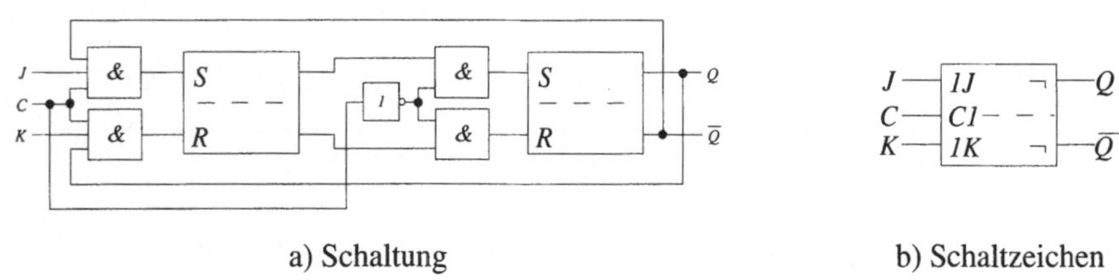

a) Schaltung   b) Schaltzeichen

Abb. 5.16. JK Master–Slave Flipflop

Dabei werden die neuen Eingänge J und K mit den rückgeführten Ausgängen Q und $\overline{Q}$ UNDverknüpft und dann auf die Eingänge des RS–MS–FF geschaltet:

$$S = J \wedge \overline{Q}$$
$$R = K \wedge Q \tag{5.2}$$

In Abbildung 5.16 ist die Schaltung und das Schaltzeichen des JK–MS–Flipflop dargestellt.

Durch die Rückkopplung wird vermieden, dass R und S gleichzeitig Eins werden, denn Q und $\overline{Q}$ sind stets komplementär. Mit $S = J \wedge \overline{Q}$ und $R = K \wedge Q$ folgt $R \wedge S = (J \wedge \overline{Q}) \wedge (K \wedge Q) = 0$, d.h. der unzulässige Zustand kann auch bei $J = K = 1$ nicht mehr auftreten.

Wenn die beiden Gleichungen (5.2) in die Übergangsfunktion des RS–Flipflops eingesetzt werden, folgt die Übergangsfunktion für das JK–MS–Flipflop:

$$\begin{aligned}
Q_{n+1} &= S \vee (\overline{R} \wedge Q_n) \\
&= (J \wedge \overline{Q}_n) \vee \overline{(K \wedge Q_n)} \wedge Q_n \\
&= (J \wedge \overline{Q}_n) \vee (\overline{K} \vee \overline{Q}_n) \wedge Q_n \\
&= (J \wedge \overline{Q}_n) \vee (\overline{K} \wedge Q_n) \vee (\overline{Q}_n \wedge Q_n) \\
Q_{n+1} &= (J \wedge \overline{Q}_n) \vee (\overline{K} \wedge Q_n)
\end{aligned}$$

Aus der Übergangsfunktion folgt die Zustandstabelle für das JK–MS–Flipflop.

J	K	Q_n	Q_{n+1}	
0	0	0	0	Speichern
0	0	1	1	
0	1	0	0	Rücksetzen
0	1	1	0	
1	0	0	1	Setzen
1	0	1	1	
1	1	0	1	Kippen
1	1	1	0	

oder :

J	K	Q_{n+1}
0	0	Q_n
0	1	0
1	0	1
1	1	$\overline{Q}_n$

Tabelle 5.10. Zustandsfolgetabelle für das JK–Master–Slave–Flipflop

Siehe Übungsband
Aufgabe 55:
JK–Master–Slave Kippglied

Das JK–MS–Flipflop kann, wie das RS–Flipflop, abhängig vom Eingangszustand einen Speicherzustand und zwei komplementäre stabile Zustände –

Setz– und Rücksetzzustand – einnehmen. Für $J = K = 1$ wird bei jedem Takt der Ausgangszustand invertiert. Alle Eingangskombinationen führen nach einem Takt zu einer stabilen komplementären Ausgangskombination. Diese Eigenschaft macht das JK–Flipflop universell einsetzbar.

In Tabelle 5.10 ist die Zustandsfolge Q_{n+1} nach einem Taktimpuls in Abhängigkeit von der Eingangskombination J und K und vom Zustand Q_n vor dem Taktimpuls dargestellt. Für den Entwurf von Schaltwerken ist es erforderlich diese Abhängigkeit umzukehren und zu fragen: welche Eingangskombination J und K muss vorliegen, damit das Kippglied von einem gegebenen Zustand Q_n in einen bestimmten Zustand Q_{n+1} übergeht? Dieser Zusammenhang ist in Tabelle 5.11 dargestellt.

		dann muss J/K sein	
Q_n ist	Q_{n+1} soll werden	J	K
0	0	0	×
0	1	1	×
1	0	×	1
1	1	×	0

Tabelle 5.11. Zustandsfolgetabelle: Belegung für J und K

Dabei bedeutet × einen beliebigen Variablenwert 0 oder 1.

5.8 Master–Slave T–Kippglied

Das Master–Slave T–Flipflop ist eine Variante des JK–MS–Flipflops, es fehlen die Variableneingänge J und K. Der Ausgangszustand des T–Flipflops ist deshalb nicht von Eingangsvariablen abhängig, sondern nur vom Taktsignal. In Abb. 5.17 ist die Schaltung eines Master–Slave T–Flipflops dargestellt.

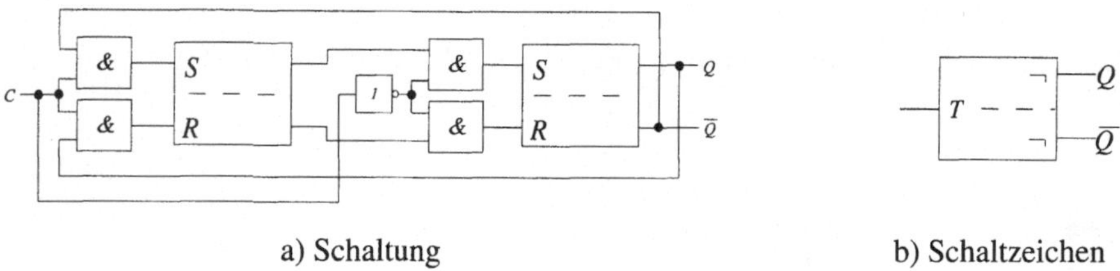

a) Schaltung   b) Schaltzeichen

Abb. 5.17. Master–Slave T–Flipflop: Schaltung und Schaltzeichen

Werden die Gleichungen für die Rükkopplung

$$S = \overline{Q}$$

$$R = Q$$

in die Übergangsfunktion des RS–Flipflops eingesetzt, so folgt die Übergangs-funktion für das Master–Slave T–Flipflop

$$Q_{n+1} = \overline{Q}_n$$

Das T–Flipflop wechselt nach jedem Taktimpuls den Ausgangszustand, des-halb auch der Name *Toggle*–Flipflop (T–Flipflop). Aufgrund dieser Eigen-schaft wird das T–Flipflop als Binärteiler oder Frequenzhalbierer angewen-det.

5.9 Kippglieder mit Taktflankensteuerung

Bei Kippgliedern mit Taktzustandssteuerung, wie sie bisher beschrieben wur-den, sind die Variablen am Eingang wirksam solange das Taktsignal $C = 1$ ist. Damit ein solches Kippglied den geforderten Zustand einnimmt und bei-behält, dürfen sich die Variablen am Eingang für die Pulsdauer des Taktsi-gnales $C = 1$ nicht ändern und es dürfen in diesem Zeitraum keine Störsigna-le auftreten. Dieser Nachteil bei Kippgliedern mit Zustandssteuerung wird durch die Taktflankensteuerung beseitigt. Bei Kippgliedern mit Taktflanken-steuerung werden die Variablen am Eingang nur dann wirksam, wenn das Taktsignal von 0 nach 1 oder von 1 nach 0 wechselt. Während des Taktzu-standes $C = 1$ oder $C = 0$ sind die Variablen am Eingang nicht wirksam, ebenso sind Störsignale während dieser Taktzustände unwirksam. Schaltzei-chen und DIN–Definitionen für Takteingang mit Flankensteuerung sind in Abb. 5.18 dargestellt.

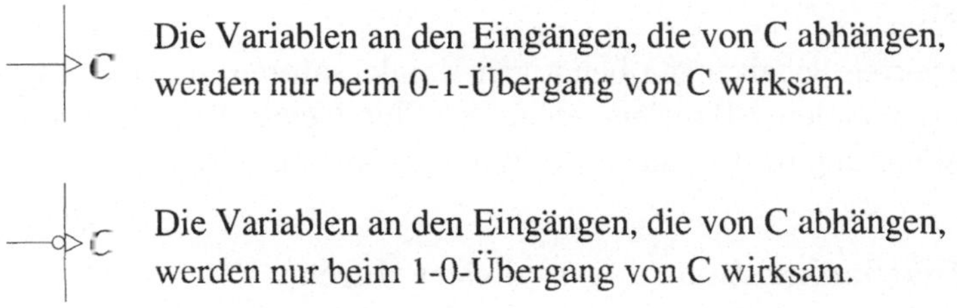

C — Die Variablen an den Eingängen, die von C abhängen, werden nur beim 0-1-Übergang von C wirksam.

C — Die Variablen an den Eingängen, die von C abhängen, werden nur beim 1-0-Übergang von C wirksam.

Abb. 5.18. Schaltzeichen für Takteingänge mit Flankensteuerung

Alle Kippglieder mit Taktzustandssteuerung können auch mit Flankensteuerung realisiert werden. Die Flankensteuerung bezieht sich auf den Takteingang nicht auf die Variableneingänge. Deshalb gelten Übergangsfunktionen und Zustandsfolgetabellen der verschiedenen Kippglieder auch für Taktflankensteuerung. In den Schaltzeichen der verschiedenen Kippglieder wird die Art der Taktflankensteuerung wie in Abb. 5.18 gekennzeichnet.

Technisch kann eine Taktflankensteuerung realisiert werden durch

– RC–Differenzierglieder

– Verknüpfungsglieder (Eingangssperre)

5.9.1 Taktflankensteuerung durch RC–Differenzierglieder

Rechtecksignale werden durch RC–Differenzierschaltungen zu Nadelimpulsen geformt. Ist die Zeitkonstante ($\tau = RC$) des Differenziergliedes klein gegen die Pulsdauer des Rechtecksignales, dann wird ein Rechteckimpuls zum Nadelimpuls umgeformt. In Kippschaltungen mit einer solchen Taktansteuerung sind die Variablen nur für die Zeit der Pulsdauer des Nadelimpulses wirksam, d.h. nur für den Übergang L→H (H→L)-Pegel des Taktimpulses. Abb. 5.19 zeigt die Schaltung eines Basis–Flipflops mit Taktflankensteuerung durch RC–Glieder. Diese Art der Taktflankensteuerung wird nur in diskret aufgebauten Kippschaltungen angewandt.

Das Flipflop nach Abb. 5.19 wird durch eine steigende Flanke am Takteingang zurückgesetzt, wenn bei positiver Zuordnung am Eingang R H–Pegel und an S L–Pegel anliegt. Am Punkt ① der Schaltung hat die Spannung den Verlauf $U_B \cdot e^{-\frac{t}{RC}}$ und an R' liegt kurzzeitig H–Pegel ($\approx U_B$). Im Punkt ② der Schaltung steigt die Spannung nur auf die Durchlaßspannung U_D der Diode und an S' bleibt L–Pegel. Der Spannungsabfall am Takteingang bleibt ohne Einfluss, weil die Dioden vor den Eingängen R' und S' bei negativer Spannung in den Punkten ① und ② (bezogen auf Masse) sperren. Das Umschalten des Flipflops nach Abb. 5.19 wird nur durch eine *positive* Taktimpulsflanke ausgelöst.

In integrierten Schaltungen benötigen Kondensatoren und Widerstände, relativ zu den anderen Bauelementen, viel Chipfläche. Deshalb wird die Taktflankensteuerung in ICs mit Verknüpfungsschaltungen realisiert.

5.9.2 Taktflankensteuerung realisiert durch Verknüpfungsschaltungen

Die Funktion dieser Taktflankensteuerung beruht wesentlich auf Signallaufzeiten. Das Funktionsprinzip soll an einer RS–Kippschaltung nach Abb. 5.20 erläutert werden.

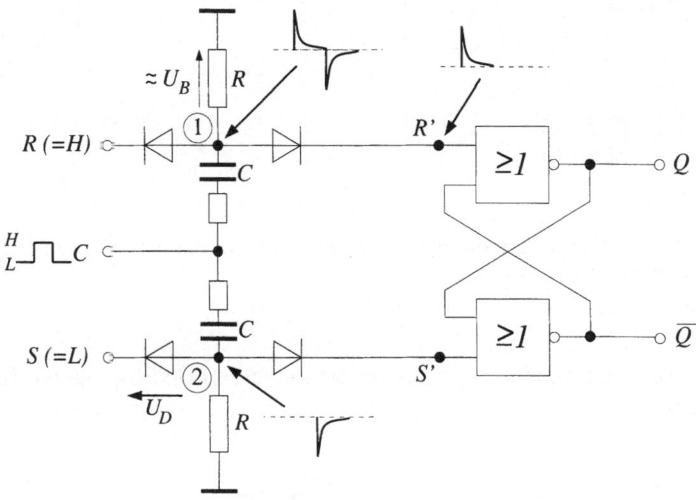

Abb. 5.19. Basis–Flipflop mit Taktflankensteuerung

Das Flipflop sei zurückgesetzt ($Q = L, \overline{Q} = H$) und soll gesetzt werden. Mit $\overline{S} = L$ und $\overline{R} = H$ ist die Schaltung für das Kippen in den Setzzustand vorbereitet. Solange C L–Pegel hat, ist der Zwischenspeicher[2] in einem pseudostabilen Zustand. $Q_3 = Q_4 = H$, sind nicht komplementär. Gleichzeitig ist der Hauptspeicher im Speicherzustand. Durch $Q_3 = Q_4 = H$ werden die Eingangs–NAND–Schaltglieder G_1 und G_2 freigegeben. Die an $\overline{S}$ und $\overline{R}$ liegenden Pegel können invertiert werden und den Zwischenspeicher vorbereiten. Wenn der Pegel an C von L nach H übergeht, haben alle Eingänge von G_3 H–Pegel und Q_3 geht auf L–Pegel. Wegen L–Pegel an Q_2 bleibt Q_4 auf H–Pegel. Durch diesen Übergang von L nach H wird der Zwischenspeicher gesetzt und damit auch der Hauptspeicher, d.h. Q nimmt H–Pegel und $\overline{Q}$ L–Pegel an.

Sobald Q_3 L–Pegel annimmt, wird durch die Rückkopplung Q_3 nach G_1 der Zwischenspeicher von den Eingängen getrennt. Obwohl das Taktsignal noch H–Pegel führt, hat eine Änderung der Pegel an $\overline{S}$ und $\overline{R}$ keinen Einfluss auf den Zwischenspeicher. Analog bewirkt beim Rücksetzvorgang L–Pegel an Q_4 eine Trennung der Eingänge vom Zwischenspeicher.
Die Taktflankensteuerung (realisiert durch Verknüpfungsschaltungen) besteht darin, dass der Zwischenspeicher sofort nach der Signalübernahme über eine Rückkopplung seine Eingänge sperrt.
Die hier beschriebene Flankensteuerung funktioniert nur, weil die Signallaufzeiten in den Verknüpfungsschaltungen ausgenutzt werden. Damit eine solche

---

[2] bestehend aus G_3 und G_4

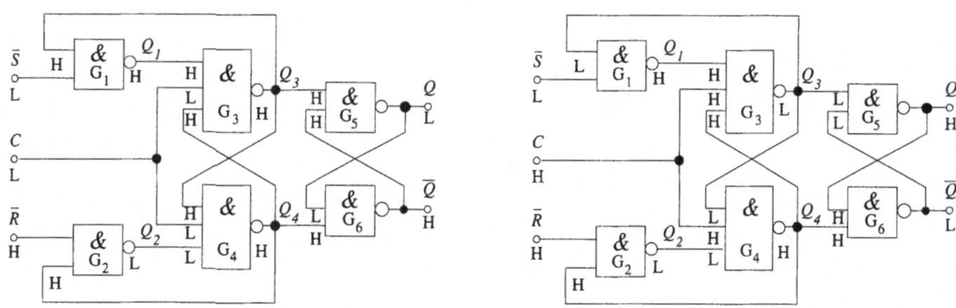

Abb. 5.20. Taktflankengesteuerte RS–Kippschaltung beim Setzvorgang: links für $C = 0$ und rechts für $C = 1$

Schaltung richtig funktioniert, müssen die folgenden Bedingungen erfüllt werden Abb. 5.21:

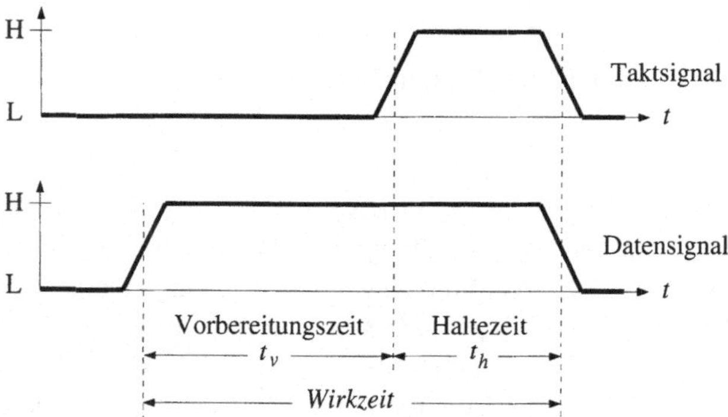

Abb. 5.21. Zeitverlauf von Taktsignal und Datensignal bei Taktflankensteuerung

- Die Signale an $\overline{R}$ und $\overline{S}$ müssen mindestens um eine Signallaufzeit (der NAND–Schaltungen G_1 und G_2) vor der aktiven Taktflanke L→H anliegen. Diese Zeit wird *Vorbereitungszeit* (t_v) oder Setzzeit genannt.

- Die *Pulsdauer* t_p des Taktsignales ($C = $ H–Pegel) muss mindestens so groß sein wie die Signallaufzeit der NAND–Schaltungen G_3 und G_4, damit der Zwischenspeicher sicher gesetzt wird.

- Die Pegel an den Eingängen $\overline{R}$ und $\overline{S}$ müssen nach der aktiven Taktflanke (C geht von L→H) solange konstant bleiben bis der Zwischenspeicher die Eingänge (G_1 und G_2) sperrt. Diese Zeit wird *Haltezeit* (t_h) genannt.

- Die Pulsdauer t_p muss mindestens so groß sein wie die Haltezeit t_h.

- Die Pegel an den Eingängen $\overline{R}$ und $\overline{S}$ müssen also für die Dauer der Vorbereitungszeit plus Haltezeit konstant sein, diese Zeit $t_v + t_h$ wird *Wirkzeit* oder *Wirkintervall* genannt, weil für diese Zeit die Eingangsvariablen wirksam sein müssen.

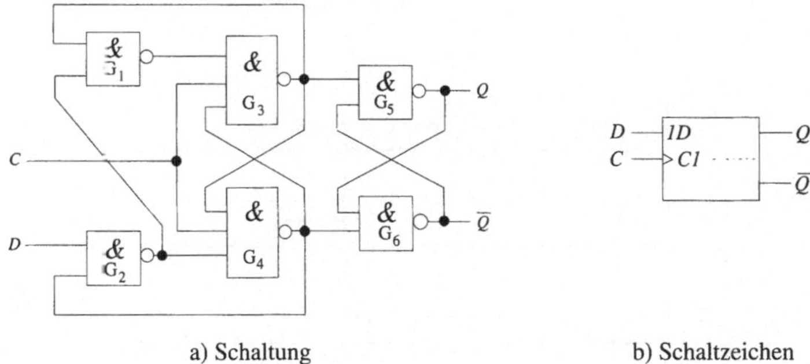

a) Schaltung   b) Schaltzeichen

Abb. 5.22. Flankengesteuertes D–Flipflop

Die unzulässige Eingangskombination $R = S = 1$ an RS–Kippgliedern bleibt auch bei der RS–Kippschaltung mit Flankensteuerung verboten. Bei $\overline{R} = \overline{S}$ = H–Pegel und C = L–Pegel liegen Q_1 und Q_2 auf L–Pegel, und Q_3 und Q_4 bleiben auf H–Pegel auch wenn C von L→H–Pegel geht. Es besteht dann keine Sperrwirkung, und der Zwischenspeicher kann, solange C = H–Pegel hat, gesetzt werden. Abhilfe schafft hier die Umwandlung in ein D–Flipflop, dann ist dieser Ansteuerungsfall ausgeschlossen (Abb. 5.22).

Bei diesem D–Flipflop kann für C = L–Pegel mit $Q_1 = Q_2$ = L–Pegel nicht vorkommen. Geht das Taktsignal von L→H–Pegel dann nimmt Q_3 oder Q_4 L–Pegel an und der Eingang wird gesperrt.

Auch bei JK–Master–Slave–Kippgliedern kann die Taktflankensteuerung realisiert werden. Eine so aufgebaute Kippschaltung wird *zweiflankengesteuertes* JK–Master–Slave–Flipflop genannt. Mit der steigenden Taktflanke wird der Wert der Eingangsvariablen in das Master–Flipflop übernommen und mit der fallenden Taktflanke in das Slave–Flipflop weitergegeben. Abb. 5.23 zeigt Schaltzeichen und Impulsdiagramm. In Abb. 5.24 ist das JK–Kippglied mit Zweiflankensteuerung und direktem Setz– und Rücksetzeingang dargestellt.

Siehe Übungsband
Aufgabe 56:
D–Kippglied mit Taktflankensteuerung

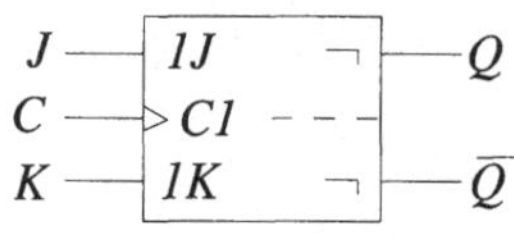

b) Schaltzeichen

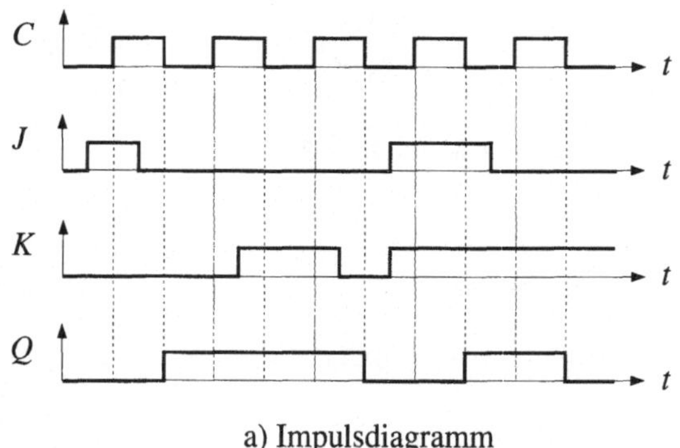

a) Impulsdiagramm

Abb. 5.23. Taktflankengesteuertes JK–Master–Slave Flipflop

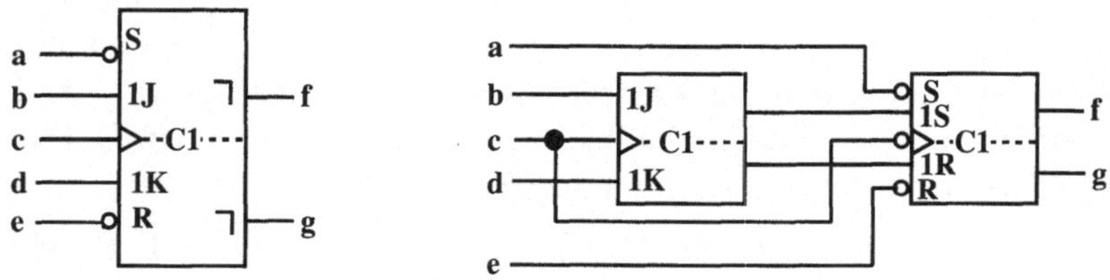

Abb. 5.24. Taktflankengesteuertes JK–Master–Slave Flipflop nach DIN 40 700/104

5.10 Zusammenfassung

Die beschriebenen bistabilen Kippglieder (Flipflops) können nach zwei Kriterien unterschieden werden:

– Wirkung der Eingangsvariablen auf den Ausgangszustand
– Wirkungsweise des Taktsignales

Nach Wirkung der Eingangsvariablen auf den Ausgangszustand unterscheidet man:
RS–Kippglied, D–Kippglied, T–Kippglied und JK–Kippglied.
Nach der Wirkungsweise des Taktsignales unterscheidet man:

– ohne Taktsteuerung

- mit Zustandssteuerung (Taktzustandssteuerung)
- mit Zweizustandssteuerung (Master–Slave–Prinzip)
- mit Einflankensteuerung
- mit Zweiflankensteuerung (Master–Slave–Prinzip)

6. Schaltwerke

Schaltwerke sind wesentliche Funktionseinheiten eines Computers. Beispiele sind das Rechen– und das Leitwerk eines von NEUMANN–Rechners.

Synchrone Schaltwerke – nur solche sollen in diesem Kapitel beschrieben werden – sind aus einem *Schaltnetz und Speichergliedern* aufgebaut. Ein Schaltnetz ist dadurch charakterisiert, dass der Wert der Ausgangsvariablen zu irgend einem Zeitpunkt nur vom Wert der Eingangsvariablen zum gleichen Zeitpunkt abhängt. Charakteristisch für ein *Schaltwerk* ist die *funktionelle Bedeutung der Zeit*. Es ist der Zeitpunkt wichtig, in dem das Schaltwerk betrachtet wird. Diese Zeitpunkte werden durch ein Taktsignal vorgegeben. Speicherglieder können taktabhängig einen stabilen Zustand einnehmen und ihn speichern. Der in einem bestimmten Zeitpunkt gespeicherte Zustand der Speicherglieder wird *innerer Zustand* des Schaltwerkes genannt.

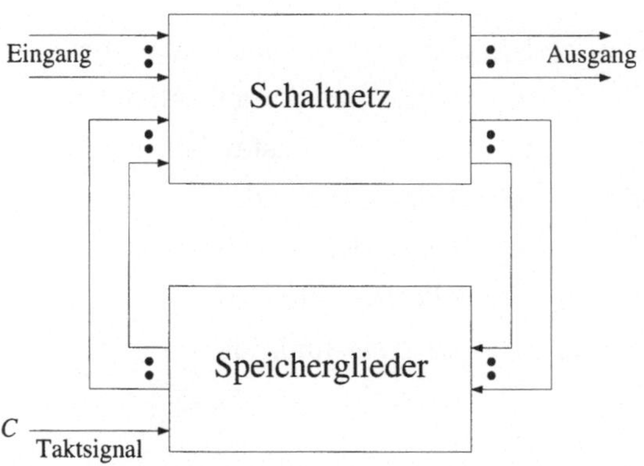

Abb. 6.1. Prinzipieller Aufbau eines Synchron–Schaltwerkes

Wenn der Übergang von einem stabilen Zustand in einen stabilen Folgezustand synchron mit dem Taktsignal erfolgt, spricht man von einem *synchronen* Schaltwerk. Daraus folgt der prinzipielle Aufbau eines solchen Schaltwerkes, das aus Taktsignal, Schaltnetz und Speichergliedern, wie in Abb. 6.1

dargestellt, besteht. Alle Speicherglieder werden durch das gleiche Taktsignal angesteuert.

In der DIN–Norm (40300/89) wird ein *Schaltwerk* folgendermaßen definiert:

> Eine Funktionseinheit zum Verarbeiten von Schaltvariablen, wobei der Wert am Ausgang zu einem bestimmten Zeitpunkt abhängt von den Werten am Eingang zu diesem und endlich vielen vorangegangenen Zeitpunkten.

Man kann also auch sagen: Der Zustand am Ausgang zu einem bestimmten Zeitpunkt hängt ab vom inneren Zustand und dem Wert am Eingang.

6.1 Automaten

Im Allgemeinen bezeichnet ein *Automat* eine Modellmaschine, die ein System beschreibt. Ein Automat reagiert auf eine Eingabe und produziert eine Ausgabe, die von der Eingabe und vom momentanen Zustand des Systems abhängt.

Ein Automat wird *endlicher Automat* genannt, wenn die Menge der möglichen Eingabezeichen (das Eingabealphabet), die Menge der möglichen Ausgabezeichen (das Ausgabealphabet) und die Zustandsmenge endlich sind. Formal kann ein endlicher Automat M beschrieben werden durch:

$$X = x_1, x_2, \ldots, x_n \quad \text{das Eingabealphabet}$$
$$Y = y_1, y_2, \ldots, y_m \quad \text{das Ausgabealphabet}$$
$$Z = z_1, z_2, \ldots, z_m \quad \text{die Zustandsmenge}$$
$$z_0 \in Z \quad \text{der Anfangszustand}$$
$$F \subseteq Z \quad \text{die Menge der Endzustände}$$
$$g : (x_i, z_j) \rightarrow z_k \quad \text{die Übergangsfunktion}$$
$$f : (x_i, z_j) \rightarrow y_r \quad \text{die Ausgangsfunktion}$$

Es gilt also:

$$M = (X, Z, Y, z_0, F, f, g)$$

Typische Beispiele für endliche Automaten sind Schaltwerke, und es gilt: jeder endliche Automat lässt sich in ein Schaltwerk umsetzen.

Allen Schaltwerken gemeinsam ist die Rückkopplung Speicherglieder → Schaltnetz → Speicherglieder. Der Ausgang der Speicherglieder wirkt auf das Schaltnetz und ein Teil–Ausgang des Schaltnetzes wirkt auf die Speicherglieder. Dadurch entsteht ein Wirkgefüge mit Kreisstruktur. Der Eingang des

Schaltwerkes heißt Eingangsvektor X, der Ausgang entsprechend Ausgangsvektor Y. Die Rückkopplung Speicherglieder $\to$ Schaltnetz wird als Zustandsvektor $Z\ (t_n)$ bezeichnet. Die Rückkopplung Schaltnetz $\to$ Speicherglieder wird durch die Schaltfunktion $g(X, Z(t_n))$ gebildet. Der Ausgangsvektor Y wird im Schaltnetz durch die Schaltfunktion $f(X, Z(t_n))$ gebildet. Daraus ergibt sich der Aufbau eines Mealy–Automaten nach Abb. 6.2.

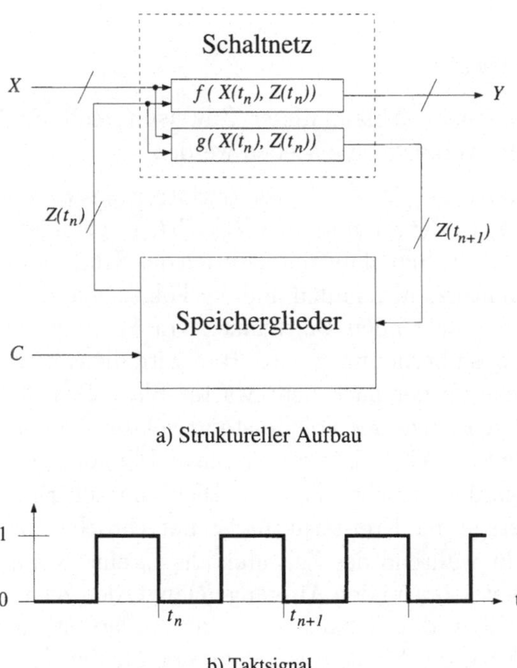

Abb. 6.2. Struktur eines Mealy–Automaten

Durch das Taktsignal wird in äquidistanten Zeitpunkten das Wirkgefüge der Kreisstruktur unterbrochen, angehalten (gespeichert) und der zu diesem Zeitpunkt vorhandene innere Zustand *gelesen*.

Im Taktintervall t_n werden die Schaltfunktionen $f(X(t_n),\ Z(t_n))$ und $g(X(t_n),$ $Z(t_n))$ gebildet. Der Wert der Schaltfunktion f steht als Ausgangsvektor $Y = f(X(t_n), Z(t_n))$ zur Weiterverarbeitung zur Verfügung. Der Wert der Schaltfunktion g wird erst in dem auf t_n *folgenden* Zeitintervall t_{n+1} wirksam und heißt deshalb *Folgezustandsvektor* $Z(t_{n+1})$. Die Funktion $g(X(t_n), Z(t_n))$ wird Übergangsfunktion genannt und es gilt: $Z(t_{n+1}) = g(X(t_n),\ Z(t_n))$.

Beim Übergang vom Zeitintervall $t_n \to t_{n+1}$, in Abb. 6.2 mit der fallenden Taktflanke, wird der Folgezustandsvektor zum neuen Zustandsvektor:

$$Z(t_n) := Z(t_{n+1})$$

Der Mealy–Automat wird durch die Schaltfunktionen

$$Y(t_n) = f(X(t_n), Z(t_n)) \quad \text{Ausgangsfunktion} \tag{6.1}$$
$$Z(t_{n+1}) = g(X(t_n), Z(t_n)) \quad \text{Übergangsfunktion} \tag{6.2}$$

und die Zuweisung

$$Z(t_n) := Z(t_{n+1}) \tag{6.3}$$

bestimmt. Der zeitliche Ablauf dieser Zuweisung soll im Wirkgefüge des Schaltwerkes nach Abb. 6.2 beschrieben werden:

Während der *Taktpause* $(C = 0)$ des Zeitintervalles t_n werden die Schaltfunktionen $f(X(t_n), Z(t_n))$ und $g(X(t_n), Z(t_n))$ gebildet. Die Taktpause muss größer sein als die Signallaufzeiten durch das Schaltnetz g. Dann sind alle *Hazards* im Schaltnetz abgelaufen und der Folgezustandsvektor $Z(t_{n+1})$ ist stabil, wenn mit der steigenden Taktflanke, dem Abtastzeitpunkt, $Z(t_{n+1})$ in die Master–Flipflops übernommen wird. Hier wird die Notwendigkeit flankengesteuerter Speicherglieder nach dem Master–Slave Prinzip deutlich. Bevor mit der steigenden Flanke der Folgezustandsvektor $Z(t_{n+1})$ in die Master–Flipflops übernommen wird, müssen die Slave–Flipflops gesperrt sein. Dann sind die Ausgänge der Speicherglieder zeitlich von den Eingängen abgekoppelt, das Wirkgefüge der Kreisstruktur ist unterbrochen. Nur so ist sichergestellt, dass nicht während des Zeitintervalls t_n eine Komponente $z_i(t_{n+1})$ des Folgezustandsvektors an den Ausgang gelangt, den Zustandsvektor $Z(t_n)$ beeinflusst, und über das Schaltnetz g zur Änderung einer Komponente $z_j(t_{n+1})$ führt. Auch die Flankensteuerung der Master–Flipflops verhindert diese Änderung. Mit der fallenden Flanke des Taktsignales werden zuerst die Eingänge der Speicherglieder zeitlich von den Ausgängen abgekoppelt, die Master–Flipflops werden gesperrt. Dann wird der Folgezustandsvektor $Z(t_{n+1})$ in die Slave–Flipflops übernommen und ist damit zum neuen Zustandsvektor $Z(t_n)$ des Zeitintervalles t_{n+1} geworden.

Im Kapitel *komplexe Schaltwerke* von Band 2 werden die *Rückkopplungsbedingungen* für das fehlerfreie Funktionieren von Schaltwerken ausführlich beschrieben.

Ein Sonderfall des Mealy–Automaten ist der *Moore–Automat*. Bei diesem Automatentyp wird der Ausgangsvektor Y nur von der Zustandsfunktion $f(Z(t_n))$ gebildet, daher auch die Bezeichung *zustandsorientiertes Schaltwerk*. Der Moore–Automat wird durch die Schaltfunktionen

$$Y(t_n) = f(Z(t_n)) \quad \text{Ausgangsfunktion} \tag{6.4}$$
$$Z(t_{n+1}) = g(X(t_n), Z(t_n)) \quad \text{Übergangsfunktion} \tag{6.5}$$

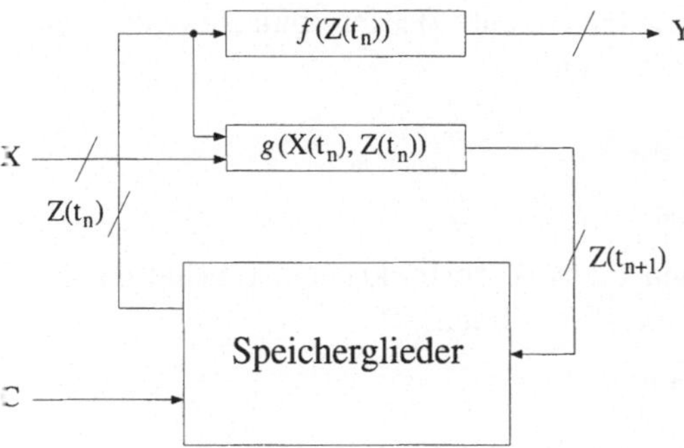

Abb. 6.3. Moore–Automat

bestimmt. Der Eingangsvektor $X(t_n)$ hat im Zeitintervall t_n keinen Einfluss auf den Ausgangsvektor $Y(t_n)$. Der Eingangsvektor $X(t_n)$ wirkt erst um eine Taktperiode verzögert im Zeitintervall t_{n+1} auf den Ausgangsvektor. Zum Zeitintervall t_{n+1} gehört der Ausgangszustand $Y(t_{n+1})$, der durch die Schaltfunktion $f(Z(t_{n+1}))$ gebildet wird.

Daraus folgt mit (6.5)

$$Y(t_{n+1}) = f(Z(t_{n+1}))$$
$$= f\left[g(X(t_n), Z(t_n))\right]$$

Für eine vereinfachte Notation des Zustandsvektors, des Folgezustandsvektors und deren Komponenten soll gelten:

$$Z(t_n) =: Z \text{ in Komponenten } z_0, z_1, \cdots$$
$$Z(t_{n+1}) =: Z^+ \text{ in Komponenten } z_0^+, z_1^+, \cdots$$

In Abbildung 6.3 ist die Struktur eines Moore–Automaten dargestellt. Beispiele für Moore–Automaten sind synchrone Zähler. Dabei ist der Zählzustand der Ausgangszustand und gleichzeitig der innere Zustand des Schaltwerkes. Der Eingangsvektor kann ein Signal zur Umschaltung der Zählrichtung sein.

Schaltwerke, die außer dem Taktsignal kein Eingangssignal haben, nennt man *autonom* (autonome Automaten).

6.2 Funktionelle Beschreibung von Schaltwerken

In Kapitel 4 haben wir die Schaltnetze beschrieben durch eine Funktionstabelle, ein KV–Diagramm bzw. eine Schaltfunktion oder Vektorfunktion. Ebenso gibt es verschiedene äquivalente Beschreibungsmöglichkeiten für Schaltwerke. Die gebräuchlichsten sind:

- Zustandsfolgetabellen,

- KV–Diagramme

- Schaltfunktionen oder Vektorfunktionen (enthalten die Ausgangsfunktionen und Übergangsfunktionen)

- Zustandsgraphen

Die *Zustandsfolgetabelle* enthält als Eingangsvariable die Komponenten des Eingangsvektors X und die Komponenten des Zustandsvektors $Z(t_n)$, als Ausgangsvariable die Komponenten des Ausgangsvektors Y und die Komponenten des Folgezustandsvektors $Z(t_{n+1})$

Eingangsvariable				Ausgangsvariable			
z_0 $\cdots$ z_n	x_0 $\cdots$ x_i	z_0^+ $\cdots$ z_n^+	y_0 $\cdots$ y_j

Die Werte der Ausgangsvariablen werden durch ein Schaltnetz aus den Werten der Eingangsvariablen gebildet. Für jede Ausgangsvariable kann ein *KV–Diagramm* erstellt werden, aus dem eine minimierte *Schaltfunktion* in der DF oder KF gebildet werden kann.

Ein *Zustandsgraph* beschreibt das Verhalten eines Schaltwerkes in graphischer Darstellung. Er besteht aus Knoten und Kanten. Die Knoten werden als Kreise gezeichnet und stellen die inneren Zustände des Schaltwerks dar. Die Kanten werden als richtungsweisende Linien zwischen den Knoten gezeichnet und sie stellen die Übergänge zwischen Zuständen dar (Abb. 6.4).

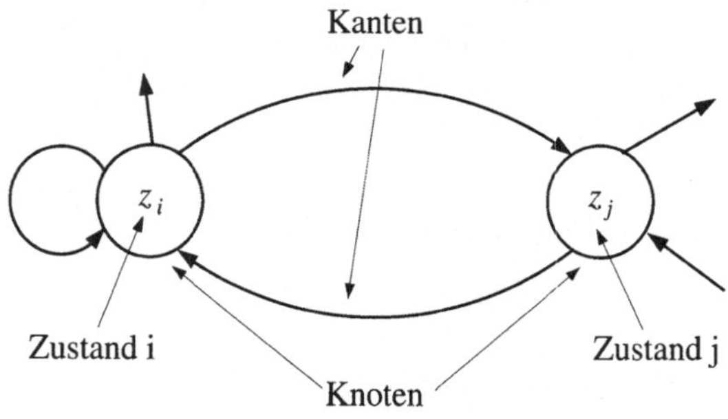

Abb. 6.4. Grundform eines Zustandsgraphen

Die Knoten (Kreise) enthalten die Zustandsnamen oder die zugehörigen Kombinationen der Zustandsvariablen. An die Kanten wird die Belegung des Eingangsvektors geschrieben, die das Schaltwerk vom gegenwärtigen zum Folgezustand überführt. Beim Mealy–Automaten schreibt man zusätzlich hinter die Eingangskombination die zum gegenwärtigen Zustand gehörige Belegung des Ausgangsvektors. Beim Moore–Automaten ist der Ausgangsvektor eindeutig durch den momentanen Zustand (Knoten) bestimmt. Der Übergang zum Folgezustand ist zwar taktabhängig, jedoch wird der Takteingang nicht angegeben, da er kein Informationsträger ist. Eine auf den Ausgangsknoten zurückführende Kante gibt an, dass bei dieser Belegung des Eingangsvektors keine Zustandsänderung auftritt.

Hat der Zustandsvektor eines Schaltwerkes n Variablen, dann hat der entsprechende Zustandsgraph höchstens 2^n Knoten. Bei einem Eingangsvektor mit m Variablen können 2^m Kanten (Verzweigungen) von jedem Knoten ausgehen.

6.3 Analyse von Schaltwerken

Ein Schaltwerk zu analysieren bedeutet, sein Schaltverhalten durch

- eine Zustandsfolgetabelle,
- Schaltfunktionen (Übergangsfunktionen und Ausgangsfunktionen) oder
- einen Zustandsgraphen

zu beschreiben. Von einem gegebenen Schaltplan werden zuerst aus dem Schaltnetz die Übergangsfunktion und die Ausgangsfunktion hergeleitet. Dann wird ein Anfangszustand angenommen und mit den Werten der Eingangsvariablen und den Übergangsfunktionen die Folgezustände abgeleitet. Auf diese Weise entsteht eine Zustandsfolgetabelle. Aus der Zustandsfolgetabelle kann der Zustandsgraph gezeichnet werden.

6.3.1 Beispiel 1

Zunächst einige allgemeine Bemerkungen zur Charakterisierung dieses Schaltwerkes: Es handelt sich um ein synchron angesteuertes Schaltwerk. Der Eingangsvektor X und der Ausgangsvektor Y bestehen je aus einer Variablen. Das Schaltwerk enthält zwei D–Flipflops als Speicherglieder und hat deshalb zwei Zustandsvariablen, es kann also maximal vier Zustände einnehmen. Die Komponenten z_0^+ und z_1^+ des Folgezustandsvektor $Z(t_{n+1})$ werden durch ein Schaltnetz aus dem Eingangsvektor X und aus den Komponenten z_0 und z_1 des Zustandsvektors $Z(t_n)$ gebildet. Ebenso wird der Ausgangsvektor Y

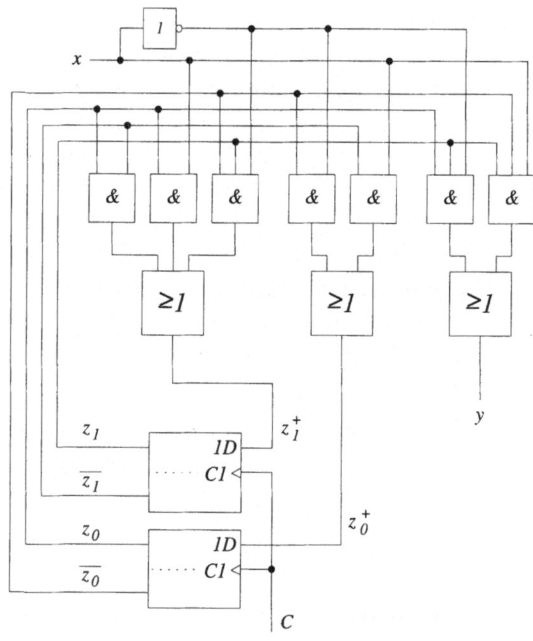

Abb. 6.5. Schaltwerk mit D–Flipflops

aus dem Eingangsvektor X und aus den Komponenten des Zustandsvektors gebildet. Daraus folgt, dass das Schaltwerk ein Mealy–Automat ist.

Aus der allgemeinen Charakterisierung ergibt sich eine *erste* Beschreibung des Schaltwerks durch Schaltfunktionen. Aus der Analyse des Schaltnetzes folgt als Übergangsfunktion für die Komponenten des Folgezustandsvektors:

$$z_0^+ = (\overline{z}_0 \wedge \overline{x}) \vee (\overline{z}_1 \wedge x) \tag{6.6}$$

$$z_1^+ = (z_0 \wedge \overline{z}_1) \vee (z_0 \wedge x) \vee (\overline{z}_0 \wedge z_1 \wedge \overline{x}) \tag{6.7}$$

Für den Ausgangsvektor Y:

$$y = (z_0 \wedge z_1 \wedge \overline{x}) \vee (\overline{z}_0 \wedge z_1 \wedge x) \tag{6.8}$$

Beim Übergang vom Zeitintervall $t_n \longrightarrow t_{n+1}$ wird der Folgezustandsvektor zum neuen Zustandsvektor $Z(t_n) := Z(t_{n+1})$. Mit dieser Zuweisung und den Schaltfunktionen nach (6.6) und (6.7) kann die *Zustandsfolgetabelle* erstellt werden. Wir gehen von einem inneren Zustand $z_0 = 0$, $z_1 = 0$ aus. Die Eingangsvariable soll zuerst den Wert $x = 0$ haben. Mit (6.6) folgt $z_0^+ = 1$, mit

z_1	z_0	x	z_1^+	z_0^+	y
0	0	0	0	1	0
0	0	1	0	1	0
0	1	0	1	0	0
0	1	1	1	1	0
1	0	0	1	1	0
1	0	1	0	0	1
1	1	0	0	0	1
1	1	1	1	0	0

Tabelle 6.1. Zustandsfolgetabelle für Beispiel 1

(6.7) folgt $z_1^+ = 0$ und mit (6.8) folgt $y = 0$. Es ergibt sich die Zustandsfolgetabelle nach Tabelle 6.1.

Aus der Zustandsfolgetabelle kann der Zustandsgraph gezeichnet werden (Abb. 6.6).

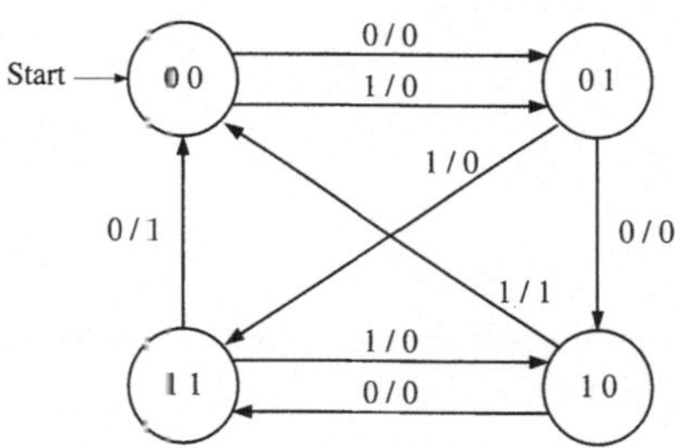

Abb. 6.6. Zustandsgraph für Beispiel 1

6.3.2 Beispiel 2

Die Speicherglieder dieses Schaltwerks sind JK–Flipflops. Es kann maximal vier Zustände einnehmen. Die Komponenten z_0^+ und z_1^+ des Folgezustandes werden zwar durch ein Schaltnetz aus dem Eingangsvektor X und aus den Komponenten z_0 und z_1 des Zustandsvektors gebildet, aber als getrennte Vorbereitungseingänge J und K an die Speicherglieder herangeführt. Der Folgezustand ist also eine Funktion der Vorbereitungseingänge J und K. Die Analyse des Schaltnetzes führt zu den *Schaltfunktionen*:

$$J_0 = x \vee z_1 \tag{6.9}$$

$$K_0 = z_1 \tag{6.10}$$

$$J_1 = \overline{x} \vee z_0 \tag{6.11}$$

$$K_1 = z_0 \tag{6.12}$$

$$y = (\overline{z}_1 \wedge z_0) \vee (z_1 \wedge \overline{z}_0) \tag{6.13}$$

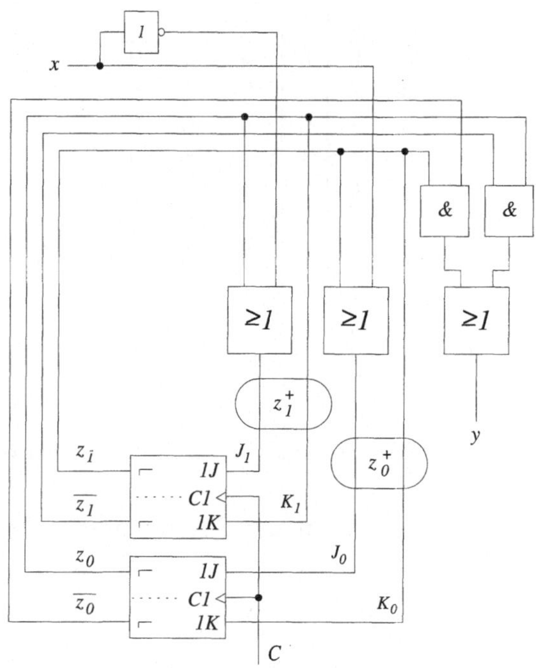

Abb. 6.7. Schaltwerk mit JK–Flipflops

Der Ausgangsvektor y enthält nur die Variablen des Zustandsvektors Z, das Schaltwerk ist also ein Moore–Automat.

Die *Zustandsfolgetabelle* für das Schaltnetz enthält als Eingänge die Variablen des X–Vektors und des Zustandsvektors Z, als Ausgang die Variablen J und K der Vorbereitungseingänge für die Speicherglieder und die Variablen des Y–Vektors. Aus den Werten für J und K folgt das Kippverhalten der Flipflops und daraus die Werte für die Komponenten des Folgezustandes.

Wir gehen von dem Ausgangszustand $z_0 = 0$ und $z_1 = 0$ aus. Die Eingangsvariable soll den Wert $x = 0$ haben. Mit (6.9–6.12) folgt $J_0 = 0$, $K_0 = 0$, $J_1 = 1$, $K_1 = 0$. Daraus ergeben sich die Werte für die Variablen des Folgezustandes $z_0^+ = 0$ und $z_1^+ = 1$. Für $x = 0$ wird $z_0^+ = 1$ und $z_1^+ = 0$. Es ergibt sich die Tabelle 6.2.

Aus der Zustandsfolgetabelle kann der Zustandsgraph gezeichnet werden (Abb. 6.8).

Siehe Übungsband
Aufgabe 60:
3–Bit Synchronzähler

z_1	z_0	x	K_1	J_1	K_0	J_0	z_1^+	z_0^+	y
0	0	0	0	1	0	0	1	0	0
0	0	1	0	0	0	1	0	1	0
0	1	0	1	1	0	0	1	1	1
0	1	1	1	1	0	1	1	1	1
1	0	0	0	1	1	1	1	1	1
1	0	1	0	0	1	1	1	1	1
1	1	0	1	1	1	1	0	0	0
1	1	1	1	1	1	1	0	0	0

Tabelle 6.2. Zustandsfolgetabelle für Beispiel 2

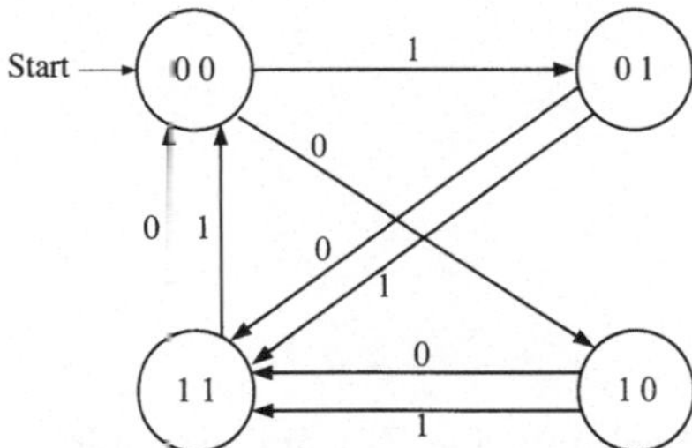

Abb. 6.8. Zustandsgraph für Beispiel 2

6.4 Synthese von Schaltwerken

Die Synthese eines Schaltwerkes bedeutet, aus einer verbalen Aufgabenstellung ein Schaltwerk zu entwerfen. Dazu ist es notwendig, die Aufgabenstellung mit den Beschreibungsmöglichkeiten eines Schaltwerkes darzustellen. Es empfehlen sich folgende Schritte für das Vorgehen:

- Festlegen der Zustandsmenge, die das Schaltwerk einnehmen soll. Daraus ergibt sich die Anzahl der Zustandsvariablen und die Anzahl der erforderlichen Speicherglieder.

- Festlegen des Anfangszustandes.

- Definition der Eingangs– und Ausgangsvariablen.

- Darstellung der *zeitlichen* Zustandsfolge in Form eines Zustandsgraphen.

- Aufstellen der Zustandsfolgetabelle.

- Herleitung und Minimierung der Übergangsfunktion und Ausgangsfunktion in DNF/KNF aus der Zustandsfolgetabelle.

- Darstellung des Schaltwerkes in einem *Schaltplan*. Das bedeudet: Übertragen der Schaltfunktionen in ein Schaltnetz, Zeichnen der Speicherglieder durch Flipflcps, Kennzeichnen des Zustandsvektors und des Folgezustandsvektors.

- Realisierung des Schaltwerkes.

6.4.1 Beispiel 1: Umschaltbarer Zähler

Als Beispiel wollen wir einen zweistelligen umschaltbaren Gray–Code–Zähler entwerfen.

- Ermitteln der Anzahl der Zustände.

  Aus der Angabe, dass die Zahlendarstellung *zweistellig* sein soll, folgt: Das Schaltwerk kann maximal vier Zustände einnehmen, dazu sind zwei Zustandsvariablen erforderlich, die durch zwei Flipflops dargestellt werden.

- Die Umschaltung soll durch die Eingangsvariable x erfolgen. Für $x = 0$ ist die Zählfolge

$$00, 01, 11, 10$$

  und für $x = 1$ ist die Zählfolge

$$00, 10, 11, 01$$

  festgelegt.

- Die Ausgangsvariablen sind identisch mit den Zustandsvariablen, weil der Zählzustand angezeigt werden soll.

- Zeitliche Zustandsfolge, dargestellt durch einen Zustandsgraphen.

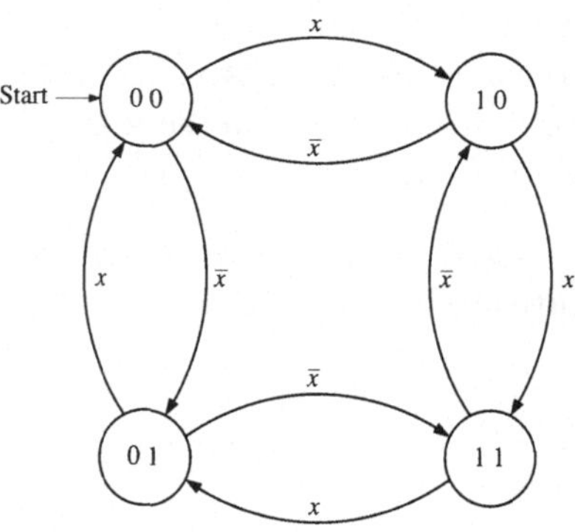

Abb. 6.9. Zustandsgraph

- Zustandsfolgetabelle

  Aus dem Zustandsgraphen folgt unmittelbar die Zustandsfolgetabelle Tabelle 6.3. Die linke Seite der Tabelle enthält alle Wertekombinationen, die die Eingangsvariable x und die Zustandsvariablen z_1, z_0 annehmen können. Die rechte Seite der Tabelle enthält die Werte der Folgezustände.

- Schaltfunktionen (Übergangsfunktionen)

  Aus der Zustandsfolgetabelle können wir die minimierten Übergangsfunktionen in der DNF aufstellen:

z_1	z_0	x	z_1^+	z_0^+
0	0	0	0	1
0	0	1	1	0
0	1	0	1	1
0	1	1	0	0
1	0	0	0	0
1	0	1	1	1
1	1	0	1	0
1	1	1	0	1

Tabelle 6.3. Zustandsfolgetabelle für Gray–Code Zähler

$$z_1^+ = (z_0 \wedge \overline{x}) \vee (\overline{z}_0 \wedge x)$$
$$z_0^+ = (\overline{z}_1 \wedge \overline{x}) \vee (z_1 \wedge x)$$

– Zeichnen des Schaltwerkes

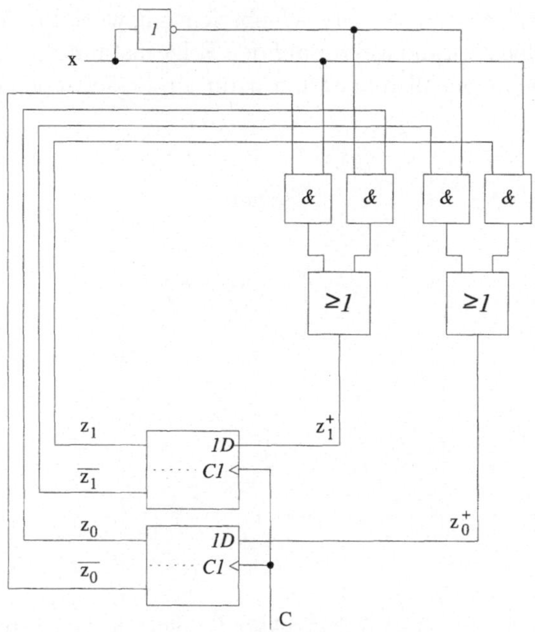

Abb. 6.10. Umschaltbarer Gray–Code Zähler

Siehe Übungsband
Aufgabe 64:
Entwurfsschritte

6.4.2 Beispiel 2: Schieberegister als Schaltwerk

In der Datenverarbeitung ist es oft erforderlich, mehrstellige Binärworte in einer Speichereinheit aufzunehmen, zu speichern und weiterzugeben. Dabei soll die Aufnahme und Weitergabe taktabhängig sein und seriell oder parallel erfolgen können. Speichereinheiten mit dieser Eigenschaft werden *Schieberegister* oder *Register* genannt. Von der Struktur her sind es synchrone Schaltwerke. Das Binärwort wird in die Speicherglieder (des Schaltwerkes) aufgenommen, gespeichert und von dort weitergegeben. Jedes Speicherglied speichert 1 Bit. Die Information eines Speichergliedes wird mit jedem Taktimpuls in ein benachbartes Speicherglied verschoben. Wird die Information in das rechts benachbarte weitergegeben, dann nennt man die Speichereinheit *Rechtsschieberegister*. Wird die Information in das links benachbarte weitergegeben, dann ist es ein *Linksschieberegister*. Die Schieberichtung wird durch das Schaltnetz festgelegt, das den Zustandsvektor auf den Folgezustand rückkoppelt. Daraus folgt die allgemeine Schaltwerksstruktur für ein Schieberegister (Abb. 6.11).

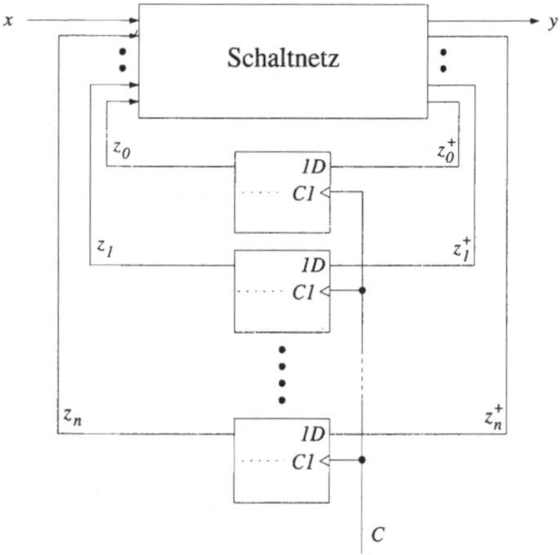

Abb. 6.11. Allgemeine Schaltwerksstruktur für ein Schieberegister

Als konkretes Beispiel soll ein 3–Bit Schieberegister entworfen werden, in das über den *seriellen* Eingang x das Binärwort 011 eingelesen, nach rechts verschoben und am Ausgang y wieder seriell ausgegeben werden soll. Der Vorgang wird durch eine Funktionstabelle dargestellt (Tabelle 6.4).

n.Takt	x	z_0	z_1	z_2	y
		Zustände nach Takt n			
0.	1	0	0	0	0
1.	1	1	0	0	0
2.	0	1	1	0	0
3.	0	0	1	1	0
4.	0	0	0	1	1
5.	0	0	0	0	1
6.	0	0	0	0	0

Tabelle 6.4. Zustandsfolgetabelle für Schieberegister

Im Ausgangszustand (0.Takt) ist $z_0 = z_1 = z_2 = 0$ und am Eingang x liegt das niederwertigste Bit des Binärwortes $x = 1$. Beim 1. Taktimpuls soll der Wert $x = 1$ nach z_0, der Wert $z_0 = 0$ nach z_1, der Wert $z_1 = 0$ nach z_2 und der Wert $z_2 = 0$ nach y verschoben werden. Beim 2. Taktimpuls soll die zweite Binärstelle von x nach z_0, der Wert von z_0 nach z_1 usw. verschoben werden.

Für den systematischen Schaltwerksentwurf, wie er zu Beginn dieses Abschnitts dargestellt wurde, ist eine vollständige *Zustandsfolgetabelle* erforderlich. Daraus werden die Schaltfunktionen für die Übergangs- und Ausgangsfunktionen hergeleitet, und dann das Schaltnetz entworfen. Für die Speicherglieder sollen D–Flipflops benutzt werden. Die Zustandsfolgetabelle enthält auf der linken Seite den seriellen Eingang x und die Zustandsvariablen z_0, z_1, z_2, auf der rechten Seite die Folgezustandsvariablen z_0^+, z_1^+, z_2^+ und die Ausgangsvariable y. Bei drei Zustandsvariablen und einer Eingangsvariablen gibt es 2^4 Eingangskombinationen der Zustandsfolgetabelle Tabelle 6.5. Die Werte der Folgezustandsvariablen ergeben sich aus der Aufgabenstellung des Schaltwerkes (hier Rechtsschieberegister).

Aus der Zustandsfolgetabelle ergeben sich die Übergangsfunktionen

$$z_0^+ = x$$
$$z_1^+ = z_0$$
$$z_2^+ = z_1$$

und die Ausgangsfunktion

$$y = z_2$$

Werden JK–Flipflops als Speicherglieder benutzt, dann lauten die Übergangsfunktionen

x	z_2	z_1	z_0	z_2^+	z_1^+	z_0^+	y
0	0	0	0	0	0	0	0
0	0	0	1	0	1	0	0
0	0	1	0	1	0	0	0
0	0	1	1	1	1	0	0
0	1	0	0	0	0	0	1
0	1	0	1	0	1	0	1
0	1	1	0	1	0	0	1
0	1	1	1	1	1	0	1
1	0	0	0	0	0	1	0
1	0	0	1	0	1	1	0
1	0	1	0	1	0	1	0
1	0	1	1	1	1	1	0
1	1	0	0	0	0	1	1
1	1	0	1	0	1	1	1
1	1	1	0	1	0	1	1
1	1	1	1	1	1	1	1

Tabelle 6.5. Erweiterte Zustandsfolgetabelle für ein Schieberegister

$$J_0 = x \,, K_0 = \overline{x}$$
$$J_1 = z_0 \,, K_1 = \overline{z}_0$$
$$J_2 = z_1 \,, K_2 = \overline{z}_1$$

und die Ausgangsfunktion

$$y = z_2$$

Das Schaltnetz, das diese Schaltfunktionen realisiert besteht nur aus direkten Verbindungen. Abb. 6.12 zeigt ein Rechtsschieberegister, das mit JK–Flipflops realisiert ist.

Schieberegister werden nach Art der Aufnahme und Weitergabe des Datenwortes eingeteilt. Dabei gibt es die Möglichkeiten:

–	seriell	laden	seriell ausgeben
–	seriell	laden	parallel ausgeben
–	parallel	laden	parallel ausgeben
–	parallel	laden	seriell ausgeben
–	Schieberichtung		– links $\longrightarrow$ rechts
			– rechts $\longrightarrow$ links
			– im Kreis (Ringschieberegister)

Abbildung 6.13 zeigt die Funktion der verschiedenen Schieberegister.

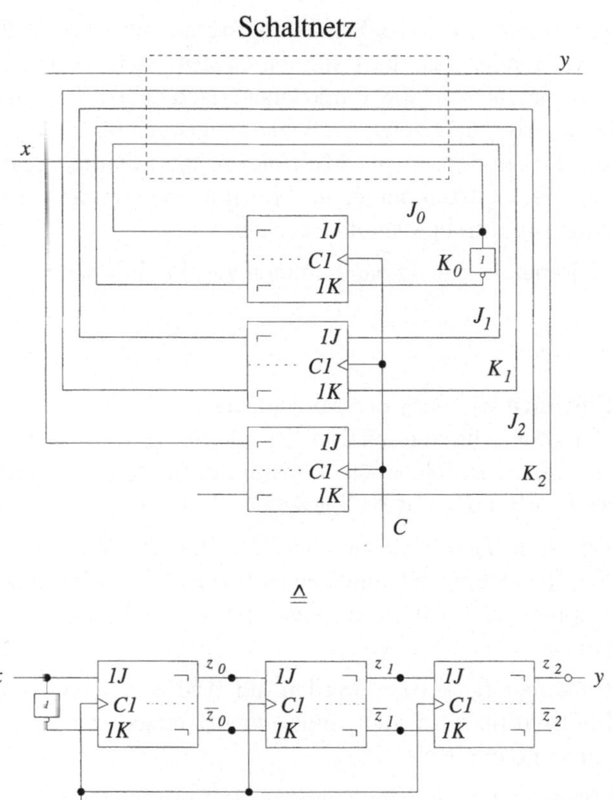

Abb. 6.12. Rechtsschieberegister aus JK–Flipflops

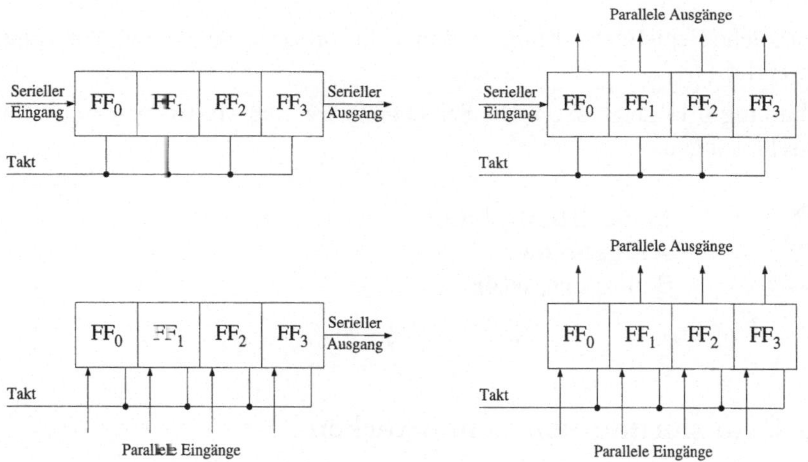

Abb. 6.13. Verschiedene Funktionen von Schieberegistern

Werden die Speicherglieder des Schieberegisters nach Abb. 6.12 nicht direkt miteinander verbunden, sondern werden Multiplexer als Datenwegschalter genutzt, dann lassen sich alle Funktionen nach Abb. 6.13 in einer Schaltung realisieren. Abb. 6.14 zeigt ein Schieberegister mit Multiplexern an den Eingängen der D–Flipflops. Jeder Multiplexer hat 4 Dateneingänge. Über die Steuereingänge S_0, S_1 kann bei jedem Multiplexer einer der 4 Dateneingänge auf seinen Ausgang durchgeschaltet werden.

Mit den zwei Steuereingängen $S_0 S_1$ können vier Funktionen realisiert werden.

$\underline{S_1 S_0}$

0 1 Die Eingänge $x_0 \cdots x_3$ der Multiplexer werden als *Löscheingänge* auf ihre Ausgänge durchgeschaltet. Zu diesem Zweck werden sie auf Null gesetzt. Mit dem folgenden Taktimpuls werden alle Ausgänge $Q_0 \cdots Q_3$ der D–Flipflops auf Null gesetzt.

0 0 Die Eingänge $I_{R0} \cdots I_{R3}$ werden auf ihre Ausgänge durchgeschaltet. Die am Rechtseingang anliegende Bit–Kombination wird mit jedem Taktimpuls von FF-0 an um eine Speicherstelle nach rechts weitergeschoben.

1 1 Die Eingänge $I_{L0} \cdots I_{L3}$ werden auf ihre Ausgänge durchgeschaltet. Die Information wird vom Linkseingang eingelesen und von FF-3 an nach links geschoben.

1 0 Die Eingänge $E_0 \cdots E_3$ werden auf die Ausgänge durchgeschaltet. Mit einem Taktimpuls wird diese Information von den D–Flipflops übernommen und liegt an den Ausgängen $Q_0 \cdots Q_3$ an. Beim nächsten Taktimpuls kann eine neue Information von $E_0 \cdots E_3$ übernommen werden.

Eine solche Registerschaltung wird in Mikroprozessoren als Zwischenspeicher verwendet.

Abbildung 6.14 zeigt ein 4–Bit Schieberegister mit Multiplexern als Datenwegschaltungen.

Siehe Übungsband
Aufgabe 68:
Schieberegister

6.5 Realisierung von Schaltwerken

Die Funktionsstruktur eines jeden Schaltwerkes besteht aus einem Wirkgefüge mit Rückkopplung: Die Eingangsvariablen bilden mit dem inneren

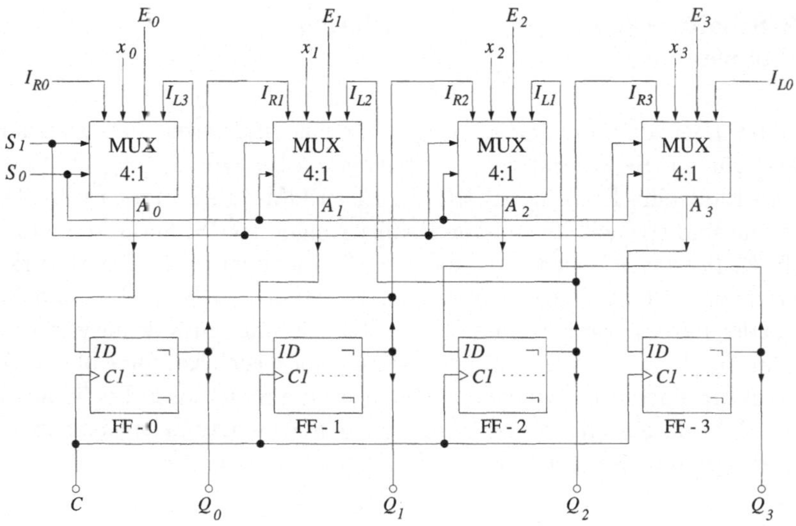

Abb. 6.14. 4–Bit Schieberegister mit Multiplexern

Zustand, der in Speichergliedern gehalten wird, den Ausgangszustand und einen Folgezustand. Durch das Taktsignal wird der Folgezustand mit der Zuordnung $Z(t_n) := Z(t_{n+1})$ zum nächsten inneren Zustand. Diese Wirkstruktur kann auf *drei* Arten realisiert werden:

1. mit diskreten Baugliedern, Verknüpfungsglieder und Speicherglieder

2. mit *hardware*mäßig programmierbaren Logikbausteinen (PROMs, EPROMs, PALs, PLAs)

3. mit *software*mäßig programmierbaren hochintegrierten Bausteinen (Mikroprozessorsysteme)

Wir wollen hier nur auf die beiden ersten Punkte eingehen.

6.5.1 Schaltwerke mit diskreten Baugliedern

Einfache Schaltwerke, wie der umschaltbare Zähler im Abschnitt 6.4.1 lassen sich ohne größeren Arbeitsaufwand mit diskreten Baugliedern realisieren. Die diskreten Verknüpfungs- und Speicherglieder werden entsprechend der Aufgabenstellung durch eine feste Verdrahtung miteinander verbunden. Solche Schaltwerke können nur eine Schaltwerksaufgabe erfüllen. Eine Änderung ist nicht möglich. Das Schaltwerk ist nicht flexibel. Die diskreten Bauglieder stehen innerhalb der verschiedenen *Schaltkreisfamilien* als integrierte Schaltkreise der SSI– und MSI–Klasse zur Verfügung.

6.5.2 Schaltwerke mit programmierbaren Logikbausteinen

Vom Anwender programmierbare Logikbausteine sind wegen ihrer großen Flexibilität für die Realisierung von Schaltwerken besonders geeignet. Es sind dies die Bausteine PROMs, EPROMs, EEPROMs, PALs und PLAs. Diese Bausteine sind spezielle technische Realisierungen von *Schaltnetzen*. Obwohl sie oft *Festwertspeicher* genannt werden, übernehmen sie im Schaltwerk die Funktion des Schaltnetzes. Auf einigen Bausteinen, z.B. PALs, sind Speicherglieder mitintegriert, sodass für die Realisierung eines Schaltwerkes, neben Ein- und Ausgabe, nur ein Baustein erforderlich ist. In Abb. 6.15 ist die Struktur eines Schaltwerks mit einem programmierbaren Logikbaustein, einem PLA, dargestellt. Bei diesem Baustein wird das Schaltnetz in DNF durch Programmieren der UND- und ODER–Matrix realisiert.

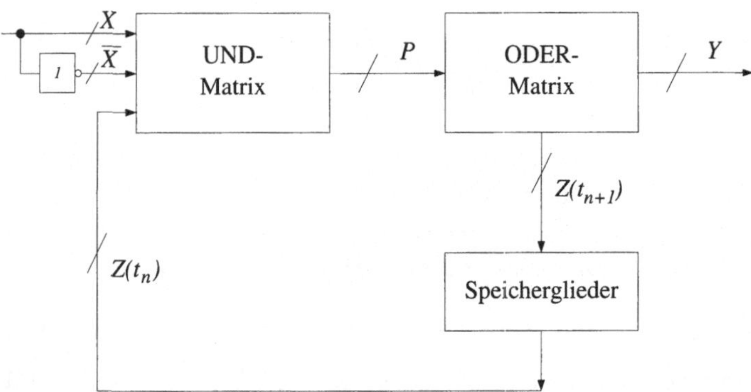

Abb. 6.15. Schaltwerksstruktur mit programmierbaren Bausteinen als Schaltnetz

Statt eines *universell* programmierbaren PLA–Bausteins kann das Schaltnetz auch durch ein PROM realisiert werden. Natürlich kann auch ein EPROM oder EEPROM benutzt werden. Im Folgenden steht aber immer nur der Begriff PROM. Bei diesem Baustein wird das Schaltnetz in der DNF realisiert. Dabei sind alle möglichen Produktterme im *Adessdecodierer* fest vorgegeben. Die erforderlichen ODER–Verknüpfungen der Produktterme werden in der ODER–Matrix *programmiert*. Das explizite Aufstellen der Schaltfunktionen für die Komponenten des Folgezustandsvektors $Z(t_{n+1})$ und des Ausgangsvektors Y kann dabei entfallen. Die *Zustands*folgetabelle, die ja die Funktion des Schaltwerkes beschreibt, wird unmittelbar in die ODER–Matrix übertragen. Dabei dienen Zustands- und Eingangsvariablen als Adresse für den Adessdecodierer. Die Werte des Folgezustandsvektors und des Ausgangsvektors werden in die ODER–Matrix programmiert.

In Abbildung 6.16 ist das Schaltwerk des umschaltbaren Zählers aus Abschnitt 6.4.1 dargestellt. Hat die Eingangsvariable den Wert $x = 0$, dann soll die Zählfolge 00, 01, 11, 10 sein; für $x = 1$ soll die Zählfolge 00, 10, 11, 01 sein.

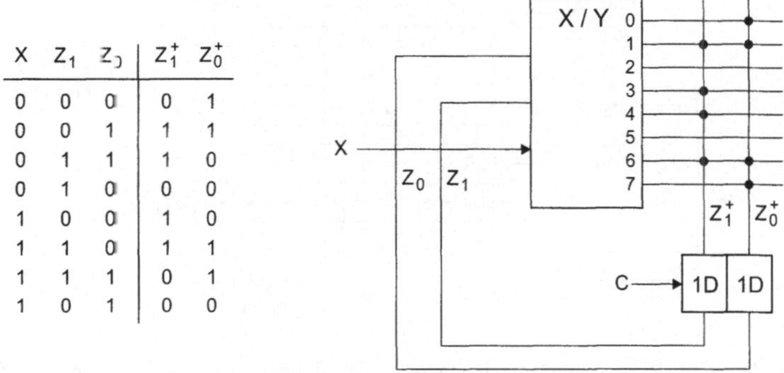

X	Z_1	Z_0	Z_1^+	Z_0^+
0	0	0	0	1
0	0	1	1	1
0	1	1	1	0
0	1	0	0	0
1	0	0	1	0
1	1	0	1	1
1	1	1	0	1
1	0	1	0	0

Abb. 6.16. Umschaltbarer Gray–Code Zähler mit PROM

Das Schaltnetz ist durch ein PROM realisiert. Die Zustandsfolgetabelle wird in die ODER–Matrix übertragen. Die Zustandsvariablen und die Eingangsvariable x werden als Adressen an den PROM angeschlossen. Unter der jeweiligen Adresse wird der Folgezustand in die ODER–Matrix einprogrammiert. Ein Punkt in der Matrix entspricht einem 1–Signal aus der Zustandsfolgetabelle.

Siehe Übungsband
Aufgabe 72:
PLA–Baustein

Abbildung 6.17 zeigt das Modell eines Mealy–Automaten, bei dem die Schaltfunktionen durch ein PROM realisiert werden.

Der programmierbare Logikbaustein (PROM) besteht aus dem Adessdecodierer und der ODER–Matrix. Die Bit–Leitungen der ODER–Matrix sind aufgeteilt in die Komponenten des Ausgangsvektors Y und die Komponenten des Folgezustandsvektors $Z(t_{n+1})$. Die Komponenten des Folgezustandsvektors bilden mit den Komponenten des Eingangsvektors X die Adressvariablen für den Adessdecodierer. Mit n Adressvariblen können 2^n Wortleitungen der ODER–Matrix adressiert werden. Für jede Wertekombination der Adressvariablen wird *eine* bestimmte Wortleitung angewählt. Die Wortleitung, die durch eine bestimmte Adresse angesprochen wird, enthält die Variablenwerte des Ausgangs– und des Folgezustandsvektors. Es wird einmal die Ausgangsfunktion f und dann die Übergangsfunktion g gebildet.

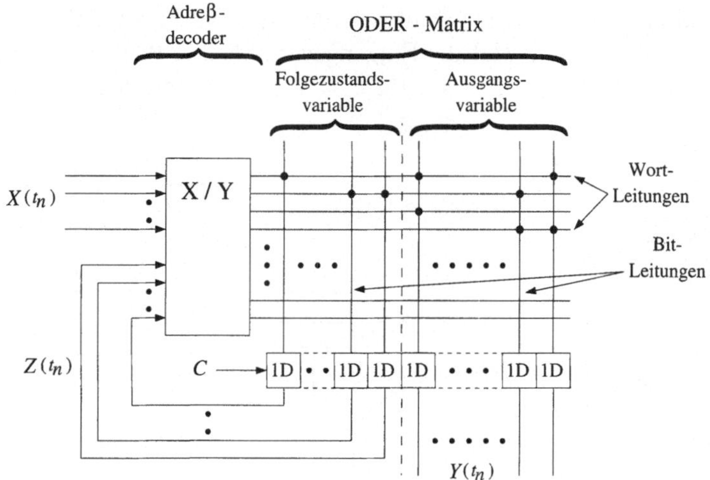

Abb. 6.17. Schaltwerkmodell, bei dem die Ausgangs– und Übergangsfunktion durch ein PROM realisiert wird

Siehe Übungsband
Aufgabe 71:
Umschaltbarer 3–Bit–Synchronzähler

Das allgemeine Schaltwerksmodell nach Abb. 6.17, bei dem die Ausgangs– und Übergangsfunktionen durch ein PROM realisiert sind, eignet sich sehr gut für die Beschreibung und die Realisierung der *Mikroprogrammierung* wie sie in jedem Computer auf der untersten Hardwareebene Anwendung findet. Unter Mikroprogrammierung versteht man die Zerlegung von *Makro– oder Maschinenbefehlen*, wie sie in Assemblersprachen vorkommen, in elementare Mikrobefehle, die nur während einer Taktperiode unmittelbar in der Register–ALU–Ebene wirken. Ein Maschinenbefehl, der z.B. eine Addition ausführen soll, wird in eine Folge von elementaren Hardwareoperationen zerlegt. Diese Folge von Mikrobefehlen, auch Mikroprogramm genannt, ist in der UND– und/oder ODER–Matrix des programmierbaren Bausteins abgelegt. Die Begriffe zur Beschreibung der Mikroprogrammierung sind an die allgemeine Schaltwerksbeschreibung angelehnt aber auf die spezielle Funktion bezogen. Tabelle 6.6 zeigt eine Gegenüberstellung.

Aus dem allgemeinen Schaltwerksmodell nach Abb. 6.17 folgt für die spezielle Funktion der Mikroprogrammierung das Mikroprogramm–Steuerwerk nach Abb. 6.18.

Das Mikroprogramm–Steuerwerk ist ein Schaltwerk, das einen Makrobefehl in einer Folge von Einzeloperationen (Mikrobefehlen) ausführt. Der Makrobefehl als Teil des Adressvektors löst über den Steuervektor die Operation

Allgemeines Schaltwerk	**Schaltwerk zur Mikroprogrammierung**
• Schaltwerk	• Mikroprogrammsteuerwerk
• Adessdecoder	• Adessdecoder
• Schaltnetz (UND– und/oder ODER–Matrix)	• Mikroprogrammspeicher
	• ALU (Operationswerk)
• Eingangsvektor $X(t_n)$	• Makrobefehl $X_1(t_n)$
	• Statusvektor $X_2(t_n)$
• Zustandsvektor $Z(t_n)$	• Adressvektor
• Folgezustandsvektor $Z(t_{n+1})$	• Folgeadressteil $Z(t_{n+1})$
• Ausgangsvektor $Y(t_n)$	• Steuervektor $Y(t_n)$
• Datenwort auf einer Wortleitung	• Mikrobefehl
• Inhalt der ODER–Matrix	• Mikroprogramm

Tabelle 6.6. Gegenüberstellung von Schaltwerksmodellen

im Operationswerk (ALU) aus. Die Adressen für die Mikrooperationen werden aus den Statussignalen der ALU, dem Folgeadressteil aus dem Mikroprogrammspeicher und dem Makrobefehl selbst gebildet. Der Folgeadressteil veranlaßt das Weiterzählen in der Mikrobefehlsfolge. Die Statussignale der ALU werden aus dem Ergebnis der Operationen gebildet, z.B. das Ergebnis ist Null, positiv oder negativ.

In Abbildung 6.18 ist die allgemeine Struktur eines Mikrogramm–Steuerwerks dargestellt. Beim Entwurf realer Mikrogramm–Steuerwerke werden *Optimierungskriterien* berücksichtigt. Dies können sein:

- optimale Ausnutzung des Mikroprogramm–Speichers

- Arten der Folgeadresserzeugung

- Arten der Steuerwortauswertung

- Arten der Statuswortauswertung

6.6 Vom Addierer zum Prozessor

Der Prozessor ist ein Schaltwerk zur Verarbeitung von Daten. Dies wird in DIN 44300/104 definiert. Die Definition lautet: *Prozessor* – eine Funktionseinheit innerhalb eines digitalen Rechensystems, die *Rechenwerk* und *Leitwerk* umfaßt.

- *Das Rechenwerk* (DIN 44300/102) ist eine Funktionseinheit innerhalb eines digitalen Rechensystem, die Rechenoperationen ausführt.

- *Das Leitwerk* (DIN44300/103) ist eine Funktionseinheit innerhalb eines digitalen Rechensystems,

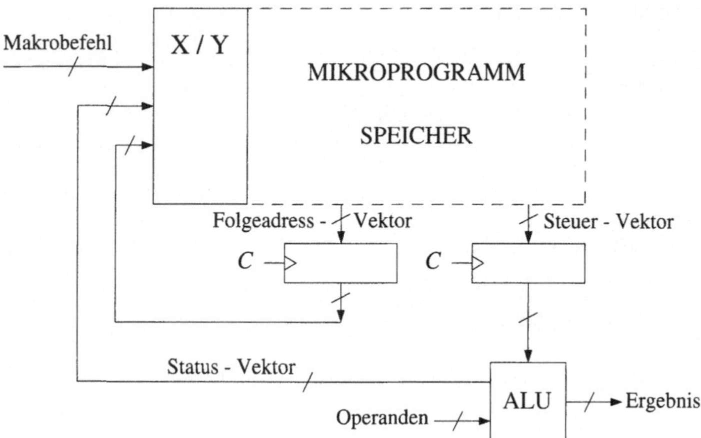

Abb. 6.18. Mikroprogrammsteuerwerk

– die die Reihenfolge steuert, in der die Befehle eines Programms ausgeführt werden. (Dabei bedeutet Programm: Eine zur Lösung einer Aufgabe vollständige Anweisung zusammen mit allen erforderlichen Verein-
  barungen (DIN 44300/40)),

– die diese Befehle entschlüsselt und dabei gegebenenfalls modifiziert und

– die die für ihre Ausführung erforderlichen digitalen Signale abgibt.

Ausgehend von diesen zwei Grundelementen *Rechenwerk und Leitwerk* wollen wir in diesem Abschnitt elementare Funktionen eines Prozessors genauer
betrachten und einen *Miniprozessor* oder eine *MiniCPU* entwickeln. Dabei
greifen wir auf die bisher besprochenen digitalen Komponenten (Schaltnetze
und Speicherglieder) zurück. Als einfaches Rechenwerk, das Rechenoperationen auszuführen vermag, wählen wir einen 4–Bit Ripple-Carry-Adder (4–Bit
Addierer). Anhand einfacher Aufgaben, Addition und Subtraktion von Zahlen, führt die Lösung zur Entwicklung und Veranschaulichung des Leitwerks
und anderer Grundfunktionen des Prozessors.

Die in diesem Abschnitt angegebenen Schaltungen können mit *HADES
(Hamburg Design System)* simuliert werden und sind unter *www.Technische-
Informatik-Online.de* abgelegt. Das HADES-Programm selbst findet man
unter:

http://tech.www.informatik.uni-Hamburg.de/applets/hades/html/hades.html

6.6.1 4–Bit Paralleladdierer

Ein 4–Bit Ripple-Carry-Adder ist ein Paralleladdierer, ein Schaltnetz, das
zwei 4–Bit Zahlen zu Summe und Übertrag verknüpft (Abschnitt 4.6 Addierglieder).

Unsere Aufgabenstellung, die Addition von zwei Zahlen, kann in der einfachsten Form gelöst werden, wenn wir die Zahlen A (A_3, A_2, A_1, A_0) und B (B_3, B_2, B_1, B_0) manuell mit Schaltern eingeben und das Ergebnis $(C_{\ddot{u}}, \Sigma_3, \Sigma_2, \Sigma_1, \Sigma_0)$ durch LEDs angezeigt wird. Zur Lösung der Aufgabe benutzen wir einen 4–Bit Volladdierer als Rechenwerk, die Steuerung geschieht manuell, Abb. 6.19. (Simulation: adder.hds).

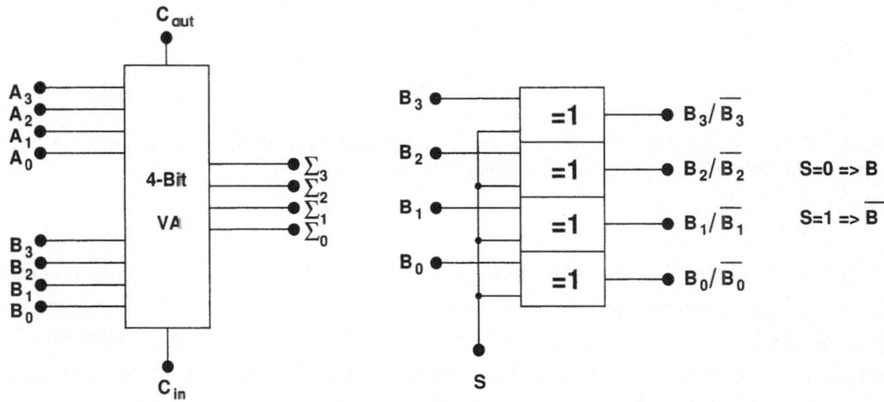

Abb. 6.19. 4–Bit Volladdierer und Komplementbildung

Die Subtraktion von zwei Zahlen kann auf die Addition zurückgeführt werden, indem der Subtrahend im Zweierkomplement dargestellt wird; in Abschnitt 4.9 Arithmetik–Logik Einheit wurde das Verfahren erläutert und ein entsprechendes Schaltnetz entwickelt. Hier werden wir die Subtraktion ebenfalls auf die Addition des Zweierkomplements zurückführen. Mit dem Schaltnetz nach Abb. 6.19 kann das *Einerkomplement* der Zahl B gebildet werden. Über einen Steuereingang $S = 0$ oder $S = 1$ wird die Zahl B oder $\overline{B}$ auf den Ausgang durchgeschaltet. Wird dieses Schaltnetz mit dem Volladdierer–Schaltnetz verbunden, wie in Abb. 6.20 dargestellt, dann kann das Zweierkomlement der Zahl B gebildet werden, wenn am Eingang S und C_{in} gleichzeitg 1–Pegel liegt. Mit dem Schaltnetz nach Abb. 6.20 b) werden über die Steuereingänge C_{in} und C_{mpl} vier Funktionen realisiert. In Abb. 6.20 ist das Schaltnetz die Belegung der Steuereingänge und das Blockschaltbild des Addier/Subtrahierschaltnetzes dargestellt; dabei bedeuten die fett gezogenen Linien einen Bus (ein Bündel von vier Leitungen).

6.6.2 Arithmetisch–Logische Einheit mit Registern (RALU)

Die in Abschnitt 4.9 entwickelte Arithmetic Logic Unit (ALU), wird hier in vereinfachter Form eingesetzt. Das Addier/Subtrahierschaltnetz nach Abb.

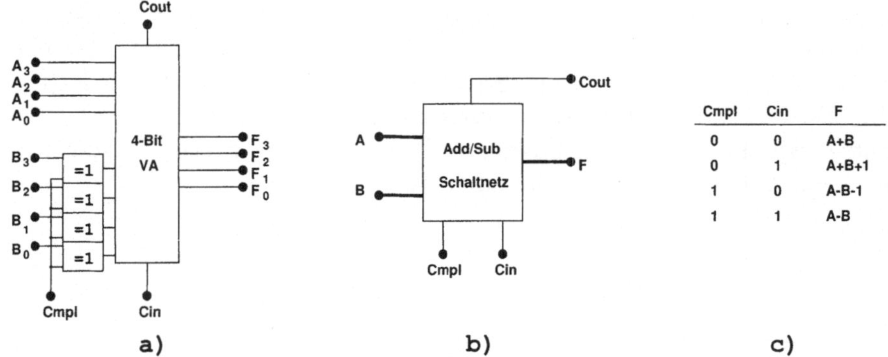

Abb. 6.20. Addier/Subtrahierschaltnetz: a) Schaltnetz b) Blockschaltbild c) Belegung der Steuereingänge und Funktionswerte

4.43 hat fünf Steuereingänge. Damit werden 32 Funktionen realisiert. Das Addier/Subtrahierschaltnetz nach Abb. 6.20 hat nur zwei Steuereingänge (C_{in} und C_{mpl}) und realisiert vier Funktionen. Zu diesem Addier/Subtrahierschaltnetz werden die logischen Bausteine *AND, OR, XOR* hinzugefügt und wir erhalten die Schaltung in Abb. 6.21 a). Über einen Multiplexer mit zwei Steuereingängen wird der Ausgang des Addier/Subtrahierschaltnetzes oder ein Ausgang der logischen Verknüpfungen *AND, OR, XOR* ausgewählt. Diese ALU realisiert die vier arithmetischen Funktionen des Addier/Subtrahierschaltnetzes und die drei logischen Funktionen *AND, OR, XOR*. In Abb. 6.21 b) sind die Kombinationen der vier Steuereingänge und die realisierten Funktionen in einer Tabelle dargestellt. Neben den realisierten arithmetischen und logischen Funktionen stehen die *mnemotechnischen Abkürzungen* wie sie in Assemblersprachen benutzt werden.

Die arithmetische Funktion $A + B + 1$ realisiert das Inkrement von A ($A+1$) wenn $B = 0$ ist. Die arithmetische Funktion $A - B - 1$ realisiert das Dekrement von A ($A - 1$) wenn $B = 0$ ist.

(Die ALU kann in der Simulation mit *alu.hds* getestet werden. Dabei können die Summanden A und B und die Steuereingänge C_{in} , C_{mpl} , S_0 und S_1 nach Abb. 6.21 b) manuell verändert werden.)

Nach der DIN–Definition (44300/104) umfaßt der Prozessor *Rechenwerk* und *Leitwerk*. Die hier entwickelte (sehr einfache) ALU bildet die Basis für das Rechenwerk unseres Miniprozessors. Durch Hinzufügen von Registern und Bussen entsteht daraus ein vollwertiges Rechenwerk.

Im ersten Schritt werden die Dateneingänge A und B über *Register* an die ALU angeschlossen. Die hier benutzten Register bestehen aus 4 D–Kippgliedern mit gemeinsamem Takt und Rücksetzeingang (C *und* r). Für den Rücksetzeingang (Reset) wird im Text und in den Abbildungen ein r benutzt. Für den Takteingang wir ein C (Clock) benutzt. Mit dem Taktsignal werden die Daten, die an den Eingängen der D–Kippglieder anliegen,

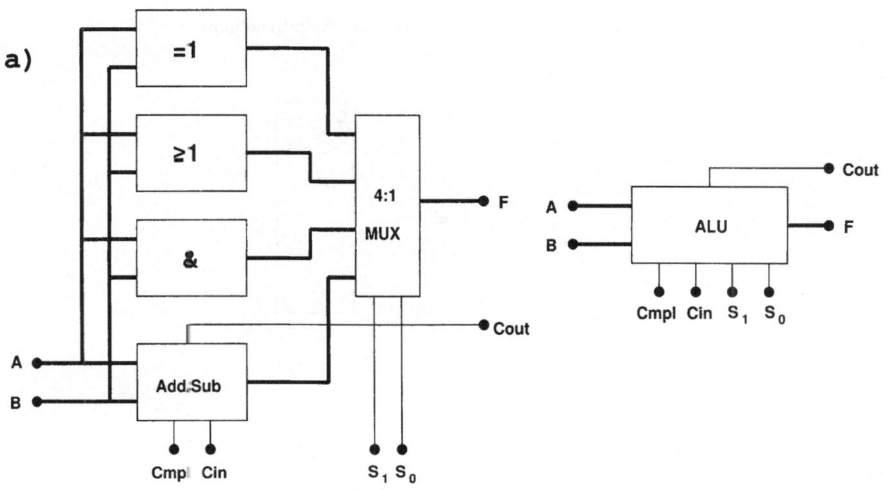

S₁	S₀	Cmpl	Cin	F	Mnemonic
0	0	0	0	A+B	ADD
0	0	0	1	A+B+1	INC
0	0	1	0	A-B-1	DEC
0	0	1	1	A-B	SUB
0	1	x	x	A∧B	AND
1	0	x	x	A∨B	OR
1	1	x	x	A⧧B	XOR

Abb. 6.21. Arithmetisch–Logische Einheit a) Schaltung mit Blockschaltbild b) Funktionstabelle (Steuersignale und Funktionswerte)

übernommen und gespeichert. In Abschnitt 6.4.2 sind Aufbau und Funktion von Registern beschrieben. In Abb. 6.22 ist das Schaltzeichen und das hier benutzte vereinfachte Blockschaltbild dargestellt.

Abbildung 6.22 zeigt die ALU und die vorgeschalteten Register *Reg A* und *Reg B*, in denen die Summanden A und B gespeichert werden. Wir nennen diese Schaltung Register ALU oder *RALU*. Weil die Daten an den Registern erst mit dem Taktsignal übernommen werden, sind weitere Steuersignale erforderlich. Die Schaltung enthält jetzt je vier Eingänge für die Summanden A und B, vier Steuereingänge für die ALU und je zwei Steuereingänge für die Register. (Zur Simulation dieser RALU mit HADES wird die Datei *ralu.hds* bereitgestellt. Nach manueller Veränderung der Steuer– und Datensignale über Schalter kann die Arbeitsweise der RALU anhand der Anzeige der Ausgangssignale über LEDs getestet werden).

a) 4-Bit Register mit D-Kippgliedern (Schaltzeichen)

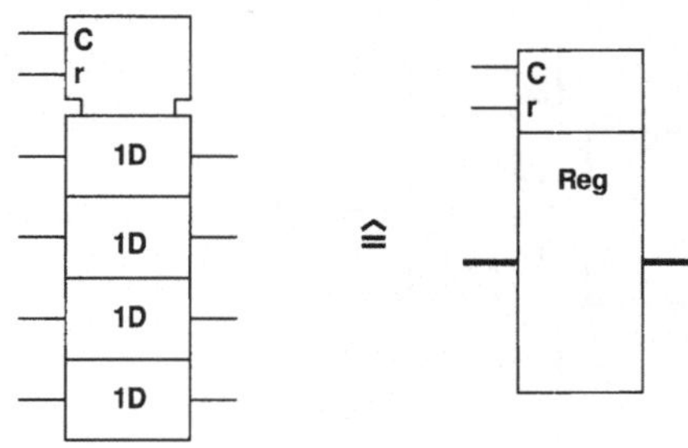

b) ALU mit Registern

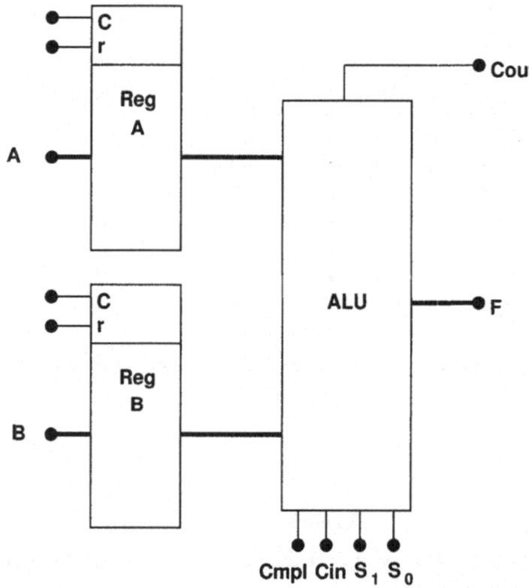

Abb. 6.22. ALU mit Registern a) 4–Bit Register mit D–Kippgliedern und Schaltzeichen b) ALU mit Registern

6.6.3 RALU mit Eingabeeinheit, Ausgabeeinheit und Datenbus

In diesem Abschnitt wird die RALU erweitert. Wir fügen eine *Eingabeeinheit*, eine *Ausgabeeinheit* und einen *Datenbus* ein. Die Eingabedaten, die wir bisher einzeln und manuell eingegeben haben, werden jetzt mit der Eingabeeinheit an die Register weitergegeben. Die DIN–Formulierung lautet(44300/111):

- Eingabeeinheit – Eine Funktionseinheit innerhalb eines digitalen Rechensystems, mit der das System Daten von aussen her aufnimmt.

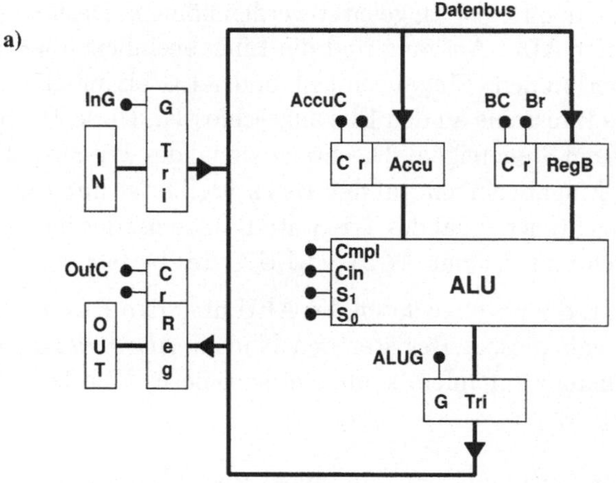

Abb. 6.23. RALU mit Eingabeeinheit, Ausgabeeinheit und Datenbus a) Schaltbild b) Funktion der Steuersignale

- Ausgabeeinheit – Eine Funktionseinheit innerhalb eines digitalen Rechensystems, mit der das System Daten, z.B. Rechenergebnisse, nach außen hin abgibt.

Die zweite Erweiterung ist der Datenbus. Aufgabe eines Busses ist, Daten von verschiedenen Sendern zu verschiedenen Empfängern zu leiten. Es darf aber immer nur *ein* Sender Daten auf den Bus legen. Deshalb muss jeder Sender, der keine Daten sendet, über Tri–State Bausteine vom Bus abgekoppelt werden (siehe Abschnitt 3.2). Die Abkopplung wird durch ein Signal G gesteuert. In der erweiterten RALU sollen Daten von der Eingabeeinheit und von der ALU zu den Registern geleitet werden können. Deshalb sind die Registereingänge, der ALU–Ausgang und die Eingabeeinheit über den Datenbus miteinander verbunden. Eingabeeinheit und ALU als mögliche Sender sind über Tri–State Bausteine an den Bus angeschlossen. Diese Tri–State Bausteine erfordern je ein Steuersignal. Das Steuersignal des Tri–State Bausteins, der die Daten der Eingabeeinheit auf den Bus schreibt, ist mit *InG* (Input Gate) bezeichnet. Das Steuersignal des Tri–State Bausteins, der die Daten der ALU auf den Bus schreibt, ist mit *ALUG* (ALU Gate) bezeichnet.

Die Möglichkeit, die Ergebnisdaten der ALU über den Bus in das A–Register zu schreiben, gab diesem Register den Namen *Akkumulator-Register (Accu)*. (akkumulieren: anhäufen, sammeln, speichern). Die DIN–Formulierung lautet:

- Akkumulator (accumulator) – In einem Rechenwerk ein Speicherelement, das für Rechenoperationen benutzt wird, wobei es ursprünglich einen Operanden und nach durchgeführter Operation das Ergebnis enthält.

Die Schaltung und die Funktion der Steuersignale sind in Abb. 6.23 dargestellt. Mit der im Web verfügbaren Datei *ralubus.hds* kann diese Schaltung in der Simulation getestet werden. Die Eingabedaten werden über die Eingabeeinheit und die Steuersignale manuell eingegeben.

6.6.4 RALU mit Leitwerk

Mit der Schaltung nach Abb. 6.23 können die vier arithmetischen und drei logischen Funktionen, wie sie in der Tabelle in Abb. 6.21 b) angegeben sind, realisiert werden. Dazu sind die zehn Steuersignale erforderlich, die in Abb. 6.23 b) aufgelistet sind. Jede Operation erfordert eine bestimmte Reihenfolge der Steuersignale. Sollen die Funktionen mit der Schaltung nach Abb. 6.23 a) realisiert werden, dann müssen die Daten und die Steuersignale in der erforderlichen Reihenfolge manuell eingegeben werden. Diese manuelle Tätigkeit soll durch ein Leitwerk ersetzt werden.

Das Leitwerk muss *wissen* welche Steuersignale erforderlich sind und in welcher Reihenfolge sie ausgeführt werden müssen damit eine bestimmte Funktion realisiert wird. Das Leitwerk, das hier entworfen wird, soll wie in Abb. 6.24 b) angegeben, 12 Operationen ausführen können. Die erforderlichen Steuerworte werden in einem ROM–Speicher abgelegt (Abb. 6.24 a)). Die Pfeile an den Ausgängen y_n des ROM–Speichers und an den Eingängen der Bausteine der RALU geben nicht den Signalfluß an, sondern bedeuten, dass die entsprechenden y_n miteinander verbunden werden. Die Speicherinhalte zur Ausführung einer bestimmten Operation (Befehl), werden *Mikroprogramm* genannt. Es werden also 12 Mikroprogramme in dem ROM gespeichert. Die Schritte zur Abarbeitung eines Mikroprogramms werden durch einen Zähler

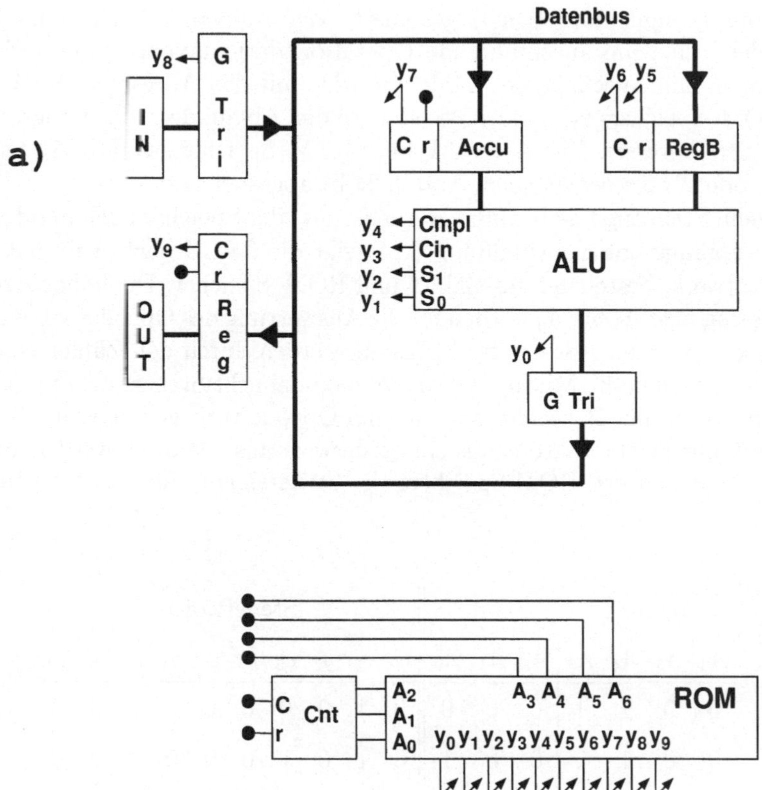

b) ROM Verbindungen

Adresseingänge

A_6	A_5	A_4	A_3	ASS
0	0	0	0	NOP
0	0	0	1	LDA
0	0	1	0	STA
0	0	1	1	ADD
0	1	0	0	SUB
0	1	0	1	INC
0	1	1	0	DEC
0	1	1	1	AND
1	0	0	0	OR
1	0	0	1	XOR
1	0	1	0	IN
1	0	1	1	OUT

Datenausgänge

y_0	-	ALUG
y_1	-	S_0
y_2	-	S_1
y_3	-	Cin
y_4	-	Cmpl
y_5	-	Br
y_6	-	BC
y_7	-	AC
y_8	-	InG
y_9	-	OutC

Abb. 6.24. RALU mit Leitwerk a) Schaltung b) Speicher mit Ein/Ausgänge

(Mikroprogrammzähler (Cnt)) gesteuert. Wir wählen hier einen modulo–8 Zähler, d.h. jede auszuführende Operation darf maximal 8 Taktschritte benötigen. Die Ausgänge des Zählers werden mit den Adressen (A_0, A_1, A_2) des ROM–Speichers verbunden, sie steuern den Ablauf des Mikroprogramms. Unter den Adressen (A_3, A_4, A_5, A_6) des ROM–Speichers sind die 12 Operationen oder *Makrobefehle* nach Abb. 6.24 b) abgespeichert.

Weil zehn Steuersignale benötigt werden, muss der Speicher auch mindestens zehn Ausgänge haben. Abbildung 6.24 zeigt die RALU nach Abb. 6.23 mit dem Leitwerk, bestehend aus Zähler und ROM–Speicher. Die höherwertigen Adresseingänge A_3 bis A_6 werden für die Auswertung des Opcodes verwendet. Die niederwertigen Adressbits A_0 bis A_2 werden durch den Zähler erzeugt. Demnach können die Mikroprogramme maximal acht Steuerworte umfassen. Beginnend mit der Basisadresses, die vom Opcode vorgegeben wird, gibt das Leitwerk mit jedem Taktereignis ein Steuerwort aus. Dadurch werden an den Datenausgängen des ROM-Speichers die Steuersignale für das Rechenwerk erzeugt.

Opcode				Cnt			Steuerworte									
A_6	A_5	A_4	A_3	A_2	A_1	A_0	y_9	y_8	y_7	y_6	y_5	y_4	y_3	y_2	y_1	y_0
0	0	1	1	0	0	0	0	1	0	0	0	0	0	0	0	0
0	0	1	1	0	0	1	0	1	0	1	0	0	0	0	0	0
0	0	1	1	0	1	0	0	0	0	0	0	0	0	0	0	1
0	0	1	1	0	1	1	0	0	1	0	0	0	0	0	0	1

Tabelle 6.7. ROM–Speicherinhalt für die Operation ADD

In Tabelle 6.7 ist der Inhalt des Speichers angegeben, der die Steuersignale oder das Mikroprogramm für die Operation ADD liefert. Soll die Funktion ADD realisiert werden, dann müssen das Taktsignal (C) und das Reset–Signal (r) des Zählers (Cnt) und die Adresseingänge (A_3, A_4, A_5, A_6) des ROM–Speichers manuell eingegeben werden. Bevor der Befehl ADD ausgeführt werden kann, muss der Befehl LDA schon ausgeführt worden sein, d.h. der 1. Operand muss schon im Akkumulator stehen. Das Mikroprogramm zur Ausführung des Befehls ADD läuft dann folgendermaßen ab:

Der Mikroprogrammzähler (Cnt) wird auf 000 gesetzt. Die Adresse (A_6, A_5, A_4, A_3) des ROM–Speichers wird auf 0011 gesetzt, damit wird der Befehl ADD aktiviert Abb. 6.24 b). Entsprechend Abb. 6.21 sind für die Operation ADD alle Steuersignale der ALU 0; d.h. in der Tabelle ist $y_1, y_2, y_3, y_4 = 0000$. Nur $y_8 = 1$ gesetzt. Damit wird der Inhalt der Eingabeeinheit, der zweite Operand, auf den Bus gelegt. Nach dem 1. Taktimpuls an den Mikropro-

NOP: es wird keine Operation ausgeführt.

LDA: lade das Datum, das auf dem Bus liegt, in den Akkumulator.

STA: schreibe den Inhalt des Akkumulators über die ALU auf den
        Bus.

ADD: mit diesem Befehl werden zwei Summanden addiert. Der erste
        Summand soll schon im Akkumulator stehen. Der zweite
        Summand wird von der Eingabeeinheit über den Bus in das
        B–Register geschrieben. Die ALU addiert dann den Inhalt des
        Akkumulators und den Inhalt des B–Registers und schreibt das
        Ergebnis in den Akkumulator.

SUB: vom Inhalt das Akkumulators wird der Inhalt des B–Registers
        subtrahiert und das Ergebnis in den Akkumulator geschrieben.

INC: der Inhalt des Akkumulators wird um 1 erhöht (incrementiert).

DEC: der Inhalt des Akkumulators wird um 1 erniedrigt (decrementiert).

AND: der Inhalt des Akkumulators und der Inhalt des B–Registers
        werden UND–verknüpft und das Ergebnis in den Akkumulator
        geschrieben.

OR: der Inhalt des Akkumulators und der Inhalt des B–Registers
        werden ODER–verknüpft und das Ergebnis in den Akkumulator
        geschrieben.

XOR: der Inhalt des Akkumulators und der Inhalt des B–Registers
        werden ExclusivODER–verknüpft und das Ergebnis in den
        Akkumulator geschrieben.

IN: Das Datum der Eingabeeinheit wird in den Akkumulator
        geschrieben.

OUT: Der Inhalt des Akkumulators wird über die ALU auf den Bus
        und dann in die Ausgabeeinheit geschrieben.

Tabelle 6.8. Bedeutung der Operationsbefehle

grammzähler wird $y_6 = 1$. Damit wird der Operand, der auf dem Bus liegt, in das B–Register geschrieben. Weil über die Steuersignale y_1, y_2, y_3, y_4 der ADD–Befehl noch aktiv ist, wird der Inhalt das Akkumulators und der Inhalt des B–Registers in der ALU addiert. Nach dem 2. Taktimpuls wird $y_0 = 1$, $y_8 = 0$. Damit wird die Eingabeeinheit vom Bus abgekoppelt und das Ergebnis der ALU auf den Bus gelegt. Nach dem 3. Taktimpuls wird $y_7 = 1$ und das Ergebnis der ALU, das auf dem Bus liegt, in den Akkumulator übernommen. Damit ist das Mikroprogramm des ADD–Befehls ausgeführt. Es wurden in dieser Beschreibung nur die aktiven Steuersignale genannt. Das Zurücksetzen der Signale ist aus der Tabelle ersichtlich.

In Tabelle 6.8 ist die Bedeutung der realisierten Maschinenbefehle aus Abbildung 6.24 b) aufgelistet. Mit im Web verfügbaren Datei *raluleit.hds* kann diese Schaltung in der Simulation getestet werden.

6.6.5 RALU und Leitwerk mit RAM

In der Schaltung RALU mit Leitwerk Abb. 6.24 werden die Operanden über die Eingabeeinheit und die Befehle als Adressen der Mikroprogramme manuell eingegeben. Im nächsten Schritt auf dem Weg zur MiniCPU werden Operanden und Befehle in einem Schreib/Lesespeicher (RAM) abgelegt und von dort zur Ausführung ausgelesen. Das bedeutet: die Anweisungen zur Lösung einer Aufgabe werden als *Programm* formuliert und in den RAM–Speicher geschrieben. Zur Abarbeitung des Programms werden die Operanden und die Operationen (Opcode), aus dem RAM–Speicher ausgelesen und durch das Leitwerk abgearbeitet.
Um diese Funktionen zu ermöglichen, wird die Schaltung nach Abb. 6.24 durch zwei Bausteine erweitert: Schreib/Lesespeicher (RAM), und ein weiteres Register, das sogenannte Befehlsregister oder Instruction–Register (IR). Die Schaltung ist in Abb. 6.25 dargestellt.

Der RAM–Baustein hat:

- vier Dateneingänge und vier Datenausgänge, die Maschinenwortbreite beträgt also vier Bit.

- vier Adresseingänge, also sechzehn Speicherplätze

- 1 Steuereingang Y_{12} für $R/\overline{W}$ (Schreiben/Lesen).

Der RAM–Speicher und das Befehlsregister (IR) werden durch drei weitere Steuersignale y_{10}, y_{11}, y_{12} aus dem ROM–Speicher gesteuert. Über das Steuersignal Y_{11} (RAMG) des Tri–State Bausteins wird der Ausgang des RAM auf den Bus gelegt. Die Mikroprogramme der 12 Operationen werden angepaßt bzw. erweitert. Tabelle 6.10 zeigt das erweiterte Mikroprogramm für die Operation ADD.

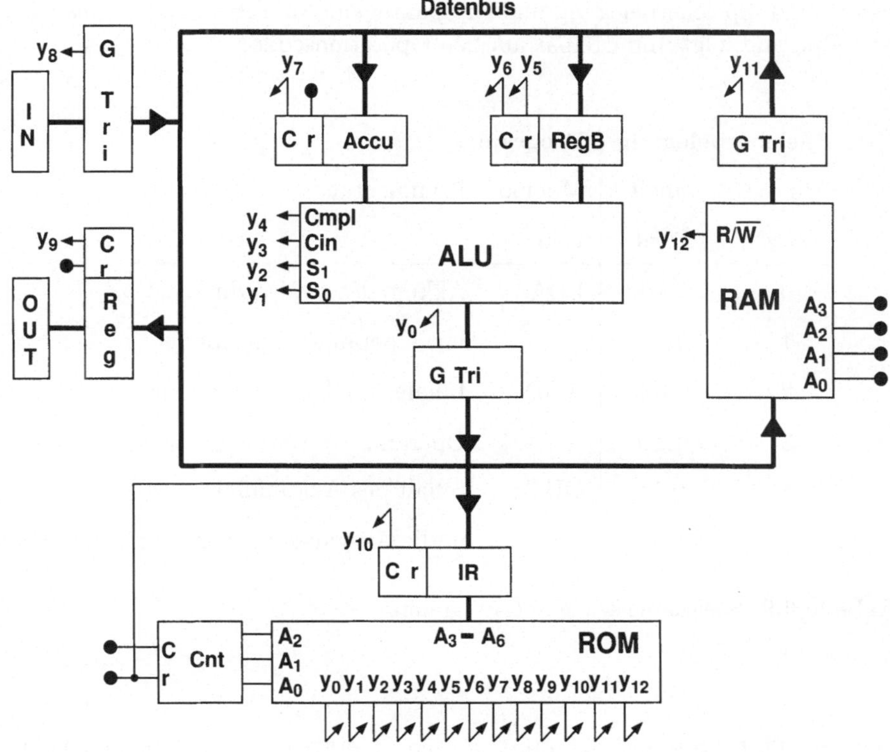

Erweiterung der Steuersignale:

Y_{10} :   **IRC - Daten vom Bus ins Befehlsregister schreiben**

Y_{11} :   **RAMG - Daten aus RAM auf den Bus schreiben**

Y_{12} :   **RAM R/$\overline{\text{W}}$ - RAM Lesen/Schreiben**

Abb. 6.25. RALU und Leitwerk mit RAM

Der Ablauf eines einfachen Programms soll die Funktion der Schaltung *RALU mit Leitwerk und RAM–Baustein* erläutern.

Aufgabenstellung: Es sollen die Zahlen 7 und 4 addiert und das Ergebnis angezeigt werden.

Die Anweisungen zur Lösung dieser Aufgabenstellung werden mit den Operationen nach Abb. 6.24 ausgeführt. Wir gehen davon aus, dass die Operationen und die Operanden fortlaufend ab der Adresse Null im RAM–Speicher ab-

gelegt sind. Speicherbelegung und Programm sind in Tabelle 6.9 dargestellt.
Der Operand folgt unmittelbar auf den Operationscode.

Speicherbelegung		Programm	
Adresse	Inhalt	Mnemo	Kommentar
Dez	Dual	Code	
0	0001	LDA	Akkumulator wird direkt
1	0111		mit Operand (7) geladen
2	0011	ADD	Inhalt von Akkumulator und
3	0100		Operand (4) werden addiert
4	1011	OUT	Inhalt des Akkumulators wird
			in die Ausgabeeinheit geschrieben

Tabelle 6.9. Speicherbelegung und Programm

Die Ausführung des Programms, dessen Operationen und Operanden im

Opcode				Cnt			Steuerworte												
A_6	A_5	A_4	A_3	A_2	A_1	A_0	y_{12}	y_{11}	y_{10}	y_9	y_8	y_7	y_6	y_5	y_4	y_3	y_2	y_1	y_0
0	0	0	0	0	0	0	1	1	0	0	0	0	0	0	0	0	0	0	0
0	0	0	0	0	0	1	1	1	1	0	0	0	0	0	0	0	0	0	0
0	0	1	1	0	1	0	1	1	0	0	0	0	0	0	0	0	0	0	0
0	0	1	1	0	1	1	1	1	0	0	0	0	1	0	0	0	0	0	0
0	0	1	1	1	0	0	0	0	0	0	0	0	0	0	0	0	0	0	1
0	0	1	1	1	0	1	0	0	0	0	0	1	0	0	0	0	0	0	1

Tabelle 6.10. ROM–Speicherinhalt für die Operation ADD(Leitwerk mit RAM

RAM–Speicher wie in Tabelle 6.9 abgelegt sind, läuft wie folgt ab (RAM–
Adressen, Taktsignal und Resetsignal des Mikroprogrammzählers (Cnt) wer-
den manuell eingegeben): Zuerst werden der Mikroprogrammzähler und das
IR-Register durch das Resetsignal manuell auf Null gesetzt. Dann wird die

Adresse 0000 an $(A_0 - A_3)$ des RAM–Speichers manuell angelegt. Die Steuersignale aus dem ROM–Speicher der Adresse 0000000 bewirken, dass der Inhalt 0001, der Operationscode für *LDA*, aus dem RAM–Speicher ausgelesen und auf den Bus gelegt wird. Mit dem ersten Taktimpuls an den Mikroprogrammzähler wird dieser Befehl in das Befehlsregister geladen ($y_{10} = 1$) und an den ROM–Speicher weitergeleitet. Der Adressdecoder des ROM–Speichers hat die Funktion eines Befehlsdecoders, dh. es wird die entsprechende Adresse des LDA Microprogramms angesprochen.

Als nächstes wird die Adresse 0001 an $(A_0 - A_3)$ des RAM–Speicher manuell angelegt und der Inhalt, der Operand 7, ausgelesen und auf den Bus gelegt. Nach einem Taktimpuls an den Mikroprogrammzähler wird über ein Steuersignal (y_7) der Operand vom Bus in den Akkumulator geschrieben. Damit ist der erste Befehl ausgeführt. Der Mikroprogrammzähler wird manuell über das Reset–Signal wieder auf Null gesetzt.

Der zweite Befehl (ADD) kann ausgeführt werden. Das Mikroprogramm zur Ausführung dieser Operation ist in Tabelle 6.10 angegeben. Das Mikroprogramm zur Ausführung des Befehls ADD läuft folgendermaßen ab:
Die Adresse 2 (0010) des RAM–Speichers wird manuell eingegeben. Der Mikroprogrammzähler (Cnt) steht auf (000). Die Steuersignale $y_{11} = 1$ und $y_{12} = 1$ bewirken, dass der Inhalt 0011, die Operation *ADD*, des RAM–Speichers ausgelesen und auf den Bus geschrieben wird. Nach dem 1. Taktimpuls an den Mikroprogrammzählers wird auch $y_{10} = 1$ und der Operationscode 0011 der Operation ADD wird in das IR–Register übernommen und an (A_3, A_4, A_5, A_6) des ROM–Speichers gelegt. Damit wird das Mikroprogramm für den Maschinenbefehl ADD aktiviert. Das IR–Register behält seinen Inhalt solange bis das Mikroprogramm abgearbeitet ist.
Der 1. Operand unserer Aufgabenstellung wurde mit dem Befehl LDA in den Akkumulator geladen. Weil der 2. Operand an der Adresse 3 des RAM–Speichers steht, muss diese RAM–Adresse manuell eingegeben werden. Dann wird der Mikroprogrammzähler mit dem nächsten Taktimpuls auf 010 weitergezählt. y_{10} wird 0, $y_{11} = 1$ und $y_{12} = 1$ und der Inhalt 0100 des RAM–Speichers, der 2. Operand, wird ausgelesen und auf den Bus gelegt. Nach dem 3. Taktimpuls an den Mikroprogrammzähler wird der 2. Summand in das B–Register übernommen ($y_6 = 1$) und in der ALU zum 1. Operanden addiert. Nach dem 4. Taktimpuls an den Mikroprogrammzähler wird $y_{11} = 0$ und $y_{12} = 0$, $y_0 = 1$ und damit das Ergebnis der ALU auf den Bus gelegt. Nach dem 5. Taktimpuls an den Mikroprogrammzähler wird $y_7 = 1$ und das Ergebnis in den Akkumulator zurückgeschrieben. Damit ist das Mikroprogramm der Operation ADD abgearbeitet. Die Operation OUT wird entsprechend ausgeführt.

6.6.6 Der Miniprozessor

Wird ein Programm mit einer Schaltung nach Abb. 6.25 ausgeführt, dann müssen die Adressen des RAM–Speichers manuell eingegeben werden. Nach der *DIN–Definition* für einen Prozessor sollen diese Aufgaben vom Leitwerk übernommen werden. Wir erweitern deshalb das Leitwerk durch einen weiteren Zähler den *Programmzähler (PC)*, der diese Aufgabe übernimmt (Abb. 6.26).

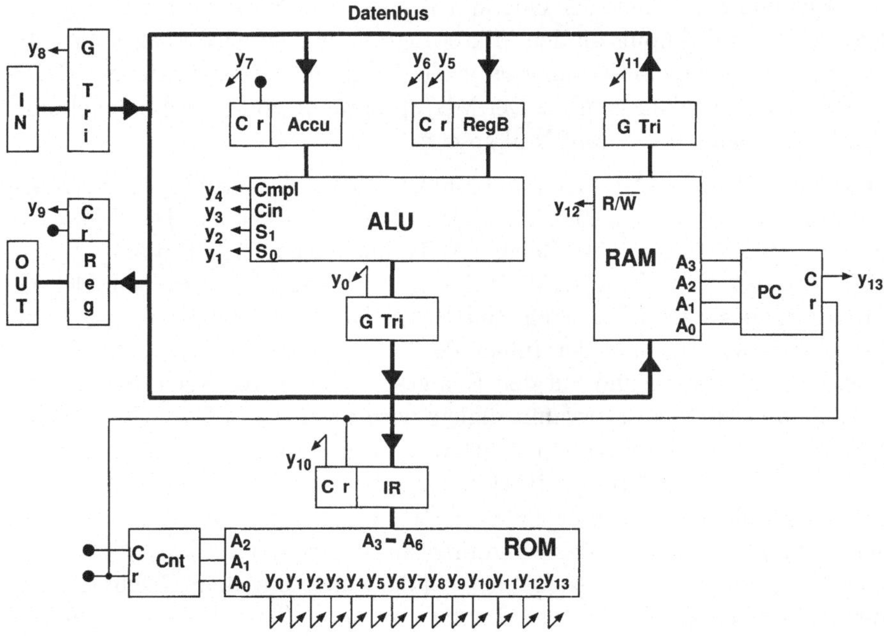

Erweiterung der Steuersignale:

Y_{13}:   **PCC - Taktsignal für PC**

Abb. 6.26. Der Miniprozessor

Der Ausgang des Programmzählers ist mit den Adresseingängen des RAM–Speichers verbunden. Das Taktsignal des Programmzählers wird durch ein weiteres Steuersignal y_{13} aus dem ROM–Speicher aktiviert. Der Programmzähler zählt nur dann um 1 weiter, wenn der Steuerausgang y_{13} der jeweiligen Mikroprogramme aktiv ist. Durch das Reset–Signal r in Abb. 6.26 wird gleichzeitig der Programmzähler (PC), der Mikroprogrammzähler (Cnt) und das Instruktion–Register auf Null gesetzt. Im RAM–Speicher wird zunächst die Adresse $(A_0, A_1, A_2, A_3) = 0000$ angesprochen. Auf dieser Adresse liegt der Opcode des ersten Programmbefehls. Im Mikroprogrammspeicher wird ebenfalls die Adresse $(A_0, A_1, A_2, A_3, A_4, A_5, A_6) = 0000000$ angesprochen. Das Steuerwort, das an dieser Adresse abgespeichert ist, aktiviert die Signale y_{11} und y_{12} des RAM–Speichers, so dass der Opcode des ersten Programmbefehls auf den Bus gelegt wird. Der erste Befehl wird damit aus dem RAM–Speicher geholt.

Die Ausführung des Programms nach Tabelle 6.9 kann wie folgt beschrieben werden: Zuerst wird durch das Reset–Signal, der erste Befehl (LDA) aus dem RAM–Speicher ausgelesen und auf den Bus gelegt. Nach dem 1. Taktimpuls an den Mikroprogrammzähler wird der Befehl in das IR–Register übernommen. Damit wurde der erste Befehl aus dem RAM–Speicher geholt und liegt zur Abarbeitung durch das entsprechende Mikroprogramm bereit. Mit einem weiteren Taktimpuls an den Mikroprogrammzähler wird der Programmzähler erhöht und zeigt auf die Adress 0001 des RAM–Speichers. Da die Steuersignale des RAM–Speichers noch aktiv sind, wird der Inhalt der Adresse 0001, der erste Operand, die Zahl 7, auf den Bus gelegt und mit einem weiteren Taktsignal des Mikroprogrammzählers in den Akkumulator geschrieben. Mit dem letzten Schritt des Mikroprogrammzählers wird der Programmzähler (PC) um 1 erhöht und das Auslesen des nächsten Befehls aus dem RAM–Speicher vorbereitet.

Für die Abarbeitung des gesamten Programms ist jetzt nur noch die Eingabe des Taktsignals für den Mikroprogrammzähler erforderlich. Rechenwerk und Leitwerk der Schaltung nach Abb. 6.26 können die gestellte Aufgabe ohne manuelle Eingabe von Steuersignalen lösen. Die Schaltung stellt damit eine vollständige *MiniCPU* oder einen *MiniProzessor* dar. Allerdings muss das Programm so im RAM–Speicher abgelegt sein, dass unmittelbar nach dem Befehl (Operationscode) der Operand steht. Ferner müssen die Programme in dem hier vorgestellten MiniProzessor so im RAM–Speicher abgelegt sein, dass sie linear abgearbeitet werden.

Die erste Einschränkung (Operand folgt Opcode) wird durch die Einführung eines Adressregisters und eines Adressbusses behoben. In Abb. 6.27 ist die MiniCPU mit Adressregister und Adressbus dargestellt. Die Steuersignale, die im ROM–Speicher abgelegt sind, werden um y_{14} und y_{15} erweitert: das Taktsignal des Adressregisters und ein Steuersignal, um den Zählerstand des Programmzählers auf den Bus zu schreiben. Mit dieser Schaltung können die Operanden im RAM–Speicher frei platziert werden. Es ist nicht mehr erforderlich, dass der Operand unmittelbar hinter dem Operationscode steht. Das Programm kann frei auf jede Speicherzelle im RAM–Speicher zugreifen; z.B. könnten so die Operationen die ersten Speicherplätze und die Operanden die letzten Speicherplätze im RAM–Speicher belegen. Das Befehlsformat erhält eine andere Form. Neben dem Befehlcode wird eine Information ergänzt, die angibt, in welchem Speicherplatz der Operand steht. Jeder Befehl besteht nun aus zwei Teilen: dem *Operationsteil* und dem *Adressteil*. Der Operationsteil (Opcode) gibt an, was getan werden soll, der Adressteil gibt an, wo die

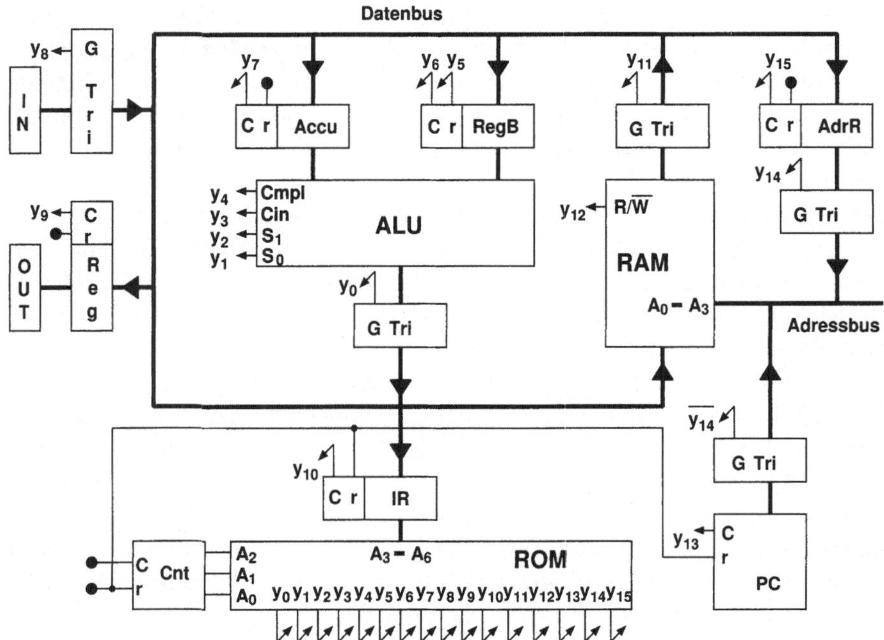

Erweiterung der Steuersignale:

Y_{14}:   **legt Inhalt von PC oder Adressregister auf Adressbus**

Y_{15}:   **AdrC - Daten vom Bus ins Adressregister schreiben**

Abb. 6.27. Miniprozessor mit Adressbus

Daten (Operanden) stehen oder wohin sie transportiert werden sollen. In der Übersicht ergibt sich folgende Darstellung Abb. 6.28.

Das Programm unserer einfachen Aufgabenstellung von oben $7 + 4$ hat jetzt folgende Form (Tabelle 6.11).

Die im Programm nach Tabelle 6.11 verwendete Adressierungsart wird als *direkte Speicheradressierung* bezeichnet. Die weiteren Adressierungsarten werden in Band 2 ausführlich beschrieben.

Die Ausführung der Befehle nach Tabelle 6.11 (sowie die anderer Befehle) folgt stets dem gleichen Ablauf, der in drei Schritte (*Phasen*) gegliedert werden kann.

1. Holphase: Die Adresse des Befehls wird an den RAM–Speicher gelegt. Der Inhalt dieser Adresse gelangt über den Datenbus in das Befehlsregister und an den Adressdecoder des ROM–Speichers.

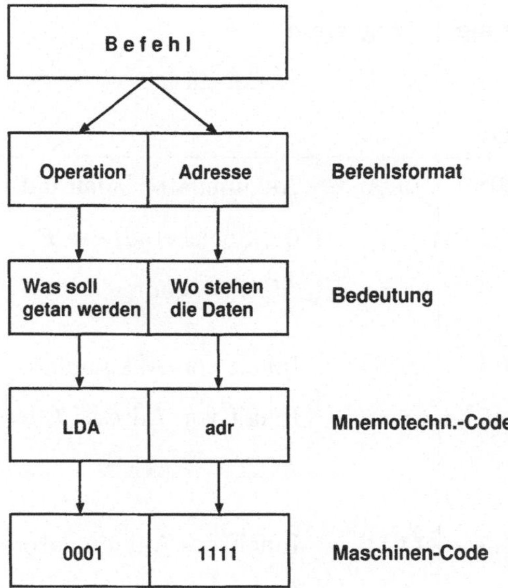

Abb. 6.28. Aufbau eines Maschinenbefehls für den Miniprozessor nach Abb. 6.27

2. Decodierphase: Der Adressdecoder des ROM–Speichers decodiert den Inhalt des Befehls (Makrobefehl) wie er in Abb. 6.24 festgelegt wurde. Die Mikrobefehlsschritte aus dem ROM–Speicher liefern die erforderlichen Steuersignale.

3. Ausführungsphase: Die Folge der Mikrobefehle leitet die Steuersignale an das Rechenwerk (ALU, Register, Tri–State Bausteine) und bewirkt dadurch die Ausführung des Befehls.

Mit dem hier vorgestellten *einfachen* Prozessor können nur zwölf Befehle ausgeführt werden. Trotzdem enthält die entwickelte Mikroarchitektur wesentliche Strukturelemente eines Prozessors wie sie in der DIN–Definition festgelegt sind:

- das Rechenwerk, ALU mit AND, OR, XOR und 4–Bit Volladdierer,

- das Leitwerk mit Programmzähler (PC), Befehlsregister (IR), Adressregister (AdrR) und Mikroprogrammsteuerwerk,

- Speicherwerk,

- Bussystem.

Die Ausführung komplexerer Programmstrukturen erfordern Erweiterungen wie

- Sprungbefehle,

Speicherbelegung		Programm	
Adresse	Inhalt	Mnemo	Kommentar
Dez	Dual	Code	
0	0001	LDA	Akkumulator laden mit dem Inhalt
1	1111		der Speicheradresse F
			ACC := <adr>
2	0011	ADD	Inhalt von Akkumulator und
3	1110		Inhalt von Adresse E werden addiert
			ACC := <ACC> + <adr>
4	1011	OUT	Inhalt des Akkumulators wird
			in die Ausgabeeinheit geschrieben
			OUT := <ACC>
⋮			
E	0100		Operand (4)
F	0111		Operand (7)

Tabelle 6.11. Speicherbelegung und Programm

- Bedingte Verzweigungen (Statusregister),
- Unterprogramme (Stackpointer) und
- Interruptverarbeitung.

Diese Themen werden in Band 2 behandelt.

7. Integrierte Schaltungen

Die Erfindung des Transistors (1948) und die Integration dieser Bauelemente
in einem Planarprozeß (1959) war der Beginn der Mikroelektronik. Durch die
Planartechnik wurde es möglich, mehrere verschiedenartige elektrische Bau-
elemente auf einem gemeinsamen Träger zu einem Schaltkreis zu integrieren.
Der Integrationsgrad ist mittlerweile soweit entwickelt, dass auf einem Träger
(Chip) von ca. 100 mm^2 bis zu 5 Millionen Transistoren in einer integrierten
Schaltung realisiert sind. Integrierte Schaltungen haben Schaltkreise mit dis-
kreten Bauelementen fast vollständig ersetzt.

In diesem Kapitel wollen wir einen Überblick über Entwurf und Herstellung
von *monolithisch* integrierten Schaltungen vermitteln. Neben monolithisch
integrierten Schaltungen gibt es integrierte Schicht– oder Filmschaltungen:
Dünnschicht– und Dickschichtschaltungen. Dabei werden auf einem isolierenden Träger linien– oder flächenhafte Strukturen als Beschichtung (z.B.
Metallschicht) aufgebracht. Die Schichtdicken der Strukturen sind bei Dünn-
schichttechnik bis $< 10\,\mu$m, bei Dickschichttechnik ca. $50\,\mu$m. Kombinationen
aus monolithisch integrierten Schaltungen und integrierten Schichtschaltun-
gen werden *Hybrid–Schaltungen* genannt.

Integrierte Schaltungen (engl. *Integrated Circuits* (ICs)) sind Schaltungen, die
mehrere verschiedenartige Bauelemente – elektrisch und mechanisch verbunden – auf einem gemeinsamen Substrat enthalten.

In *monolithisch integrierten Schaltungen* werden alle Bauelemente auf einem Festkörper mit Halbleitereigenschaften, der gleichzeitig als gemeinsamer
Träger dient, hergestellt.

Integrierte Bauelemente sind Transistoren, Widerstände, Kondensatoren, Dioden u.a., die auf dem Substrat zu Funktionseinheiten[1] verbunden werden.
Solche Funktionseinheiten sind Verknüpfungsglieder, Schaltnetze (Addierglieder, Codierer u.a.) Speicherglieder, Schaltwerke (Zähler, Register u.a.) aber
auch komplexe Schaltwerke wie Speicher und Prozessoren.

Die Bauelemente werden gleichzeitig, nebeneinander und auf gleicher Ebene (planar) – wenn auch schrittweise und in mehreren Arbeitsschritten – er-

---

[1] Funktionseinheit (FE): Ein nach Aufgabe oder Wirkung abgrenzbares Ge-
  bilde (DIN 44300/98).

zeugt. Die Herstellung der Bauelemente erfolgt durch Erzeugung geometrisch begrenzter Zonen und Schichten, die nach Art (Leitungstyp $n-, p-$Leitung) und Konzentration (Leitfähigkeit) unterschiedlich dotiert sind. Die Zonen mit den genannten Eigenschaften werden im oder auf dem Halbleiter erzeugt. Die Verbindung der einzelnen Bauelemente zu einer Funktionseinheit kann auf verschiedene Arten erfolgen:

– durch niederohmige Bereiche im Halbleitersubstrat

– durch Leiterbahnen aus Metall (Aluminium, Gold) auf der Substratoberfläche. Diese Leiterbahnen werden auf das Substrat aufgedampft und durch Isolierschichten (z.B. Siliziumdioxid) voneinander getrennt.

– durch polykristalline Halbleiterwerkstoffe (z.B. Polysilizium) im oder auf dem Substrat.

7.1 Schaltungsentwurf

Unter *Entwurf* einer integrierten Schaltung verstehen wir alle vorbereitenden Maßnahmen zur Herstellung einer integrierten Schaltung, d.h. alle Prozeßschritte von der Aufgabenbeschreibung der Schaltung bis zum Layout, das die geometrischen Bereiche zur Aufnahme der Bauelemente auf dem Substrat beschreibt.

Der Entwurf integrierter Schaltungen ist eine Aufgabe, die unter verschiedenen Aspekten betrachtet werden kann. So unter dem Aspekt:

– *der Ebene*, auf der der Entwurf stattfindet. Die verschiedenen Prozeßschritte beim Entwurf einer integrierten Schaltung von der Aufgabenbeschreibung bis zum Layout werden Entwurfsebenen genannt. Je nach Detailabgrenzung unterscheiden wir:

  – Systemebene

  – Registerebene

  – Logikebene

  – Schaltungsebene

  – Layout

– *der Darstellung*. Die Darstellung einer integrierten Schaltung kann sich auf die *Struktur*, das *Verhalten* oder die *Geometrie* beziehen, das gilt für jede Ebene. Diese drei Darstellungsmöglichkeiten werden durch das Gajsky-Kuhn Y-Diagramm (Abb. 7.2) beschrieben [IEEE, 1985].

– *der Werkzeuge und Entwurfsschritte*: Analyse und Simulation.

– *der Anwendung / des Anwenders*: ASICs.

7.1.1 Entwurfsebenen

Der Entwurf und die Beschreibung komplexer integrierter Schaltungen wird durch eine hierarchische Strukturierung übersichtlich. Dabei besteht die hierarchische Struktur in einer zunehmenden Integration und Abstraktion von der Bauelementeebene bis zur Systemebene. Jede höhere Ebene ist immer eine Abstraktion und Integration der nächst tieferen Ebene. Der Entwurfsprozeß auf einer Ebene muss gewährleisten, dass bei einer *top down* Betrachtung die Vorgaben der vorangegangenen, bereits entworfenen Ebene erfüllt bleiben, bei einer *bottom up* Betrachtung muss sich die höhere Ebene aus der tieferen ergeben. In Abb. 7.1 sind die Ebenen für einen typischen IC–Entwurf dargestellt.

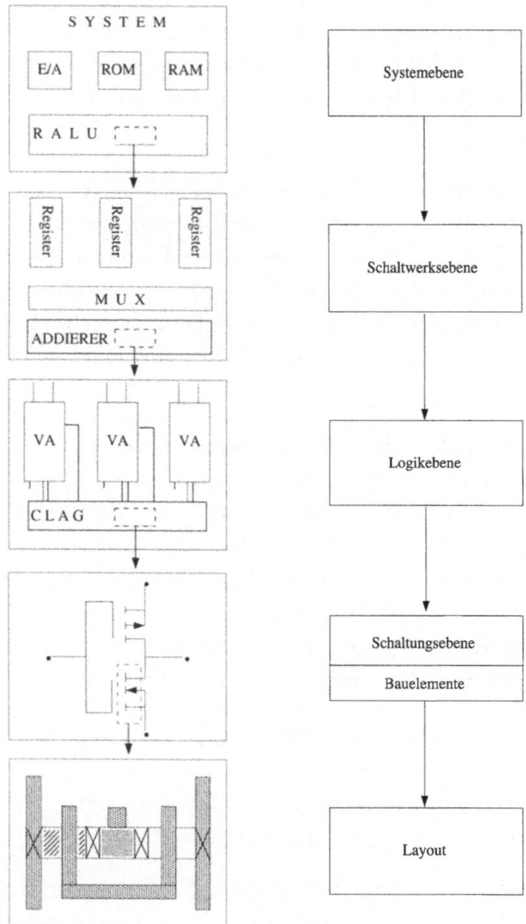

Abb. 7.1. Ablauf eines IC–Entwurfes: Entwurfsebenen

Systemebene. Auf dieser Ebene wird die Aufgabenstellung der integrierten Schaltung beschrieben. Welche Funktionseinheiten sollen entworfen werden: Verknüpfungsglieder, Schaltnetze, Datenspeicher, E-/A-Einheiten, Controller u.a. Handelt es sich um komplexe Systeme wie Prozessoren, dann wird das Gesamtsystem in Komponenten und Teilkomponenten aufgeteilt. Die Komponenten werden untereinander durch Datenpfade (interne Bussysteme) verbunden. Das Verhalten des Systems bzw. der Komponenten wird durch Algorithmen beschrieben.

Registerebene. Auf dieser Ebene sind Schaltwerke wie Register, Zähler, ALUs, Multiplexer, Codierer sowie Verbindungselemente die elementaren Funktionseinheiten. Das Verhalten der Funktionselemente auf dieser Ebene wird durch diskrete Funktionen (Übergangsfunktionen) beschrieben. Die Speicherelemente enthalten zu jedem Zeitpunkt Werte, denen eine Bedeutung zugeordnet wird. Im zeitlichen Ablauf werden diese Werte über Verknüpfungsglieder (Schaltnetze) *transferiert* und wieder in Registern abgespeichert. Deshalb wird diese Ebene auch *Register–Transfer–Ebene* genannt. Modellmäßig kann diese Ebene mit synchronen Automaten beschrieben werden.

Logikebene. Verknüpfungsglieder wie NAND, NOR, NOT, Addierglieder, Speicherglieder (D-Flipflops) und Verbindungsleitungen sind die Grundelemente auf dieser Ebene. Das Verhalten dieser Funktionselemente wird durch Boolesche Gleichungen beschrieben. Es wird das logische Verhalten und das dynamische (zeitliche) Verhalten der Schaltung berechnet. In der Beschreibung der Struktur werden Zahl und Art der Glieder in Netzlisten dokumentiert.

Schaltungsebene oder Bauelementeebene. Die Elemente dieser Ebene sind aktive und passive Bauelemente[2]: Transistoren, Dioden, Widerstände, Kondensatoren und Verbindungsleitungen. Es wird festgelegt, in welcher Basistechnik (Schaltkreisfamilie) die Bauelemente realisiert werden sollen. Das Verhalten der Bauelemente, insbesondere Transistoren, wird in mathematischen Modellen mit Differentialgleichungen beschrieben. Die geometrische Beschreibung der Bauelemente ist das Layout. Die Bauelemente bilden die Konstruktionsgrundlage für das Layout des Schaltkreises.

Layoutebene. Das Layout ist die Umsetzung der Bauelemente und Verbindungsleitungen in geometrische Figuren und ihre relative Lage zueinander. Durch das Layout wird ein elektrisches Netzwerk (Schaltung) in geometrische Strukturen geordnet, d.h. zu *Schichten* (layers) umgesetzt. Das

---

[2] Aktive elektrische Bauelemente verstärken oder liefern Ströme und Spannungen (z.B. Transistoren, elektrochemische Elemente). Passive Bauelemente verbrauchen elektrische Energie (z.B. Widerstände, Kondensatoren, Spulen)

Layout schließt den Schaltungsentwurf ab und bildet den Übergang zur IC–Herstellung. Die Layoutdaten dienen als Vorlage für die Herstellung der Masken. Die Anzahl der Masken für die Herstellung einer integrierten Schaltung ist von der Basistechnik abhängig und liegt zwischen 10 und 20.

Zum Layout zählt nicht nur die geometrische Strukturierung der Bauelemente sondern auch die globale Flächenplanung (*floor planing*) des gesamten Systems. Man spricht deshalb vom *Grob-* und *Feinentwurf* des Layouts. Der Grobentwurf umfaßt die Zerlegung (Partitionierung) des Systems in Komponenten und Teilkomponenten und deren Anordnung auf dem Chip (Positionierung). Zum Feinentwurf gehört der topologische Entwurf (Plazierung) und die geometrische Strukturierung der Bauelemente und deren Verdrahtung unter Beachtung der Entwurfsregeln (design rules). Diese Regeln geben Mindestabstände und – Abmessungen an, die die geometrischen Strukturen der Bauelemente haben müssen, damit die integrierte Schaltung elektrisch sicher arbeitet. Eine typische Designregel ist z.B.: die minimale Breite einer Aluminium–Bahn beträgt $2{,}0\,\mu\text{m}$, der Abstand zwischen zwei Aluminium–Bahnen darf nicht kleiner als $2{,}0\,\mu\text{m}$ sein.

7.1.2 Darstellung

Die Beschreibungsmöglichkeiten einer integrierten Schaltung sind im Gajsky–Kuhn Y–Diagramm (Abb. 7.2) dargestellt, es sind:

Strukturdarstellung. Die Struktur einer integrierten Schaltung besteht in der Aufteilung des Systems in Einzelkomponenten. Jede Komponente übernimmt im System eine bestimmte Funktion (z.B. Speicher, ALU, E/A) und wird in der Darstellung als solche gekennzeichnet. Die Komponenten hängen eng mit der Ebene der Schaltungsbeschreibung zusammen. Auf jeder Ebene wird angegeben, welche Einzelkomponenten verwendet werden und wie diese miteinander verschaltet sind. Die strukturelle Darstellung kann graphisch durch Blockdiagramme und Schaltzeichen und *sprachlich* durch Definition, Zahl und Art der Funktionseinheiten (Netzlisten) erfolgen.

Verhaltensdarstellung. In der Verhaltensdarstellung wird beschrieben, ob das System und die Einzelkomponenten die Zielvorgabe erfüllen. Die Anforderungen können unter verschiedenen Aspekten betrachtet werden: funktionell, dynamisch (Zeitverhalten) und elektrisch. Dementsprechend gibt es unterschiedliche Beschreibungsformen: Programmiersprachen, Zustands- und Folgezustandstabellen, Funktionsgleichungen und Boolesche Gleichungen.

Geometriedarstellung. Die Geometrie oder das Layout beschreibt die Plazierung der Systemkomponenten auf dem Chip. Abhängig von der Entwurfsebene verstehen wir darunter die Flächenzuweisung für die Komponenten (*floorplan*) bis zu den Gatebereichen, Drain–Source–Gebieten und Kontaktfenster der Transistoren.

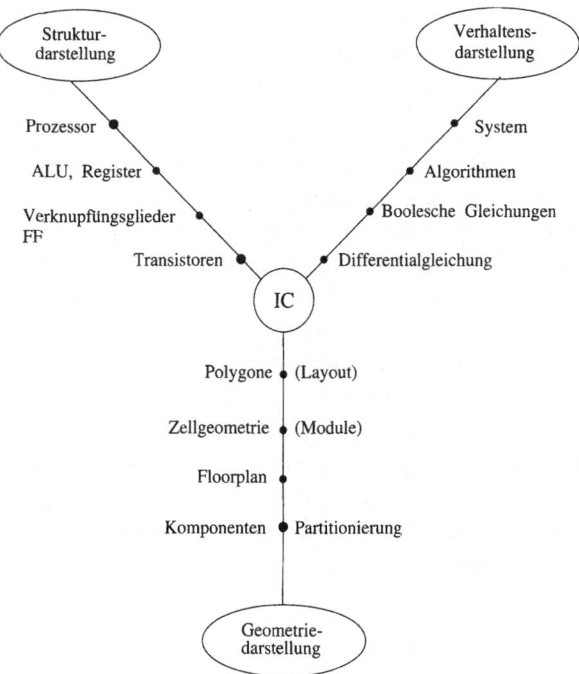

Abb. 7.2. Gajsky–Kuhn Y–Diagramm

7.1.3 Werkzeuge und Entwurfsschritte

So wie die integrierten Schaltungen selbst, unterliegen auch die Methoden und Werkzeuge für den Entwurf einer ständigen Entwicklung. Am Anfang dieser Entwicklung waren Zeichengeräte und Millimeterpapier die einzigen Werkzeuge, daher der Name *Handentwurf*. Heute sind Computer die wichtigsten Hilfsmittel. Man spricht deshalb von *rechnerunterstütztem Schaltungsentwurf*. Als Werkzeuge dienen CAE/CAD-Systeme (Computer–Aided–Engineering / Computer–Aided–Design). Die Bezeichnung CAE/CAD bedeuted dabei, dass Ingenieurtätigkeiten – z.B. Entwerfen und Berechnen einer Schaltung – und die Tätigkeiten des technischen Zeichners mit Hilfe von Rechenanlagen ausgeführt werden. Auf jeder Entwurfsebene werden spezifische CAE/CAD–Systeme eingesetzt. Alle Systeme haben folgende Grundbestandteile:

– Menügeführte Benutzung

– Graphische Ein-/Ausgabe

– Manipulation der Bildelemente (plazieren, bewegen, mit Leitungen verbinden, aufteilen und zusammensetzen u.a.)

– Symbolbibliothek

Auf jeder Ebene werden verschiedene Entwurfsschritte iterativ durchlaufen, z.B. Synthese und Simulation, Verdrahtung, Optimierung, Regelüberprüfung, Dokumentation. Diese Entwurfsschritte können eingeteilt werden in:

- Synthese
- Analyse (Simulation)
- Test

Synthese. Gehen wir davon aus, dass die Zielvorgabe einer integrierten Schaltung in einer Verhaltensbeschreibung (Algorithmus, Gleichungen) vorliegt, dann bedeutet *Struktursynthese* die Umsetzung der Verhaltensbeschreibung in die Strukturbeschreibung und *Layoutsynthese* bedeutet die automatische Erzeugung geometrischer Strukturen aus der Strukturbeschreibung. Synthesewerkzeuge oder CAE–Werkzeuge unterstützen den Entwurf integrierter Schaltungen von der verhaltensmäßigen Aufgabenbeschreibung bis zur Herstellung des Layout. Die Entwurfsmethodik kann dabei bottom up oder top down erfolgen.

Anfangs führte der Weg bottom up, weil die Vorgehensweise vom Labortisch übernommen wurde. Nach dieser Methode werden Programme zur Schaltungseingabe benutzt. Die ersten Rechner verfügten nur über eine alphanumerische Eingabe, und deshalb wurden die Schaltungen als *Netzlisten* eingegeben. Diese Netzlisten enthalten Angaben über Bauteiltypen, Bauteilnamen, Anschlüsse, Größen u.U. Zusatzangaben. Heutige CAE–Werkzeuge verfügen über graphische Ein-/Ausgabe und die Schaltung kann direkt am Bildschirm entworfen werden.

Das graphische Eingabeprogramm erstellt Netzlisten für die Dokumentation, überprüft grundsätzliche Schaltungsfehler wie Kurzschlüsse oder fehlende Verbindungen.

CAE–Werkzeuge für den top down Entwurf unterstützen den eigentlichen Schaltungsentwurf von der Verhaltensbeschreibung bis zum Layout. Sie werden *Silicon–Compiler* bzw. Silicon–Assembler genannt. Als Silicon–Compiler bezeichnet man diejenigen Programme, die aus einer Verhaltensbeschreibung direkt ein Maskenlayout erzeugen; Silicon–Assembler sind Programme, die aus einer Strukturbeschreibung ein Maskenlayout erzeugen [Weinert, 1990]. Die Eingabe aus der Verhaltensbeschreibung erfolgt durchweg auf der Register–Transferebene in Form von Funktionstabellen, Ablaufdiagrammen und Booleschen Gleichungen.

Die Geometriebeschreibung dieser Ebene wird von floorplanning tools ausgeführt. Diese Tools übernehmen die Chipflächenaufteilung, die Plazierung und Verdrahtung (place and route tools) der den Funktionseinheiten zugeordneten Geometriestrukturen. Ein Werkzeug zur Synthese von Schaltnetzen und getakteten Schaltwerken ist das Programmpaket LOG/iC [Khakzar, 1991].

Analyse. Dazu gehört als wichtigstes Verfahren die *Simulation* auf jeder Ebene. In der Simulation wird das logische und dynamische Verhalten der Funktionseinheiten einer Ebene verifiziert. Da die Einheiten innerhalb einer Ebene miteinander verdrahtet sind, wird sowohl das Verhalten der Einzelelemente als auch das Verhalten im Verbund untersucht. Grundlage für die Simulation sind die Verhaltens- und Strukturbeschreibung sowie mathematische Modelle.

Auf der Schaltungs- und Logikebene gibt es detaillierte Simulationsprogramme. Bei der Schaltungssimulation werden die zur Schaltung gehörigen Netzwerkgleichungen rechnergestützt gelöst, wobei man Aussagen über das Strom–, Spannungs– und Zeitverhalten erhält. Dazu ist es erforderlich, dass geeignete Transistor– und andere Bauelementemodelle zur Verfügung stehen. Diese Modelle bestehen aus einem System von nichtlinearen Gleichungen und Differentialgleichungen, durch das die unbekannten Spannungen und Ströme miteinander verknüpft werden.

Ein weit verbreitetes Schaltkreisanalyseprogramm, ist das an der Universität Berkeley entwickelte Programm SPICE (Simulation Program with Integrated Circuit Emphasis). Es simuliert das elektrische Verhalten von Schaltungen auf der Basis der Bauelemente:

– passive Elemente (R, L, C)

– ideale Leitungen

– unabhängige und gesteuerte Quellen

– Halbleiterbauelemente (Bipolare Transistoren, Sperrschicht FET, MOS–FET)

Das Programm ist in [Khakzar, 1991] ausführlich beschrieben. Die Simulation auf der Logikebene benutzt als elementare Funktionseinheiten Verknüpfungsglieder, Speicherglieder und Verbindungsleitungen. Es wird vorausgesetzt, dass sie elektrisch funktionieren und die geforderten Spannungspegel einhalten. Die beobachtbaren Werte einer Schaltung werden durch die binären Werte 0 und 1 dargestellt. Das logische Verhalten einer Schaltung wird für die Simulation durch Boolesche Gleichungen modelliert. Weil innerhalb der Glieder und durch die Verbindungsleitungen *Signallaufzeiten* auftreten, muss neben dem logischen Verhalten auch das Zeitverhalten berücksichtigt werden. Auch die *Signalübergangszeiten* bei $0 \rightarrow 1$ und $1 \rightarrow 0$ Übergängen am Ausgang der Glieder sind zu berücksichtigen.

Die Verknüpfungsglieder werden durch so genannte *Delay–Modelle* simuliert. Im *Unit–Delay–Modell* wird an das Verknüpfungsglied eine Verzögerungseinheit V mit der Signalverzögerungszeit T ausgangsbezogen oder eingangsbezogen angefügt.

Die Signallaufzeiten von Verknüpfungsgliedern werden durch die kapazitiven Eigenschaften der Halbleiterbauelemente und durch die elektronischen
Schaltungskonzepte verursacht. Diese Einflüsse werden bei der Simulation
als Parameter berücksichtigt. Die wichtigsten Parameter sind:

- Ausgangsbelastung der Verknüpfungsglieder

- Signalübergangszeit der Eingangssignale

- Höhe der Betriebsspannung U_B

- Betriebstemperatur

In der Simulation des Zeitverhaltens wird die Schaltung auch auf mögliche
Hazards und Spikes untersucht.

7.1.4 ASICs

Die Technik als Anwendung naturwissenschaftlicher Erkenntnisse und hand-
werklicher Fertigkeiten orientiert sich immer am Anwender. So auch die Elektrotechnik, die Elektronik und die Mikroelektronik. Durch die Entwicklung
der technischen Möglichkeiten nahm die Komplexität von integrierten Schaltungen seit der ersten Herstellung im Jahre 1960 ständig zu. Werden die
Funktionen von integrierten Schaltungen *nur* durch den Hersteller festgelegt, dann nimmt die Einsatzmöglichkeit beim Anwender mit zunehmender
Komplexität der integrierten Schaltungen ab. Integrierte Schaltungen, deren
Funktion *nur* vom Hersteller festgelegt wird, werden *Standard–ICs* genannt.
Standard ICs werden in großen Stückzahlen gefertigt und sind im Handel
erhältlich. Von der Funktion her gehören dazu: Verknüpfungsglieder, Spei-
cherglieder, Register, Zähler, Codierer, Speicherbausteine, CPUs u.a.

Damit komplexe integrierte Schaltungen eine große Einsatzmöglichkeit haben, müssen sie den individuellen Problemstellungen des Anwenders angepaßt werden können; die Funktion der integrierten Schaltung wird anwendungsspezifisch (ASIC – Application Specified Integrated Circuits). Diese
Anwendungsanpassung wird auch *Individualisierbarkeit* oder *Personalisier-*
barkeit genannt. Auf drei Wegen ist diese Personalisierbarkeit erreichbar:

- Softwaremäßig wird die Funktion der komplexen Standardschaltung (z.B.
  Mikroprozessor, Controller) an das Problem des Anwenders angepaßt.

- Hardwaremäßig werden komplexe Standardschaltungen (programmierbare
  integrierte Schaltungen) an das Problem des Anwenders angepaßt.

- Durch Einflußnahme auf Entwurf und Herstellung der integrierten Schaltung (Vollkundenspezifischer-, Halbkundenspezifischer Entwurf).

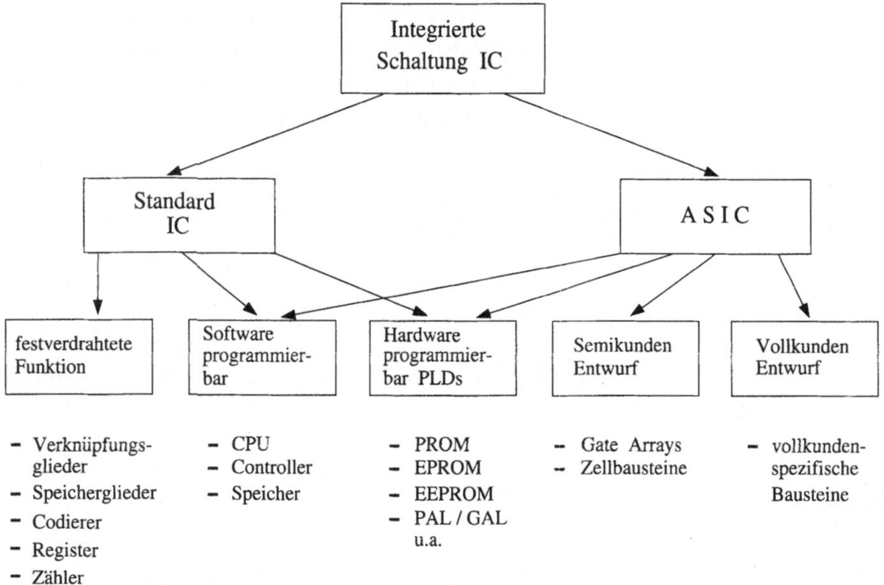

Abb. 7.3. Integrierte Schaltungen: Übersicht

Ordnen wir monolithisch integrierte Schaltungen unter anwendungsspezifischem Aspekt, so erhalten wir die Übersicht aus Abb. 7.3.

Aus Abb. 7.3 wird deutlich, dass Mikroprozessoren und PLDs aus der Sicht des Herstellers hochkomplexe Standardschaltungen sind, da Entwurf und Herstellung anwenderunabhängig sind, aus der Sicht des Anwenders allerdings anwendungsspezifisch eingesetzt werden können, weil sie an das Anwenderproblem angepaßt werden können.

Mit der Abkürzung ASICs werden allgemein *programmierbare Bausteine, Gate–Arrays, Standardzellen ICs* und *Vollkundenspezifische ICs* verstanden. Sie werden in diesem Abschnitt im Überblick dargestellt.

PLDs. PLDs (Programmable Logic Devices) sind programmierbare Logikbausteine, deren Funktion durch den Anwender festgelegt und mit relativ einfachen Programmiergeräten selbst programmiert werden können.

Die heutige Vielfalt der PLDs baut auf der Struktur und Realisierungstechnik von ROM- und PROM–Bausteinen auf. Die Grundstruktur besteht aus einer matrixförmigen Anordnung der Logikelemente, die vollständig durch Leitungen vernetzt sind und ein zweistufiges Schaltnetz realisieren (Abb. 7.4).

Die Programmierung erfolgt durch *Durchbrennen* von Leitungsknoten, die als Schmelzsicherung ausgeführt sind (fusible link) oder durch Durchlegieren einer Diode zu einer metallischen Verbindung. In der MOS–Technik erfolgt

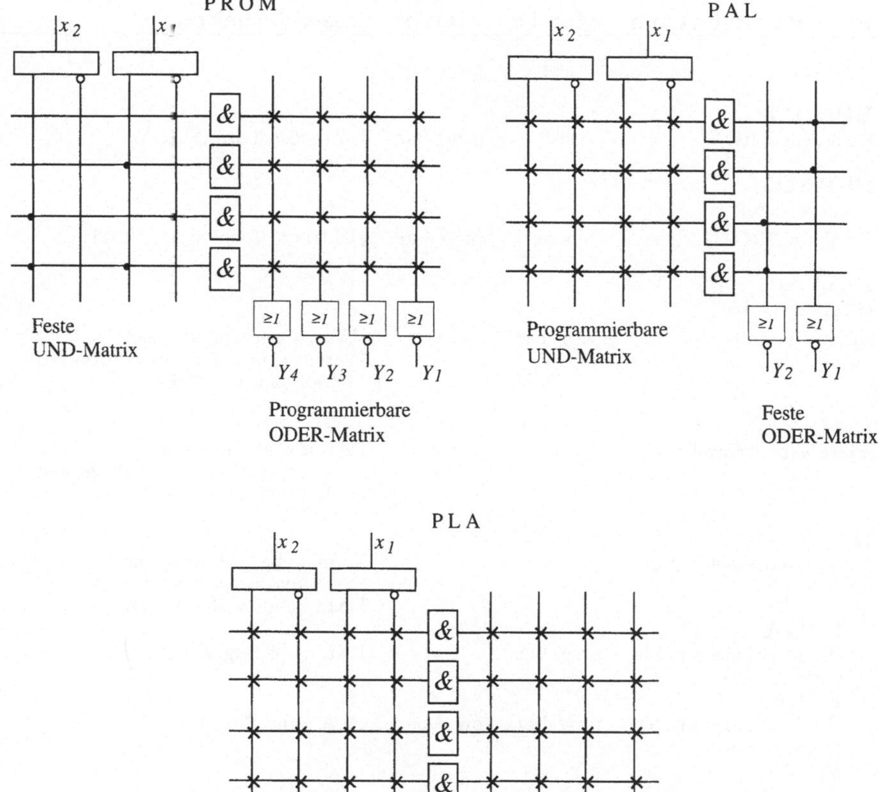

Abb. 7.4. PLDs–Grundstruktur

die Programmierung durch das Aufbringen von elektrischen Ladungen auf das isolierte Gate eines Feldeffekttransistors.

Entsprechend der Programmiermöglichkeit einer Matrix gibt es drei PLD–Haupttypen: PROM, PAL und PLA (Abb. 7.4). Davon abgeleitet gibt es Variationen und herstellerspezifische Ausführungen. In der Tabelle 7.1 sind einige PLD–Bausteintypen, Programmierungsarten und ihre besonderen Eigenschaften aufgelistet.

Durch die hohe Integration ist es möglich PLDs von großer Komplexität herzustellen. Um beim Anwender eine breite Einsatzmöglichkeit sicherzustellen, werden auf dem IC zu der Grundstruktur (UND-/ODER–Matrix) weitere Funktionen integriert. Wichtige Zusatzfunktionen sind:

PLD-Bausteintypen	UND–Matrix	ODER–Matrix	Besonderheiten
PROM	fest	prog–bar	
EPROM (Erasable PROM)	fest	prog–bar	UV – löschbares PROM
EEPROM (Electrically Erasable PROM)	fest	prog–bar	elektrisch löschbares PROM
PAL (Programmable Array Logic)	prog–bar	fest	PAL ist ein eingetragenes Warenzeichen der Firma Monolithic Memories Inc., USA
HAL (Hardware Array Logic)	fest	fest	PAL mit ab Hersteller kundenspezifisch festverdrahteter UND-Matrix
IFL (Integrated Fuse Logic)			Familienbezeichnung der von Valvo hergestellten PLD_s. Dazu gehören die Typen:
FPGA (Field Programmable Gate Array)	prog–bar	fest	PAL ohne Register
FPLA (Field Programmable Logic Array)	prog–bar	prog–bar	PLA ohne Register
FPLS (Field Programmable Logic Sequencer)	prog–bar	prog–bar	PLA mit JK/D-Flipflops
GAL (Genetic Array Logic)			elektrisch programmierbar und elektrisch löschbares PAL, GAL ist ein Warenzeichen der Firma Lattice Semiconductor
LCA (Logic Cell Array)	prog–bar	prog–bar	programmierbare E-/Ausgabeblöcke, konfigurierbare Logikblöcke und Verbindungsleitungen

Tabelle 7.1. Übersicht von PLD–Bausteinen

– Programmierbare Rückführung von Ausgängen auf die Eingänge

– Tri–State Ausgänge

– Ausgänge mit Flipflops (Registerausgang)

Der allgemeine Struktur–Aufbau von komplexen PLD–Bausteinen ist in Abb. 7.5 dargestellt.

Aus der allgemeinen Struktur komplexer PLD–Bausteine ist ersichtlich, dass sie flexibel einsetzbar sind. Dadurch dass D–Flipflops auf den Bausteinen

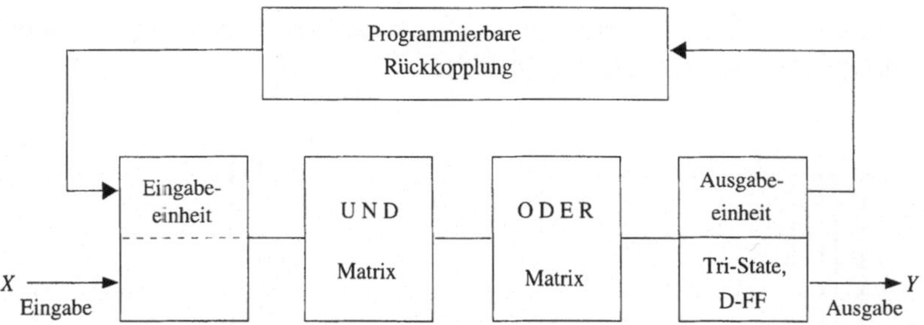

Abb. 7.5. Strukturaufbau von komplexen PLD–Bausteinen

integriert sind, können Schaltungen und Schaltwerke realisiert werden, für die
sonst mehrere ICs erforderlich wären. Je nach PAL–Typ können mit einem
Baustein realisiert werden:

– *Kombinatorische Ausgänge*
  Die Ausgangssignale sind Boolesche Verknüpfungen der Eingangssignale.
  Die Ausgänge sind ständig aktiv (H/L).

– *Tri–State Ausgänge*
  Über Eingänge oder rückgekoppelte Ausgänge können Ausgänge hochohmig geschaltet werden.

– *Registerausgänge*
  Die Ausgänge der ODER–Matrix werden an die Eingänge von D–Flipflops
  gelegt und mit dem Taktsignal übernommen. Das Taktsignal wird über ein
  Eingangssignal (meist Eingang 1) eingegeben.

PLD–Bausteine mit Registerausgängen eignen sich für die Realisierung von
vollständigen Schaltwerken. Verschiedene Bausteintypen z.B. GAL 16 V 8 u.a.,
können für die drei Betriebsarten: Kombinatorische–, Tri–State– oder Registerausgänge programmiert werden. In Abb. 7.6 sind Teilstrukturen von
PAL–Bausteinen dargestellt. Die UND–Matrix wird durch Zeilen und Spalten dargestellt. Die Eingänge und die rückgekoppelten Ausgänge sind mit
den Spalten verbunden. Zwei nebeneinander liegende Spalten gehören zu einem Eingang, weil das invertierte und nicht invertierte Eingangssignal auf
die Matrix gegeben wird. Durch die Zeilen wird die UND–Verknüpfung realisiert. Zunächst besteht in jedem Kreuzungspunkt eine elektrische Verbindung zwischen den Zeilen und Spalten. Durch Programmieren werden diese Verbindungen aufgetrennt (Durchbrennen einer Sicherung oder EPROM–
Technik). Die nicht aufgetrennten Verbindungen einer Zeile realisieren die
UND–Verknüpfung der Eingänge, sie werden Produktzeilen oder Produktterme genannt. Je nach Bausteintyp werden dann unterschiedlich viele Produktterme (6, 8, 10, ...) ODER–verknüpft. Die Ausgänge der ODER–

Glieder können dann invertiert/nicht–invertiert zurückgekoppelt, oder auf D–Flipflops gegeben werden (Abb. 7.6).

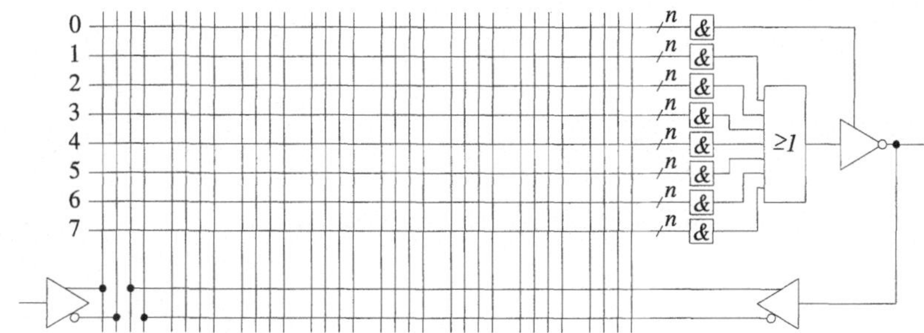

a) Kombinatorischer / Tri-State - Ausgang

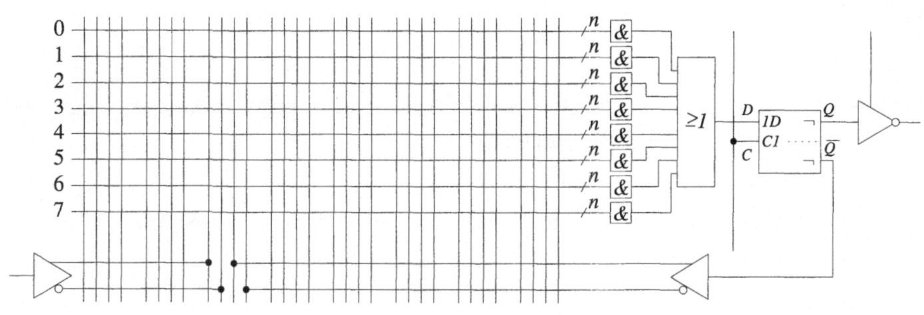

b) Registerausgang

Abb. 7.6. PAL–Strukturen

Für die Programmierung von PLD–Bausteinen gibt es Programmiergeräte, die an einen Computer angeschlossen werden. Beim Programmiervorgang wird die gewünschte Funktion in den Baustein übertragen. Dabei werden die zu programmierenden Kreuzungspunkte der Spalten und Zeilen aufgetrennt. Von der Programmiersoftware ist es abhängig wie das Funktionsverhalten eingegeben wird. Bei einfachen Programmen wird die Funktion nur als Boolesche Gleichung eingegeben. Andere Programme ermöglichen die Eingabe als Funktionstabelle (Function–Table) oder als Zustandsfolgetabelle (Flow–Table) beim Entwurf von Schaltwerken. Das Programm erstellt die Schaltfunktionen für die Ausgangsvariablen.

Die Struktur der Programmiersoftware besteht (wie ein PASCAL– oder C–Programm) aus einem Deklarationsteil und einem Anweisungsteil. Die wichtigsten Eingaben im Deklarationsteil sind Angaben zum verwendeten Bausteintyp und die Belegung der Anschlüsse mit symbolischen Namen. Im Anweisungsteil steht das Funktionsverhalten der Schaltungsausgänge (z.B. in

Form von Booleschen Gleichungen). Die Syntax im Anweisungsteil ist von der Programmiersoftware abhängig.

Die Eingaben werden mit einem Texteditor erstellt. Die meisten Programme führen eine Syntaxprüfung durch. Beim Assembliervorgang wird aus den eingegebenen Gleichungen eine Datei erstellt, die die Brenninformation (Fuse–Map) für die Matrix enthält. Für die Übertragung der Brenninformation vom Computer in das eigentliche Programmiergerät wurde ein einheitliches *Datenformat* vereinbart: das JEDEC–Format (Joint Electronic Devices Engineering Council). In der JEDEC–Datei werden nur die Zeilen aufgelistet, in denen wenigstens eine Zelle umprogrammiert werden muss. Dabei steht für jede aufzutrennende (zu programmierende) Verbindung eine 1, sonst eine 0. Am Zeilenanfang steht dabei die Basisadresse jeder Zeile, mit L markiert. Die Zeilennummerierung muss nicht fortlaufend sein. Im Folgenden Beispiel, das einen Ausschnitt aus einer JEDEC–Datei darstellt, beginnt die Programmierung mit Zeile 15. Die entsprechende Basisadresse ist (16 mal 32) 0512. Die 32 Bit jeder Reihe entsprechen den Spalten der Logikmatrix. Die 32 Bit der zweiten Reihe (Adresse 0544...0576) enthalten die Verknüpfung des ersten Produktterms. Daraus geht hervor, dass die Signale der Spalten 0 und 4 UND verknüpft werden.

```
    Implementation of LOGIC on gal16v8

    ELEMENTARFUNKTIONEN:   AND
                           OR
                           NAND
                           NOR
                           XOR
                           AEQU
GAL16V8
*D3655
*F0
*L0512   11111111111111111111111111111111
*L0544   01110111111111111111111111111111
         10110111111111111111111111111111
*L0768   11111111111111111111111111111111
*L0800   01110111111111111111111111111111
         10110111111111111111111111111111
```

Im Folgenden ist ein Ausschnitt aus der Fuse–Map dargestellt, die zu der angegebenen JEDEC–Datei gehört.

```
    device gal16v8

    E1 = i2
```

```
E2 = i3

AND = i12    NAND = i13
OR  = i14    NOR  = i15
XOR = i16    AEQU = i17


AND = (E1 * E2)    NAND = /(E1 * E2)
OR  = (E1 + E2)    NOR  = /(E1 + E2)
XOR = (E1 x E2)    AEQU = /(E1 x E2)



              - means fuse blown
              X means fuse left intact
              all fuses not mentioned are to be left intact

0512:    -------------------------------- = 1
0544     X---X--------------------------- = i2*i3
         -X---X-------------------------- = /i2*/i3


0768:    -------------------------------- = 1
0800     X----X-------------------------- = i2*/i3
         -X--X--------------------------- = /i2*i3
```

Sind in einer Zeile alle Sicherungselemente (Fuses) noch intakt, dann liegen
sowohl die invertierten wie nicht–invertierten Eingangspegel am UND–Glied,
d.h. die Hälfte der Eingänge vom UND–Glied haben L–Pegel (0) folglich
hat der Ausgang immer L–Pegel. Sind in einer Zeile alle Verbindungen intakt (X), hat der Ausgang des UND–Glieds L–Pegel. Sind alle Verbindungen
unterbrochen, hat der Ausgang H–Pegel. In der Zeile mit der Basisadresse 0512 sind alle Sicherungselemente gelöscht, der Ausgang führt demnach 1
Signal. Beim eigentlichen Programmiervorgang wird die JEDEC–Datei an
das Programmiergerät geschickt, das die Fuse–Map in entprechende Brenn-
impulse umsetzt. Beispiele für Programmiersoftware sind: PALASM, ABEL,
LOG/iC, IPLDs u.a.

Eine ausführliche Beschreibung von Eigenschaften, Anwendung und Programmierung von PLDs ist enthalten in [Bitterle, 1991], [Auer, 1990], [Am-
mon, 1985] und [Zengerink, 1987]. Die Möglichkeiten und Elemente einer
Programmiersoftware sind im Ablaufplan von Abb. 7.7 dargestellt.

**Gate Arrays, Zellen–Bausteine und vollkundenspezifische Bienstei-
ne.** Gate Arrays, Zellen–Bausteine und vollkundenspezifische Bausteine werden in Zusammenarbeit von Anwender und Hersteller entworfen und hergestellt (Abb. 7.3).

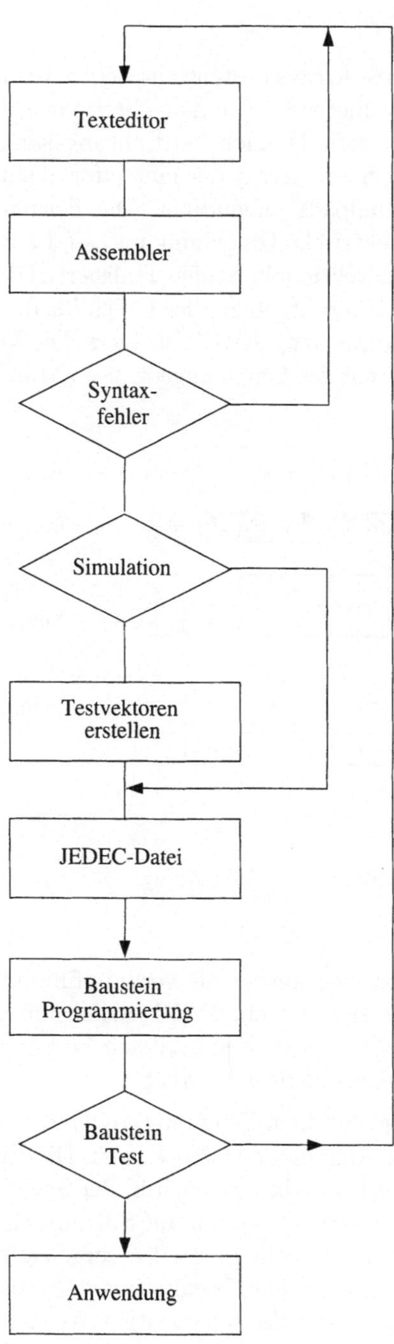

Abb. 7.7. Elemente von PLD Programmiersoftware

– *Gate Arrays*

Die Struktur von Gate Arrays besteht aus Zellen, die in Zeilen oder Reihen auf dem Chip angeordnet sind. Die Zellenbreite in jeder Zeile ist konstant. Zwischen den Zeilen befinden sich Verdrahtungskanäle, die ebenfalls eine feste Breite haben. Um das Array der matrixförmigen Zellen sind Peripheriezellen und Anschlußpads angeordnet. Die Peripheriezellen dienen zur Anpassung an die elektrische Umgebung und sind z.B. als Eingangs-/Ausgangstreiber und bidirektionale Stufen realisiert. Die Anschlußpads oder Bondinseln sind die Kontaktgebiete des Chips für die Verbindung mit den Kontakten des Gehäuses bzw. des Chipträgers. Die Versorgungsanschlüsse sind meist in den Ecken des Chips angeordnet (Abb. 7.8).

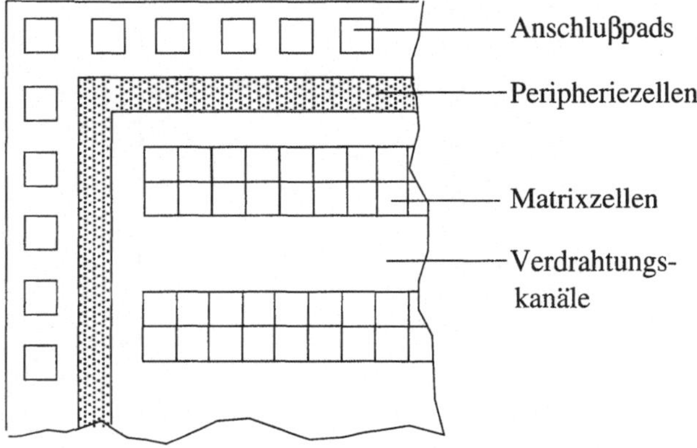

Abb. 7.8. Typischer Aufbau eines Gate Array

Die einzelnen Matrixzellen werden als Verknüpfungsglieder realisiert. Üblicherweise handelt es sich um ein NAND–Glied mit zwei Eingängen. Die Komplexität von Gate–Arrays wird in diesen Verknüpfungsgliedern ausgedrückt und als *Gateäquivalent bezeichnet.*

Die Verdrahtung der einzelnen Zellen untereinander in den Verdrahtungskanälen erfolgt nach Angaben des Anwenders. Die Einflußnahme des Anwenders beim Entwurf besteht demnach in der Spezifikation der Verdrahtung der Zellen. Gate Arrays werden auf Siliziumscheiben oder Wafer als *Rohlinge*, Master genannt, vom Hersteller vorgefertigt und auf Lager gehalten. Nur die Masken für den abschließenden Fertigungsschritt der Verdrahtung werden kundenspezifisch hergestellt. Aus der Sicht des Herstellers können Gate–Arrays deshalb auch als semistandard Bausteine bezeichnet werden, aus Sicht des Anwenders als semikundenspezifisch.

Gate Arrays werden in allen Basistechniken (TTL, ECL, CMOS, ...) hergestellt. Die Komplexität liegt bei 10 000 Gateäquivaltenten pro Chip und mehr. Die Ausnutzung der Zellen liegt üblicherweise bei 60% bis 80%.

– *Zellen–Bausteine/Standardzellen ICs*
Während bei Gate–Arrays der geometrische Aufbau – Matrixzellen in Zeilen, Peripheriezellen, Anschlußpads – vom Hersteller vorgefertigt wird, gibt es bei Standardzellen ICs keine Vorfertigung. Beim Entwurf von integrierten Schaltungen mit *Standardzellen* stellt der Hersteller softwaremäßig definierte Funktionseinheiten in einer Zellenbibliothek zur Verfügung, z.B. NAND–Glieder, Flipflops, Register, Zähler. Diese Funktionszellen und die erforderlichen Verdrahtungskanäle werden flächenoptimiert auf einer nicht fest vorgegebenen Chipfläche plaziert. Die erforderliche Gesamtchipfläche ist von der Anzahl der zu realisierenden Funktionseinheiten abhängig. Es gibt zwei Architekturen von Standardzellen ICs:

– *Konventionelle Architektur*
Die Zellen haben auf dem Chip gleiche Höhe, die Breite der Zellen unterscheidet sich je nach Komplexität der Funktionseinheiten.

– *Strukturierte Architektur*
Die Höhe und Breite der Zellen sind variabel und richtet sich nur nach der Komplexität der zu realisierenden Funktionseinheit, z.B. Register, Speicher, ALU oder Verknüpfungsglieder. Die Funktionseinheiten werden nach einem Flurplan, d.h. der flächensparendsten Anordnung und zweckmäßigsten Verdrahtung plaziert. Abbildung 7.9 zeigt den prinzipiellen Aufbau von Standardzellen ICs.

Alle Fertigungsschritte von Standardzellen ICs werden anwendungsspezifisch durchgeführt. Die Herstellung aller Lithographiemasken wird auf eine vorgegebene Anwendung abgestimmt. Die große Einflußnahme des Anwenders beim Entwurf von Standardzellen–ICs hat einen aufwendigeren Herstellungsprozeß zur Folge, demgegenüber steht eine fast optimale Ausnutzung.

– *Vollkundenspezifische ICs*
Vollkundenspezifische integrierte Schaltungen werden vollständig nach den Angaben des Anwenders entworfen und hergestellt. Es gibt keine Vorgaben seitens des Herstellers. Bis zum Layout des einzelnen Transistors werden diese Bausteine nach Vorgaben des Anwenders entworfen. Vollkundenspezifische ICs gewährleisten optimales Verhalten entsprechend der Zielvorgabe. Die Entwicklungszeiten sind sehr lang. Vollkundenspezifische ICs eignen sich für extrem hohe Produktionsstückzahlen und für Schaltkreise mit besonderen technischen Anforderungen.

7.2 Herstellung

Unter Herstellung von integrierten Schaltungen verstehen wir die Prozeßschritte zur Realisierung der Layoutdaten auf einer Siliziumscheibe. Die Summe dieser Prozeßschritte kann in vier Bereiche unterteilt werden:

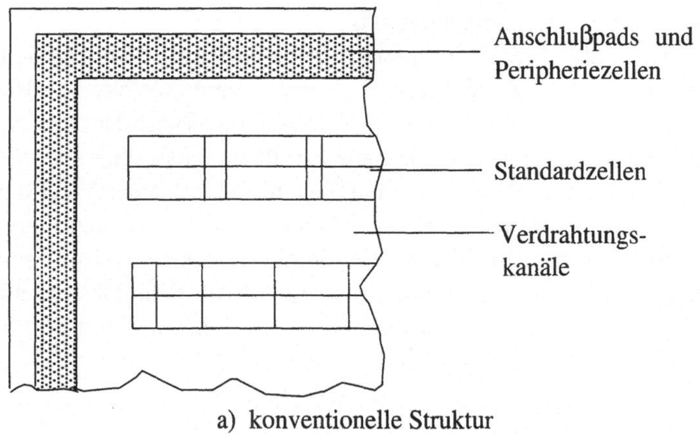

a) konventionelle Struktur

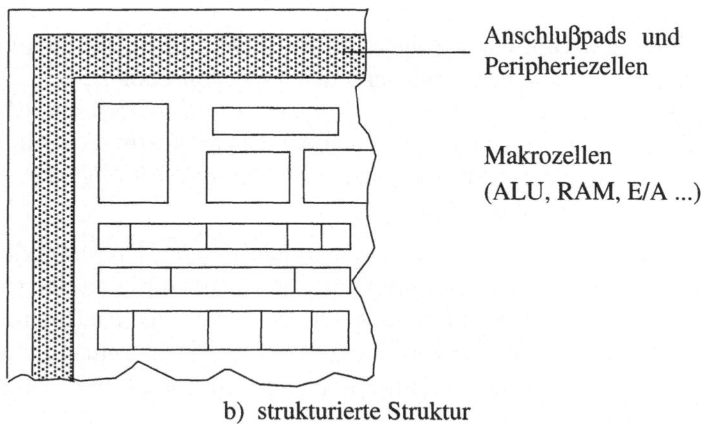

b) strukturierte Struktur

Abb. 7.9. Struktur von Standardzellen

– Herstellung der Siliziumscheibe

– Herstellung der Masken

– Scheibenprozesse

– Montageprozesse

Der Ablauf der Herstellungsprozesse ist in Abb. 7.10 dargestellt. Aus der
Abbildung ist ersichtlich, dass die beiden Prozesse Herstellung der Siliziumscheibe und Herstellung der Masken parallel ablaufen und die Produkte beider Prozesse in den Scheibenprozessen weiterverarbeitet werden.

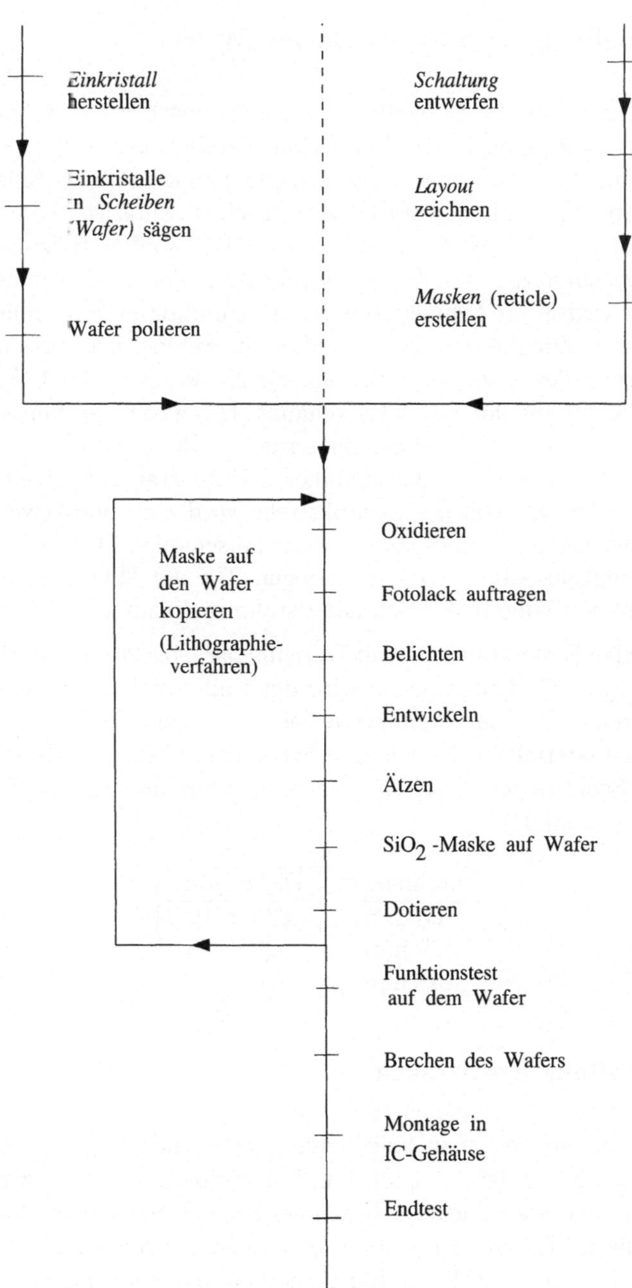

Abb. 7.10. Prozeßschritte zur Herstellung integrierter Schaltungen

7.2.1 Herstellung der Siliziumscheibe (Wafer)

Das Rohmaterial für die Herstellung von Siliziumscheiben ist Quarzit. Zuerst wird im Bogenofen durch Reduktion metallurgisches Silizium gewonnen und dann durch thermische Zersetzung polykristallines Silizium. Das stabförmige polykristalline Material wird in einen Einkristall umgewandelt. Beim Czochralski (CZ) Verfahren wird das polykristalline Silizium in einem Quarztigel geschmolzen. Ein Keim (Impfkristall) der gewünschten Kristallorientierung wird in die Schmelze eingetaucht und dann kontrolliert herausgezogen. Durch Zugabe von Dotierstoffen zur Schmelze kann eine gezielte Grunddotierung des gesamten Kristalls erreicht werden. Das CZ–Verfahren wird auch Ziehen aus der Schmelze genannt. Das zweite Verfahren zur Einkristallzüchtung ist das *tiegelfreie Zonenziehen*. Bei diesem Verfahren wird ein vertikal angeordneter polykristalliner Siliziumstab mit einem Keim in Verbindung gebracht. Um die Kontaktstelle wird eine induktive Heizspule gelegt, die das Keimende und das Stabende aufschmilzt. Dann wird die Heizspule berührungslos über den Stab gezogen. Bei der Wiedererstarrung der aufgeschmolzenen Zone bildet sich einkristallines Silizium.

Zur Zeit werden Einkristallstäbe mit Durchmessern bis 20 cm und einer Länge bis 50 cm hergestellt. Durch Sägen wird der Einkristall in einzelne Scheiben (Wafer) getrennt und zur Weiterverarbeitung poliert. Diese Scheiben sind das Ausgangsmaterial für die weiteren Scheibenprozesse zur Herstellung der integrierten Schaltungen. Typische Werte für Durchmesser und Dicken von Siliziumscheiben sind:

Durchmesser	Dicke (μm)
100 mm	525 ± 10
125 mm	625 ± 10
150 mm	675

7.2.2 Herstellung der Masken

Als Maske bezeichnet man jede strukturierte Abdeckschicht (maskierende Schicht), die eine selektive Diffusion, Ionenimplantation, selektives Ätzen oder Aufdampfen einer darunter liegenden Schicht ermöglicht. Meistens ist es ein Photolack, der durch Belichten und nachträgliche chemische Behandlung strukturiert wird. Als Bestrahlungsmethoden benutzt man die Lithographie[3] oder Elektronenstrahlschreiber. Zur Herstellung der Maske verwendet man einen Träger (z.B. Glas) der mit einer dünnen, harten, für ultraviolettes Licht undurchlässigen Schicht (z.B. Chrom) beschichtet ist. Auf diese Schicht wird Photolack aufgebracht. Der Lack und die darunterliegende

---

[3] Photo–Ätztechnik

Chromschicht sind noch nicht strukturiert. Beim Einsatz von Elektronenstrahlscheibern ist der Photolack elektronenempfindlich. Bei der Lithographie muss er lichtempfindlich sein. Die Daten des Layouts dienen zur Ansteuerung des Elektronenstrahlschreibers. Nachdem der Elektronenstrahl die Geometrie des Layouts auf die elektronenempfindliche Lackschicht übertragen hat, wird diese entwickelt und der mit "Elektronenstrahlen" belichtete Lack entfernt. Dann werden die Chrombereiche, welche nicht mit Lack bedeckt sind, weggeätzt. Der verbleibende Lack wird entfernt. Von dieser Originalmaske werden Arbeitskopien angefertigt. Abbildung 7.11 zeigt den Aufbau einer Maske (Reticle) mit einer Schutzvorrichtung, genannt Pellicle.

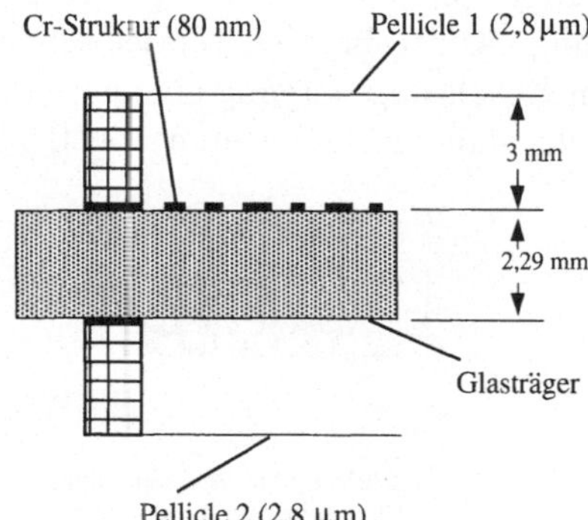

Abb. 7.11. Reticle mit Pellicles

7.2.3 Scheibenprozesse

Scheibenprozesse sind die verschiedenen Einzelprozesse zur Erzeugung der geometrisch begrenzten Zonen und Schichten auf/im Halbleitersubstrat, die nach Art und Konzentration unterschiedlich dotiert werden, oder auf die ein Material unterschiedlicher Leitfähigkeit aufgebracht wird. Die verschiedenen Einzelprozesse lassen sich in zwei Gruppen zusammenfassen, Prozesse zur

– Strukturübertragung (Lithographie, Elektronenstrahlschreiber)

– Dotierung und Materialaufbringung

Je nach Maskensatz werden diese Einzelprozesse wiederholt durchgeführt. Der Maskensatz, d.h. die Anzahl der Einzelmasken ist abhängig von der herzustellenden Schaltkreisfamilie.

Strukturübertragung. Bei der Strukturübertragung wird das Muster der Maske auf die Siliziumscheibe übertragen. Ein sehr häufig angewandtes Verfahren ist die Lithographie, Photolithographie, Elektronenstrahllithographie, Ionenstrahllithographie und Röntgenlithographie.

– *Photolithographie*
Sie beruht auf der *lichtoptischen Abbildung*. Dabei passiert die von einer Quelle emittierte Strahlung die Maske, deren unbeschichtete Gebiete die Strahlung auf den Photolack durchlässt. Der Photolack ist ein Polymer, das empfindlich auf Licht, Elektronenstrahlen oder Röntgenstrahlen reagiert. Es gibt positive und negative Lacke. Bei positiven Lacken werden die bestrahlten Stellen entfernt und bei negativen Lacken die nicht bestrahlten. Die Strahlung ändert die Materialeigenschaften des Photolacks und erlaubt eine selektive Entfernung der bestrahlten Gebiete. Die Wellenlänge des benutzten Lichtes liegt im UV–Bereich (100 nm – 450 nm). Nach dem Belichtungsverfahren unterscheidet man: Kontaktbelichtung, Proximity–Belichtung (Abstand zwischen Maske und Photolack 10 – 70 μm), und verkleinernde Projektionsbelichtung. Außer bei der verkleinernden Projektionsbelichtung wird mit einem Belichtungsvorgang eine ganze Scheibe belichtet. Mit der Photolithographie können Strukturen von 0,5 – 2 μm hergestellt werden.

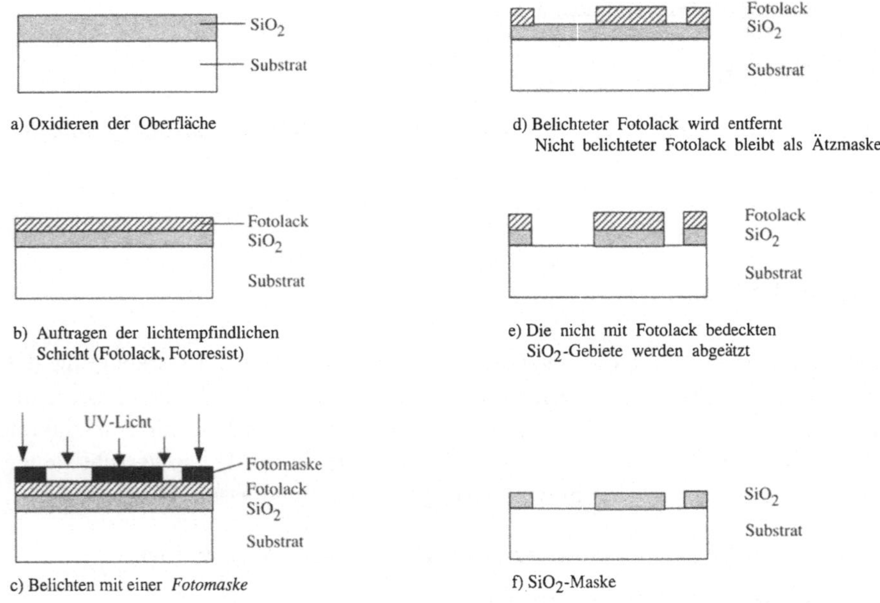

Abb. 7.12. Prozeßschritte beim Lithographieverfahren

– *Elektronenstrahllithographie*
Sie beinhaltet sowohl die *maskenlosen* Verfahren (Direktschreiben mit einem fein gebündelten und ablenkbaren Elektronenstrahl) als auch Bestrahlungsmethoden wie Proximity–Belichtung, und verkleinernde Elektronenprojektion. Beim Direktschreiben (Elektronenstrahlschreiber) wird der

Elektronenstrahl mit Hilfe eines Rechners gesteuert. Der Scheibendurchsatz ist bei diesem Verfahren gering (1 Scheibe pro Stunde). Anwendung findet das Verfahren bei der Herstellung von Masken für hochintegrierte Schaltkreise (VLSI). Bei Wellenlängen von 0,01 nm (Beschleunigungsspannung der Elektronen 10–20 KV) treten keine Beugungseffekte mehr auf. Deshalb ist eine Übertragung von Maskenstrukturen mittels Belichtung mit einem parallelen Elektronenstrahl bis zu einer Auflösung von unter $0,2\,\mu$m möglich.

– *Ionenstrahllithographie*
Eine Alternative zur Elektronenstrahllithographie stellt die Ionenstrahllithographie dar. Dabei kommen ebenfalls drei Arten der Belichtung zum Einsatz: maskenlose Punkt zu Punkt–Belichtung wie beim Elektronenstrahlschreiber, Proximity–Belichtung und Projektionsbelichtung.

– *Röntgenlithographie*
Röntgenstrahlen haben eine wesentlich geringere Wellenlänge als Lichtstrahlen, sie liegt im Bereich von 1–5 nm (UV–Licht 100–500 nm). Deshalb lassen sich Strukturen von $0,2 - 0,3\,\mu$m herstellen. Die Belichtung erfolgt nach dem Schattenprojektionsverfahren (Proximity–Belichtung, Abstand Maske–Wafer $70\,\mu$m). Als Röntgenstrahlquelle benutzt man Synchrotronstrahlung bei einer Wellenlänge von 1,2 nm. Die Belichtung des gesamten Wafer geschieht nach dem *step and repeat* Verfahren. Wegen der hohen Auflösung eignet es sich für hochintegrierte Schaltkreise (VLSI).

Abbildung 7.12 zeigt die Prozeßschritte des Lithographieverfahrens. In Tabelle 7.2 sind die Strukturgrößen und der Scheibendurchsatz pro Stunde der verschiedenen Lithographieverfahren zusammengestellt [Paul, 1985].

Verfahren zur Materialaufbringung und Dotieren. Die Dotierstoffe sowie Isolier– und Metallschichten können durch die folgenden Verfahren aufgebracht werden:

– *Oxidation*
Bei diesem Verfahren bringt man eine Charge, das sind 10–50 Scheiben, in einen Ofen und oxidiert die Siliziumfläche bei Temperaturen zwischen 850^{0}C und 1000^{0}C, dabei wächst die Oxidschicht, z.B. $Si\,O_2$, auf dem Substrat auf.

– *Abscheidungsprozesse*
Abscheidungsprozesse werden gewöhnlich bei reduziertem Druck aus der Gasphase durchgeführt. Damit können amorphe, polykristalline und einkristalline Schichten erzeugt werden. Wird die Kristallstruktur des Substrats exakt in der abgeschiedenen Schicht beibehalten, dann spricht man von *Epitaxie*. Bei dem epitaktischen Aufwachsprozeß werden die Dotieratome in die entstehende Kristallschicht mit eingebaut. Das Verfahren ermöglicht es auf einem stark dotierten Einkristall eine schwach dotierte Schicht mit

| Verfahren | Minimale Strukturgröße | | Scheiben- |
| | physikalisch | praktisch | durchsatz |
	μm	μm	pro Stunde
Lichtlithographie			
– Kontakt	1	1	50 – 100
– Abstand	2	3,5	50 – 100
– Projektion	1	2	20 – 50
– Wafer Step 1:1	0,8	1,5	35
– Wafer Step 10:1	0,5	1,2	25
Elektronenlithographie	0,1	0,5 – 0,8	<10
Röntgenlithographie	0,1	0,5	10 – 20
– Wafer Step 1:1	0,1	0,3	<3
Ionenlithographie	<0,1	0,3	

Tabelle 7.2. Strukturgrößen und Scheibendurchsatz verschiedener Lithographieverfahren

entgegengesetzter Leitfähigkeit zu erzeugen. Epitaktische Schichten sind *unkompensierte*, einkristalline Schichten, die nur die gewünschten Dotieratome enthalten. Bestehen Substrat und Epitaxieschicht aus dem gleichen Material, dann spricht man von Homoepitaxie; sind sie aus unterschiedlichem Material, so spricht man von Heteroepitaxie. Metallschichten, hauptsächlich Aluminium, werden durch physikalische Abscheidung (ohne chemische Reaktion) aus der Gasphase abgelagert. SiO_2, Si_3N_4, einkristallines und polykristallines Silizium werden durch chemische Abscheidung (chemische Reaktion in der Nähe der Substratoberfläche) aufgebracht.

– *Diffusion*
Als Diffusion bezeichnet man ganz allgemein einen *temperatur*abhängigen Ausgleichsvorgang von Konzentrationsunterschieden. Auf dieser Tatsache beruht auch die Störstellendiffusion, die Diffusion von Fremdatomen in den Halbleiterkristall. Dabei nehmen die Dotieratome die Gitterplätze der Substratatome ein, d.h. es findet ein Platztausch im Kristallgitter statt. Die Diffusion läuft in einem Diffusionsofen bei einer Temperatur von $900-1200^0$ ab. Die Tiefe der Diffusion wird über die Temperatur und Diffusionsdauer geregelt. Die Störstellendiffusion wird bei bereits dotiertem Silizium vorgenommen. Ein durch Störstellendiffusion erzeugter *pn*-Übergang be-

ruht auf der Überkompensation der vorhandenen Störstellenkonzentration. Da alle Dotierprozeßschritte von einer Ebene aus vorgenommen werden, steigt bei Zonenfolgen mit abwechselndem Leitungstyp die Dotierung von Zone zu Zone immer stärker an.

– *Ionenimplantation*

Die Ionenimplantation ist das wichtigste Verfahren zur Dotierung von Halbleitern; in der VLSI–Technik wird ausschließlich durch Ionenimplantation dotiert. Die Ionenimplantation erfolgt in einem Ionenbeschleuniger, einer Ionenquelle, in der die Ionen der gewünschten Dotiersubstanz (z.B. Bor, Arsen, Phosphor, u.a.) hergestellt werden. Die Beschleunigungsenergie kann zwischen einigen Kiloelektronenvolt (KeV); und einigen Megaelektronenvolt (MeV) liegen. Die Eindringtiefe der Ionen hängt von der Energie und der Masse der Ionen und der Masse der Atome des Substrats ab. Aufgrund der geringen Eindringtiefe (kleiner als 1 μm) ist die Dotierung durch Implantation auf oberflächennahe Schichten begrenzt. Weil mit der Ionenimplantation Schichten mit steilen Dotierprofilen realisiert werden können, eignet sich dieses Verfahren besonders zur Herstellung von Bauelementen mit sehr kleinen Dimensionen. Die Implantation (Ionenbeschuß) erzeugt im Kristallgitter Störungen, die durch *Tempern* bei $900-100^0$C (Rekristallisation des Kristallgitters und Einbau der implantierten Ionen auf die Gitterplätze) ausgeheilt werden.

Basistechniken zur Herstellung integrierter Schaltungen. Basistechniken sind die Prozeßschritte zur Herstellung der verschiedenen Halbleiterbauelemente (Kapitel 2). Grundmatrial für die Herstellung integrierter Halbleiterbauelemente ist Silizium oder Galliumarsenid. Auf Siliziumbasis werden hergestellt:

– bipolare Bauelemente, Transistoren, Dioden

– MOS–Übergänge und daraus abgeleitete Bauelemente
  MOS–FET, MOS–Kondensatoren, MOS–Widerstände.

Grundlage der verschiedenen integrierten Halbleiterbauelemente und ihrer spezifischen Eigenschaften sind die Basistechniken:

– *Bipolartechnik*

Darunter versteht man die Herstellungstechnik für bipolare Bauelemente in integrierten Schaltungen auf der Grundlage der Epitaxie–Planartechnik. Die einzelnen Bauelemente der Schaltung befinden sich in isolierten Inseln, die entweder durch sperrgepolte *pn*–Übergänge oder dielektrische Schichten (z.B. SiO_2) gebildet werden.

Das Grundsubstrat ist schwach p–leitend. Darauf wird durch Diffusion/Implantation eine hochdotierte *vergrabene* n^+–Insel (Subkollektor) eingebaut, um den Kollektorbahnwiderstand niedrig zu halten. Dann lässt man durch

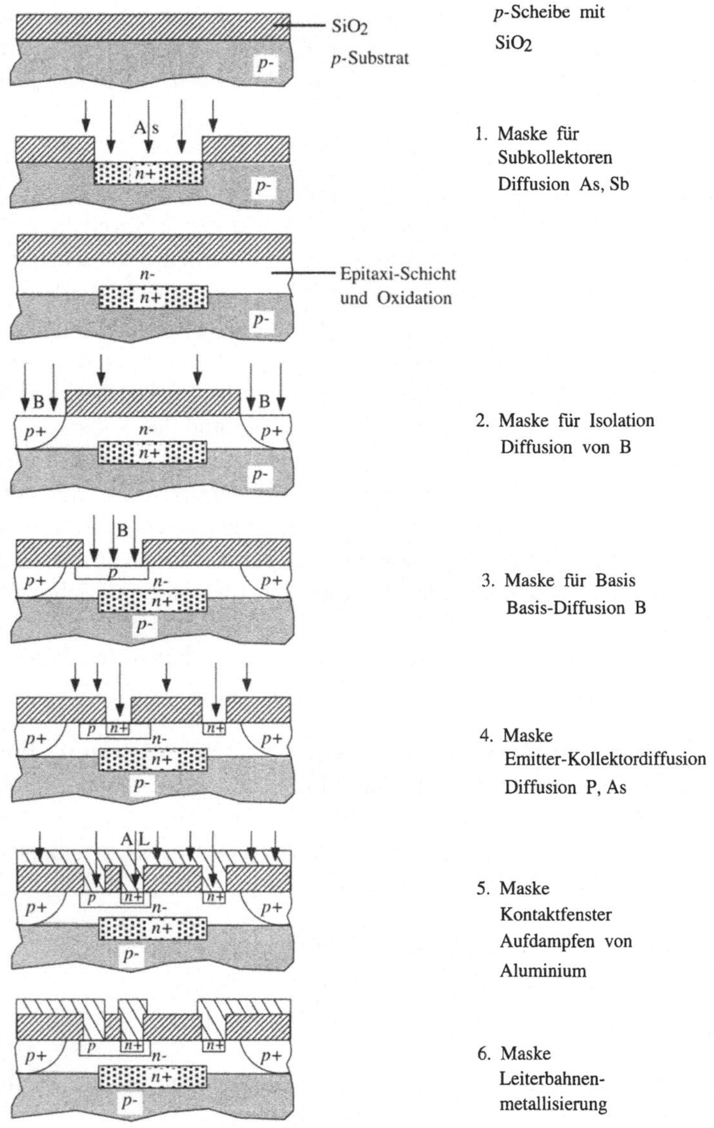

Abb. 7.13. Prozeßschritte zur Herstellung eines NPN–Transistors

Epitaxie eine schwach dotierte n–Schicht aufwachsen. In die Epitaxieschicht wird durch Diffusion/Implantation die Basis–, Emitter– und Kollektorschicht eingebaut. Im letzten Prozeßschritt werden die metallischen Leiterbahnen z.B. Aluminium aufgebracht. In Abb. 7.13 sind die Prozeßschritte zur Herstellung eines NPN–Bipolartransistors dargestellt.

– *MOS–Technik*

Die MOS–Technik hat gegenüber der Bipolartechnik den Vorteil, dass sie selbstisolierend ist. Deshalb ist der MOS–Transistor für die Integration ein platzsparendes Bauelement. Andere Vorteile sind: leistungslose Ansteuerung, kleinerer Flächenbedarf, und möglicher Einsatz als Lastwiderstand d.h. MOS–Transistoren können die diffundierten Widerstände der Bipolartechnik ersetzen. Abbildung 7.14 zeigt die Prozeßschritte zur Herstellung eines CMOS–FET.

– *Varianten von Basistechniken*

Die SOS–Technik (Silicon On Sapphire) ist eine Variante der CMOS–Technik. Statt Halbleitermaterial als Substrat wird ein Isolator (Saphir) verwendet.

Bei der SOI–Technik (Silicon On Insulator) wird ein amorphes Substrat benutzt.

Integrationsgrad. Der Integrationsgrad ist ein Maß für die Zahl der auf einem Chip realisierten Bauelemente oder Funktionselemente (FE). Seit der Entwicklung der ersten integrierten Schaltung um 1960 konnte der Integrationsgrad durch Verkleinerung der Strukturen ständig erhöht werden. Abbildung 7.15 zeigt die zeitliche Entwicklung des Integrationsgrades am Beispiel von Speicherbausteinen. Aus der zeitlichen Entwicklung der Integrationstechnik entstand folgende Einteilung:

– Kleinintegration, SSI (Small Scale Integration) mit bis zu 10 FE (Funktionseinheiten) pro Chip

– Mittelintegration, MSI (Medium Scale Integration) mit bis zu 10^3 FE pro Chip

– Großintegration, LSI (Large Scale Integration) mit bis zu 10^5 FE pro Chip

– Größtintegration, VLSI (Very Large Scale Integration) mit bis zu 10^6 FE pro Chip

– Ultragrößtintegration, ULSI (Ultra Large Scale Integration) mit deutlich mehr als 10^6 FE pro Chip

– Scheibenintegration WSI (Wafer Scale Integration). Hier nimmt die integrierte Schaltung die ganze Halbleiterscheibe ein. Die Zahl der FE liegt im LSI- oder VLSI–Bereich.

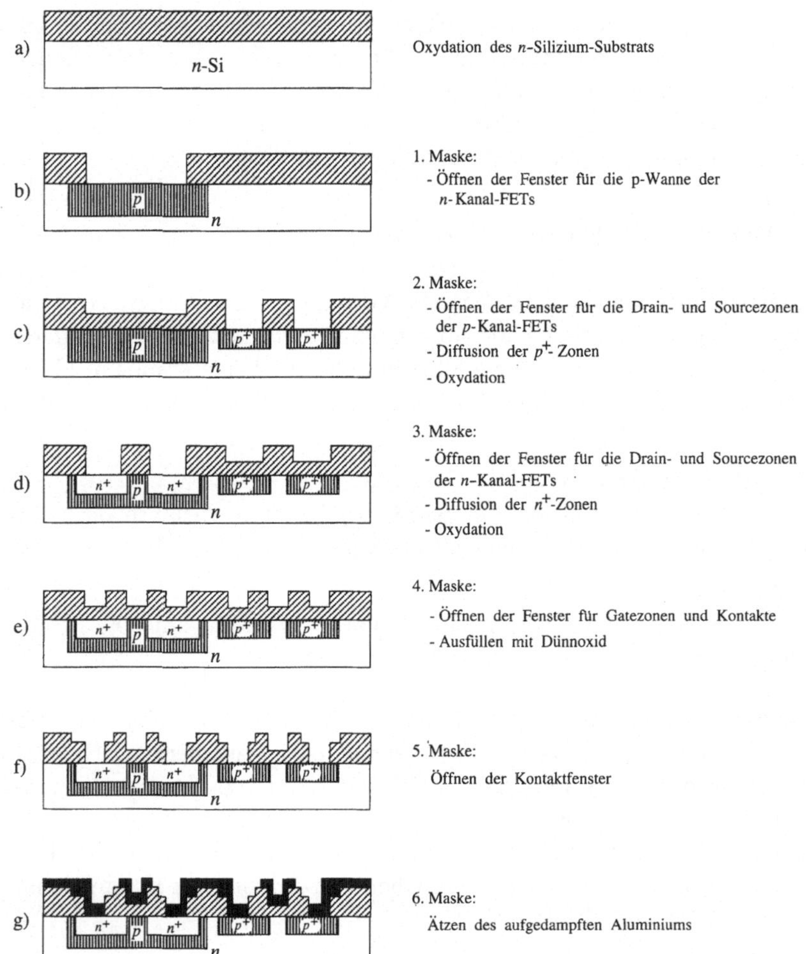

Abb. 7.14. Prozeßschritte zur Herstellung eines CMOS–Inverters

Ob der Trend zu immer höherer Integration durch kleinere Strukturen anhält, wird durch die Möglichkeit der Technik bestimmt. Grenzen sind durch die Physik gegeben. Sie beruhen auf den Eigenschaften der verwendeten Halbleitermaterialien oder auf Naturgesetzen. Die wichtigsten sind:

Geometrische Grenzen: Für die Funktionsfähigkeit von Bauelementen dürfen Minimaldimensionen nicht unterschritten werden; z.B. die Raumladungszone von pn-Übergängen bei bipolaren Transistoren beträgt etwa $0{,}03\,\mu$m und die Kanallänge von FETs etwa $0{,}01\,\mu$m. Damit lässt sich eine minimale Transistorfläche von $2\,\mu$m^2 abschätzen [Folbert, 1978]. Das führt zu einer maximalen Packungsdichte von $5 \cdot 10^7$ Transistorfunktionen pro cm^2.

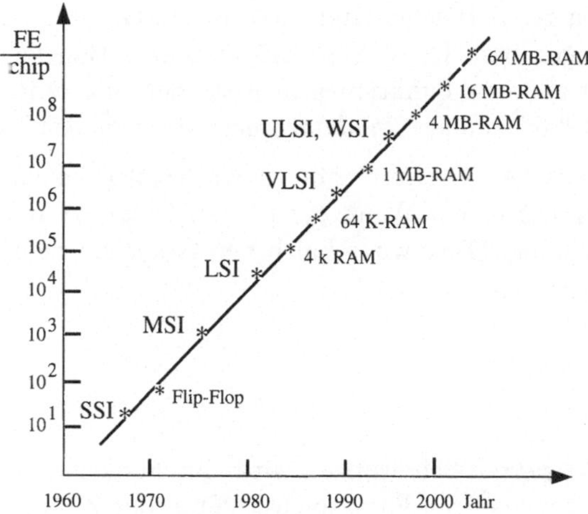

Abb. 7.15. Zeitliche Entwicklung des Integrationsgrades (FE: Speicherbausteine)

Thermische Grenzen: Bei jedem Schaltvorgang entsteht Wärme durch die Widerstandseigenschaften der Leitungen und Bauelemente in den ICs. Wenn diese ohmschen Verluste je Schaltvorgang auch sehr klein sind, so addieren sie sich doch zeitlich und räumlich zu beachtlichen Werten, da in den ICs viele Schaltvorgänge in kurzer Zeit und auf kleinem Raum ablaufen. Für einige Schaltkreisfamilien sei die pro Schaltvorgang in Wärme umgewandelte Energie in Pico Joule[4] angegeben: Standard-TTL 100 pJ, Si–NMOS 1 pJ und Si–CMOS 0,1 pJ. Die Verlustleistungsdichte bleibt auch bei höherer Integration (in Watt/cm^2) etwa gleich. Für die Wärmeableitung (Kühlung) in Hochleistungscomputern mit hochintegrierten ICs und hoher Rechenleistung müssen spezielle Kühlsysteme verwendet werden. Deshalb gibt es Versuche für den Betrieb bei tiefen Temperaturen, z.B. Verwendung von *supraleitenden* Verbindungen.

Elektrische Grenzen: Es gibt heute schon Bauelemente, die kürzere Schaltzeiten haben als die Signallaufzeiten auf den Leitungen im IC oder zwischen den ICs (Signallaufzeit für 10 cm Leitung ist etwa 0,5 ns, Schaltzeit von GaAs – HEM Transistor 2,7 p sec). Die Signallaufzeiten auf den Leitungen lassen sich aufgrund der konstanten Lichtgeschwindigkeit nicht beliebig verkleinern.

Bei der Verkleinerung der Strukturen werden auch die Spannungspegel reduziert. Der Spannungshub darf aber nicht kleiner werden als das *thermische* Rauschen. Die Stromstärken werden ebenfalls linear verkleinert, die Querschnitte der Leiterbahnen jedoch quadratisch (Breite und Dicke). Daher nimmt die *Stromdichte* in den Leiterbahnen zu. Zu hohe Stromdichten können die Atome der Leiterbahn *wegschwemmen*, was zur Ausfallursache einer integrierten Schaltung bei erhöhter Umgebungstemperatur führen kann.

---

[4] 1 Pico Joule = 1pJ = 10^{-12}Ws

Die angegebenen geometrischen und thermischen Grenzen sind für bekannte Bauelemente angegeben. Es ist aber möglich, dass Bauelemente entwickelt werden, die auf anderen Funktionsprinzipien beruhen (z.B. Quanteneffekt-Transistor) und daher andere *fundamentale Begrenzungen* haben.

Neben technologischen Grenzen gibt es wirtschaftliche Grenzen. Von der Gesamtzahl, der auf einem Wafer gefertigten Chips ist nur ein Teil (Ausbeute) funktionsfähig. Diese wirtschaftlichen Grenzen scheinen eher erreicht als die technologischen.

7.2.4 Test

Im Test von integrierten Schaltungen wird eine Funktionseinheit darauf hin geprüft, ob das tatsächliche Funktionsverhalten der Zielvorgabe entspricht. Tests werden durchgeführt beim Entwurf (Simulation), bei der Herstellung (an Prototypen), an dem fertigen Wafer und am montierten IC. In diesem Abschnitt sollen einige Aussagen gemacht werden, die sich auf den Test der Schaltung auf dem Wafer und den montierten IC beziehen.

Beim Herstellungsprozeß von integrierten Schaltungen sind auf einer Siliziumscheibe (Wafer) eine Vielzahl von identischen Schaltkreisen zellenförmiger Anordnung untergebracht.

Bevor die Trennung der einzelnen ICs durchgeführt wird, werden die Einzelschaltungen geprüft. Diese Prüfung bezeichnet man als *Waferprüfung*. Hierzu benutzt man einen *Waferprober*, d.h. einen Messkopf mit Prüfspitzen. Die Prüfspitzen werden mit den Messpunkten der Schaltung kontaktiert und mit einem Prüfsystem der Test durchgeführt. Defekte Schaltungen werden mit einem Tintenspritzer gekennzeichnet und bei der Montage ausgesondert.

Fehlerursachen und Fehlerarten. Fehler in integrierten Schaltungen können in der Entwurfsphase und beim Herstellungsprozeß entstehen. Entwurfsfehler werden durch die Simulation überprüft. Ursachen für Fehler bei der Herstellung sind:

- Schäden an den Masken

- Fehler bei der Justierung der Masken

- ungleichmäßige Dotierung

- ungleichmäßiges Ätzen

- Kristallfehler, u.a.

Fehler, die durch diese technischen Mängel verursacht werden, führen zu einem ständigen Fehlverhalten der integrierten Schaltung. Dabei unterscheidet man statische und dynamische Fehler. Statische Fehler sind vor allem Haftfehler oder *stuck-at-Fehler*. Das sind Fehler, bei denen der Wert einer Variablen an der Fehlerstelle ständig auf einem Pegel haftet oder festhängt. Hängt er auf 0–Pegel, wird der Fehler stuck–at–0 (kurz *sa 0*) bezeichnet, hängt er auf 1–Pegel, wird der Fehler stuck–at–1 (*sa 1*) bezeichnet.

Mit dem Begriff dynamische Fehler wird das Fehlverhalten bezeichnet, das durch Hazards und Races, durch zu flache Signalflanken, durch *Übersprechen*, Influenz und Induktion bei paralleler Leitungsführung entsteht.

Teststrategien. Die Vorgehensweisen zur Funktionsprüfung digitaler Schaltungen unterscheiden sich je nach Komplexität der Schaltung erheblich. Einfach Schaltungen, Schaltnetze oder Schaltwerke können *direkt* mit Testmustern (Testvektoren) geprüft werden. Ein *Testmuster* für eine digitale Schaltung ist eine derartige Belegung der Eingangsvariablen, dass ein Fehler in der Schaltung das Ausgangssignal gegenüber dem fehlerfreien Fall verändert [Sautter, 1990]. Ein vollständiger Test eines Schaltnetzes mit n Eingängen erfordert 2^n Testmuster, bei Schaltwerken mit n Eingängen und m Speichergliedern sind $2^{(n+m)}$ Testmuster nötig. Berücksichtigt man die Testzykluszeit (z.B. $1\,\mu$s), dann würde z.B. die gesamte Testzeit für ein Schaltwerk mit $m + n = 45$ bereits länger als ein Jahr dauern.

Statt komplexe Schaltungen direkt zu testen, kann man den Testvorgang durch zusätzliche auf dem IC integrierte Testschaltungen unterstützen. Ein häufig eingesetztes Verfahren ist der *Prüfbus* (*scan–path*). Dabei werden getaktete Schaltwerke zwischen dem Schaltnetz und den Speichergliedern auftrennbar gemacht. Über einen seriellen Pfad werden die Speicherglieder in einen definierten Ausgangszustand gesetzt (*scan–in*). Dann werden im normalen Modus taktabhängig neue Zustände generiert. Der Wert des zuletzt erreichten Zustandes wird sequentiell ausgelesen (*scan–out*) und mit dem Wert des Soll–Zustandes verglichen.

Ein anderes Verfahren ist der *Blocktest* oder Schaltungsaufteilung. Dabei wird eine komplexe Schaltung in Funktionseinheiten unterteilt. Getestete Funktionseinheiten werden zum Testen anderer Einheiten mit benutzt. Ist z.B. eine ROM–Einheit getestet, dann kann mit der Information im ROM die CPU–Einheit getestet werden. Teststrategien werden in [Wojtkowiak, 1988] ausführlich behandelt.

Testsysteme. Der Test integrierter Schaltungen wird wie der Schaltungsentwurf rechnergestützt durchgeführt (Computer–Aided–Testing, CAT). Zu einem Testsystem gehören ein Testprogramm und ein Testgerät (Tester). Das Testprogramm steuert die Testdurchführung. Es führt folgende Teilfunktionen aus:

– Zuordnung von Testerkanälen und Prüflingsanschlüssen

– Eingabe der Testmuster in die Schaltung

– Festlegung von Spannungswerten, Frequenzen und Zeiten

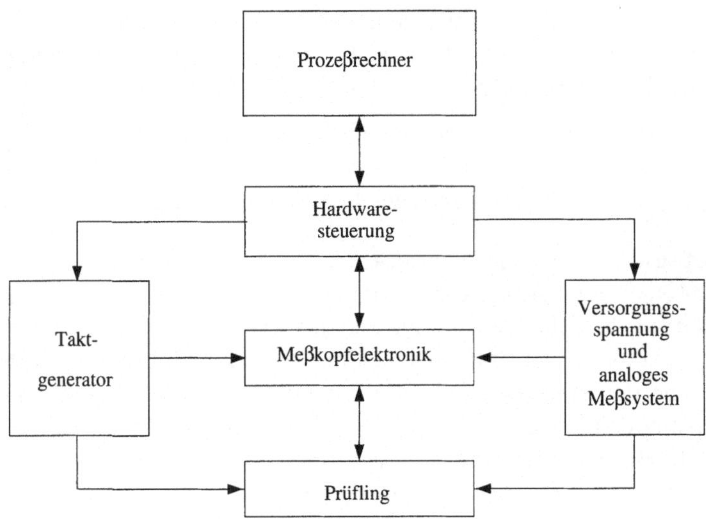

Abb. 7.16. Aufbau eines Testgerätes

Der prinzipielle Aufbau eines Testgerätes ist in Abb. 7.16 dargestellt.

Das Kernstück eines Testsystems ist ein Prozeßrechner mit der notwendigen Peripherie, Terminal und Plattenspeicher. An den Prozeßrechner ist die Testhardware angeschlossen. Sie umfaßt die zentrale Steuerung der Spannungsversorgung, der Einheit zur variablen Takterzeugung und der Elektronik für den Messkopf und die Prüfspitzen. Die Versorgungseinheit liefert die Spannung für den Prüfling und den Messkopf. Das analoge Messsystem enthält Messgeräte für den Betriebsstrom des Prüflings und für die Eingangs– und Ausgangsströme einzelner Prüfspitzen. Im Taktgenerator werden die Signale für die zeitliche Steuerung des Tests erzeugt, Signale verschiedener Frequenz und unterschiedlichem Taktverhältnis.

7.2.5 Montage

Nach der Waferprüfung wird die Siliziumscheibe mit einem Diamantstichel entlang von *Ritzgräben* geritzt und in rechteckförmige Chips zerteilt. Die Kantenlänge der Chips beträgt von einigen Millimetern bis 10 mm. Zum Schutz gegen mechanische Zerstörung und zur besseren Handhabung werden die Chips in ein Gehäuse montiert. Der Montageprozeß wird in drei Schritten durchgeführt und als *Bonden* bezeichnet:

- Auflegieren der Chips auf den Montagerahmen (Chip–Bonden)
- Verbindung der Kontaktgebiete des Chips mit den nach außen führenden Kontakten des Montagerahmens (Drahtbonden)

– Verpressen der kontaktierten Chips mit Kunststoff

Die Gehäuse und Montagerahmen unterscheiden sich nach Bauform und Geometrie. Typische Bezeichnungen sind:

– SIL (Single–In–Line) einreihige Stiftgehäuse
– DIL (Dual–In–Line) zweireihige Gehäuse mit bis zu 64 Anschlüssen
– QIL (Quad–In–Line) Gehäuse mit jeweils versetzt abgebogenen zwei Anschlußreihen. Sie brauchen etwa 30% weniger Platz als DIL
– FP (Flat–Pack) Flächengehäuse mit bis zu 200 Anschlüssen
– CC (Chip–Carrier) Gehäuse mit und ohne Anschlüsse.

Abkürzungen

ALU Arithmetic Logic Unit

ASIC Application Specific Integrated Circuit

BCD Binary Coded Decimal

CAD Computer Aided Design

CMOS Complementary Metal Oxid Semiconductor

CLAG Carry Look Ahead Generator

CZ Czochralski Verfahren

DRAM Dynamic RAM

DNF Disjunktive Normalform

ECL Emitter Coupled Logic

EEPROM Electrically EPROM

EPROM Erasable PROM

EZS Erzeugerzählsystem

FET Feldeffekt Transistor

FF Flipflop

FSK Frequency Shift Keying, Frequenzsprungmodulation

GAL Generic Array Logic

HA Halbaddierer

IC Integrated Circuit

I^2L Integrated Injection Logic

JEDEC Joint Electronic Devices Engineering Council

JFET Junction FET

KNF Konjunktive Normalform

KV Karnaugh Veitch (Diagramm)

LASER Light Amplification by Stimulated Emission of Radiation

LDR Light Dependent Resistor

LED Light Emitting Diode, Photodiode

LSB Least Significant Bit

LSI Large Scale Integration

LWL Lichtwellenleiter

MIS Metal Insulator Semiconductor

MOS Metal Oxid Semiconductor

MSB Most Significant Bit

MSFF Master Slave FF

MUX Multiplexer

NMOS n–Kanal MOS Transistor

NTC Negative Temperature Coefficient

PAL Programable Array Logic

PMOS p–Kanal MOS Transistor

PROM Programable ROM

RAM Random Acces Memory

RLZ Raumladungszone

ROM Read Only Memory

SOS Silicon on Sapphire

SPICE Simulation Program with Integrated Circuit Emphasis

SRAM Static RAM

TTL Transistor Transistor Logic

VA Volladdierer

VLSI Very Large Scale Integration

VZS Verbraucherzählsystem

Schaltzeichen für binäre Verknüpfungsglieder

DIN 40700 (ab 1976)	Schaltzeichen Früher	in USA	Benennung
&			UND - Glied (AND)
≥1			ODER - Glied (OR)
1			NICHT - Glied (NOT)
=1			Exklusiv-Oder - Glied (Exclusive-OR, XOR)
=			Äquivalenz - Glied (Logic identity)
&			UND - Glied mit negiertem Ausgang (NAND)
≥1			ODER - Glied mit negiertem Ausgang (NOR)
			Negation eines Eingangs
			Negation eines Ausgangs

Literaturverzeichnis

1. Ameling W. (1974) Grundlagen der Elektrotechnik, Bertelsmann

2. Ammon P. (1988) ASIC–Praxis, Franzis

3. Ammon P. (1985) Gate–Arrays, Hüthig

4. Auer A. (1990) Programmierbare Logik–IC, Hüthig

5. Auth J., Genzow D., Hermann K.H. (1977) Photoelektrische Erscheinungen, Vieweg

6. Bähring Helmut (1994) Mikrorechner–Systeme, Springer

7. Beuth K. (1983) Elektronik, Bd. 1–4, Vogel-Buchverlag

8. Bitterle D. (1991) GALs, Franzis

9. Christiansen P. (1989) Rechnergestütztes Entwickeln integrierter Schaltungen, Vogel Buchverlag

10. Daniels S., Zeissler R. (1982) Massenspeicher, Feltron–Verlag, Troisdorf

11. DIN Deutsches Institut für Normung (1978) Informationsverarbeitung, Taschenbuch 25, Beuth-Verlag

12. Eichler J., Eichler H.J. (1990) Laser, Springer

13. Finkelnburg W. (1967) Einführung in die Atomphysik, 12. Auflage, Springer

14. Folberth C. G., Bleher I. H. (1978) Grenzen der digitalen Halbleitertechnik, Nachrichtentechnische Zeitschrift Bd 31, Heft 10

15. Fricke H., u. a. (1976) Grundlagen der Elektrotechnik, Teubner

16. Giloi W., Liebig H. (1980) Logischer Entwurf digitaler Systeme, 2. Auflage, Springer

17. Gerthsen Ch., Kneser H.O., Vogel H. (1989) Physik, 16.Auflage, Springer

18. Haferstroh J. (1977) Digitale Schaltwerke, Lexika-Verlag

19. Hahn W., Bauer Fr. (1975) Physikalische und elektrotechnische Grundlagen für Informatiker, Springer

20. Hentschke S. (1988) Grundzüge der Digitaltechnik, Teubner

21. Hilberg W. (1981) Impulse auf Leitungen, Oldenbourg

22. Hilberg W. (1982) Grundprobleme der Mikroelektronik, Oldenbourg

23. Hilberg W.,Piloty R. (1981) Grundlagen elektronischer Digitalschaltungen, Oldenbourg

24. Hoffmann R. (1983) Rechenwerke und Mikroprogrammierung, Oldenburg

25. Holleman A. F., Wiberg E. (1971) Lehrbuch der anorganischen Chemie, de Gruyter

26. IEEE (1986) Design und Test, April

27. Institut zur Entwicklung moderner Unterrichtsmedien (1978) Handbuch der Elektronik, Bremen

28. Khakzar H., Mayer A. ,Oetinger R. (1991) Entwurf und Simulation von Halbleiterschaltungen mit SPICE, Expert Verlag, Ehningen

29. Khakzar H., u.a. (1991) Simulation und Synthese logischer Schaltungen, Expert Verlag, Ehningen

30. Klar H. (1993) Integrierte Digitale Schaltungen MOS/BICMOS, Springer

31. Kosack P. (1993) ASIC im Überblick, vde Verlag

32. Lagemann K. (1987) Rechnerstrukturen –Verhaltensbeschreibung und Entwurfsebenen, Springer

33. Laub St. (1992) GAL Data Book, Lattice Semiconductor Corporation

34. Lemme H. (1989) Gallium–Arsenid–ICs im Kommen, Elektronik, Heft 25

35. Löcherer K.-H. (1992) Halbleiterbauelemente, Teubner

36. Motsch W. (1978) Halbleiterspeicher, Bibliographisches Institut, Mannheim

37. Paul R. (1985) Einführung in die Mikroelektronik, Hüthig

38. Paul R. (1981) Elektronische Halbleiterbauelemente, Teubner-Studienskripten

39. Paul R. (1995) Elektrotechnik und Elektronik für Informatiker, Teubner

40. Ramming F. (1989) Systematischer Entwurf digitaler Systeme, Teubner

41. Reisch Michael (1997) Elektronische Bauelemente, Springer

42. Sautter D. , Weinerth H. (Herausgeber) (1990) Lexikon Elektronik und Mikroelektronik, VDI Verlag, Düsseldorf

43. Schiffmann W., Schmitz R. (1999) Technische Informatik 2 - Grundlagen der Computertechnik, 3. Auflage, Springer

44. Schiffmann W., Schmitz R., Weiland J. (2001) Technische Informatik - Übungsbuch, 2. Auflage, Springer

45. Seifart M. (1982) Digitale Schaltungen und Schaltkreise, Hüthig

46. Seifert F. (1988) Elektrotechnik für Informatiker, Springer

47. Shah A. u. a. (1977) Integrierte Schaltungen in Digitalen Systemen, Bd.2, Birkhäuser

48. Schmidt E. (1990) Magneto–optische Plattenspeicher, Elektronik, Heft 20

49. Schmidt V., u.a. (1978) Digitalschaltungen mit Mikroprozessoren, Teubner

50. Siemens AG (1977) Digitale Schaltungen, Datenbuch

51. Siemens AG (1990) Halbleiter

52. Stone S. (1983) Microcomputer Interfacing, Addison – Wesley

53. Tietze U., Schenk Ch. (1980) Halbleiterschaltungstechnik, 5. Auflage, Springer

54. Tholl H. (1978) Bauelemente der Halbleiterelektronik, Teubner

55. Ullman J.D. (1987) Computational Aspects of VLSI, Computer Science Press

56. Waldschmidt K. (1980) Schaltungen der Datenverarbeitung, Teubner

57. Weinert (1990) Schlüsseltechnologie Mikroelektronik, Franzis

58. Weißel R., Schubert F. (1990) Digitale Schaltungstechnik, Springer

59. Wendt S. (1974) Entwurf komplexer Schaltungen, Springer

60. Wirsum S. (1990) Optoelektronik, Franzis – Verlag

61. Wojtkowiak H. (1988) Test und Testbarkeit digitaler Schaltungen, Teubner

62. Zengerink. (1987) PAL–Praxis, Franzis

Sachverzeichnis